市民がまちを育む

現場に学ぶ「住まいまちづくり」

編著　大月敏雄 ＋ 一般財団法人ハウジングアンドコミュニティ財団

著　板垣勝彦　椎原晶子　渡邉義孝　松本 昭

建築資料研究社

はじめに　　　　　　　　　　　　　　　　　　　　　　　大月 敏雄　　7

第 1 部　住まいまちづくり活動の理論と実践　　11

1章　市民主体の住まいまちづくり活動と住宅政策　　大月 敏雄

1　住生活基本計画に見る住宅をめぐる社会課題 ……………………… 12
　1国の住生活基本計画
2　5つの住生活上の課題領域 ……………………………………………… 16
　1多様な住生活（多様な住生活の公正な保障）　2住宅ストック（住宅ストック
　の質の向上）　3居住環境（居住環境の質の向上）　4住生活産業（住生活産業の
　展開・深化）　5持続性（住生活の持続性の担保）
3　戦後日本の住宅政策の変遷と5つの課題領域 ……………………… 33
　1「住宅ストック」領域の誕生(1960年代まで)　2「住宅産業(のちに住生活産業)」
　領域の誕生（1970 ～ 80年代）　3「居住環境の質の担保」領域の誕生（1990年
　代）　4「多様な住生活」領域の誕生（2000年代）　5「持続性」領域の誕生（2010
　年代）　65つの課題領域とSDGs
4　H&C財団・住まい活動助成の位置づけ ……………………………… 41
　1住まい活動助成の分析　2包括的居住支援　3まちの維持と更新　4住宅地マ
　ネジメント
5　まとめ ……………………………………………………………………… 57

2章　市民まちづくりのマネジメント　　松本 昭

Ⅰ　市民まちづくりの主体と多主体連携 ………………………………… 60
1　市民まちづくりの主体 ………………………………………………… 60
　1 NPO法人　2一般法人（一般社団法人・一般財団法人）　3 NPO法人と一般
　社団法人　4任意団体　5自治会・町内会のこれまでとこれから　6自治会を母
　体としたNPO法人の誕生
2　市民まちづくりと多主体連携 ………………………………………… 66
　1地縁組織と志縁組織の連携　2「共創」の実践 1―神戸「あすパーク」の取り
　組み　3「共創」の実践 2―響き合う団地ライフ「泉北ニュータウン茶山台団地」
　4多主体連携を育むコミュニティビジネス　5空き家問題―連携し合う「自助」
　と「共助」

Ⅱ　まちづくりと合意形成 ………………………………………………… 72
1　「合意形成型まちづくり活動」と「賛同・共感型まちづくり活動」 ……… 72
2　合意形成と行動特性 …………………………………………………… 73
　1合意形成　2合意と同意　3「地域的合意形成」と「社会的合意形成」　4段
　階的な合意形成―緩やかな合意から厳格な合意へ　5意思表示の多層性　6参加

者と決定権者との関係

　3　コミュニティを高める合意形成への工夫 ･･････････････････････････････ 79

　4　法政大学地域経営論での演習課題から ･････････････････････････････････ 80

　5　地域的合意形成へのプロセスワーク ･･････････････････････････････････ 81

Ⅲ　市民まちづくり活動と資金 83

　1　初期投資と事業規模からみた NPO 83

　2　資金調達の手段と特性 84
　　1会費　**2**寄付金　**3**助成金・補助金　**4**事業収入　**5**融資（借入金）

　3　新しい資金調達 87
　　1遺贈　**2**休眠預金等の活用

　4　上手な資金調達とは…… 89

　5　賛同・共感で資金を集める「クラウドファンディング」 ･･･････････････ 91
　　1 NPO 法人かがやけ安八

　6　ふるさと納税を活用した資金調達 92
　　1空き家対策の資金をふるさと納税で調達する　**2**埼玉県北本市の取り組み

　7　NPO 法人の決算から学ぶ ･･ 95
　　1認定 NPO 法人コミュニティ・サポートセンター神戸　**2** NPO 法人タウンサ
　　ポート鎌倉今泉台

**3章　住み継がれる住宅地を支えるための
法制度、意識変革、そして支援**　　　　　　　　板垣 勝彦

　1　住まい、まちづくりに関する法の役割 ･･･････････････････････････････ 102

　2　今後の法制度の向かうべき道 ････････････････････････････････････ 105
　　1地域の実情をふまえたまちづくり　**2**住み続けるためには―まちは不断に変化
　　する　**3**「住みこなし」はオーダーメード―ひとつとして同じものはない　**4**政
　　策決定者に向けて―混在型のまちづくりに向けたルールづくり　**5**住民やプラン
　　ナーに向けて―混在型のまちづくりに向けた建築協定の柔軟化

　3　個別事例から考えたこと 112
　　1団地カフェの改修と消防長同意　**2**リノベーションと「お役所仕事」の壁
　　3コミュニティ入居を阻んだ背景　**4**「半官半民」のメリットを生かして　**5**「空
　　き家バンク」におけるモデレーターの役割　**6**新興住宅地の憂鬱

　4　おわりに―人びとの間を「取り持ち」「つなぐ」モデレーターの重要性 ･･････ 120

4章　未来のふるさとをつくる―台東区谷中の試み
住文化を住み継ぐ、個人発・地域連携まちづくりの30年　　　　椎原 晶子

はじめに　谷中まちづくりから読み込む、個人発まちづくりのコツ ･･････････ 124

　1　価値をみつける―「いいとこさがし」まちの文化を掘り起こす ･･･････････ 125
　　1太古から人の住むまち、江戸からの寺町、坂と緑、ものづくりのまち、谷中
　　2高度成長期〜バブル期―まちに自信の持てない時代　**3**まちの特徴を生かした
　　まちづくり―「まつり」と「地域雑誌」の創設　**4**「谷中・根津・千駄木の親し
　　まれる環境調査」1986 〜 1989　**5**「いいとこ探し」＝住人と来訪者も、自分ご
　　ととして地域資源を再発見　**6**「まちに学んだことをまちに還す」

2 波紋を広げる－「谷中学校」の個人発のまちづくり ………………… 131
　■まちを学ぶ学校 「谷中学校」のスタート　■実物の建物再生が呼ぶ波紋・広
がる活動　■まちじゅう展覧会芸工展　1993〜継続中　■豊かになるテーマ別
の活動とまちとの連携

3 建物再生の連鎖から－点から面へのまちづくり ………………………… 137
　■まちの文化が認められても、文化資源が保全されない都市計画　■点から始め
る都市計画の可能性－まちの文化保全とネットワーク　■NPOたいとう歴史都
市研究会　借受管理サブリースによる建物再生活用モデル　■補助金に頼らない
NPO運営の基盤

4 プレイヤーを増やす－まちと建物再生をめぐる多様な連携 …………… 145
　■1980〜2010年代、個人、NPO、会社、企業、行政、多様な連携が広がる　■
「上野桜木あたり」オーナーとテナント、地域を結ぶ建物再生　■建物価値づけ
調査から再生設計施工、リーシング、地域ネットワークまで一体管理　■地域団
体同士の連携が深めるまちの文化とコミュニティ　■アートマネジメントグルー
プ「谷中のおかって」との協働　■事業する建築家「HAGISO」とHAGI Studio
の仲間たち　■事業にしなければ残せない、活かせない－まちづくり会社「まち
あかり舎」の設立　■建物再生の資金調達例－融資と出資、「谷根千まちづくり
ファンド」

さいごに　未来のふるさとをつくる－持続あるコミュニティとまちへ …………… 159

5章 空き家再生を通した地域コミュニティの創造
NPO法人尾道空き家再生プロジェクトの15年
渡邉 義孝

1 観光地おのみちの変遷と課題 …………………………………………………… 166
　■坂と海と古寺のまち　■駅前なのに多数の空き家－斜面地の現状　■全国
チェーン店がない商店街

2 ガウディハウスとの出会い－空き家再生のはじまり ……………………… 168
　■マンション問題と景観への警鐘　■豊田雅子代表が空き家を購入、掃除と情報
発信をスタート　■2007年「尾道空き家再生プロジェクト」結成、翌年にNPO
化　■直営物件としてゲストハウス、カフェ、アパートなどを再生

3 空き家バンクによる移住促進 …………………………………………………… 174
　■市の空き家バンク事業を受託、移住者の受け皿に　■データベースは非公開
　■根っこには愛がある－民間ならではの表現も　■さまざまなサポートメニュー
　■空き家バンクを経て再生された建物たち

4 セトギワ建築の解体を阻止する ……………………………………………… 178
　■セトギワ建築活動の背景　■オノミチセトギワケンチクたち　■まち並みに責
任を持つ主体として

5 空き家再生で変わるまち－コミュニティのかたち ………………………… 182
　■歴史的建造物が地域で果たす役割　■行政の役割と連携　■さまざまな団体と
の協働とネットワーク　■コロナ禍を経て－人口減少社会のコミュニティの姿
　■まち並みの奥にある「ひと」の魅力

6 これからの空き家再生への視座 ……………………………………………… 186
　■「空き家×?」－入口はいくつもある　■建築技術者の役割　■持続可能性を考
える－ビジネスモデルとしての空き家再生?　■これからの空きP

第2部　住まいまちづくり活動に学ぶ　195

活動1 鏝絵の蔵の修復をきっかけとした摂田屋のまちづくり
　　　　　　　　　　　　　機那サフラン酒本舗保存を願う市民の会　平沢 政明　196
　　　　　　　　　　　　　　　　　　　　　　　　　　　　　　　大内 朗子　199

活動2 金澤町家の魅力の発信と継承・活用の取り組み
　　　　　　　　　　　　　　　　　　　NPO法人金澤町家研究会　川上 光彦　200
　　　　　　　　　　　　　　　　　　　　　　　　　　　　　　　渡邉 義孝　205

活動3 旧庄屋屋敷の保存活動がPark-PFIに結実
　　　　　　　　　　NPO法人旧鈴木家跡地活用保存会　村木 正彌・池田 敏章　206
　　　　　　　　　　　　　　　　　　　　　　　　　　　　　　　松本 昭　209

活動4 建築協定から見守り型地区計画へ
　　　　　　　　　　美しが丘アセス委員会遊歩道ワーキンググループ　藤井 本子　212
　　　　　　　　　　　　　　　　　　　　　　　　　　　　　　　椎原 晶子　215

活動5 緩やかなコミュニティで紡ぐ住宅地マネジメントの活動
　　　　　　　　　　　NPO法人玉川学園地区まちづくりの会　木村 真理子　216
　　　　　　　　　　　　　　　　　　　　　　　　　　　　　　　椎原 晶子　219

活動6 エレベーターのないマンション暮らしを支える互助活動
　　　　　　　　　　　　　　　NPO法人鶴甲サポートセンター　桑田 結　220
　　　　　　　　　　　　　　　　　　　　　　　　　　　　　　　松本 昭　223

活動7 1案に絞らない郊外分譲マンションの再生活動
　　　　　　　　　　　　　　　　　東村山富士見町住宅管理組合　大森 茂　224
　　　　　　　　　　　　　　　　　　　　　　　　　　　　　　　大月 敏雄　227

活動8 公社賃貸住宅の空室活用による団地コミュニティ支援
　　　　　　　　　　　　　　　　　　大阪府住宅供給公社　田中 陽三　230
　　　　　　　　　　　　　　　　　　　　　　　　　　　　　　　板垣 勝彦　233

活動9 空き部屋モデルルームでひろげる団地の魅力再発見
　　　　　　　　　　　　　　NPO法人グリーンオフィスさやま　山本 誠　234
　　　　　　　　　　　　　　　　　　　　　　　　　　　　　　　大月 敏雄　237

活動10 空き家を活用した「子育てシェア型託児所の運営」
　　　　　　　　　　　　一般社団法人Omusubi（現 Ripple）　佐藤 祐美　238
　　　　　　　　　　　　　　　　　　　　　　　　　　　　　　　大月 敏雄　241

活動11 高齢単身区分所有者の資産管理を支援する活動
　　　　　　　　　　　　NPO法人都市住宅とまちづくり研究会　杉山 昇　244
　　　　　　　　　　　　　　　　　　　　　　　　　　　　　　　久田見 卓　247

活動12 公社の空き住戸を活用した障がい者による団地食堂での地域交流活動
　　　　　　　　　　　　　　　　　NPO法人チュラキューブ　中川 悠　248
　　　　　　　　　　　　　　　　　　　　　　　　　　　　　　　大月 敏雄　251

活動 13 外国人居住者が過半を占める大規模賃貸住宅の共存・共生への取り組み
………………………… 芝園かけはしプロジェクト　圓山 王国　252
………………………………………………………… 大月 敏雄　255

活動 14 住宅困窮者への豊かな住環境の確保を支援する活動
………………………… NPO法人南市岡地域活動協議会　松井 信一　258
………………………………………………………… 大月 敏雄　261

活動 15 住居を失いホームレス状態となった生活困窮者への居住支援
………………………… NPO法人ほっとプラス　平田 真基　262
………………………………………………………… 板垣 勝彦　265

寄稿・インタビュー

市民まちづくりのこれまでとこれから

高見澤 邦郎	「我がまちで……」を振り返ってみると ………………………	58
佐藤 滋	まちづくりのこれまでの歩みとこれから ………………………	100
西村 幸夫	情報社会による多様な連携が地域を拓く ………………………	122
小林 郁雄	市民まちづくりの現在地…………………………………………	164
小澤 紀美子	地域は屋根のない学校 ……………………………………………	192
山岡 義典	小さな営みが幾重にも蓄積されたコミュニティ ………………	210
鎌田 宜夫	専門家の知識と生活者の知恵 …………………………………	228
萩原 なつ子	ジェンダーの視点でまちをみる ………………………………	242
澤登 信子	私の生活者視点からの住生活への試み ………………………	256

活動助成一覧　　　　　　　　　　　　　　　　　　267

■ 用語解説一覧………………………………………………………………… 284

発刊によせて　　一般財団法人ハウジングアンドコミュニティ財団 理事長　大栗 育夫　292

［第1部、第2部、寄稿・インタビュー　凡例］
　＊：巻末の「用語解説一覧」に解説を掲載。第1部は頁余白にも記載。
　注：本文中の用語や事例について執筆者による解説。

※本書に記載されている内容および法制度等については、原則2022（令和4）年4月1日現在のものに基づいています。

はじめに

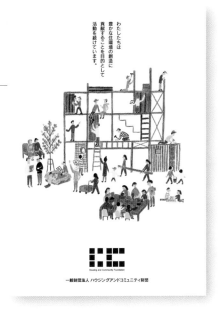

一般財団法人ハウジングアンドコミュニティ財団（以下「H&C財団」）は、1992（平成4）年の設立以来、市民の自発的なまちづくり活動を「住まいとコミュニティづくり活動助成事業」と名づけて一貫して支援してきた国内有数の中間支援組織*（インターミディアリー）です。H&C財団は、今年2022（令和4）年で創設30年を迎えますが、その間の助成件数は延べ440件、助成金総額は、約3億9500万円に上ります。

本書は、H&C財団が、2017（平成29）年度から、この住まいとコミュニティづくり活動助成事業の中に、新たに「住まい活動助成事業」の分野を独立させて助成事業の充実を図ったことから、これらの住まい活動助成事業(42頁、表3参照)を主な対象にして、現場での知恵と市民主体の地域づくりのノウハウを共有しつつ、これからの住まいまちづくり活動の理論化と方向性を探り、ひいては、住宅政策との連携の強化・深化を図ることも見据えつつ書籍化したものです。

H&C財団との関わり

それでは、最初に本書の出版に至る背景を、H&C財団と私の関わりを含めて紹介します。

1992年、H&C財団が設立された当時、私は大学院生で、卒論での同潤会*猿江アパートの調査を終え、同じく同潤会の柳島アパートの住みこなしについての研究を始めていました。そんななか、現武庫川女子大教授の西田徹さんに連れられ、H&C財団にお邪魔して、当時専務理事であった鎌田宜夫さんや東京経済大学の森反章夫さん（故人）に、同潤会アパート研究のお話をさせていただき、あわせて、エベネザー・ハワードの『明日の田園都市』の初版本という貴重なお宝を見せていただいた覚えがあります。

また、H&C財団の設立母体が長谷工コーポレーションだというのも、最初に訪れたときに理解しました。1987年に同社の前身の長谷川工務店が刊行した『都市の住態−社会と集合住宅の流れを追って』という記念誌を愛読しており、そこには、大正時代の同潤会アパートの状況から、戦後、分譲マンションが定着していく様子がわかりやすく描かれ、私の座右の書でもありました。1988年、長谷川工務店が長谷工コーポレーションに生まれ変わり、その4年後にH&C財団が誕生してから30年が経ちました。H&C財団が地域に寄り添い、多様な市民まちづくり活動を支援してきた30年の歩みは、私が住宅やまちづくりの調査研究に明け暮れた30年と重なります。

H&C財団は設立当初から、いわゆる「まちづくり」に意欲的に取り組む活動を支援する公募型市民活動助成に重点をおかれ、まちづくりの現場でお金の工面に悩んでいる市民活動の担い手にとっては、大変ありがたい存在でした。1984年、トヨタ財団が、公募型市民活動助成制度を初めて創設しましたが、特にハウジングとコミュニティというテーマに特化して支援するH&C財団の取り組みは、住宅、建築、まちづくりに関心があり、現場の最前線で汗をかくのが好きな人びとの間では、またたく間に有名な財団となりました。

　この間、私は、本書に関わるふたりの重要人物とも知り合いになることができました。ひとりは、現財団理事長の大栗育夫さんです。私が、東京理科大学の助教授であったとき、工学部建築学科の同窓会である築理会の懇親会でお会いしました。大栗さんは、その後、長谷工の社長さんにもなられ、この同窓会では出世頭のおひとりであるということで、大月研からもそんなビッグな社長さんが育ってくれないものかと思ったものです。

　もうひとりは、現財団の専務理事の松本昭さんです。松本さんが、東京大学で社会人として博士論文を提出された際に、僭越ながらその副査を務めさせていただいたのがご縁の始まりです。その松本さんが、2017年、私の研究室に相談に見えました。その内容は、財団理事への就任打診と、まさに「住まいまちづくり」に関する新しい研究組織体の座長を引き受けてほしいとのことでした。私は、財団とは上述のような経緯があるので、大変光栄なことと思い、ふたつ返事でお引き受けする旨をお伝えしました。その後、この大役を仰せつかるにあたって、大栗理事長と久しぶりに再会したという次第です。

「住まいまちづくり」が地域を拓く

　さて、前置きが少し長くなりましたが、本書のスタートになった研究組織は、住宅政策から居住政策への転換あるいは発展をひとつのキーワードにしました。社会が熟成し、高齢化と人口減少が進むなか、昨今の空き家問題やマンション再生など、住まいを巡る多様な社会課題に地域社会はどう向き合うべきかというテーマに、現場で挑んでいる多様な活動を現地で直に学びつつ、新たな住まいまちづくり活動の理論と方向性を探り、合わせて、国や自治体のハード重視の住宅政策の裾野をハード・ソフトを含む居住政策に拡げることを意識しました。

　メンバーは、私の他、法政大学でコミュニティを研究する保井美樹さん、横浜国立大学で住まいやまちづくりなどに関わる行政法を研究する板垣勝彦さん、これに国土交通省住宅局やH&C財団のメンバーも加わった強力なラインナップの下、「真実は現場にあり」との信念で「住まい活動助成」として採択された活動現場を訪れて、意欲溢れる取り組みを学び、意見交換を行いました。こうした全国行脚を踏まえ、研究会の延長線上としての成果をまとめたのが本書です。この間、大変残念なことに保井美樹さんが病に倒れ天に召されました。そこで、松本さんが保井さんの遺志を引き継ぎつつ第1部2章を書いてくださ

ました。この場をお借りして保井さんのご冥福を心よりお祈り申し上げます。

　さらに、理念や御説ばかりでは書物として面白くなかろうということで、住まいまちづくりの最前線でも活躍しているふたりの専門家にあとの2章を執筆していただきました。ひとりは、財団理事でもあり、谷中界隈のまちづくりの第一人者である椎原晶子さん、もうひとりは、尾道空き家再生プロジェクトのみならず、全国の建築遺産の保全活用に東奔西走する渡邉義孝さんです。

　本書は2部構成になっており、第1部が論考、第2部が現場発の活動紹介です。

　第1部の論考部分は、大月が「市民主体の住まいまちづくり活動と住宅政策」と題し、今日の住生活基本計画*にみる住生活上の社会課題、そして、わが国の戦後住宅政策の変遷から捉えた5つの課題領域を考察した上で、これらとH&C財団が行った個々の住まい活動助成事業の関係や位置づけをSDGs*の観点からひもとく試みを展開しました。松本さんには「市民まちづくりのマネジメント」と題し、市民やNPO法人が非営利のまちづくり活動を行う場合、その組織や連携のあり方、合意形成や賛同共感を得る取り組み、そして、活動の持続性を確保するためのまちづくりの資金の3つについて、具体的な事例を織りまぜて論じていただきました。板垣さんには「住み継がれる住宅地を支えるための法制度、意識変革、そして支援」と題し、法律の専門家の立場から、国全体のルールである「法律」を柔軟に使いこなす、あるいは、地域のルールである「条例」を地域の特性に応じて上手に活用するなど、地方分権の理念を現場で実践するための発想や知恵を具体的に書いていただきました。また、椎原晶子さんには「未来のふるさとをつくる―台東区谷中の試み」と題し、地域住民や住み着いた個人の発意により、地域にふさわしい「個人発のまちづくり」「いいとこ探しのまちづくり」が賛同共感を呼ぶこと、そしてどこのまちでも実践可能であることを具体的な取り組みを通して描いていただきました。さらに、渡邉義孝さんには「空き家再生を通した地域コミュニティの創造」と題し、ご自身が理事を務める広島県尾道市のNPO法人尾道空き家再生ネットワークの活動を通して、負の遺産と思われがちな空き家を「まちの宝」と捉え、住宅、飲食店、宿泊施設などに再生する市民の主体的なまちづくりの軌跡を紹介していただきました。

　以上が、第1部の論考ですが、読者はどの章から足を踏み入れても良い構成となっています。例えば、国や自治体で住宅政策を担う方や大学等で研究をしている方は、第1章(大月)や3章(板垣)をまず読んでいただければよいかもしれません。住まいまちづくりの現場での知恵や市民まちづくりのノウハウを得たい方は、2章(松本)、4章(椎原)、5章(渡邉)から読み始めていただければよいでしょう。

現場に学ぶ「住まいまちづくり活動」の紹介

　本書の第2部は、H&C財団が助成した「住まい活動助成団体一覧」(42頁、表3参照)を中心に、15の活動事例を選び、その中心人物に現場発ならではの活動

状況を執筆していただき、そこに、研究会のメンバーが専門的見地からコメントを添えています。これらは、地域主体で歴史的建造物や町家の保存活用に取り組む活動、戸建住宅地の良好な住環境を次世代につなげる活動、マンションや団地の再生に取り組む活動、空き家を上手に利活用して地域課題の解決に挑む活動、住宅弱者に対する住まいのセーフティネット活動など実に多彩ですが、いずれも、市民や地域社会が、居住や活動の器である住まい（建物）と向き合い、ハード・ソフトの両面から暮らしや地域環境の質を持続的に高める取り組みと捉えることができます。

　加えて、H&C財団とご縁の深い9名の大御所の先生方に「市民まちづくりのこれまでとこれから」というテーマで、寄稿あるいはインタビューをお願いして、市民まちづくりのこれからを展望していただきました。そして、これらを本書にちりばめて、コミュニティを包摂した住まいまちづくり、市民まちづくりの展望が宝石箱のように随所に輝いています。

　また、巻末には、H&C財団の30年にわたる「活動助成一覧」を掲載し、各団体の現在の活動状況も可能な限りトレースさせていただきました。さらに、本書で登場する重要なキーワードについては、用語の解説を作成し、読者の便に供するようにしました。

改めて「住まいまちづくり」の意義を問う

　本書は、『市民がまちを育む—現場に学ぶ住まいまちづくり』と名づけましたが、この「住まいまちづくり」という言葉の採用には、いろいろと議論がありました。私の知る限り、例えば、奈良県や鳥取県には「住まいまちづくり課」があり、京都市にも「すまいまちづくり課」、東京都荒川区にも「住まい街づくり課」が存在します。あるいは、神戸市住まいまちづくり公社などでは、住まいとまちづくりを一体融合させた事業を行っていますが、住まいづくりとまちづくりは、別のものと考える論もありました。結局、景観まちづくり、防災まちづくり、観光まちづくり、安全安心まちづくりなどと同様に、住宅、居住、住環境、住生活、住文化、住空間、空き家、住まいのセーフティネットなどの「住まい」と「まちづくり」を連携させ、あるいは融合して、社会的価値を高める取り組みを「住まいまちづくり」と捉えようと考えて「住まいまちづくり」という言葉を採用しました。

　最後に、皆様のご期待にどこまで応えられているか心もとないですが、H&C財団の設立30年の節目にあたり、出版の栄誉を得たことに改めて厚く感謝を申し上げる次第です。

2022（令和4）年6月

大月　敏雄

第1部

住まいまちづくり活動の理論と実践

1章 市民主体の住まいまちづくり活動と住宅政策

東京大学大学院 工学系研究科建築学専攻 教授 **大月 敏雄**

　本書は、ハウジングアンドコミュニティ財団（以下「H&C財団」）による市民まちづくり活動に対する助成事業の30周年記念として編まれています。特に、住まいを中心に据えた活動に焦点をあて、その活動の実践を整理し、そこから、今後の日本全体の住まいまちづくり活動の展開の方向性を見据えてみようという意図があります。その第1章として、本章ではまず日本の住宅政策の現状と過去を振り返り、住まいまちづくり活動の現在的な課題の整理を行います。次いで、日本が現在世界的に置かれている立場について、特にSDGs[＊]の観点からの検討を加えることで、住まいまちづくり活動の展開の方向性を整理します。その上で、財団がここ5カ年で支援してきた住まいまちづくり活動の、それぞれの特徴を浮かび上がらせ、日本の今後の住まいまちづくりの展開にどのようにつながっていくのかを展望してみたいと思います。

1 住生活基本計画に見る住宅をめぐる社会課題

　2021（令和3）年3月、政府は住生活基本計画[＊]（全国版）を閣議決定しました。これに伴って47都道府県では2021年度内に、それぞれの住生活基本計画を策定することとなりました。住生活基本計画は、国、都道府県、市区町村が、それぞれの行政範囲に応じて独自に計画するものですが、各々の情勢を反映させて策定されるため、現在の日本の住宅をめぐる社会課題を浮き彫りにしています。

　筆者は2021年度末をめざして策定された、東京都、神奈川県、埼玉県、静岡県、奈良県、福井県、福岡県の、1都6県の住生活基本計画の検討組織にたずさわった経験から、ここではまずこれら都県の最新の計画内容を、国のそれと比較しながら整理することを通して、住生活基本計画に見る、住宅をめぐる社会課題を浮き彫りにしてみようと思います。

　それぞれの計画では、今後10年に向けての住宅政策の目標等が、ざっと10から20程度の項目として掲げられています。ここではまず、1都6県と、国の主要目標等を並べてみました（表1）。

　これを見ると、国の目標のように、10の目標を3つの視点（「社会環境の変化からの視点」「居住者・コミュニティからの視点」「住宅産業・ストックからの視点」）で概括的にくくるスタイルを踏襲しているところと、そうでないところがあります。国の「視点＋目標」というスタイルと違って、独自に「基本目標＋政策目標／政策の柱」などのような構成をとっているところでは、基本

＊SDGs：持続可能な開発目標（SDGs: Sustainable Development Goals）のことで、2015年の国連サミットで採択された国際目標。17のゴール・169のターゲットから構成され、地球上の「誰一人取り残さない（leave no one behind）」ことを誓っている。

＊住生活基本計画：「住生活基本法」（2006年制定）によって義務づけられた、国・都道府県が5年ごとに策定する住生活の安定の確保および向上の促進に関する基本的な計画。

的な目標数が増える傾向にあるようです。基本的目標の下に、さらに具体的な目標が示され、それを項目立てて実施するための施策群が示される形となっている点は、いずれも同じです。

　表1では、こうして抽出した10から20の基本的政策目標群に、筆者の独断で、これらの項目を要約するキーワードを振りました。これによって、2022（令和4）年時点の日本の住生活上の課題の広がりとまとまりを把握してみたいと思います。

　そのためにまず、キーワードの付け方の例示として、国の基本計画の目標レベルを対象として、それに対応するキーワードを以下に示すような要領で付けました。目標の文末にある「➡」の右側がキーワードです。もちろん、このワーディングは筆者の独断を通してのものであり、現代の住生活上の課題を分析する際の試論として、あくまで便宜的に提示しているものです。

1 国の住生活基本計画

〈社会環境の変化からの視点〉

目標1	「新たな日常」やDXの進展等に対応した新しい住まい方の実現➡新たな日常
目標2	頻発・激甚化する災害新ステージにおける安全な住宅・住宅地の形成と被災者の住まいの確保➡災害対応

〈居住者・コミュニティからの視点〉

目標3	子どもを産み育てやすい住まいの実現➡子育て
目標4	多様な世代が支え合い、高齢者等が健康で安心して暮らせるコミュニティの形成とまちづくり➡高齢者
目標5	住宅確保要配慮者が安心して暮らせるセーフティネット機能の整備➡セーフティネット

〈住宅ストック・産業からの視点〉

目標6	脱炭素社会に向けた住宅循環システムの構築と良質な住宅ストックの形成➡脱炭素
目標7	空き家の状況に応じた適切な管理・除却・利活用の一体的推進➡空き家
目標8	居住者の利便性や豊かさを向上させる住生活産業の発展➡住生活産業

　この要領で、1都6県の基本的目標に対してキーワードを振ると、「多様性のあるコミュニティ」「住宅ストックの向上」「マンション」「防犯・利便性・景観」「地域性」「住情報」といった、国の目標項目のキーワード以外のものが、新たに出てきて、結局14のキーワードで表現できることがわかりました。さらに、基本的目標レベルの項目をキーワードごとに並べ、それらを5つの領域にまとめてみたのが表2です。

表1　国・1都6県の住生活基本計画の主要目標等

国（2021年3月）		
視点	目標	キーワード
社会環境の変化からの視点	1 「新たな日常」やDXの進展等に対応した新しい住まい方の実現	新たな日常
	2 頻発・激甚化する災害新ステージにおける安全な住宅・住宅地の形成と被災者の住まいの確保	災害対応
居住者・コミュニティからの視点	3 子どもを産み育てやすい住まいの実現	子育て
	4 多様な世代が支え合い、高齢者等が健康で安心して暮らせるコミュニティの形成とまちづくり	高齢者
	5 住宅確保要配慮者が安心して暮らせるセーフティネット機能の整備	セーフティネット
住宅ストック・産業からの視点	6 脱炭素社会に向けた住宅循環システムの構築と良質な住宅ストックの形成	脱炭素
	7 空き家の状況に応じた適切な管理・除却・利活用の一体的推進	空き家
	8 居住者の利便性や豊かさを向上させる住生活産業の発展	住生活産業

東京都（2022年3月）	
目標	キーワード
1 新たな日常に対応した住まい方の実現	新たな日常
2 脱炭素社会の実現に向けた住宅市街地のゼロエミッション化	脱炭素
3 住宅確保に配慮を要する都民の居住の安定	セーフティネット
4 住まいにおける子育て環境の向上	子育て
5 高齢者の居住の安定	高齢者
6 災害時における安全な居住の持続	災害対応
7 空き家対策の推進による地域の活性化	空き家
8 良質な住宅を安心して選択できる市場環境の実現	住生活産業
9 安全で良質なマンションストックの形成	マンション
10 都市づくりと一体となった団地の再生	団地再生

神奈川県（2022年3月）		
視点	目標	キーワード
「社会環境の変化」からの視点	1 「新たな日常」に対応した多様な住まい方等の実現	新たな日常
	2 激甚化・頻発化する自然災害等に対応した安全・安心なすまいまちづくり	災害対応
「人・くらし」からの視点	3 若年・子育て世帯などが安心して暮らせる住生活の実現	子育て
	4 高齢者がいきいきと暮らせる住生活の実現	高齢者
	5 住宅確保要配慮者の居住の安定確保	セーフティネット
「住まい・まちづくり」からの視点	6 脱炭素社会の実現に向けた良質な住宅ストックの形成とマンションの管理適正化等の推進	脱炭素 マンション
	7 空き家の適切な管理と利用用の促進	空き家
	8 住生活に関連した地域経済・交流の活性化	住生活産業
「神奈川らしい住生活」からの視点	9 誰もが輝き、地域の魅力あふれる神奈川らしい住生活の実現	地域性

埼玉県（2022年3月）		
視点	目標	キーワード
1 新しい住まいについて考える	1 DXの進展や「新たな日常」等に対応した新しい住まい方の実現	新たな日常
	2 災害に強いまちづくり	災害対応
2 住まい手と地域について考える	3 子育てしやすい住まいの普及	子育て
	4 多様な世代が支え合い、高齢者も健康で安心して暮らせるまちづくり	高齢者
	5 誰もが安心して暮らせるセーフティネットの整備	セーフティネット
3 つくり手と産業について考える	6 脱炭素社会に向けた良質な住宅の普及と流通の促進	脱炭素
	7 空き家やマンションの適切な管理	空き家 マンション
	8 居住者の利便性や豊かさを向上させる住生活産業の発展	住生活産業

静岡県（2022 年 3 月）

視点／基本目標	施策の柱	キーワード
1 静岡県らしい住まい／豊かで 広い暮らし空間 の実現	1 豊かで広い暮らし空間の形成	地域性
	2 「新たな日常」に対応した仕事のある住まいの形成	新たな日常
	3 まちなか居住空間の充実	まちなか居住
2 安全／自然災害に対応 した暮らし空間の実現	1 住宅の耐震化の促進	災害対応
	2 頻発・激甚化する自然災害に対応した暮らし空間の形成	災害対応
3 環境／脱炭素社会に向 けた良質な住宅ストッ クの形成	1 環境に配慮したストックの形成	脱炭素 住宅ストック
	2 住宅の長寿命化や性能・資産価値の向上促進	住宅ストック
	3 気候や風土を活かした炭素貯蔵効果の高い木造住宅の普及促進	脱炭素
4 福祉・子育て／だれも が安心して暮らせる住 環境の実現	1 多様な人々が共生する豊かなコミュニティの形成	コミュニティ
	2 子育てしやすい住環境の整備	子育て
	3 高齢者の居住の安定確保	高齢者
	4 住宅セーフティネット機能の強化	セーフティネット
	5 防犯性に優れた住環境の形成	防犯
	6 住情報提供・相談体制の充実	住情報
5 住宅市場／多様な居住 ニーズに対応できる住 宅市場の形成	1 多様な住まい方への対応	多様性
	2 住宅リフォーム等による既存住宅の流通の促進	住生活産業
	3 空き家の適切な管理・活用・除却の推進	空き家
	4 マンションの適正な管理と再生の促進	マンション
	5 居住者の利便性や豊かさを向上させる住生活産業の活性化・DX の推進	住生活産業

奈良県（2022 年 2 月）

基本目標	基本目標	キーワード
愛着のもてるまちでいきい きと暮らす ―住み続けられるまちづく りの推進―	1 住み続けられるまちづくりの推進	継続居住
	2 地域の個性を活かしたまちづくりの推進	地域性
	3 安全に暮らせるまちづくりの推進	安心安全
質の高い住空間で安全・快 適に住まう ―良質な住まいの形成―	1 住まいの安全性・快適性の確保	住宅ストック
	2 住まいの長寿命化の促進	住宅ストック
	3 環境に配慮した住まいの普及促進	脱炭素
誰もが安心して住まう ―安定した暮らしを守る住 まいの形成―	1 住宅確保要配慮者が安心して暮らせる居住環境の整備	セーフティネット
	2 安心して暮らせる公的賃貸住宅の供給	公的住宅
	3 災害等の発生に備えた体制づくり	災害対応
ニーズに合った住まい・暮 らし方を選ぶ ―「住まいまちづくり」を支 える市場や産業の環境整 備―	1 住情報の提供の促進	住情報
	2 地域の住宅産業の育成・活性化	住生活産業

福井県（2022 年 3 月）

視点	目標	キーワード
1 住環境のゆとりの創出	1 脱炭素社会に向けた環境にやさしい住まいづくり	脱炭素
	2 空き家の適正な維持管理・流通・活用の促進	空き家
	3 地域の住生活産業の成長	住生活産業
2 安全・安心のゆとりの 創出	4 災害等に強い安全な住まいづくり	災害対応
	5 多様な居住ニーズに対応できる住まいづくり	多様性
	6 高齢者、障がい者等が安心して暮らせるセーフティネットの整備	セーフティネット
3 地域のゆとりの創出	7 地域特性を活かした住まい・まち並みの保存・活用	地域性

（16 頁に続く）

15

表1　国・1都6県の住生活基本計画の主要目標等（続き）

福岡県（2022年3月）		
基本目標	政策目標	キーワード
1 多様な居住ニーズに応える環境づくりと住宅セーフティネットの充実	1 子育てしやすい住まいの確保	子育て
	2 高齢者が安心できる住まいの確保	高齢者
	3 多様な居住ニーズに対応した住まいを選択できる環境整備	多様性
	4 住宅確保要配慮者の多様化に対応する重層的かつ柔軟なセーフティネットの充実	セーフティネット
2 将来世代に継承できる良質な住宅ストックの形成	1 住宅ストックの適切な維持管理の促進	住宅ストック マンション
	2 既存住宅の質の向上	住宅ストック 脱炭素
	3 既存住宅の流通促進	住生活産業
	4 良質な住宅の供給	住宅ストック
	5 空き家の管理・活用・除去の促進	空き家
3 地域での豊かな住生活を実感できる良好な居住環境づくり	1 多様な世帯や世代が共に暮らせる地域コミュニティの活性化	コミュニティ
	2 景観に配慮した美しいまちづくり	景観
	3 利便性の高い居住環境づくり	利便性
	4 安全・安心に暮らせる居住環境づくり	安心安全
4 住情報提供や消費者利益の擁護の充実と住生活産業の活性化	1 住情報提供・住教育の充実	住情報 住教育
	2 消費者利益の擁護	消費者利益擁護
	3 地域産業産業の育成	住生活産業
	4 住生活産業等の充実	住生活産業

2　5つの住生活上の課題領域

　表2でまとめた5つの領域は「多様な住生活」「住宅ストック」「居住環境」「住生活産業」「持続性」となりました。以下、それらのキーワードの含意するものを、それぞれについて解説します。

1 多様な住生活（多様な住生活の公正な保障）

　そもそも住宅政策は、人びとの住生活を支えることが主眼ですが、近年、対象となる人びとの類型がとても多様になっています。お金の有無、障がいの有無、病気の有無、子どもの有無などといった属性が、実に多様な住生活のニーズを生んでおり、その道具立てとして住宅が選ばれていくのなら、政策目標としては、ますます顕在化する生活の多様性に応じた住宅・住生活のあり方を究明することが、第一に重要だと考えられます。

　人間は本来、それぞれに多様な属性をもって生きているわけですが、その個性豊かな属性にフィットするような住宅環境で人生を過ごすことが、必ずしも歴史的に許容されてきたわけではありませんでした。基本的には、特定の社会集団に属しながら住まなければならないので、それぞれの集団の規範に基づく住まいが形成され、そこにある意味、押し込められて生活して来たといっていいでしょう。ただ、王侯貴族や大金持ち、あるいは世捨て人的な人びとだけが、その個性に則した住生活を営むことを、比較的多くの面で享

受できたであろうことは容易に想像されます。

　これが近代化の過程において、世の政治が民主化し、社会全体として住む場所も住宅も比較的その人の自由になるようになってきました。住生活の営み方の自由が獲得されてきたのです。ただ同時に、自然災害や戦争などの人的災害が、こうした住生活の自由を人びとから容易に奪い去るものであることも、しばしば目撃されてきました。

　幸いなことに、先人たちの努力により日本では比較的普通に自分らしい住生活を営む自由が享受できる社会が徐々に形成されてきてはいますが、それでも本来個性豊かなそれぞれの属性に適応した居住の確保は、まだまだ道半ばといえるでしょう。自らの意志とは裏腹に病気となり長期療養を強いられる病人、認知症と診断されてすぐさま施設に入れられる高齢者、生まれながらにして障がいの診断を受け家族や地域と離されて施設生活をする障がい者、家族と折り合いがつかず家を出たまま帰る場を失ったホームレスの人、コロナ禍とともに仕事と住居を突然失い路上に放り出される非正規労働者[注1]、はたまた、差別により住みたい家に住めないLGBTQ*のカップル、自然災害によって突然家屋敷を失った家族。数え上げればきりがないくらい、好むと好まざるとにかかわらずこうした「属性」に生まれついたり、途中で何らかの「属性」が備わったりした途端に、満足のいかない居住環境で過ごさざるを得なくなるケースをよく見かけます。

　これを政策ベースで考える際には、自力で自分のライフスタイルにふさわしい住宅を見つけて住むことができることを、すべての国民に保障することが、多様な住生活を保障する基盤となります。ここにおいて、住宅セーフティネットという概念の重要性と必要性が確認されるわけです。

　もちろん、多様な住生活の保障のされ方については、その人の属性による格差があってはなりません。このため、住宅へのアクセスが困難な人には、公正なアクセシビリティの実現のための公的支援が不可欠です。例えば、公営住宅*を申し込みたい人を窓口に連れて行って、申し込みの方法などが理解できるように支援するというようなことが、「公正な住宅へのアクセスの保障」です。どんな属性を持っている人にも「全く同じ筋道で」保障するのではなく、その人にふさわしい保障のあり方があるはずです。

　ライフスタイルが多様化する中、お金の有無、障がいの有無、子どもの有無といったそれぞれの個人の事情を踏まえた多様な住生活を保障するためにも、まず住宅セーフティネットという概念が認識され、その中でもとりわけ、高齢者世帯や子育て世帯が抱える課題を特出して住宅政策項目とされているところが、表2では多いことが理解できます。

　さらに、こうして生まれる多様な住生活上のニーズに応えるためには、多

注1　2021年現在、日本の全就労業者約6800万人のうち、非正規雇用が約2000万人で、全体のざっと3割が非正規雇用である。そして非正規雇用の約75%がパート・アルバイト、13%程度が契約社員（直接契約）、6%程度が派遣社員（間接契約）となっている。コロナ禍でも非正規労働者を中心に不安定居住に直面するという事態が訪れた。

*LGBTQ：レズビアン（女性同性愛者）、ゲイ（男性同性愛者）、バイセクシュアル（両性愛者）、トランスジェンダー（生まれた時の性別と自認する性別が一致しない人）、クエスチョニング（自分自身のセクシュアリティを決められない、わからない、または決めない人）などの性的マイノリティの人を表す総称。

*公営住宅／公営住宅法：「公営住宅法」（1951年制定）によって定められた、地方公共団体が、建設・買い取り・借り上げを行い、低額所得者に賃貸・転貸するための住宅およびその付帯施設のことである。

表2　国・1都6県の住生活基本計画の主要目標等のテーマ別並び替え

住宅政策課題領域	キーワード	国（2021年3月）	東京都（2022年3月）	神奈川県（2022年3月）
多様な住生活 多様な住生活の公正な保障	子育て	●子どもを産み育てやすい住まいの実現	●住まいにおける子育て環境の向上	●若年・子育て世帯などが安心して暮らせる住生活の実現
	高齢者	●多様な世代が支え合い、高齢者等が健康で安心して暮らせるコミュニティの形成とまちづくり	●高齢者の居住の安定	●高齢者がいきいきと暮らせる住生活の実現
	セーフティネット	●住宅確保要配慮者が安心して暮らせるセーフティネット機能の整備	●住宅確保に配慮を要する都民の居住の安定	●住宅確保要配慮者の居住の安定確保
	多様性			
	継続居住			
住宅ストック 住宅ストックの質の向上	住宅ストック			
	空き家	●空き家の状況に応じた適切な管理・除却・利活用の一体的推進	●空き家対策の推進による地域の活性化	●空き家の適切な管理と利活用の促進
	団地再生		●都市づくりと一体となった団地の再生	
	マンション		●安全で良質なマンションストックの形成	○脱炭素社会の実現に向けた良質な住宅ストックの形成とマンションの管理適正化等の推進
居住環境 居住環境の質の向上	防犯			
	安心安全			
	まちなか居住			
	コミュニティ			
	景観			
	消費者利益擁護			
	利便性			
	地域性			●誰もが輝き、地域の魅力あふれる神奈川らしい住生活の実現
住生活産業 住生活産業の展開・深化	住生活産業	●居住者の利便性や豊かさを向上させる住生活産業の発展	●良質な住宅を安心して選択できる市場環境の実現	●住生活に関連した地域経済・交流の活性化
	住情報			
	住教育			
持続性 住生活の持続性の担保	災害対応	●頻発・激甚化する災害新ステージにおける安全な住宅・住宅地の形成と被災者の住まいの確保	●災害時における安全な居住の持続	●激甚化・頻発化する自然災害等に対応した安全・安心なすまいまちづくり
	脱炭素	●脱炭素社会に向けた住宅循環システムの構築と良質な住宅ストックの形成	●脱炭素社会の実現に向けた住宅市街地のゼロエミッション化	○脱炭素社会の実現に向けた良質な住宅ストックの形成とマンションの管理適正化等の推進
	新たな日常	●「新たな日常」やDXの進展等に対応した新しい住まい方の実現	●新たな日常に対応した住まい方の実現	●「新たな日常」に対応した多様な住まい方等の実現

○印は重複項目を示す

埼玉県（2022年3月）	静岡県（2022年3月）	奈良県（2022年2月）	福井県（2022年3月）	福岡県（2022年3月）
●子育てしやすい住まいの普及	●子育てしやすい住環境の整備			●子育てしやすい住まいの確保
●多様な世代が支え合い、高齢者も健康で安心して暮らせるまちづくり	●高齢者の居住の安定確保			●高齢者が安心できる住まいの確保
●誰もが安心して暮らせるセーフティネットの整備	●住宅セーフティネット機能の強化	●住宅確保要配慮者が安心して暮らせる居住環境の整備　●安心して暮らせる公的賃貸住宅の供給	●高齢者、障がい者等が安心して暮らせるセーフティネットの整備	●住宅確保要配慮者の多様化に対応する重層的かつ柔軟なセーフティネットの充実
	●多様な住まい方への対応		●多様な居住ニーズに対応できる住まいづくり	●多様な居住ニーズに対応した住まいを選択できる環境整備
		●住み続けられるまちづくりの推進		
	○環境に配慮したストックの形成　●住宅の長寿命化や性能・資産価値の向上促進	●住まいの長寿命化の促進　●住まいの安全性・快適性の確保		●良質な住宅の供給　○住宅ストックの適切な維持管理の促進　○既存住宅の質の向上
○空き家やマンションの適切な管理	●空き家の適切な管理・活用・除却の推進		●空き家の適正な維持管理・流通・活用の促進	●空き家の管理・活用・除去の促進
○空き家やマンションの適切な管理	●マンションの適正な管理と再生の促進			○住宅ストックの適切な維持管理の促進
	●防犯性に優れた住環境の形成			
		●安全に暮らせるまちづくりの推進		●安全・安心に暮らせる居住環境づくり
	●まちなか居住空間の充実			
	●多様な人々が共生する豊かなコミュニティの形成			●多様な世帯や世代が共に暮らせる地域コミュニティの活性化
				●景観に配慮した美しいまちづくり
				●消費者利益の擁護
				●利便性の高い居住環境づくり
	●豊かで広い暮らし空間の形成	●地域の個性を活かしたまちづくりの推進	●地域特性を活かした住まい・まち並みの保存・活用	
●居住者の利便性や豊かさを向上させる住生活産業の発展	●居住者の利便性や豊かさを向上させる住生活産業の活性化・DXの推進　●住宅リフォーム等による既存住宅の流通の促進	●地域の住宅産業の育成・活性化	●地域の住生活産業の成長	●地域産業産業の育成　●住生活産業等の充実　●既存住宅の流通促進
	●住情報提供・相談体制の充実		●住情報の提供の促進	○住情報提供・住教育の充実
				○住情報提供・住教育の充実
●災害に強いまちづくり	●住宅の耐震化の促進　●頻発・激甚化する自然災害に対応した暮らし空間の形成	●災害等の発生に備えた体制づくり	●災害等に強い安全な住まいづくり	
●脱炭素社会に向けた良質な住宅の普及と流通の促進	●気候や風土を活かした炭素貯蔵効果の高い木造住宅の普及促進　○環境に配慮したストックの形成	●環境に配慮した住まいの普及促進	●脱炭素社会に向けた環境にやさしい住まいづくり	○既存住宅の質の向上
●DXの進展や「新たな日常」等に対応した新しい住まい方の実現	●「新たな日常」に対応した仕事のある住まいの形成			

様な住宅供給とともに、多様なライフスタイルを持つ人びとが共存・共生できるような地域社会（コミュニティ）、すなわち多様性を受容できるコミュニティの実現を、併せて推進しようという姿も読み取れるでしょう。

② 住宅ストック（住宅ストックの質の向上）

　住宅ストックをめぐる政策によく登場してくるのは、耐震改修[注2]・高齢改修[注3]・省エネ改修[注4]の3つのカテゴリーの住宅改修であり、これらはすべて既存住宅ストックの質の向上の動きと捉えることができます。個別の住宅ストックの質の改善を図りながら、住まいを長寿命化し、かつ、住まいの資産価値の維持を通じて安定的な生活基盤の形成につなぐ流れです。

　ただ、残念なことに、耐震改修・高齢改修・省エネ改修に対する支援策は、異なる法制度によって規定され、それを管轄する行政部署や窓口も異なる場合が多く、施策相互間の連携が薄いことが課題となっています。住宅改修の現場では、改修しようとする住宅に専門家や職人が足を運び、足場を架けて工事を実施しますが、これらの工事が一体的になされる方がはるかに効率的であることはいうまでもありません。このためにも耐震改修・高齢改修・省エネ改修の窓口の一元化や、それぞれの行政支援が相乗効果を発揮するような支援が望まれます。

　上記のような個別の住宅性能アップばかりでなく、住宅の機能やデザインを総合的に変えることによって、大幅に価値の増大を図るリノベーション*という手法も21世紀に入って注目されてきています。それと同時に、地域的に住宅ストックの改善を図る団地再生的・地域再生的視点をどのように加えていくかという点も課題となり、郊外戸建住宅地再生が脚光を浴び始めたのは、2010年代のことでした。

　さらに、日本の世帯数減少に伴って生じる空き家の増加という課題が、住宅ストックの質の向上の課題に付け加わってきました[注5]。まず政府としては、近隣に外部不経済をもたらしつつある空き家を特定空家*とし、市区町村が主体となってその予防と対応に責任を持つようになりました。ただ、空き家問題が抱えるこのような負の側面への対処ばかりでなく、空き家を利用しつつ地域の課題を解決しようという動きは、全国で市民運動的に展開中です。その中でもエリアリノベーション*のように、空き家問題に地域で一丸となって取り組むところも見られます。

注2　1995年の阪神・淡路大震災が建築物の耐震基準の強化を迫った結果、同年、耐震改修促進法が成立し、学校、病院などの多人数が利用する特定の建物に耐震診断、耐震改修を行う努力義務が生じた。その際、住宅には新耐震基準に合致させる義務がつかなかったために、住宅の耐震診断、耐震改修が遅れることになったが、国では2030年までに耐震性が不十分な住宅を概ね解消する目標を掲げている。

注3　高齢期の身体状況に合わせるために住宅を改修するニーズは年々増えているが、よく利用されるのが介護保険法における住宅改修である。ただ、ほとんどが手すりの設置に対してであり、しかも介護認定を受けないと上限20万円（うち自己負担1割）の補助はもらえないので、予防的改修にはなかなかなりにくい。その他、自治体で独自に高齢者向けの住宅改修の補助をしているところも多い。

注4　省エネに関わる改修は幅広い。照明のLED化や省エネ住宅設備の導入・更新に加え、近年注目されている断熱改修もある。他に、ソーラーパネルの設置など創エネに関わる改修も多様に存在し、また、多様な補助金制度が複数の省庁にまたがって用意されている。

注5　2014年に成立した空家特措法は、全国で数を増していく空き家の中でも、隣地等に害を及ぼすことが確実な特定空家の指定や、行政代執行による取り壊しをすすめる制度を用意した。これは、市区町村レベルでの対応を原則としている。

*リノベーション：既存建物に大規模な改修を行って、建物の用途や機能を変更向上させ、建物自体の付加価値を高める行為をいう。類義語にリフォームがある。リフォームが、マイナス状態のものをゼロの状態に戻す機能回復という意味合いが強いのに対し、リノベーションは、新たな機能や価値を加えて、より良くつくり替えるとの意味合いを持つ。

*エリアリノベーション：2016年、馬場正尊（東京R不動産／Open A）により提唱された概念で、あるエリアで同時多発的にリノベーションが起こることで「アクティブな点が相互に共鳴し、ネットワークし、面展開を始める」エリア形成の手法。

　このように空き家を地域の課題として捉え、地域的にその発生を予防し、発生した空き家を地域の力で解消する取り組みも徐々に増えつつあります。こうした地域的空き家域予防の領域を今後支援すべきでしょう。そもそも自治会や町内会レベルでは、「あの家が空き家となりそうだ」「一見空き家には見えるが実は月に1回は持ち主が様子を見に来ている」「持ち主が高齢者施設に入居しているために空き家になっている」「空き家の相続人である息子が東京に住んでいる」などといった、空き家に関わる個別の事情を当然のように把握しているケースも多いのです。こうした空き家を、いきなり賃貸住宅市場に放り込んでもなかなか解決するようなものではありません。また、賃貸住宅市場というのは日本の都市部でしか成立していない[注6]ので、地域全体で空き家を見守り、場合によっては地域全体で空き家の管理や再利用をしていくような取り組みがめざされます。

　さらに、2020（令和2）年のマンション管理適正化法*の改正と2022（令和4）年の施行に伴ってスタートした「マンション管理計画認定制度*」によって、自治体がマンション管理の状況を把握しながらその促進に責任をもつ体制が整備され、長期経過マンションが多数立地する地域では、住宅政策の目標レベルにこのことをうたうところも出てきました。

　以上のように、「住宅ストック」とは「住宅ストックの質の向上」を意味するものであり、耐震改修・高齢改修・省エネ改修の総合化、そこにその建物や地域特性を踏まえた新たな機能を備えさせるリノベーション、そしてその地域的展開としてのエリアリノベーションや団地再生といった施策群につながっていきます。一方で、放っておけばストックの質の向上の領域には入ってこない空き家問題を、地域的な課題としてどう解くかということも、表裏一体の課題として生じつつあります。

　この「住宅ストックの質の向上」と「空き家問題」をつなぐのは、中古住宅流通市場という「市場」であってほしいのですが、残念ながら特に地方では、価格の安い空き家をビジネスの対象外とみなしているところが多いのです。そこで筆者が注目しているのは、アメリカの住宅ストック市場の基盤を形成しているインスペクション*です。日本でも2019年の宅建業法改正によってインスペクションという言葉が採用されましたが、これは買い手が行うインスペクションを基本としており、売り手が自分の住宅の価値を知り、その価値形成要因を知るという立て付けとは根本的に異なっています。

＊特定空家：「空家特措法」（2014年制定）に基づき、自治体が「そのまま放置すれば倒壊等著しく保安上危険となるおそれのある状態又は著しく衛生上有害となるおそれのある状態、適切な管理が行われていないことにより著しく景観を損なっている状態、その他周辺の生活環境の保全を図るために放置することが不適切である状態にあると認められる空家等」に指定したもの。指定後、自治体から勧告、固定資産税の優遇措置の解除、懲罰的措置、場合によっては解体等が行われる。

注6　賃貸住宅市場は当然、一定エリアの賃貸住宅の情報が複数の不動産事業者間で共有され、需要と供給のバランスで家賃の相場が決まっていくようなマーケットの存在を前提としているが、行政区域に不動産事業者が存在せず、賃貸住宅市場そのものが存在しない場合も多い。中山間部においては、地元の自治体や、自治体が支援する組織が地域の空き家住情報の流通を担い、賃貸住宅市場の補完を行う必要がある。

＊インスペクション：調査・検査・査察などの意味を持つ言葉で、住宅の現状を、建築士の資格をもつ専門の検査員が、第三者的な立場で、目視、動作確認、聞き取りなどにより行うこと。

＊マンション管理適正化法：正式名称は「マンションの管理の適正化の推進に関する法律」で2000年に制定された。マンション管理組合に向けた指針としての「マンション管理適正化指針」の制定や、マンション管理士資格の創設を定めている。2022年に改正法が施行された。

＊マンション管理計画認定制度：「マンション管理適正化法」の2020年改正によって定められた良質なマンション管理が市場で評価されることを目的とした制度。マンション管理組合が、マンション管理適正化推進計画を策定した地方公共団体に管理計画を提出し、一定の基準を満たしている場合に認定を受けることができるというもの。

アメリカでは、引っ越すことで転職が可能となり、転職することで収入向上をめざす人が多いため、引っ越しの際に自分の住宅の価値を上げてから売却することが極めて重要となります。こうした事情で売り手がインスペクションを行い、自分の住宅の価格構造を理解して、売値をさらに上げるために、住宅にどのように再投資したらいいかを把握します。このことで、住宅ストックの質の向上と、中古流通市場の健全化が図られています。日本で、売り手によるインスペクションを導入しない限り、「住宅ストックの質の向上」と「空き家問題」をつなぐ課題は、まず解けないと思います。その結果が、大量の空き家発生につながっていくのだと考えています。

　このことと相まって、よく日本の住宅の課題に挙げられるのが、高齢者のひとり暮らしやふたり暮らしの世帯が、だだっ広い住宅の1室か2室くらいにしか住んでいない一方で、若い子育て世帯が狭苦しい住宅に住んでいるというアンバランスです。これも、売り手によるインスペクションを通じて、既存住宅への再投資の仕方と地域における住宅ニーズの把握を、住宅の持ち主や相続者が理解することによって、より前向きな形で空き家の抑制が進むものと考えています。

　このように、売り手によるインスペクションによって、住宅の持ち主が自らの住宅の価格構造を知れば、老後に必要な資金を自己所有住宅によって調達するリバースモーゲージ*においても、現在のような融資機関による減価償却的な住宅査定（経年劣化査定）が一般的となっている現状を脱することができ、持ち主、買い手、金融機関、地域にとっても、また、住宅産業をめぐる関係者にとっても、「好循環」となるに違いないでしょう。

③ 居住環境（居住環境の質の向上）

　「多様な住生活の公正な保障」「住宅ストックの質の向上」の次に、住生活にとって課題となるのは、住宅まわりの生活環境です。人間は住宅にだけ住むものではなく、住宅の前の庭や道路、近くの公園や商店、集会所、親しい隣人宅、そして各種の居場所などといった、まち全体を使って「生息」するものです。こうした現象は、人間以外の巣やナワバリをもつ動物にも広く観察されるはずで、「巣（住宅）そのもの」の良し悪しだけをとり上げ、それをもって人間の生活の質全体を議論すべきではないのは自明です。

　さて、この領域において高度経済成長時には、公害問題や日照問題などといった、生活の存立基盤に関わる課題が住宅まわりの居住環境の問題としてとり上げられ、都市計画法や建築基準法に反映されていきました。そして1980年代の好景気の頃には、良好な景観の重要性を訴える論調が盛んになり、従来の建築協定*に加えて地区計画*の導入がなされ、住宅地開発などの面

*リバースモーゲージ：自宅を担保に生活資金を借り入れし、自らの持ち家に住み続け、借入人が死亡したときに、担保としていた不動産処分によって借入金を返済する仕組み。

*建築協定：「建築基準法」（1950年制定）に基づく制度で、良好な住環境の確保等を図るため、土地所有者等の合意と特定行政庁の認可によって、特定の区域内の建築行為に対して「最低敷地面積」「道路からのセットバック」「建物の用途」などルールを定めること。

*地区計画：「都市計画法」（1980年制定）に基づき、住民参加のもと、地区レベルのまちづくりを総合的かつ詳細に定めることができる都市計画のひとつ。「地区計画の目標」「区域の整備・開発及び保全に関する方針」、そして道路・広場などの公共的施設（地区施設）、建築物等の用途・規模・形態等の制限をきめ細かく定める「地区整備計画」等から構成される。

的開発における開発許可＊の要件として景観規制を加える自治体も増えてきました。さらにこうした動きは2004（平成16）年の景観法＊の導入によって加速されました。このように景観の課題は、地域の環境の質の底上げのための地域一体としての取り組みでした。

　しかし、1990年代から続く長い不景気を背景として、2000（平成12）年前後からは住宅地における防犯が大きな話題となり、世間にはピッキングや車上荒らしなどという物騒な言葉が多く聞かれるようになりました。そしてこうした社会現象は、CPTED（Crime Prevention Through Environmental Design、セプテッド、防犯環境設計）＊などの環境計画領域の研究と実践を促進させ、住宅政策でも「安心」がキーワードとなりました。これは、ピッキング対策を施した錠に取り換える、住宅の窓や庭に「死角」を生じさせないデザインを考える、そして、防犯パトロールなどのコミュニティ力で地域の安心を形成していくという、まさに住宅そのものと住環境をつなぐ議論となりました。

　次に、1995（平成7）年の阪神・淡路大震災から頻発するようになった地震災害とともに、住まいまちづくりの領域では「安全」が重要なキーワードとなりました。耐震改修促進法＊のように個別の住宅性能をアップさせるだけではなく、災害において地域住民が相互に助け合うことも重要だと認識され、ここでも地域コミュニティ力の重要性が認識されました。こうして「安心安全」というキーワードが、1990年代後半の住宅政策には必ず登場することになりましたが、重要なのは個々の住宅だけでなく、地域コミュニティがそこに関与することで、より効果的に地域課題解決をめざそうとする動きが自然に生じていったことです。

　さらに、21世紀が近くなり高齢化が進むことによって、住宅周りから既存の商業機能や業務機能が徐々に消失し、ついには買い物難民を生むという地域の利便性低下の課題が、住生活の存続基盤を脅かすようになりました。住宅地開発当初においては子育て世帯が多数を占めるので、子どもの成長と世帯収入の増加に伴い買い物量が増えます。そのため、住宅地付きの商業は建設後20年くらいまでは盛んであることが多いのです。ところが、この期限を過ぎてしまうと、子どもが住宅地からよそに出て行って住宅地の人口が減り、親も定年を迎えて年金に固定化された収入となり、地域商業は生活防衛のために必然的に衰退する傾向にあります。

　これに合わせて、路線バスも採算がとれなくなり廃止となっていきます。定年後しばらくは、マイカーを使って買い出しに行けますが、免許返納の年頃になると生活の足がなくなってしまいます。このようにして、時限爆弾のように地域から商業や各種サービスが撤退するわけですが、この一連の課題

＊開発許可制度：「都市計画法」（1968年制定）に基づき一定規模以上の開発行為（土地の区画形質の変更を伴う宅地造成や建築行為等）を行う場合には、都道府県知事等の許可を得ることを義務づけて良質なまちづくりを進める制度。

＊景観法：2004年公布、2005年全面施行された良好な景観まちづくりを進めるための総合的な法律。「景観法」では、景観行政団体（都道府県、指定都市、都道府県の同意を得た市町村）が景観計画を策定し、景観計画区域内の建築物等について、届出義務を課し、あるいは、建築物等の形態、意匠、色彩等の基準を定めることができる。

＊CPTED：Crime Prevention Through Environment Designの略で防犯環境設計ともいう。1970年代初頭に建築学者のオスカー・ニューマンが提唱したモデルをもとにつくられた、縄張り意識の強い領域づくりによって犯罪予防を行う理論のこと。

＊耐震改修促進法：正式名称は「建築物の耐震改修の促進に関する法律」で1995年に制定された。多くの人が集まる学校、事務所、病院、百貨店など、一定の建築物のうち、現行の耐震規定に適合しないものの所有者は、耐震診断を行い、必要に応じて耐震改修を行うよう努めることを義務づけている。

が2000（平成12）年あたりから全国的に問題となり始め、近年その深刻の度を増しつつあります。

　そして、「多様な住生活」の項で述べたように、地域では徐々に多様な生活が営まれるようにもなってきました。例えば、郊外住宅地は、かつてはほぼ全世帯がサラリーマンで、世帯年収も年齢も、子どもの年齢も近い、きわめてホモジニアス^{注7}な社会が形成されていました。同時に、団地のどこを切り取っても似たような絵柄にしかならないような、均質な空間が同時に形成されました。こうした時期には、上記した地域環境の質の底上げを図るための地域一律の取り組みや、地域コミュニティ一丸となったまちづくりに取り組みやすかったし、その効果も発揮されたでしょう。

　しかし、団地から子どもの姿が見られなくなり、その子どもたちは親とは相当に異なる多様な生活を志向し、一方で親の方も、実に多様な加齢の仕方を見せるようになります。均一性から出発した住宅地も次第に居住者の入れ替わりが進むと、これまでとは異なる新しいタイプの人びとが移り住んできます。こうした多様性増加化の流れは、エントロピーの法則のように決して止まることのない自然な動きなのです。

　こうした状況で、住生活をめぐる多様なお困りごとに、地域一丸となって一律に取り組んでいくには限界があります。地域の交通事情を解決しようと地域的に取り組むことや、後期高齢期になって地域内で移り住めるような高齢者施設の誘致に取り組んだりすることは、大いに結構なことではあります。しかし、個別の事情を抱えた人びとの課題を丁寧に解きほぐし、課題解決のための諸条件が異なる人びとに寄り添いながら支援していく個別支援型の専門サービスによる課題解決も、同時に求められています。それは、老後のお金、老後の住まい、相続、空き家という、住宅問題と隣接する諸課題にも必然的に関わってきます。個人にとっての住宅の課題と、まち全体の課題が、直結的に連携する新たなフェーズに入っているのです。

　こうした意味で、「人は、住宅にも地域にも同時に住んで（生息して）いる」という認識が重要であり、そこにこそ、居住環境という課題領域設定の意義があるのでしょう。この課題には、「居住環境の質の向上」として取り組む必要があり、そこには地域性（地域のアイデンティティ）という課題も大いに関わってきます。

　1983（昭和58）年、住宅政策のひとつとして登場したHOPE計画[*]（Housing with Proper Environment）は、次節にみるような住宅生産の課題と、地域のアイデンティティの課題を、地方自治体に考えさせることのできた極めて重要な施策でしたが、1994年に住宅マスタープランに吸収され、現在では住生活基本計画にその名残を見せる自治体がちらほらあるくらいです。今こそ、

注7　ホモジニアスとは、同種であるさま。同質であるさま。均質であるさま。

＊ HOPE計画：1983年に建設省（現国土交通省）の補助事業として始まった各地方公共団体が策定した「地域住宅計画」。地域の特性を踏まえた質の高い居住空間の整備、地域の発意と創意による住まいまちづくりの実施、地域住宅文化・地域住宅生産など、地域固有の環境に根ざした展開を理念としている。今後の住宅政策の「希望」という意味も込めて名づけられた。HOusing with Proper Environmentの頭文字からきている。

市町村ごとの住生活基本計画が任意とされているなかで、その地域ならではの、地域性豊かで独自色のあるHOPE計画のような取り組みの動きを取り戻すべきでしょう。

4 住生活産業（住生活産業の展開・深化）

　日本の住宅政策は、1970年代の前半までは住宅不足の解消をめざしていました。それが達成されたのちは、最低居住水準や誘導居住水準という指標[注8]を用いながら、室数と面積を追求する政策に切り替わり、住宅政策は「量から質の時代になった」といわれるようになりました。このときの質は、面積と室数の追求と、住宅関連設備の充実による住戸内生活の快適性の追求というふたつの側面を持っていました。そして、これを民間ベースでも推し進める母体としての住宅産業の推進が政策テーマとなり、住宅局内に住宅産業の支援を主軸とした部署である住宅生産課が誕生して2022（令和4）年で50年となります。

　このような住宅産業も21世紀に入ると、空間づくり、ものづくりそのものを中心に据える産業形態ばかりでなく、住宅の流通や住宅の機能増進（リノベーション）、民泊*やサブスクリプション[注9]居住などといった住宅ストックを利用した新しいビジネスが登場してきました。こうして広がった新しい住宅産業を捉えようという意図も含んで、住生活産業というワードが、既成の住宅産業に替わって、2021（令和3）年の全国版住生活基本計画に用いられるようになりました。

　筆者としては、この住生活産業の中に「住教育」と呼ばれる分野も含めてみたいと思います。住教育は、義務教育の家庭科・生活科学等で教える衣食住のうち、住に関連した部分の教育を主とします。さらには、居住環境に関わる分野も教えようという形で教育内容が広がっていきました。これは一種のユーザー教育という面を有していますが、住宅は人間の買い物の中で最も高価なもののひとつであるにもかかわらず、住宅の計画・設計・建設・販売・金融・流通の中で幅広い専門知識が交錯する中での買い物となるので、ユーザーが必ずしも万全の態勢で買い物ができるような環境にはなっていないという、情報の非対称性の課題が残っています。このため、住教育分野は政府がめざす健全な住宅市場の中での住宅確保の健全性を担保するためにも、重要な課題なのです。

　また、後に述べる脱炭素、災害対応の側面からも、自分が購入する住宅がどれくらい二酸化炭素を排出するのか、どれくらいの耐震性があるのかといった知識の普及も、ますます重要になっています。さらに、既存住宅ストックの流通が、一般庶民の住宅確保にとって重要となってきているなか、既述

注8　1976年から80年までの第四期住宅建設五箇年計画から「最低居住水準」「平均居住水準」が登場した。その後「誘導居住水準」などが登場し、現在の住生活基本計画でも、計画の参考として「別紙1 住宅性能水準」「別紙2 居住環境水準」「別紙3 誘導居住面積水準」「別紙4 最低居住面積水準」という形で、全国的にめざすべき住宅の水準が示されている。

*民泊：一般的に、住宅の全部または一部を活用して、旅行者等に宿泊サービスを提供することを指す。住宅形態や運営主体はさまざまで、個人が空き部屋を貸し出すものから企業がアパート1棟丸ごと貸出用に整備するものもある。「住宅宿泊事業法」（2017年制定）における規定では、基準を満たすものであれば許可制ではなく届出制で事業が可能となった。

注9　サブスクリプションは、もともとは雑誌の定期購読などの意味があったが、ソフトウェアの年間使用料や音楽配信のストリーミングサービスなど、物の「所有」の販売ではなく一定期間の「利用」を販売するビジネスモデル。「サブスク」と略される。

したような、持ち主によるインスペクション、正当な価値評価、それに基づく適切な住宅ストックへの再投資などの課題に、一般の人びとが対処できるような、生涯にわたっての住教育の体制も、今後の住生活産業を健全に機能させるためのテーマなのです。つまり住宅リテラシーの向上です。

　また新たな住生活産業を考える際に、空き家の円滑な流通などと関連が深いのが住情報の領域であり、既成の不動産業がフィールドにしてきた住宅市場では成り立たない住宅流通の必要性が2000（平成12）年あたりから徐々に高まってきました。地方自治体ではこれに対して空き家バンク*を用いた対応を普及させてきましたが、自治体のホームページに空き家の写真を掲載しているだけでは効果が上がらないことは、もはや自明のこととなっています。お目当ての空き家に引っ越す前には、引っ越しを決意するまでに何度か現地に通うことが必要であり、そのためには、観光がてら現地に行って、引っ越しの対象となるまちの存在を知る機会を提供してくれるホテル、旅館、民宿、ゲストハウス、民泊のような宿泊施設が近くに必要であり、空き家を利用した体験宿泊施設も必要であり、地元の人びとと出会い、地元の味を知り、地元の生活の魅力を理解するための、引っ越し先を楽しく知る場所も必要です。さらに、数か月や半年といった少し長めの期間、お試し的に住んでみる賃貸住宅も必要でしょう。また、引っ越す際に町内会自治会員になるための一時金が必要であるとか、毎月の一斉清掃に参加しないといくらか払わなければならないといったローカル・ルールや、近隣の人びとなどについての情報が事前にわからないと安心して引っ越せません。だから、自治体のホームページに空き家の写真を載せているだけでは、ただの飾りにしかならないのです。

　地方自治体同士の若年人口争奪戦が続くなか、こうした気の利いた細々とした貴重な住情報をどのように効果的に発信できるのかといった、官民挙げての住情報戦が既に始まっていて、ここに参戦できるための住生活産業の幅広い再構成が、SNS*などを駆使したDX*推進とともに必要となっています。

　一方で、公営住宅や公社住宅や都市再生機構（UR）*の住宅といった公的住宅の住情報は、一般の住宅市場とは切り離されたところで流通しています。町場にある不動産屋さんに聞いても、民間のネット検索でも、このような公的住宅の案内はしてくれません。高齢者が自分にふさわしい老後の新しい民間賃貸住宅を探そうとしても同様で、登録されたセーフティネット住宅の紹介はしてくれても、サービス付き高齢者向け住宅*は、基本的には紹介してくれません。これだけの情報化社会となっても、住情報がまったく分断化された形態であることが常態化しています。

　このような住情報の分断は、住宅の情報を切実に求めている人びとにとっ

＊空き家バンク：空き家を売りたい人や貸したい人が登録し、行政のホームページや掲示板に情報を掲載するプラットフォームのこと。「○○町空き家バンク」のように、通常各自治体が主体となって運営している。

＊SNS：ソーシャル・ネットワーキング・サービス（Social Networking Service）の略で、登録された利用者同士が交流できるWebサイトの会員制サービスのこと。場所に縛られない情報発信が可能で、地縁型のコミュニティとは別の切り口でつながりを生むことができる可能性がある。

＊DX：デジタルトランスフォーメーションの略で、進化したデジタル技術を浸透させることで人びとの生活をより良いものへと変革すること。

＊都市再生機構（UR）：独立行政法人都市再生機構（通称UR）のことで、「独立行政法人都市再生機構法」（2004年制定）によって定められた住宅供給や市街地整備等を行う第3セクター。日本住宅公団を前身とする都市基盤整備公団と地域振興整備公団の地方都市開発整備部門が合流して設立された。

＊サービス付き高齢者向け住宅：60歳以上の高齢者または要介護認定を受けた60歳未満の人が入居できる、生活サポートが付随する賃貸住宅。「高齢者住まい法」の2011年改正により創設された制度によって登録基準が設けられている。

ても深刻な課題となっています。これだけ世の中に、空きアパートや空き住宅が大量に存在しているのに、金銭的に自分にふさわしい住宅をなぜ容易に見つけることができないのでしょうか。平たくいえば、例えば生活保護受給者が住宅扶助費[*]でまかなえる賃貸住宅をなぜ容易に見つけることができないのでしょうか。その一因は、現状の賃貸住宅市場では、賃料が安いとビジネスの対象にならないとされるためです。賃料に一定の割合をかけて不動産ビジネスフィーを得るというのが基本の事業なので、賃料が安くて、案内などに手間のかかる物件を相手にすると、機会損失につながると考えるため、その取り扱い自体を控える事業者が多いのです。

　また、こうした物件を求める人びとを、ワケ有りの人びととして避ける傾向も根強く、これは入居差別といわれる現象でもあります。単身高齢者だと孤独死の危険があり事故物件となると次の借り手が見つからないという事情があり、また、家賃の滞納というリスクも比較的高い可能性があります。ひとり親世帯、障がい者、生活困窮者、元路上生活者、刑余者、LGBTQの人びとなどなど、安定した家賃収入が得られる可能性の高い人びとまでも、いわれなき漠然とした忌避感からの深刻な居住差別を受けていることが多々あります。特に、不寛容社会といわれるような、同調圧力の高い日本社会では、少しでも自分の属性と異質なものを持つ人びととの接触を避ける傾向にあり、こうした入居差別がますます広がる傾向にあります。

　上記のような、低家賃住宅市場が形成されないことと、不寛容社会による入居差別によって、ますます多様化する住生活ニーズに対応できない現象が生じているのです。

　しかし、近年こうした賃貸住宅市場が等閑視していた低家賃の住宅を用いて、住宅セーフティネット対応の住宅の流通に乗り出す民間事業者が少しずつ増えているようです。居住支援協議会[*]や居住支援法人[*]などの活動の進展、それと、既成のビジネス慣習に抗いながら新規領域のビジネスを志す勇気ある若手のプレイヤーたちや、リタイヤして社会の人びとの役に立ちたいと考えている不動産分野のOBの人びとの登場が、その状況を少しずつ後押ししており、既成の住宅流通の市場へ新たな影響を及ぼしつつあるようです。こうした、社会的不動産と呼ばれる、福祉系のビジネスと連携した新たな低家賃住宅市場に関わるソーシャルビジネス[*]の開拓も、空き家の有効利用と相まって、重要な住生活政策の主戦場となりつつあります。

　このような、特に住情報を意識したビジネスの広がりと、従来の住宅産業がシームレスにセーフティネット分野に接続して新たな産業として認識されていくような総合的な「住生活産業の展開・深化」を、「住生活産業」においてめざすべきでしょう。

[*]住宅扶助費：生活保護制度で扶助できる費用のひとつで、生活保護受給者が家賃、部屋代、地代、住宅維持費(修繕費)、更新料、引っ越し費用などを居住地や世帯人数に応じてもらえる制度。

[*]居住支援協議会：「住宅セーフティネット法」(2017年10月改正)に基づき設立された、特定の地域内で住宅確保要配慮者の民間賃貸住宅への円滑な入居の促進等を図るために、地方公共団体、不動産関係団体、居住支援団体等が連携する協議会。

[*]居住支援法人：「住宅セーフティネット法」(2017年10月改正)に基づき都道府県が指定した法人で、住宅確保要配慮者の民間賃貸住宅への円滑な入居の促進を図るため、住宅確保要配慮者に対し家賃債務保証の提供、賃貸住宅への入居に係る住宅情報の提供・相談、見守りなどの生活支援等を実施する。

[*]ソーシャルビジネス：バングラデシュの経済学者でありグラミン銀行創設者、ムハマド・ユヌス博士が著書『貧困のない世界を創る──ソーシャル・ビジネスと新しい資本主義─』で定義した言葉で、人種差別、貧困、食糧不足、環境破壊といった社会問題の解決を行うビジネスのこと。経済産業省では、「社会性」「事業性」「革新性」の3つの要素を満たす事業をソーシャルビジネスとして定義している。

5 持続性（住生活の持続性の担保）

　ここで持続性というのはサステナビリティ（Sustainability）のことです。日本でこの語をよく聞くようになったのは、1992（平成4）年にブラジルのリオデジャネイロ市で開催された地球サミットのときからです。この「環境と開発に関する国際連合会議」で採択されたのが、21世紀に向け持続可能な開発（Sustainable Development）を実現するために立てられた、各国および関係国際機関が実行すべきアジェンダ21という行動計画でした。全部で40章からなる行動計画において、持続可能な開発や生物多様性などのキーワードが世に知らしめられたのです。

　ただ、それには前史があります。もともと人間活動の基盤となる地球環境や資源についての国際的な共通理解としては、1972（昭和47）年にストックホルムで開催された国連人間環境会議で人間環境宣言が採択されました。ここで示された26の原則では、差別のない公平な社会環境、天然資源保護、汚染防止、経済社会開発、居住と都市計画など、多岐にわたる人間環境の今後の構築の方向性が宣言されました。また、このストックホルム会議のきっかけのひとつともなったレイチェル・カーソンの『沈黙の春』（1962年）の警告は、日本でも頻発していた各種公害問題（水俣病1956年〜、第二水俣病1964年〜、四日市ぜんそく1960年〜、光化学スモッグ1970年〜など）とあわせて、地球環境無視の科学の社会応用への反省を迫るものとして認識されていきました。

　またこの会議にあわせてローマ・クラブが発表した『成長の限界』という報告書の影響も大きかったです。1972（昭和47）年当時のような人口爆発と経済成長が続くと、人類の成長が続かない臨界点を迎えるだろうというMITの研究者が行ったシミュレーションをベースに警鐘が鳴らされました。

　こうした1970年代の警告が現実味を帯びたのが、1973（昭和48）年の第4次中東戦争を契機に起きた第1次オイルショックでした。トイレットペーパー買い占め騒動という現象をもたらしたこの年は、ちょうど日本の住宅問題が数の上で解消し、戦後急激に伸びていた新規住宅着工戸数が初めて減少に転じた年でもあり、『成長の限界』で示されていたような事柄が、日本でも起き得るのではないかという危惧をもたらしました。

　そして、1979（昭和54）年のイラン革命を契機に起きた第2次オイルショックでは、時の首相などが半袖の背広という実にユニークな省エネルックを披露した一方で、省エネ法という、今に続くエネルギー消費抑制のための筋道が示されました。省エネ法では、大規模な工場、事業所、輸送機関等におけるエネルギー利用の効率化のための策が示されましたが、これを受け、翌年の1980（昭和55）年には、住宅分野では日本で初めての、住宅に関する省エ

ネ基準が制定され、それが現在まで増補・改定されながら続いています。

このように2回のオイルショックはそれなりに日本経済と日本社会にとって打撃ではありましたが、1992（平成4）年のリオのサミットの頃までは、日本は基本的には経済成長を続けることができ、その一方で、各種の省エネ住宅の研究・開発も行われてきました。この間、環境共生住宅*やパッシブデザイン*という新たな計画手法で、エネルギーを大量に使わなくても、自然の営みを最大限活かした居住環境を実現する工夫も進展しました。

一方で、1997（平成9）年に定められた「京都議定書」に続いて、2015（平成27）年に開催された国連気候変動枠組条約締約国会議（通称COP）におけるパリ協定によって、2050年までの脱炭素化が示され、世界経済もそれに連動する気配を見せ、日本でも、「2050年温室効果ガス実質ゼロ」そして「2030年温室効果ガス46％削減、さらに50％の高みをめざす」ことが、時の政権によって宣言されました。そしてこのことを受け、2021（令和3）年3月の国の住生活基本計画にも脱炭素が導入され、それに基づくさまざまな住宅施策が検討されようとしています。

ここで重要なことは、省エネを生活の仕方や住宅設備によって実現しようという流れから、住宅をそもそも高気密高断熱化することでエネルギー消費を抑制するという意識改革が進んだことです。

上記したような省エネから脱炭素への流れは、地球資源枯渇への危機から、二酸化炭素増加による地球温暖化とそれに起因するとと目される気候変動、それがもたらす自然災害の増加への危機へ意識が転換し、住宅の断熱性能向上が、気候変動に対抗する手段として大きくクローズアップされようとしています。

加えて、2011（平成23）年の東日本大震災は、直接の地震被災地・原発事故被災地ばかりでなく、そこから電源が供給されていた首都圏に広域の停電をもたらし、その後の全国的原発停止によって、再生エネルギーへの需要を加速させました。住宅においても、にわかにソーラパネルの設置が普及、創エネ分野が促進されました。

こうした環境配慮という考え方は、世界規模での持続性追究の、住生活へのひとつの現れとして、東日本大震災以降、日本人の住生活に深く入り込んできました。一方で、1995（平成7）年の阪神・淡路大震災を契機とした住宅耐震化は、個別の住宅性能アップをめざしてきましたが、東日本大震災と同じ2011（平成23）年に起きた紀伊半島大水害、それに続く2012年の九州北部豪雨災害は、日本列島における気候変動による豪雨災害が恒常的なものとなったことを示すのに十分でした。そしてこのことは、単に住宅そのものを災害に強くするばかりでなく、住宅の立地そのものも十分に考慮しなければ

*環境共生住宅：地球環境および周辺環境に配慮して快適な住環境を実現させた住宅および住環境のこと。建設省（現国土交通省）が1992年より環境共生住宅の推進として、自治体による計画策定の補助、モデル市街地の整備、住宅金融公庫融資の優遇措置を行っている。

*パッシブデザイン：自然エネルギーを最大限に利活用し、少ないエネルギーで快適な住環境を実現する住宅の設計手法。夏は太陽熱を遮り風通しを良くし、冬は太陽熱を取り込み熱を逃さないようにするような開口や屋根の形状のデザインなどが例としてある。

ならないという反省をもたらし、ハザードマップの開示・更新が進むと同時に、2014（平成26）年の都市再生特別措置法の改正により導入された立地適正化計画*制度においても、住宅の立地が考慮され始めました。

　地震ばかりでなく、豪雨や台風、強風に煽られた大規模火災など自然災害多発モードに突入した日本においては、災害で家を失い、避難所に入り、応急仮設住宅に引っ越し、災害公営住宅に移り住むことで復興が完了するという、一筆書き的な単線型の住宅復興ばかりではない、その人なりに探せるような多様な復興の筋道を示すべきだという議論も巻き起こりました。こうしたなか、大規模災害インフラに囲まれた復興区画整理と復興住宅は完成しても、その中に住む人があまりいないというような現象が、東日本大震災の被災地で目撃され始めました。すると、インフラや住宅ばかりを先行させるのではなく、そこでの人間生活の営みも同時に持続させないといけないという、復興プロセスにおける「日常性の持続」という新たな課題も、災害対応における住宅政策の場面で重要なテーマとして浮かび上がってきました。

　加えて、2020（令和2）年の春から日本に上陸した新型コロナウイルス感染症（COVID-19）は、今回国の住生活基本計画の第1章「「新たな日常」やDXの進展等に対応した新しい住まい方の実現」に、その痕跡を残しています。筆者はコロナ禍のことを疫病災害だと思っています。それは自然災害と同様に、「災害は平等には起きない」と「災害はそれまでの社会変化を加速する」というふたつの法則に従っていると考えられるからです。

　今回のコロナ禍では、それまで路上生活には至っていなかったネットカフェ難民を、一挙に路上に放り出してしまいました。ネットカフェの密な環境がコロナ感染の温床となると危惧され、閉鎖に追い込まれたからです。その後、職業と住居が一体となっているような人びとは、職を失うと同時に住む場所を失いました。次いで、職業と住居が一体でなくとも、非正規労働のために解雇され、収入を絶たれ、家賃が払えなくなって住まいを失うという人も出てくるようになりました。こうした不安定居住者[注10]と呼ばれるカテゴリーが、コロナ禍における居住支援の場面で浮かび上がってきました。社会の中で比較的弱い立場にいる人びとがこうした災害のときに割を食いやすい、そして、比較的脆弱な住まいや地域に暮らす人びとのほうが災害を被りやすいのです。だから、「災害は平等には起きない」のです。

　また、東日本大震災でそれまで徐々に進んでいた過疎化が一挙に加速したように、災害はそれまでの現象を加速する傾向にあります。コロナ禍で加速したのはリモート化でした。ネットを介した遠隔会議形式は、それまではごく一部の人しか使っていませんでした。技術は確かに存在して、じわじわと広まってはいましたが、これが疫病災害によって一挙に市民権を獲得したわ

＊立地適正化計画：2014年の「都市再生特別措置法」改正によって定められた、市町村が策定する都市機能の立地を誘導するマスタープラン。コンパクトシティをめざすため、都市機能誘導区域、居住誘導区域、誘導施設等を定め、市街化区域内だが居住誘導区域外の区域について開発行為の届け出を義務づけている。

注10　2002年に制定された「ホームレスの自立の支援等に関する特別措置法（ホームレス自立支援法）」に規定されているホームレスの定義は、「都市公園、河川、道路、駅舎その他の施設を故なく起居の場所とし、日常生活を営んでいる者」というものであり、正確にはHouselessと呼ぶべき人びとである。基本的にはこうした人びとは福祉行政上の措置としてシェルターや無料低額宿泊所などに移されることが多いが、このように措置されてしまうことがそのまま「自立」であるとみなされることが多い。しかしながら、イギリスなどでは「ホームレスネス」という概念があり、必ずしも路上に出ていなくても、ちょっとのことでホームレスになり得る不安定居住の状態にある人びとを支援している。（河西奈緒「イギリスのホームレスネスの概念と政策」『公益財団法人車両競技公益資金記念財団助成事業「包括的居住支援の確立に向けた調査及び研究」令和2年度事業報告』全国居住支援法人協議会／日本車両財団、2022年参照）

けです。こうした現象を踏まえて「新たな日常」と表現されているようですが、人びとの直接の接触が減り、代わりに、遠くの文物とネットを介したやり取りが加速するような日常が住生活にもたらす影響は大変に大きいのです。「災害はそれまでの社会変化を加速する」のです。

　こうしたコロナの災害特性に対して、建築計画の専門家の立場から気になっているのは、建築空間における機能のスワップ（代替的転換）です。コロナによって、住宅の一部にオフィス機能が挿入され、同時に、住宅の一部に学校の機能も挿入されてきます。こうした、異種用途の建築物の機能が、住宅を介して交換されるという現象は、住宅においては、納戸のリモート部屋への改修や、新築物件におけるリモートワーク・コーナーの確保という現象に現れています。

　住宅で起きているこうした建築機能のスワッピング現象は、自治体などが急遽設置しているコロナのワクチン接種会場の設定にも見ることができます。今回にわかに不特定多数の人びとの接種会場として、本来そういう目的ではない場所が使われています。極めつけは、東京駅前の行幸通りの地下通路を封鎖しての大規模接種です（写真）。この他にも筆者の体験例でいえば、東京大学の職域接種会場である山上会館、文京区民のための文京区総合体育館や順天堂大学講堂のホワイエもワクチン接種会場となっていました。こうした臨時対応の機能転換が可能な空間ストックを、普段から緊急事態対応型の貴重な都市資源として認識し直すことも重要でしょう。

東京駅前の行幸通りの地下通路を封鎖してつくられた大規模接種会場

　このような不測の事態への機敏な対応に関わる経験として、東日本大震災の仮設住宅や災害公営住宅の間取りを検討する際に、「単身高齢世帯は1室居住でいい」という意見に対し、「小さくていいから、遠くから子どもや親類が遊びに来たときに寝るだけの部屋がほしい」という切実な意見があったことを思い出します。単なる人数と面積の適合のみのプランニングではなく、何かあったときの備えとして、少しだけのプラスアルファを用意しておくこと、例えば、家の中にすぐにリモートワーク・コーナーが用意できるような少しだけのプラスアルファ空間のような、すなわちリダンダンシー＊を、住まいや地域施設の計画で用意しておくことが、実は、一朝有事の際の「住生活の持続性の担保」として極めて重要なことだと認識されるのです。ウクライナからの難民を受け入れている隣国の家々で、各家庭の中のちょっとしたスペースをやりくりしながら受け入れ空間を確保している様子をテレビで見るにつけ、この少しばかりの余裕が自他の災害時に役に立つのだという認識を新たにしています。

　こう考えると、脱炭素につながる住宅の高気密高断熱も、耐震性能も、少しばかりの間取りの余裕も、住生活の持続性を担保するのに不可欠なリダン

＊リダンダンシー：「冗長性」「余剰」を意味する。必要最低限のものに加えて、余分や重複がある状態やその余剰の多さ。国土計画では交通ネットワークの多重化、エンジニアリングでは予備系の確保などが例として挙げられる。

ダンシーの要素とも考えられ、国を挙げてこの底上げを図っていくことが、逆に国際社会から求められているのではないかと思われます。こうした柔軟な対応可能性の確保こそが、居住空間の強靱性なのではないでしょうか。

　最後に、DXについても少し触れておきます。デジタル・トランスフォーメーションのことですが、その初歩的な例でいえば、ペーパーレス・はんこレスの実現が挙げられます。コロナ禍で少しだけ、こうした方面が進展しているかには見えますが、依然として住宅を探す際にも、賃貸契約・売買契約の際にも、住宅関連で補助金をもらう際にも、名前や住所などを延々と繰り返し書かされ、はんこをつかされることを強いられる不都合は、なかなか改善されません。せめて行政発行文書は行政内部で電子的に取り寄せてくれればいいのに、ということです。これを解決するのがDXなのではないでしょうか。また、こうした手続きがとかく複雑でわかりにくいことが日本の生産性を相当押し下げていることも認識する必要があるでしょう。

　例えば、海外のスラム地区の改善においては、字の読み書きができない居住者が多く、公営住宅や各種の住宅系の補助金にアクセスできないことが多いため、改善事業の取り組みにおいては専門家が行政窓口に付き添ってあげるというサービスが重要です。このことは日本人にとって、もはや他人事ではありません。高齢者が複雑で煩雑な手続きをおっくうがって、いろいろなサービスにたどり着かないという現象がよく見られます。また、生活保護などの申請の際にいろいろな証明や手続きが煩雑すぎて、対象者にサービスが届かないことも頻繁に起きています。さらに、日本語の読み書きができない外国人に対する行政サービスは、近くに翻訳ボランティアがいるような一部のラッキーな人しか受けられません。などなど、こうした住宅確保の直前で足踏みしている人びとのためにこそ、住宅政策系のDXは力を発揮すべきではないでしょうか。

　これまでの住宅政策関連でいっても、IT[注11]、ICT[注12]、IoT[注13]、AI[注14]などなど、これでもかというほどの横文字の羅列が、いつもキーワードとしてさっそうと登場してきて、しばし世間をにぎわして、またいつの間にか見事に消え去っていきました。この延長に、DXやGX[注15]（グリーン・トランスフォーメーション、脱炭素・環境系の革新技術）があるものと観念していますが、それらはどう考えても「手段」であり、「目的」ではありません。上述したような、従来からある住宅関連の課題を、どの技術を用いてどのように克服すべきかという切実さと誠実さに基づく実践が伴うべきです。

注11　IT：Information Technology（情報技術）。
コンピューターとネットワークを利用した技術の総称。

注12　ICT：Information and Communication Technology（情報通信技術）。
通信技術自体、通信技術を用いて人・インターネットを情報でつなぐことやそのシステムのことなど広い意味を表す言葉。

注13　IoT：Internet of Things（モノのインターネット）。
今までインターネットとつながっていなかったモノがインターネット経由で通信することや、それによってモノを制御する仕組み。

注14　AI：Artificial Intelligence（人工知能）。
人が実現するさまざまな知覚や知性を人工的に再現するものおよびその技術。

注15　GX：Green Transformation。
カーボンニュートラル（温室効果ガスの排出量と吸収・除去する量が中立している状態）をめざすための社会経済の変革や企業の成長戦略。

3　戦後日本の住宅政策の変遷と5つの課題領域

　以上、現在の日本の住宅政策を構成する5つの課題領域を解説してきましたが、次に、戦後の日本の住宅政策の中でそれらの課題領域がどのように形成されてきたのかを見た上で、新手の横文字であるSDGsと、これらの住宅政策の領域の関係について補足的に解説を試みます。ただ、SDGsは同じ横文字でも、上記したような横文字とは次元が異なっています。それは、SDGsが目標（ゴール）を示しているからです。好むと好まざるとにかかわらず、今や世界の投資マネーはこの目標を設定し、それに向かう道筋を明らかにしている活動に集まるという動きを見せつつあります。住宅関連のさまざまな出来事が、SDGsとどのような接点を持ち得るかを想像してみることから、世界に通用する居住政策への糸口が見えてくるのではないかと思っています。

■1　「住宅ストック」領域の誕生（1960年代まで）

　多様な住生活を容れるための器の供給という課題は、100年近くにわたる日本の住宅政策の歴史の中の中心分野であり続けました。大正時代に始まった都市問題・住宅問題の核心は、地方から都市部に流入してくる人びとへの新規住宅供給でした。これが、戦災と敗戦を契機とした過度な都市住宅不足の解消を政策目標とした昭和戦後期の住宅政策にそのままつながり、公庫・公営・公団といった1950年代の公共住宅政策3本柱の構築と、1966（昭和41）年の住宅建設計画法という、住宅建設を主眼とした住宅政策の基盤となってきました。

　こうして1960年代までは、戦後420万戸と推計された住宅不足にひたすら対応する形での新規住宅ストックの形成ということが政策の主眼でした。したがって、この時代の「住宅ストック」は、今のような「住宅ストックの質の向上」ではなく、「住宅ストックの新規形成」の時代だったのです。

1960年代まで 1966 住宅建設計画法

> 住宅ストック形成
> 住宅不足解消

図1　「住宅ストック」領域の誕生（1960年代まで）

2 「住宅産業(のちに住生活産業)」領域の誕生(1970〜80年代)

　1973(昭和48)年にすべての都道府県で統計上、住宅の戸数が世帯戸数を上回ったことによって一応数の上では住宅不足が解消し、それまで新築住宅の数を増やす政策であったのに対して、今後の住宅政策は「量より質だ」と叫ばれてからは、新築住宅の面積や部屋数を増す政策、それから、新築住宅に住宅設備を盛り込む政策が20世紀中の主流となりました。

　1966(昭和41)年の住宅建設計画法によって定められた住宅建設計画の1976(昭和51)年版で初めて「最低居住面積」「平均居住面積」が設定され、主として住宅面積拡大という方針が採用されました。それと同時に、電気、ガス、水道を用いた各種の住宅設備を積極的に住宅に備え付けることが推進されていきました。このように、住宅の戸数や面積を増やすだけではなく、そこに関わる幅広い分野の産業を統合的に「住宅産業」という言葉に集約し、バックアップしていく政策が打ち立てられ、1972(昭和47)年に建設省(現国土交通省)に住宅生産課が設置されたのです。

　こうして1970年代から住宅政策上のふたつ目の「住宅産業育成」領域が誕生し、住宅ストック形成と住宅産業育成が住宅政策の両輪となりました。ちなみに、1987(昭和62)年は国連の国際居住年(International Year of Shelter for the Homeless)でしたが、この英文が意図しているような「家なき人びとのためのシェルター」という盛り上がりは日本ではほぼ見られず、国際居住年ということで、「国連さんも住宅産業をあと押ししてくれているんだ」と言わんばかりの住宅産業フェアが盛り上がっていました。バブルの時代だったから、既に、ホームレスなる言葉と日本人の暮らしがかけ離れていたといえばそれまでです。ただ、1952(昭和27)年に日本の公営住宅の普及を中心に活動を続けている日本住宅協会が住宅産業界などから募った基金を創設して、本当の意味での国際居住年記念事業を現在に至るまで継続し、国内外の居住支援に関わる活動を表彰し続けていることは、特筆してよいと思われます。

3 「居住環境の質の担保」領域の誕生(1990年代)

　「住宅ストックの新規形成」と「住宅産業の育成」は、バブル経済が破綻し

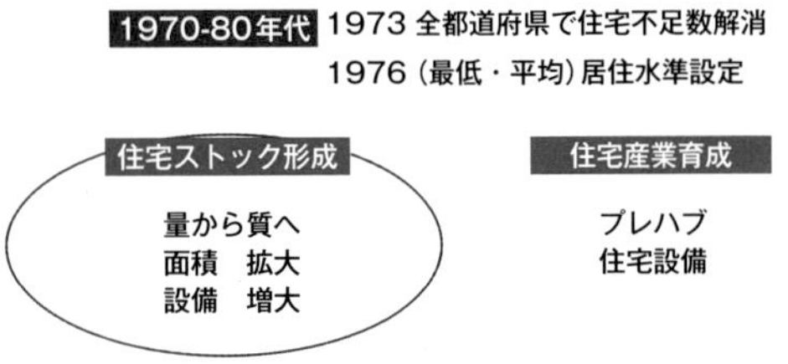

図2　「住宅産業(のちに住生活産業)」領域の誕生(1970〜80年代)

た頃に新たな局面を迎えました。バブルが弾けて世の中が急速に経済的に落ち込んだ1990年代においては、住宅地における防犯が課題となってきました。これに伴い「安心」という領域が住宅政策上重視されるようになりました。さらに、1995（平成7）年の阪神・淡路大震災によって、住宅の防災、すなわち耐震という課題が大きくクローズアップされるとともに、一朝有事の際に地域コミュニティの中での助け合いが大事であることが確認され、地域の居住環境における「安全」という領域の重要性が認識されました。こうして、「安心安全」という四字熟語が、住宅政策を語る場面で必ず出てくるようになりました。

　一方で、この時代はバブル時代から注目されていた住宅地における景観の課題に取り組むところが増えてきて、居住環境における景観の問題もクローズアップされてきました。都市計画法の地区計画制度は1980（昭和55）年に始まりましたが、1990年代には新規開発住宅地にあらかじめ地区計画を定めることも多くなり、また、バブルの中で高まる開発圧力、特に、戸建住宅地に高層マンションが建つなどの動きに対抗する形で住民運動の成果として地区計画を導入する動きも盛んになりました。またその延長に、2003（平成15）年の美しい国づくり政策大綱[注16]、そして2004年に景観法が導入されています。このように、90年代は安心安全とともに景観も重視するような、居住環境の質の向上がめざされるようにもなった時代です。

　また、1990年代には地方分権の議論が進んでいました。1992（平成4）年には、都市計画マスタープラン（市町村の都市計画に関する基本方針）の策定が義務づけられました。その後、1999（平成11）年には地方分権一括法が成立し、さまざまな権限が地方自治体に移されるようになりました。さらに、1983（昭和58）年から登場したHOPE計画によって1990年代には、地域の歴史地理風土

注16　2003年、国土交通省が「美しい国づくり政策大綱」をとりまとめ、「行政の方向を美しい国づくりに向けて大きく舵を切る」と宣言し、公共事業における景観重視を鮮明に打ち出し、15の具体的施策が明記された。例えば、このうち「景観に関する基本法制の制定」に関しては、2004年景観法が公布されその後の自治体レベルの景観形成の機運づくりに大きく寄与することになり、都市計画を設定していない自治体の景観まちづくりや、外国人観光客を惹きつけるための魅力あるまちづくりにつながっていることは明らかである。

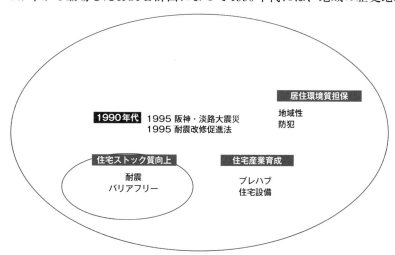

図3　「居住環境の質の担保」領域の誕生（1990年代）

を活かした住宅デザインや住まい方の模索が一般化し、住宅政策においても地域性追求が始まった時代でした。

一方で、日本が1994（平成6）年に国連の定義する「高齢社会[注17]」に突入し、高齢化問題が住宅政策上の課題のひとつとして浮かび上がってきました。既存住宅のバリアフリー改修、ノーマライゼーション*の領域が次第に重要視され、2000（平成12）年制定の介護保険法*にバリアフリーのための住宅改修費補助が盛り込まれました（高齢改修）。こうして住宅ストック形成の領域において、耐震やバリアフリーという、住宅ストック時代への移行につながる現象が生まれてきました。

■4 「多様な住生活」領域の誕生（2000年代）

そして、2000年代の住宅政策の転換は2006（平成18）年、住宅建設計画法が廃止され、住生活基本法*が制定されたことでした。それまで国が全国の公共、民間にわたる住宅建設の建設量を示し、護送船団的に住宅建設を進めていく時代から、住宅市場を介した住宅の確保を原則とし、そこで確保できなかった人に対して住宅セーフティネットを用意するという二段構えの住宅政策が打ち出されました。

1999（平成11）年に公布された地方分権一括法に代表されるような地方分権の推進や、少しずつ広がっていく空き家の増加などを受け、これからは住宅ストックを重視せねばならず、もはや国が主導して全国の住宅供給を推進するという時代ではなくなったという認識の下、2001年に発足した小泉政権が推し進めたのは市場重視による政策転換でした。

ただ、その直後の2008（平成20）年のリーマンショックによる大量の派遣切りや路上生活者の増加に対しては、厚労省所管のホームレス自立支援法*

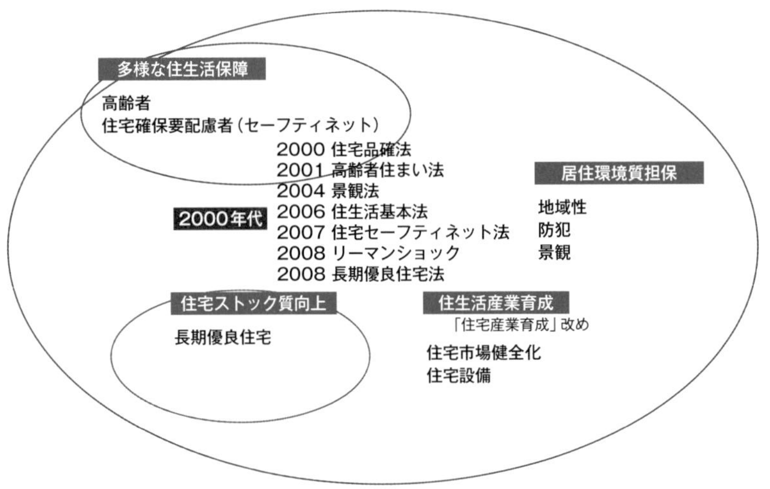

注17　国連の世界保健機関（WHO）では、65歳以上の人のことを高齢者、65歳から74歳までを前期高齢者、75歳以上を後期高齢者と定義している。また、「高齢化社会」を65歳以上の高齢者の割合が人口の7％を超えた社会と定義し、日本は1970年に高齢化社会に突入した。そして、同14％を超えた社会を「高齢社会」とし、1995年に日本は「高齢社会」となった。さらに、同21％を超えた社会が「超高齢社会」で、日本は2010年に超高齢社会に突入した。2021年には同29％となり、30％を超えるのを目前にして、幸か不幸か一貫して世界の高齢化をリードしている。

*ノーマライゼーション：障がい者も健常者と同様の生活ができるように支援するという考え方。また、障がい者や高齢者といった広く社会的弱者に対して、特別に区別されることなく社会生活を共にすることをめざす考え方でもある。1950年代に北欧諸国で提唱され始めた。

*介護保険制度：1997年公布、2000年に施行された「介護保険法」に基づく制度。介護保険制度は、国民の共同連帯の理念に基づき、加齢や疾病等により介護を要する状態になった高齢介護者に対し、高齢介護者の能力に応じた自立を支援するため、必要な保健医療サービスおよび福祉サービスの給付を行う社会保険制度のひとつで3年ごとに見直すこととされている。また、介護保険制度は40歳以上のすべての国民が加入し、健康保険料に上乗せする形で介護保険料を負担する仕組みになっている。

図4　「多様な住生活」領域の誕生（2000年代）

や生活困窮者自立支援法*などの就労支援策が主として対応しました。しかし、これに住宅政策を積極的に重ねていくという方向性にはならなかったのです。

　一方で、超高齢社会化も、住宅問題の有り様に大きな影響を与えました。日本は世界に先駆けて高齢化率21％を超えて、2007（平成19）年に「超高齢社会」となり、翌2008（平成20）年には日本の人口が減少し始め、今や高齢化率が3割になろうとする超々高齢社会に突入しています。こうしたなか、2001（平成13）年には高齢者住まい法*が制定され、高齢者優良賃貸住宅（高優賃）などの認定・支援制度が導入され、その後2011（平成23）年の改正ではサービス付き高齢者向け住宅（以下「サ高住」）の制度が導入されました。

　また、これに重ねるように2007（平成19）年に住宅セーフティネット法*によって、国や地方自治体が定義する住宅確保要配慮者*に対して、入居を拒否しない民間賃貸住宅の確保がうたわれ、さらに2017年にこれを充実させる方向で、セーフティネット住宅の登録制度、居住支援法人の指定、居住支援協議会の充実をめざすようになりました。

　これらの動きに加え、2014（平成16）年に成立した空家特措法*は、全国で数を増していく空き家の中でも、隣地等に害を及ぼすことが明白な特定空家の指定や、行政代執行による取り壊しを可能とする制度を用意しました。上記した居住支援協議会、居住支援法人が取り扱う、住宅確保要配慮者に入居してもらう住宅予備軍としての空き家の利用という側面も非常に重要です。

　このように、2000年代の住宅政策においては、住生活基本法を軸として住宅産業の育成が市場を通じた住宅獲得のための条件整備という形に変化し、「住生活産業の展開・深化」という領域を新たに形成するようになりました。

　一方で、高齢者住まい法、住宅セーフティネット法の整備を通して、「多様な住生活の公正な保障」に向けた制度整備が徐々に形成され、それまでほぼ、住宅ストック系政策の延長としての公営住宅のみで対応してきた住宅獲得困難者のための施策から、新たな住宅政策の領域へとスピンオフしたような状況を示し、2006（平成18）年には住宅局内に安心居住推進課が創設されました。

　さらに、2000（平成12）年の住宅品確法*の施行に基づいて導入された住宅性能表示制度の延長として、より高性能の新築住宅の建設に補助金を投じる流れが生まれ、2008（平成20）年には「200年住宅」という超高性能の新築住宅促進策も登場し、翌年の2009（平成21）年には耐震性能や環境配慮性能を一定基準満たした長期優良住宅に補助金をつける制度が始まりました。このことは、「住宅ストックの形成」から「住宅ストックの質の向上」への変化のなかで、既述の住宅省エネ基準と住宅政策の融合が行われてきたものと見てよいでしょう。

＊住生活基本法：2006年に制定された、住生活の安定の確保と向上の促進に関する施策の理念、国・地方公共団体・関連事業者の責務の明確化と、住生活基本計画の策定などについて定めた法律。

＊ホームレス自立支援法：正式名称は「ホームレスの自立の支援等に関する特別措置法」で2002年に制定された。自立の意思があるホームレスおよびホームレスになる恐れがある人が多く存在する地域に対して、就業・居住・医療・保健の確保と生活相談などに関する施策を含んでいる。

＊生活困窮者自立支援法：2013年制定。生活保護に至っていない生活困窮者に対する「第2のセーフティネット」を全国的に拡充し、包括的な支援体系を創設する生活困窮者自立支援制度について定めている法律。

＊高齢者住まい法：正式名称は「高齢者の居住の安定確保に関する法律」で2001年に制定された。都道府県が、国が定めた基本方針に基づき、住宅部局と福祉部局が共同で、高齢者に対する賃貸住宅および老人ホームの供給の目標などを定める「高齢者居住安定確保計画」などについて規定している。

＊住宅セーフティネット法：「住宅確保要配慮者に対する賃貸住宅の供給の促進に関する法律」（2007年制定）が正式名称で、2017年に改正され、住宅確保要配慮者の入居を拒まない賃貸住宅の登録制度、登録住宅の改修や入居者への経済的な支援、住宅確保要配慮者に対する居住支援の3本柱で制度を展開している。

5 「持続性」領域の誕生（2010年代）

　2010年代は災害の10年でした。2011（平成23）年の東日本大震災から引き続く、地震や津波ばかりでない自然災害が多発するようになりました。特に忘れてはならないのは、原発災害が未だに継続していることです。そして2020（令和2）年に入った途端に、疫病災害ともいえるコロナ禍、それに2022（令和4）年に入ってロシアのウクライナ侵攻が勃発しました。2010年代が主として自然災害によって脅かされた生活の持続性がテーマであったとするならば、2020年代はひょっとして自然災害と連動して、人間によって引き起こされる複合災害による生活の持続性への脅威が、国際的社会課題の通底をなすのではないかと思われます。

　人間存在や日常生活そのものを根幹から揺るがすものとして、エネルギー資源の枯渇の問題に、エネルギーが人間活動によって姿を変えた二酸化炭素をはじめとする温暖化ガスによる地球温暖化が加わり、そのことを原因として環境変動に伴う自然災害の発生頻度が加速しているという見立てが世界の常識となりつつあります。しかも、日常生活とは一見かけ離れたこうした話題が、一朝有事の際に、とたんに生活環境の喪失という形で、普通の人びとに現前してしまうことを、近年より多く目撃するようになりました。

　日常生活の喪失は、身近な人びとがいなくなることや、職業がなくなること、そして、自分の住まいがなくなること、住まいはなくならないけれど自分がよそへ移住しなければならなくなること、といったさまざまな形態で

＊住宅確保要配慮者：「住宅セーフティネット法」（2017年10月改正）で定められた住宅の確保に配慮が必要な者のことをいい、低額所得者、被災者、高齢者、障がい者、子育て世帯、その他住宅の確保に特に配慮を要する者を指す。

＊空家特措法：「空家等対策の推進に関する特別措置法」（2014年制定）が正式名称で、空き家の実態調査、空家等対策計画の策定、管理不全の空き家を「特定空家」に指定して助言・指導・勧告・命令ができること、行政代執行による除却等を規定している。

＊住宅品確法：正式名称は「住宅の品質確保の促進等に関する法律」で1999年に制定された。新築住宅の基本構造部分の瑕疵担保責任期間を「10年間義務化」すること、さまざまな住宅の性能をわかりやすく表示する「住宅性能表示制度」を制定すること、トラブルを迅速に解決するための「指定住宅紛争処理機関」を整備することを定めている。

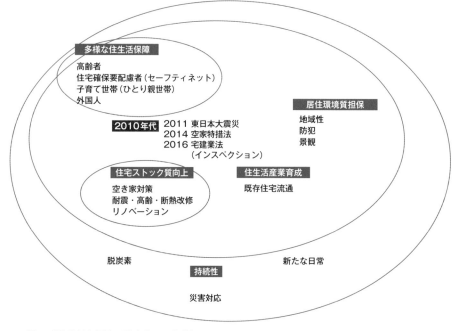

図5　「持続性」領域の誕生（2010年代）

やってきます。また、コロナ禍のように、職業の喪失がそのまま住居の喪失に直結することも多数経験されています。

こうした時に、それまで住んでいた住宅とは別の住宅に、緊急避難的に住み、生活再建の筋道を模索し、安定的な住まいを見つけ、さらにそこから生活を展開させていくというような一連の筋道が、見通しよく提示されていること、あるいは、比較的短時間の模索で見通しができることが重要です。幾多の災害で課題となるのは、見通しができることに時間を費やしすぎるあまりに、生きる意欲をなくしてしまうことです。

こうしたことを考えれば、単に仮設住宅を何戸用意したとか、災害公営住宅を何戸建設したかといったレベルではなく、生活再建の筋道に応じた住宅の確保の支援というのが本来極めて重要であることが理解できるはずです。この意味において、戦前期の日本で行われていたような、「住宅供給と生活支援がセットとなったような居住政策」[注18]が、極めて重要なのです。

また、コロナ禍でいちだんと注目されたDXも、2022（令和4）年の国の住生活基本計画でも着目されましたが、本来は、上記したような住宅再建、生活再建の筋道をいち早く見つけるための手段として重要なのです。このためには、民間賃貸、公営、公社、UR、サ高住、有料老人ホームといった供給主体別に、バラバラに提供されている住情報が一体的に提供され、生活再建の筋道をつけるためにDXが応用されるべきです。さらに、引っ越しに必ずつきまとう、大量の証明書の取り寄せや、サイン、数々の捺印。こうした、住宅へのアクセスのハードルを上げ、生産性を著しく引き下げる原始的手続きこそ、住宅政策方面でDXを活用すべき重要なポイントです。

6 5つの課題領域とSDGs

「住宅ストック」「住生活産業（「住宅産業」改め）」「居住環境」「多様な住生活」「持続性」の5つの住宅政策課題領域の形成過程を見てきたわけですが、これに国連のSDGsを筆者なりに置いてみたものが、図6です。

戦後日本の住宅政策の出発点であった「住宅ストック」の領域には、基本的には「11.住み続けられるまちづくりを」しか貼り付かなさそうですが、「持続性」と絡めると「7.エネルギーをみんなにそしてクリーンに」が今後貼り付いていくと思われます。

「住生活産業」に目を向けると、まずは「12.つくる責任、つかう責任」が貼り付き、「8.働きがいも経済成長も」もここに貼り付くでしょう。これを「持続性」と絡めてみると「9.産業と技術革新の基盤をつくろう」や「13.気候変動に具体的な対策を」も貼り付けることができるでしょう。

さらに「居住環境」には、住教育という意味で「4.質の高い教育をみんなに」

注18　ここで「住宅供給と生活支援がセットになったような居住政策」とは、戦前に同潤会が仮住宅事業や不良住宅地区改良事業などで行っていた、住宅供給に社会事業を組み込んで行っていたような事柄を含意している。同潤会が内務省社会局の指示によって行った猿江裏町不良住宅改良事業では、イギリスで先鞭がつけられていたスラムクリアランス事業を日本で初めて実施したものであり、1927年に不良住宅地区改良法（のちの、住宅地区改良法）を成立せしめるためのモデル事業として行ったものである。現代風にいえば、住宅供給と生活支援の融合的解決策が実現できたのだといえよう。

を貼り付けることができそうです。

　最後に、「多様な住生活」に注目してみると、「1.貧困をなくそう」「2.飢餓をゼロに」「3.すべての人に健康と福祉を」「5.ジェンダー*平等を実現しよう」「10.人や国の不平等をなくそう」「16.平和と公正をすべての人に」「17.パートナーシップで目標を達成しよう」というふうに、7つのアジェンダを貼り付けることができます。

＊ジェンダー：生物学的な性別（sex）に対して、社会的・文化的につくられる性別のこと。

　ちなみに、「6.安全な水とトイレを世界中に」「14.海の豊かさを守ろう」「15.陸の豊かさも守ろう」は、人間が地球環境を利用する上での基盤であり、すべての人間活動の基礎なので、すべてに関係しています。

　こうして見てくると、「住宅ストック」に2つ。「住生活産業」に4つ。「居住環境」に1つ。「多様な住生活」に7つ。そして共通基盤的な類型として3つというふうに、SDGsバッジを貼り付けることができます。もちろん、この貼り付け方は千差万別で、人によって結果が異なることは当たり前です。しかし、どう考えても、いま日本で大流行しているSDGsを1項目でも多く住宅政策領域で達成しようとすると、「多様な住生活」の実現に目を向けざるを得ないことは確実でしょう。また、「住宅ストック」でも「住生活産業」でも、「持続性」との関連の中で3つのSDGsバッジを貼り付けることができたことを考え合わせると、今後の住宅政策は住宅ストック質の向上を堅持しつつも、「多様な住生活の保障」と「持続性」を両輪として駆動する方向性で、住宅生活産業育成と居住環境の質の担保の領域を巻き込みながら推進していくべきだと考えられます。

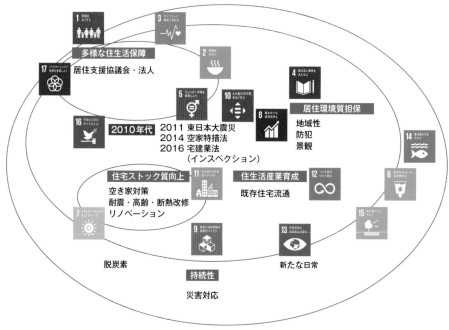

図6　5つの課題領域とSDGs

4　H&C財団・住まい活動助成の位置づけ

1　住まい活動助成の分析

　H&C財団では2017年度から、住まい活動助成の中でも特に「住まい」への関わりが強いと考えられる団体を選び、こうした団体の活動を「住まい活動助成」と位置づけ[注19]、そのための委員会を組織し、これら団体の諸活動から学びつつ、新たな住まいまちづくり活動の理論化と新たな方向性を探り、ひいては、関連ある住宅政策との連携の強化・深化を図るための研究を進めてきました。そして本書が、その成果の一端を世に示す機会となると考えています。

　対象となる活動は、2017年度から2021年度までの5か年で37となります（表3）。そしてこの表中の諸活動を、本章で既述してきた住宅政策5領域に載せて、2次元的に表現したのが図7です。この委員会では、助成のための応募書類では学べないことを、現場からも直接学ぼうということで、これらの諸団体のすべてに対して現地調査を行いました。こうして得られた情報をもとにした整理なので、活動の当事者からすると「一面しか見ていない」とか「今は違う活動テーマにシフトしている」とか「今は役員が変わったので違う意識でやっている」とか、はたまた「組織自体が大幅に変化したところもある」かもしれませんが、この点はあらかじめご容赦ください。

　さてこの図7を見ると、住宅政策5領域の中でひときわ多くの活動に絡んでくるのは「住宅ストック（住宅ストックの質の向上）」の領域です。37団体のうちの実に32団体が、空き家をはじめとする空き空間の利用を通した活動を行っています。残りの5団体は、後に述べるように「多様な住生活（多様な住生活の公正な保障）」の領域の中でも、近年特に注目されている「居住支援」のテーマに近い活動であり、ハードとしての住宅ストックをテコとしたまちづくりというよりは、ソフト方面の活動に主眼があり、その具体の展開の場として住宅が関連するという位置づけです。

　そこで以下では各団体の活動領域を、
❖包括的居住支援【居住支援】【空き家×居住支援】【居場所】
❖まちの維持と更新【まちの多様化】【地域住文化】
❖住宅地マネジメント【住宅地マネジメント】【住宅地マネジメント×脱炭素】
という3概念（❖を付したもの）と、7カテゴリー（【　】でくくったもの）に分けて解説していきます。

注19　30年の実績を有する「住まいとコミュニティづくり活動助成」は、市民の自発的な住まいづくりやコミュニティの創出、そして、地域づくり活動に対して広く支援してきたが、今日の住まいとコミュニティに関する多様な社会的課題に対応するため、「コミュニティ活動助成」と「住まい活動助成」の2本立てとして、2017年度から試験的に、そして2018年度から本格的に、その助成を開始するようになった。

表3 5つの現代住宅政策領域と住まい活動助成事業一覧表（2017（平成29）～2021（令和3）年度）

5つの現代住宅政策領域			住まい活動助成団体の活動領域		活動対象	活動エリア
多様な住生活		❖包括的居住支援	【居住支援】	外国人	ソフト 共存	UR賃貸団地
				高齢者	互助	分譲マンション 戸建団地
					ネットワーク	分譲マンション
	住宅ストック				リテラシー支援	分譲マンション
					終活	市街地
			【空き家 ×居住支援】	高齢者・障がい者	賃貸住戸	公社住宅
		住生活産業		困窮者	民間賃貸	市街地
				児童養護施設退所者	新聞売店	市街地
				住宅確保要配慮者	民間賃貸	市街地
			【居場所】	交流	玄関先	戸建団地
				高齢者	店舗併用住宅	戸建団地
				移住者・若年	銭湯	市街地
				移住者	民家	市街地
				子育て・移住者		市街地
				多世代・コミュニティビジネス		市街地
				子育て・移住者		市街地
				多世代		公社住宅 戸建団地 市街地
				多世代・地域通貨	集会所	公営住宅
				コミュニティビジネス	賃貸住棟	公営住宅
					賃貸住戸	公営住宅
		❖まちの維持と更新	【まちの多様化】	若年女性	空き住戸	分譲マンション
				まちの多様化 移住・伝統ビジネス継承	民家	市街地
				まちの多様化 移住・コミュニティビジネス		市街地
	居住環境		【地域住文化】	木賃文化	民間賃貸	市街地
		住生活産業		産業文化	民家	市街地
					葉煙草乾燥小屋	農村
				アート	民家	市街地
		❖住宅地マネジメント	【住宅地マネジメント】	建築協定	民間賃貸	戸建団地
				ランドスケープ	共用空間	公営住宅
				住宅地後背地	里山	田園住宅地
				公共空間	インフラ空間	戸建団地
				空き家群	民家	戸建団地
				広域連携	民家・駐車場等	戸建団地
				マンション更新	空き住戸	分譲マンション
		持続性	【住宅地マネジメント ×脱炭素】	脱炭素	屋上	ニュータウン

活動主体　※は第2部で活動を紹介	活動内容	助成年度
芝園かけはしプロジェクト※ (川口市)	外国人居住者が過半を占めるUR賃貸住宅における問題緩和と交流促進を進める学生主体の地域活動	2019
NPO法人鶴甲サポートセンター※(神戸市)	エレベーターのない5階建て分譲マンション団地における高齢世帯へのゴミ出しサポート活動	2018-19
NPO法人小杉駅周辺エリアマネジメント(川崎市)	タワーマンション高齢居住者の孤立・孤独を防ぐコミュニティサポート事業の取り組み	2019
NPO法人都市住宅とまちづくり研究会※(千代田区)	高齢単身マンション所有者の相続時に備えて元気なうちに行う資産管理活動の提案	2018
NPO法人ライフサポートセンターHAPPY(都城市)	エンディングノートの作成活動を契機に、元気なうちの空き家予防対策に取り組む活動	2018
NPO法人チュラキューブ※ (大阪市)	公社空き住戸を活用した障がい者による「みんなの食堂」を拠点に、高齢者の孤食防止と学生・地域住民が参加する交流の場づくり(多主体連携による地域課題への取り組み)	2019
NPO法人ほっとプラス※(さいたま市他)	ホームレスや路上生活者等の住まい確保に向けたセーフティネット活動	2019
認定NPO法人四つ葉のクローバー(守山市)	児童養護施設を退所した若者の住まいと自立をサポートする交流型シェアハウスの内装改修とその運営活動	2017
NPO法人南市岡地域活動協議会※ (大阪市)	高齢や障がいを理由に賃貸住宅への入居が難しい住宅弱者等への住宅確保を図るサブリース事業や相談事業の活動	2020-21
NPO法人一期一会(伊勢原市・厚木市)	地元NPOと大学研究室の協働による戸建住宅地の住環境改善活動	2020
認定NPO法人ユーアイネット柏原(狭山市)	大規模郊外戸建住宅地(狭山ニュータウン)における住まいと暮らしのマネジメント事業	2019
気仙沼家守舎(気仙沼市)	銭湯2階をシェアハウスに改修し、初期移住者と地域交流をサポートする活動	2019
谷瀬地域受入協議会(十津川村)	中山間集落における空き家のDIYを通した集落住民と来訪者および集落内の新旧住民の交流の場づくり	2021
真田ゆめぐるproject.(上田市)	空き家を活かした「みんなの居場所づくり」と繋がりめぐる地域のヨコの関係づくり	2021
NPO法人結の樹よってけし(清川村)	中山間地域の集落にある空き民家を活用した地域が繋がる場づくりの活動	2019
一般社団法人Omusubi※ (気仙沼市)	空き家を活用した「子育てママたちのセルフリノベーションによる子育て環境づくり」の活動	2020
二宮町・一色小学校区 地域再生協議会(二宮町)	周辺地域を巻き込んだ大規模賃貸住宅団地の再生活動(ベッドタウンから里山ライフタウンへ)	2017
北芝まちづくり協議会(箕面市)	公営住宅の共用施設(団地集会所)をコミュニティの拠点に再生し、食と安心をテーマに地域住民の交流を進める活動	2017
茶山台団地DIYサポーターズ※ (堺市)	公社賃貸住宅の空き室を活用した住まいのDIYサポート活動による団地コミュニティづくり	2021
NPO法人SEIN(サイン)(堺市)※	公社空き住戸を総菜カフェ(やまわけキッチン)に転用して、食によるコミュニティも育てる団地再生の取り組み	2018
NPO法人グリーンオフィスさやま※ (狭山市)	提案型リノベーションにより、分譲マンション団地の魅力アップを図るプロジェクト	2017
菅島の未来を考える会(鳥羽市)	空き家を移住モデルハウスとして改修し、「お試し居住の実施」により移住定住の促進を図る地域あげての取り組み	2020
吉野家守倶楽部(吉野町)	空き家になっている歴史的町家を取得して移住と起業を支援する取り組み	2020
かみいけ木賃文化ネットワーク (豊島区・北区)	空き家・空き室のある木賃建物に非住宅の機能を加味して、地域文化を育む活動	2018
門司路地組合(北九州市)	路地裏空間と空き家の再生活用により交流人口の増加と地域の活性化に取り組む活動	2018
NPO法人くらしまち継承機構 (静岡市)	東海道宿場町(由比)において、空き家化している歴史的町家を地域資源として活用する提案的な活動	2018
赤泊の未来を考える会(大月町)	地域に残る葉煙草の乾燥小屋を地域文化景観ととらえ、その再生活動を通して関係人口の拡大と移住者の獲得を図る取り組み	2020
国栖の里観光協会くにすにくらすプロジェクトチーム(吉野町)	歴史的集落に散在する空き家を芸術家の住まいとして再生する「アート×空き家」の地域再生活動	2018
柏ビレジ自治会(柏市)	郊外戸建住宅地ー住み継がれる住宅地へのまちづくりルールの見直し活動	2020
小野崎団地ローズマリーの会 (つくば市)	住民ボランティア組織が行う県営住宅団地の環境美化活動	2021
当別町農村都市交流研究会 (当別町)	住宅地の後背に残る斜面地と谷戸部分の豊かな自然を活かし、自然な動物の生態環境と健康でエコな家畜育成を放牧により行い、持続的な里山田園住宅づくりを目指す取り組み	2020
美しが丘アセス委員会遊歩道ワーキンググループ※(横浜市)	良好な戸建住宅地の環境を地域主体でマネジメントする活動(建築協定から見守り型地区計画へ)	2019
日吉台学区空き家対策検討委員会(大津市)	郊外大規模戸建住宅地自治会による段階的な「空き家対策」の取り組み	2018
NPO法人玉川学園地区まちづくりの会※(町田市)	空き家予備軍や地域資源マップ等を介した住み継がれる住宅地への取り組み	2019
かごだんSTEP展開プロジェクト(鹿児島市)	地方都市郊外の住宅地を持続可能なまちにするための地域住民と大学等の連携活動	2021
東村山富士見町住宅管理組合※ (東村山市)	高経年郊外分譲マンションにおける1案に絞らない団地再生活動	2020-21
集合住宅環境配慮型リノベーション検討協議会(多摩市)	分譲マンションのブランディングのためのエコ×リノベからの提案活動	2017

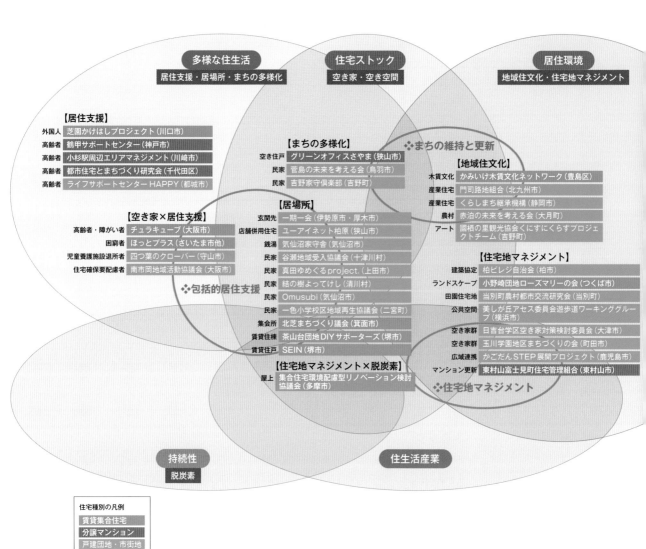

【居住支援】
外国人　芝園かけはしプロジェクト（川口市）
高齢者　鶴甲サポートセンター（神戸市）
高齢者　小杉駅周辺エリアマネジメント（川崎市）
高齢者　都市住宅とまちづくり研究会（千代田区）
高齢者　ライフサポートセンター HAPPY（都城市）

【空き家×居住支援】
高齢者・障がい者　チュラキューブ（大阪市）
困窮者　ほっとプラス（さいたま市他）
児童養護施設退所者　四つ葉のクローバー（守山市）
住宅確保要配慮者　南市岡地域活動協議会（大阪市）

❖包括的居住支援

多様な住生活
居住支援・居場所・まちの多様化

【まちの多様化】
空き住戸　グリーンオフィスさやま（狭山市）
民家　菅島の未来を考える会（鳥羽市）
民家　吉野家守倶楽部（吉野町）

【居場所】
玄関先　一期一会（伊勢原市・厚木市）
店舗併用住宅　ユーアイネット柏原（狭山市）
銭湯　気仙沼家守舎（気仙沼市）
民家　谷瀬地域受入協議会（十津川村）
民家　真田ゆめぐるproject.（上田市）
民家　結の樹よってけし（清川村）
民家　Omusubi（気仙沼市）
民家　一色小学校区地域再生協議会（二宮町）
集会所　北芝まちづくり議会（箕面市）
賃貸住棟　茶山台団地DIYサポーターズ（堺市）
賃貸住戸　SEIN（堺市）

【住宅地マネジメント×脱炭素】
屋上　集合住宅環境配慮型リノベーション検討協議会（多摩市）

住宅ストック
空き家・空き空間

❖まちの維持と更新

【地域住文化】
木賃文化　かみいけ木賃文化ネットワーク（豊島区）
産業住宅　門司路地組合（北九州市）
産業住宅　くらしまち継承機構（静岡市）
農村　赤泊の未来を考える会（大月町）
アート　國栖の里観光協会くにすにくらすプロジェクトチーム（吉野町）

【住宅地マネジメント】
建築協定　柏ビレジ自治会（柏市）
ランドスケープ　小野崎団地ローズマリーの会（つくば市）
田園住宅地　当別町農村都市交流研究会（当別町）
公共空間　美しが丘アセス委員会遊歩道ワーキンググループ（横浜市）
空き家群　日吉台学区空き家対策検討委員会（大津市）
空き家群　玉川学園地区まちづくりの会（町田市）
広域連携　かごだんSTEP展開プロジェクト（鹿児島市）
マンション更新　東村山富士見町住宅管理組合（東村山市）

❖住宅地マネジメント

居住環境
地域住文化・住宅地マネジメント

持続性
脱炭素

住生活産業

住宅種別の凡例
賃貸集合住宅
分譲マンション
戸建団地・市街地

図7　住まい活動助成と5つの現代住宅政策領域

2 包括的居住支援

　現在の居住支援分野の基盤を形成しているのが、住生活基本法や住宅セーフティネット法ですが、地域では、自治体を主体とする居住支援協議会や、自治体からの委託を受けて居住支援を実践する居住支援法人が既に活躍しています。このフィールドでは、国土交通省系からは不動産事業者を中心としたプレイヤーが、厚生労働省系からは福祉事業者を中心としたプレイヤーが、主として参画しているようです。ところが、不動産事業者はやはり「住宅を確保して入居してもらう」ことまでを得意とし、福祉事業者は「自らの専門の対象者（高齢者、障がい者、生活困窮者……）に焦点を絞って対応する」という、いわゆる「者別の対応」に力点を起きがちです。そうすると、不動産事

業者は居住支援の対象とする人びとが入居してから先の地域生活には関心が薄く、福祉事業者は多様な住宅の困り方に直面した人びとを、地域の中で支援するという観点が薄くなりがちであるようです。

こうした中で、H&C財団が支援してきた住まい活動助成の団体は、居住支援の領域に、多様な空間を駆使してコミットしていることがわかりますし、従来の居住支援の枠を越え、地域に散在する多様な空間資源を活用しながら近所の人びとがコミュニケーションをとったり触れ合えたりするような場所づくり、そしてそれが定型化するような居場所づくり、そして、その居場所が地域の居住支援の拠点になるような活動まで、実に幅広い展開を見せつつあります。

【居住支援】

●芝園かけはしプロジェクト（活動13 252頁）

UR賃貸団地における外国人との共存をテーマにした「芝園かけはしプロジェクト（川口市）」では、特定の外国人が集住することによって、日本人との軋轢を生じるというコンフリクトが存在しましたが、いきなり共生をめざすよりも、まずは互いの文化の違いを認識し、いかに共存するかをめざした活動を展開しています。

● NPO法人鶴甲サポートセンター（活動6 220頁）

戸建住宅と分譲マンションが混在したエリアで高齢者同士の互助的生活支援を中心に展開している「鶴甲サポートセンター（神戸市）」では、ゴミ出しが困難な高齢者を、近所のより元気な高齢者が支援するといった仕組みづくりに取り組んでいます。

● NPO法人小杉駅周辺エリアマネジメント

超高層マンション群を対象としたエリアマネジメント*の中での高齢者向けのサービス展開をねらった「小杉駅周辺エリアマネジメント（川崎市）」では、孤立しがちな超高層マンションの高齢者に着目し、超高層マンション間のネットワーキングを通じたエリアマネジメントをめざしています。

● NPO法人都市住宅とまちづくり研究会（活動11 244頁）

特定のエリアに特化せず、高齢のマンション居住者のためのマンション管理サポートを展開する「都市住宅とまちづくり研究会（千代田区）」では、高齢者のマンション管理組合*参画への支援から始まり、遺産相続の支援までも射程に入れた一般解を導くための研究を重ね、その普及活動を展開しています。

● NPO法人ライフサポートセンター HAPPY

都城市において、終活の普及を通じた高齢者の予防的居住支援、特に高齢

芝園かけはしプロジェクト

鶴甲サポートセンター

小杉駅周辺エリアマネジメント

＊エリアマネジメント：特定のエリアを単位に、民間が主体となって、まちづくりや地域経営（マネジメント）を積極的に行う取り組み。行政主導の「つくる」まちづくりに対して、住民や事業者らが主体となって地域の環境や価値を持続・向上させるまちづくりという位置づけである。

都市住宅とまちづくり研究会

＊管理組合：いわゆる「区分所有法」（1962年制定）に基づき、分譲マンションなど区分所有建物の建物（共用部分）と敷地を共同で管理するための組織。管理組合の実態の有無にかかわらず、2以上の区分所有者が発生したときに自動的に組成されるもので、区分所有者全員が組合員となり、理事会の開催や修繕等に関する合意形成を行う。

独居女性を対象としたアウトリーチ*活動を展開する「ライフサポートセンターHAPPY(都城市)」では、脳トレ体操、終活ノート、居住支援、相続税相談、などの複層的なサービスを提供するなかで、支援すべき弱者を発見し、個別の支援に展開していくという、地域全体の見守り活動モデルになり得るモデル的活動を展開しています。

こうした、5つの団体が【居住支援】というカテゴリーに分類できます。住宅セーフティネットの対象者となるカテゴリーは多数ありますが、住宅ベースで動くとなると、やはり高齢者が中心となるようです。ただ、今後の展開の中で、必ずしも高齢者ばかりが中心となるだけでなく、芝園団地の外国人居住の課題や、地域の障がい者の生活の課題なども包摂する活動が展開していくことが期待されます。

【空き家×居住支援】

この居住支援の領域に「空き家」を利用することを活動の基盤としている【空き家×居住支援】というカテゴリーに分類可能な団体が4つあります。

● NPO法人チュラキューブ（活動12 248頁）

「チュラキューブ(大阪市)」は、大阪府住宅供給公社の空き家を利用して、ここに住む高齢者の居場所になり得るコミュニティ食堂を、障がい者の作業所を兼ねた運営とすることによって、「高齢者×障がい者」の支援をめざす活動です。

● NPO法人ほっとプラス（活動15 262頁）

「ほっとプラス(さいたま市他)」は、空きアパートを1棟借り上げ、その1階に団体事務所、2階にホームレスの人を中心とした生活困窮者に一時的に滞在してもらいながら、居住支援、就労支援等を地域展開している団体です。

● 認定NPO法人四つ葉のクローバー

「四つ葉のクローバー(守山市)」は、空き家となっていた新聞販売店をそのまま、児童養護施設*退所者で、まだ自立生活の訓練が必要な若者のシェアハウス*と、彼らが就労訓練をするための飲食店を備えた複合的なハウジングを展開しています。新聞販売店はそもそも、若い人びとに奨学金的な就労の場と宿泊の場を同時に提供する職住一体型の建築類型です。この建築的特徴を活かし、飲食店という若者の就労訓練の場と、シェアハウスという自立生活の一歩手前での訓練の場を同時に提供するという、極めて絶妙な建築計画を実現しています。

● NPO法人南市岡地域活動協議会（活動14 258頁）

「南市岡地域活動協議会(大阪市)」は、大阪市の施策に基づいて町内会自

ライフサポートセンター
HAPPY

*アウトリーチ：手を差しのべること。支援が必要であるにもかかわらず届いていない人に対して、援助側から働きかけ援助するプロセス。訪問診療やホームレス状態の人への声かけなど、何らかの理由で自ら支援を求めるのが難しい人に対して積極的に支援を届ける活動を、アウトリーチ活動という。

チュラキューブ

ほっとプラス

四つ葉のクローバー

*児童養護施設：「児童福祉法」(1947年制定)で規定された、保護者のない児童、虐待されている児童、その他環境上養護を要する児童を入所させて、これを養護し、併せて退所した者に対する相談その他の自立のための援助を行うことを目的とする施設。

*シェアハウス：一般にひとつの住居に親族以外の複数人が共同で暮らす賃貸住宅のこと。空間様式はさまざまで、2段ベッドの1段のみが専有のものもあれば、風呂・トイレ・キッチンが専有個室に含まれるものもある。

治会的組織がNPO法人として独自の地域活動を展開するという枠組みの中で行われている居住支援活動を行っています。地域で生じる多様な「住宅確保要配慮者」に対して、それを「者別」に分類してから支援を行うのではなく、まずは地域の一員として地域の中で住まいを見つけるという、地域に根ざした居住支援の原点ともいうべき活動がとれています。地域に散在する空き賃貸住宅と住宅困窮者のマッチングを「地域の隣人」という目線で行っています。だから、高齢者、障がい者、困窮者といった「者別」ではない形で、包括的に居住支援が行われています。今後めざすべき地域的・包括的居住支援の一典型例がここにあると思います。

南市岡地域活動協議会

　このように見てくると、【空き家×居住支援】というカテゴリーでは、さまざまな空き家を、さまざまに住宅に困っている人びとに届けていく活動であることが理解できますし、こうした活動の広がりを模索し、支援し、拡大していくことが、行政、民間を問わず大事になってくると思われます。

【居場所】
　上記した【居住支援】【空き家×居住支援】のような「居住支援」系の活動のほかに、「多様な住生活」を保証するために、地域の既存の空間ストックを用いた「居場所」を構築しようというカテゴリーがあります。これを【居場所】と名づけたところ、11の活動がここに分類できました。今回のカテゴリー中、最大の派閥です。居場所が地域の中で切実に求められているということの証左でもあります。
　ただここで重要なのは、【居場所】のカテゴリーが「多様な住生活」と「住宅ストック」と「住生活産業」の3つの領域にまたがっていることです。つまり、居場所をつくる目的として、地域の中の多様な人びとが出会い、集まるということがあって、それを実現するためにさまざまな空間ストックを利用し、そうしたプロセスが地域の居住環境全体に寄与するという、一連の流れをねらっている団体が多いということです。

● NPO法人一期一会
　まずは「空き空間」を利用している例が、「一期一会（伊勢原市・厚木市）」です。戸建住宅に必ず存在する「玄関先空間」「玄関と門扉までの空間」という、住宅へのアプローチ空間に、この団体が地元大学と一緒にオリジナルで開発した植栽バッグを設置し、住宅の住み手にその植物の面倒を見てもらうというプロジェクトです。

一期一会

　住み手は、夏場にはほぼ毎日水やりに玄関先に出なければならず、そこで出会う近所の人びとや道ゆく人びとと会話をするきっかけを生むことができ

ます。さらに、植栽バッグには幾種類かの植物が植わっており、自分が育てているのと同じ植物を近所で目撃するときには自分のと比べてみたくなったり、違う植物を育てている家の前では新たな発見をしたりというふうに、近所の植栽バッグの様子を見て歩くこと自体が楽しくなってしまい、ますます近所の人びとが顔を合わせる機会が増えるという仕掛けです。

　この活動が、コロナ禍の中で始まったのも非常に意義深いことです。コロナ禍において戸建住宅で増えたのが散歩でした。特にリモートワークで普段は家に居ない人びとが家に居るようになり、こうした人びとが、ちょっと外に出て、外部空間で密にならずにコミュニケーションを取れるという、きわめてコロナ禍ならではのアイデアです。

ユーアイネット柏原

　次いで、建物の既存ストックを生かしたふたつの活動を見てみましょう。
● 認定NPO法人ユーアイネット柏原
　「ユーアイネット柏原（狭山市）」は、戸建住宅団地の大通りに面した店舗併用住宅を用いて、1階にコミュニティカフェを設置し、2階を福祉的コミュニティ支援を行う、まちづくりの拠点にしながら、そこに集う人びとの居場所を形成する活動を展開しています。

気仙沼家守舎

● 気仙沼家守舎
　「気仙沼家守舎（気仙沼市）」は、現役の銭湯の2階にある、昔の休憩所やサウナ部屋などを利用して、気仙沼に移住する若い人びとが集えるような機能を提供しようという活動です。このような、住宅以外の空き空間を積極的に活用するアイデアは、もっと多様に出てきてもいいと思います。

谷瀬地域受入協議会

　それ以後の8事例はいずれも地域の「住宅ストック（空き家）」を利用した活動です。
● 谷瀬地域受入協議会
　「谷瀬地域受入協議会（十津川村）」では地域の古民家を用いて、新しい移住者や来訪者が立ち寄り、居場所にできるような空間づくりに取り組んでいます。

真田ゆめぐるproject.

● 真田ゆめぐるproject.
　「真田ゆめぐるproject.（上田市）」でも集落内の古民家をリノベーションして、UIJターンして移住してくる子育て中の若手の人びとが新しいコミュニティビジネス*を展開できるための拠点づくり・居場所づくりに取り組んでいます。

*コミュニティビジネス：地域課題の解決を地域の資源を活かしながら「ビジネス」の手法で取り組むもの。主に地域における人材、ノウハウ、施設、資金等を活用することで、対象となるコミュニティを活性化し、雇用を創出したり人の生き甲斐（居場所）などをつくり出すことが主な目的や役割となる場合が多い。さらに、コミュニティビジネスの活動によって、行政コストが削減されることも期待されている。

● NPO法人結の樹よってけし
　「結の樹よってけし（清川村）」でも、古民家のリノベーションを拠点とし、

結の樹よってけし

地域への移住希望者の支援だけでなく、地域の高齢者支援活動もこの古民家を拠点にしながら展開しています。

●一般社団法人Omusubi（現 Ripple）（活動10 238頁）

さらに「Omusubi（気仙沼市）」では地域の空き家を使って、「託児所＊」「女性専用シェアハウス」そして「地域のお母さんが、ひとりで、あるいは少人数でほっこりできる居場所」の形成に取り組んでいます。

筆者が注目したいのは、特に3つ目の「地域のお母さんがほっこり」できる居場所づくりです。地方の子育て中のお母さんは、三世代同居の場合が多いです。特に、お母さんが「嫁」である場合は、家の中で心からほっこりできるようなタイミングは少ないでしょう。また、地方では外出先にも「近所の目」があり、好きな映画を見たい、好きなものを飲み食いしたい、ちょっとだけひとりで昼寝したいというような、ごくごく自然な要求を満たしてくれる空間がなかなかありません。

こうした、実に普遍的かつ切実で、これまで誰もそれに対して解答を与えてこなかった課題を、「託児所」を運営するプロセスで鋭く見抜き、「ひとりでほっこりする空間」をプロデュースするという建築計画が素晴らしいです。

●二宮町・一色小学校区地域再生協議会

「一色小学校区地域再生協議会（二宮町）」は、ひとつの小学校区を単位とする広域コミュニティであり、その中には、神奈川県住宅供給公社の賃貸住宅団地、戸建住宅団地、既存集落をベースに発展した既成市街地が混在します。混在というと、マイナイスのイメージを持たれるかもしれませんが、お隣の自治会がそれぞれ違った出自と居住者属性をもち、それぞれ違った住宅ストックをもっているということです。

ここではその「違い」をうまく利用しながら、地域の人びとが集う居場所の形成をねらっています。ここで活用されている民家のオーナーは、先祖が残した家と屋敷を大事に残したいと思っています。賃貸団地に住んでいる人は、そうした古民家を使った経験がなく、できるものなら、そんなところを生活の一部として使ってみたいでしょう。

こんな、地域に散在する異なるニーズを満たすのが、古民家を利用した居場所づくりです。混在する地域に住む、さまざまなタイプの人びとが、ひとつの古民家をベースに異文化体験をすると同時に、ひとつの地域であることのアイデンティを形成していく。昭和時代にはパッチワーク的社会でしかなかったものが、二世代くらいの時間を経て、ようやくひとつの絵柄となるような活動が、ひとつの古民家を通して可能となるのです。

さらに、【居場所】のカテゴリーでは、公共賃貸住宅も対象となることを示

Omusubi

＊託児所：明確な定義はないが、幼稚園や保育園、認定こども園のような児童福祉法に基づく認可を受けていない保育施設の総称を指すことが多い。ベビーホテル、事業所内保育施設、居宅訪問型保育事業などの種類がある。

二宮町・一色小学校区地域再生協議会

しているのが、次の3事例です。

●北芝まちづくり協議会

「北芝まちづくり議会（箕面市）」では、人も建物も経年化した地域の公営住宅の集会所を用いて子ども食堂を展開していますが、幅広い人びとが集まる「共食の場」を展開しています。さらに、この居場所を通じて知り合った人びとが、「北芝まちづくり議会」が繰り広げる活動に参加することで「地域通貨*」を得て、それを食堂で使うこともできます。

空き空間の改修に複層的なまちづくりのソフトを投入していくことで、後に見るような「住宅地マネジメント」にもつながっていくような展開を図っています。

●茶山台団地DIYサポーターズ（活動8 230頁）

【空き家×居住支援】のところで言及した「チュラキューブ（大阪市）」が活動する舞台となった大阪府住宅供給公社は、全国の住宅供給公社の中でも空き空間利用のトップランナーのひとつでしょう。

大阪府住宅供給公社の茶山台団地では空き住棟を使って、団地内外の人びとが集う「茶山台団地DIYサポーターズ（堺市）」が活動を展開しています。DIY*が好きな人びとが、団地の境界を越えてここに集まり、そこにものづくりを頼みたい人もやってきます。こうした活動が今後コミュニティビジネスにつながっていってほしいと思っています。

●NPO法人SEIN（活動8 230頁）

同じ茶山台団地の1階の空き住戸を利用してコミュニティレストランを展開する「SEIN（堺市）」は、より明快にコミュニティビジネスを志向しています。ここでも、団地の境を越えて、隣の団地からもお客さんがやって来ます。子どものためのメニューも充実しているので、小さな子ども食堂的な居場所にもなっています。コロナ禍では食事のデリバリーも行い、外出できない人びとの助けとなっています。

公共賃貸住宅ストックを利用しながら、地域福祉的な役割を担い、「住生活産業」の中の「コミュニティビジネス」的な側面も追求している例だといえるでしょう。

このように、空き家や空き空間を利用した【居場所】づくりの展開は、居場所をつくる目的として、地域の中の多様な人びとが集まり、出会いがあって、それを実現するためにさまざまな空間ストックを利用し、そのプロセスを通じて地域の居住環境全体に寄与するという一連の流れを実践しています。そのやり方次第では、【住宅地マネジメント】に近い活動にもなり、「住生活産業（コミュニティビジネス）」に近い活動にもなり得るのです。

北芝まちづくり協議会

＊地域通貨：特定の地域やコミュニティの中だけで流通・利用できる通貨のこと。自治体やNPO、商店街などが独自に発行するもので、法定通貨ではない。

茶山台団地DIYサポーターズ

＊DIY：専門業者でない人が、何かを自分でつくったり修繕したりすること。Do It Yourselfの略語。

SEIN

❸ まちの維持と更新

　既存のまちの中には上記したようなさまざまな空間ストックが点在し、その集積がそのまちらしさを形成しています。これがそのまち独特の「地域住文化」となり得ます。

　日本では、特に地方において若年層の人口流入が死活問題となっており、自治体間の人口獲得競争が激化しています。しかし必ずしも補助金をつけて引っ越してもらうなどという単純な作戦では人びとは引っ越しません。そのまちが、自分が住むに値する「懐の深いまち」であるかどうかも重要な基準となるでしょう。

　懐の深いまちとは、住んでいくプロセスの中で、ことあるごとにその地域の良さや課題を発見しつつ、さらにその地域のことが気に入っていくような、時間をかけて多層的な価値を住まい手に提供できるようなまちのことであり、いわば「住みこなすに値するまち」[注20]のことです。

　自分の志向に合った、独特の文化をもち、さらに、自分自身がその文化形成の一端を担えるような環境も、若い人びとを惹きつける動機となり得るでしょう。

　まちに存在する空間ストックを捉え直し、そのまちの文化として再編集し、新たな若者や移住者によるまちの更新につないでいく活動カテゴリーがありそうだということです。

【まちの多様化】

● NPO法人グリーンオフィスさやま（活動9 234頁）

　「グリーンオフィスさやま（狭山市）」では、マンションの1室をリノベーションして、女性専用のシェアハウスを提供しています。埼玉県狭山市という、大都市圏と地方都市の両方の性格を有しているエリアでは、居住のニーズもそれに応じた多様性を有しています。

　特に、こうしたエリアに住む若年女性は、地元の事業所、医療、福祉などの担い手として、重要なエッセンシャルワーカー*的な存在なのですが、一方で、地域の若者文化を構築していく重要な担い手でもあります。しかし、なかなか彼女たちにフィットする居住環境が、こうした都市郊外で用意されているわけではありません。

　そんなところに、おしゃれでリーズナブルな居住空間が提供され、SNSを通じて情報発信されると、それまでバラバラに活動していた地域を支えている若年女性たちが出会い、新な活動の萌芽を期待できるような場所となり得ることを示す事例でした。

注20　筆者は「人は住宅にも住むがまちにも住む」ものだと思っている。人間の生活は必ずしも住宅内で完結しない。当然職場というものもあって、そこで社会生活なるものを営んだりしている。また、医療、教育、飲食、そしてサードプレイスと呼ばれるような住宅以外の居場所をまちの中で利用しながら生活している。そこには近所の友人もいるだろう。こうしたことから、エイジング・イン・プレイスというような、地域で暮らし続けることの価値を、特に高齢期に大事にしようという動きが生まれるのである。高齢者になっても、障がい者になっても、病気になっても、貧困に陥っても、できればこうした慣れ親しんだまちの中で引っ越しできるようなまちの構成が望ましいと考える人は多いのではないだろうか。（大月敏雄『町を住みこなす』岩波書店、2017年参照）

グリーンオフィスさやま

*エッセンシャルワーカー：人びとが生活していく上で必要不可欠な仕事をする人。2020年からのコロナ禍では、医療従事者や生活インフラ関連、スーパー店員など、リモートワークが行えず感染リスクを避けられない仕事をする人などを指す。

● 菅島の未来を考える会

　一方で、地方都市の伝統的就労形態を引き継ぐ地域では、「菅島の未来を考える会（鳥羽市）」が実践しているように、地域の民家を利用して、漁業の新しい担い手候補の移住を促進しています。これも、古民家のリノベーションを用いて漁師というまちの構成員の更新を図る、まちの多様化の試みです。

菅島の未来を考える会

● 吉野家守倶楽部

　同様に、伝統的古民家をリノベーションして、移住してきた人びとの生活の場と就労の場（古民家をゲストハウスとしてビジネス化する）の提供を試みようとする「吉野家守倶楽部（吉野町）」も、伝統的古民家の保存活用を超えた、住民の更新や就労機会の提供とセットで実施しています。

吉野家守倶楽部

【地域住文化】

　上記したような【まちの多様化】の中でも、特に地域の住文化の形成を意識的に生み出そうとする動きが【地域住文化】のカテゴリーの活動に見られます。

● かみいけ木賃文化ネットワーク

　「かみいけ木賃文化ネットワーク（豊島区・北区）」は、昭和戦後期に形成された木造賃貸住宅（モクチン）の密集地域に目を向け、それまでは防災的にはダメな地域としてレッテルを貼られていた地域を、居住文化という別の観点の切り口から見直そうという活動です。

かみいけ木賃文化ネットワーク

　戦後に建設された木造2階建てを中心とする木造賃貸住宅は、設備の老朽化を主たる原因として空き室が多発しています。実はそのオーナーも高齢化しており、賃貸経営を引き継ぐ人が少ないために、池袋の近くとはいえ空き家問題が顕在化しつつあります。

　「かみいけ木賃文化ネットワーク」では、高度経済成長時代の活気あふれる雰囲気や、漫画家が集った「トキワ荘」のような人びとのやり取りを、「モクチン文化」として継承しようという活動です。具体的には、空き家となった事業所併用住宅の1階部分を1坪単位で貸し出し、思い思いの空間利用を楽しんでもらい、そこでのやり取りから生まれる創発的楽しさを追求しようとしています。

● 門司路地組合

　日本の近代化を担う港町として栄えた門司は、門司港レトロと呼ばれる港湾関連施設の大規模リノベーションで既に観光地化していますが、港の近くの山裾に展開する港湾関連労働者のための住宅群は少しずつ空き地化しています。

門司路地組合

　そうした、近代港門司を底辺から支えた住宅群をリノベーションしながら、

新たな使いみちを模索するのが、「門司路地組合（北九州市）」です。つい最近まで当たり前のように存在していた長屋が、知らない間に消滅の危機を迎えようとしているなかで、地域の居住文化のアイデンティティ継承と、地域の活性化を両にらみしながら行われている活動です。

● NPO法人くらしまち継承機構

旧東海道沿いに展開する静岡市の由比は、昔ながらの街道筋の面影と桜エビ漁をアイデンティティとするまちですが、東海道にも浜辺にも面していた海産物の加工場としての空間的特徴を残す古民家を市民運動的に保存し、地域の居住文化とまち並みの継承活動を行う「くらしまち継承機構（静岡市）」では、住文化の保存継承を通した居住環境の質の向上をもくろんでいます。

くらしまち継承機構

● 赤泊の未来を考える会

四国霊場八十八ヶ所の番外札所・月山神社の近く、札所と札所をつなぐ山道（遍路古道）に面する「葉たばこ乾燥小屋」の再生をテコとして、5軒・8名（2021年）となった限界集落における関係人口の獲得をねらう「赤泊の未来を考える会（大月町）」では、京都や東京から来た専門家の異邦人に加え、大学生、高校生までもが参加し、地域にとってはごく普通の風景である「葉たばこ乾燥小屋」を、新たな地域文化景観として蘇らせつつあります。

赤泊の未来を考える会

● 国栖の里観光協会くにすにくらすプロジェクトチーム

同じく、吉野町の国栖でも地域の居住文化を色濃く反映する古民家がまだ残っており、そこにアートプロジェクトを挿入することを通して、古民家の新しい解釈や、ひいてはそこに魅力を感じて移住する人びとの発掘をめざす団体が、「国栖の里観光協会くにすにくらすプロジェクトチーム（吉野町）」です。

国栖の里観光協会くにすにくらすプロジェクトチーム

このように、【地域住文化】のカテゴリーにおいては、まちの空き民家を重要な地域の文化的な資源と捉え、その再解釈を通じた地域の維持と更新に向けた取り組みが進んでいます。

4 住宅地マネジメント

さらに、地域に散在する空き空間をテコにしながら、地域全体の再構成に取り組むような、いわば、地域マネジメントに近い活動も、8団体と多数を占める活動となっています。ひとつの建物に特化して活動を行うのではなく、地域全体の建物群を全体的にマネジメントしながら、地域の居住環境の再構成に取り組む活動です。

【住宅地マネジメント】

このような地域のマネジメント活動では景観形成や維持保全のための、建

築協定や地区計画を手段とした活動が既に定着しています。しかし、必ずしもこれまでのまち並みをそのまま維持するだけでは、まち自体の再構成にはつながらなくなってきつつあります。

● 柏ビレジ自治会

　そこで、宮脇檀[注21]さんという日本を代表する住宅地設計の旗手であった建築家の作品でもある「柏ビレジ自治会（柏市）」では、建築協定の更新をにらみながらも、地区のセンター部分にコンビニの誘致を行ったり、福祉的機能も担うカフェの運営を支援したりもして、まち並みと機能更新を両にらみしながらのマネジメントを試みつつあります。

● 小野崎団地ローズマリーの会

　茨城県営住宅である小野崎団地も、日本を代表する集合住宅建築の名手、内井昭蔵[注22]さんの作品です。ここでは、「小野崎団地ローズマリーの会（つくば市）」という住民組織が、この団地の内外に豊かに展開している、外庭、中庭、内庭といった外部空間の植栽管理やベンチやテーブル等の設置を通して、団地環境の質を自らの手で向上させる活動を行っています。

　従来、公営住宅の外部空間については比較的、自治会等の居住者組織の自主管理的要素が強かったのですが、少子高齢化によって自主管理できる組織が急激に減少してきています。

　こうしたなか、団地の建築物のデザインを気に入っている人びとが自主的に団地環境の改善に取り組むという活動は、一種の、公共と地元住民とのコラボレーション的な住宅地マネジメントへの取り組みと捉えることもできます。

● 当別町農村都市交流研究会

　自然豊かな後背の里山に沿って走る国道沿いに展開してきた里山田園住宅は、北海道らしい住宅デザインと地道な環境形成の取り組みによって、2019（令和元）年日本建築学会賞（業績）を受賞し、現在までに32家族89人が移住し、魅力的な環境とコミュニティを育んでいます。

　「当別町農村都市交流研究会（当別町）」では、今度は、これらの住宅の背後にあって、長く放置されてきた里山で、牛や馬の放牧を活用した住民が親しめる自然公園づくりをめざしています。住宅づくりから里山づくりに活動のベクトルを展開している事例です。

● 美しが丘アセス委員会遊歩道ワーキンググループ（活動4 212頁）

　「美しが丘アセス委員会遊歩道ワーキンググループ（横浜市）」では、住民発意の建築協定を長年運用してきましたが、法的拘束力の弱い建築協定から、法的拘束の強い地区計画への環境運営ルールの移行を、20年ほど前に実施しました[注23]。

柏ビレジ自治会

注21　宮脇檀（1936-1988）住宅建築を得意とした建築家。1979年に第31回日本建築学会賞作品賞を受賞した。さらに、諏訪野住宅地、高幡鹿島台ガーデン、コモンシティ星田B-1、青葉台ぼんえるふ、シーサイドももち中2街区といった、ボンエルフを多用した住宅地設計でも有名。また、伝統的市街地のデザインサーベイなどの研究領域もリードした。

小野崎団地ローズマリーの会

注22　内井昭蔵（1933-2002）戦後普及した階段室型中層集合住宅とは一線を画する計画で1971年に第22回日本建築学会賞作品賞を受賞した分譲集合住宅、桜台コートビレッジを皮切りに、集合住宅のみならず多分野の建築作品を手掛けた。世田谷美術館、浦添市美術館、高円宮邸、滋賀県立大学などが有名。

当別町農村都市交流研究会

美しが丘アセス委員会遊歩道ワーキンググループ

　ところが、地区計画では建築協定ほど細かく建築に関するルールを設定できない部分があり、自治会内にアセス委員会を組織し、地区計画の補完としての環境自主ルールを策定してきました。そして現在、同委員会では、さらに敷地の外側の、道路、通路、歩道橋といった公共空間のインフラ施設自体に着目し、行政とのコラボレーションのもとに、住民参加型でインフラに色を塗ったり、市民参加型の楽しい公共空間づくりに取り組んだりしています。

　とかく、自分の敷地以外の公共空間の管理は行政任せで無関心であることが多いですが、その無関心の対象である公共インフラ空間に的を絞った環境改善活動は先駆的といえるでしょう。

● 日吉台学区空き家対策検討委員会

　「日吉台学区空き家対策検討委員会（大津市）」では、増えつつある空き家の発生状況を住民組織で把握し、その対策を練るという空き家対策の検討を始めました。

日吉台学区空き家対策検討委員会

　こうした地元組織が地域全体の空き家の情報を一元的に把握し、地域全体でその対処法について考え始めると、これから空き家となる可能性の高い空き家予備軍を抱えるオーナーたちにとっては心強い存在となるでしょう。また、こうした空き家の住情報が効率よく、次の住まい手につながっていけば、空き家を介した地域の持続的再活性化の筋道もついていくのではないかと思われます。

● NPO法人玉川学園地区まちづくりの会（活動5 216頁）

　地域で増えていく空き家に地域レベルで対応するために、建築家をはじめとする専門家が取り組む「玉川学園地区まちづくりの会（町田市）」では、空き家の利用実験などを通して、空き家の多様な利用の仕方を地域の人びとに見てもらうことをめざした活動に取り組んでいます。

玉川学園地区まちづくりの会

　地元の自治体や自治会などとも連携しながら、専門家目線での課題解決法を効果的に周知する活動は、地域の空き家対応リテラシーを深めていく上でも有効であり重要です。

● かごだんSTEP展開プロジェクト

　「かごだんSTEP展開プロジェクト（鹿児島市）」は、鹿児島市内の高台を中心に点在する、高度経済成長期の戸建住宅団地群の団地再生ネットワークであり、市や大学などの専門家がそのサポートに取り組んでいます。

かごだんSTEP展開プロジェクト

　ある団地で取り組まれている空き家や空き地の楽しく効果的な利用法を、他の団地にも伝えることによって、課題を市全体で供給し、空き家リテラシー、まちづくりリテラシーを高めていくプロジェクトとして注目されています。

注23　住民発意によるわが国最初の建築協定（1972年）によって、約30年間にわたって良好な居住環境が保たれたが、実質紳士協定に近い建築協定から、2004年、法的実行力の高い地区計画（青葉美しが丘中部地区地区計画）に、環境ルールを変更した。第1部2章72頁も参照。

● 東村山富士見町住宅管理組合（活動7 224頁）

　戸建住宅団地ばかりが住宅地マネジメントの対象地ではありません。「東村山住宅管理組合（東村山市）」では、東京都住宅供給公社が分譲した団地型のマンションの更新手法の検討に取り組んでいます。

　ここでユニークなのは、4棟ある集合住宅の一斉建替え以外の選択肢を多様に検討していることです。「一部の住棟を保存しながら、残りを建替えられないか」「その際に、建替えたところに住みたい人と、リノベーションした住棟に住みたい人の、住戸の交換はできないか」というような、区分所有法*などの法律が想定している規定の更新メニューから一歩踏み出した更新計画の検討を行っています。

　法務的にも最先端の課題を取り扱っていることになります。こうした課題に今後向き合わなければならない日本にとって、大変貴重なチャレンジといえるし、今後の住生活産業の進展にも大きく寄与する可能性を持っています。

　以上のように、【住宅地マネジメント】のカテゴリーの活動は、住宅ストックを面として取り扱うことが、住宅地全体のマネジメントに容易につながっていくことを示しています。

東村山富士見町住宅管理組合

＊区分所有法：正式名称は「建物の区分所有等に関する法律」（1962年制定）で、分譲マンションなどの独立した各部分から構成されている建物の専有部分、共用部分、敷地に関する権利関係を明確化している。また、区分所有者が管理組合を構成し、共用部分の管理や修繕などについて集会を開いて規約を定めることなどを規定している。

【住宅地マネジメント×脱炭素】
● 集合住宅環境配慮型リノベーション検討協議会

　上記したような住宅地のマネジメントと、世界レベルで注目されている脱炭素を意識したまちづくりに真正面から取り組んでいるのが、「集合住宅環境配慮型リノベーション検討協議会（多摩市）」です。

　多摩ニュータウンに点在するマンションや各種施設の屋上は、日常それほど使われているわけではありません。こうした、屋上空間を地域の重要な住宅ストックの空き空間として認識し直し、比較的広く日射量も多く期待できる屋上面にソーラーパネルを設置し、そこからの発電で、地域のエネルギー生産の糧にしようという取り組みです。

　一見無関係の建築同士を脱炭素で結びつけ、新たな地域コミュニケーションを育む機会を提供している、非常に示唆的、モデル的な活動といえるでしょう。

集合住宅環境配慮型リノベーション検討協議会
©2022 Google

5　まとめ

　以上本章では、国と都県の最新の住生活基本計画の概観を通して、日本の住宅政策上の課題として、「多様な住生活」「住宅ストック」「居住環境」「住生活産業」「持続性」の5領域を浮かび上がらせることができました。

　次いで、これらの領域が戦後日本の住宅政策史の中で形成されてきた過程をトレースしながら、課題群が「住宅ストック」「住生活産業」「居住環境」「多様な住生活」「持続性」の順番で形成されてきたことを明らかにしました。

　さらに、こうした住生活上の課題を、国連が示すSDGsと照らし合わせることによって、今後の住宅政策においては、住宅ストック質の向上を政策の骨格として堅持しつつも、「多様な住生活」と「持続性」を両輪としながら、その動きの中で、住生活産業育成と居住環境の質の担保の領域を巻き込み、推進していくべきであることを示しました。

　そして最後の節では、本書のテーマである、H&C財団による住まい活動助成の対象団体の活動を上述の住宅政策上の枠組みに置いてみることにより、これらの助成団体が新たな住生活政策上の課題を切り拓きつつあることを、「包括的居住支援」「まちの維持と更新」「住宅地マネジメント」という新たな住まい活動のカテゴリーによって、体系づけて整理できたと思います。

　上記した5つの領域や、SDGsの17のゴールは、複雑な社会や複雑な人間社会を理念的に分析して形成されたものです。しかし、それらは必ずしも現実の住まいをめぐる活動と1対1で対応して理解できるものではありません。われわれが普段何気なく過ごしている日常を成り立たせるために必要な要素は、これらの理念を有機的に総合化しないと対応できないものです。

　こうした視点で、H&C財団による住まい活動助成の対象団体の活動を眺めてみると、どれひとつとっても、総合的でない活動はありません。住まいづくり活動は、地域における住生活の具体の場面において、領域横断的な活動や専門分野横断的な活動を繰り広げることが重要です。そうした意味で、住まい活動の「包括的居住支援」「まちの維持と更新」「住宅地マネジメント」という活動カテゴリーは、実際の活動を分析する際に用いる概念ツールとなり得るのかもしれません。

　その一方で、住宅政策に関わる各種の助成や支援も総合化し、住宅政策を居住政策と認識して進める必要があるでしょう。H&C財団が30年にわたって支援してきた活動は、地域での総合化という意味で、大変貴重な実践の積み重ねであり、これらの活動から学ぶことを通して、いかにテーマを融合・総合化しながら時代の変化に対応するかという視点が重要であることがわかるのです。

「我がまちで……」を
振り返ってみると

東京都立大学 名誉教授　髙見澤 邦郎

住まいまちづくりと専門性

　子育てのころ移り住んだ都心から30kmほどの我がまちは、昭和初期の耕地整理とはいえ実際に宅地化が進み出したのは戦後のことだった。そして駅勢圏人口*が2万人とピークに達した1980年代後半には、「コミュニティ施設を」の声が高まってきた。遅れているコモン空間*整備への要請である。行政との交渉役を担うのは町内会・自治会としても、議論や合意にはそれなりの専門性を持った支援が必要と考え、（私事ながら）地元の建築家や住民有志と「まちづくり懇談会」を立ち上げた。住民の多岐にわたる要望をまとめる、そしてこの地にふさわしい空間を提案する、このふたつにかかわっての〈専門性〉が不可欠だろうと。

　住まいまちづくり活動とは、地域それぞれに、時代それぞれに、我がまちのテーマを住民が見出すことから始まる。そして協議の組織をつくり、「望ましい空間」への「合意を獲得」していくプロセス、専門性を備えたプロセスだと思う。

　さて我がまちでは、90年代に入って待望のデイサービス施設や集会所、児童館などが実現の方向となった。それはそれとして、懇談

会では地域への関心の高まりを期待して、「みんなで坂道に名前を付けよう」とのプロジェクトを発案した。まあちょっと息抜きもしながら……の企画だ。折しも、H&C財団の活動助成が始まると聞いて応募したところ、幸いにも採択に。10か所の坂道に住民公募で名前を付け、助成金で伊豆石に名を刻んだ道標を建てることができて大成功。

住まいまちづくりへ、
ソフト・ハードのニーズは次々と

　さて、懇談会の側面支援も一助となって住民の意欲は高まり、デイサービスと児童館については運営するNPOを住民自身が設立するまでに（全国で初の事例と記憶する）。まちづくりもマネジメントの時代、ソフトの時代に入ったということである。引き続いて、市内で初の地区

坂道の道標も、四半世紀を経てまわりの様子は様変わりしたが、長く住民に親しまれてきている
左は1994年撮影（H&C財団刊行の報告書『Re-present』より）、右は2021年撮影

子ども広場は住民管理／のびのびと遊べる

髙見澤 邦郎（たかみざわ くにお）
都市計画家、東京都立大学 名誉教授
1942年生まれ　荻窪で育ち結婚後は町田市に住む
専門は市街地整備論
建築学会論文賞、都市計画学会石川賞などを受賞
元町田市都市計画審議会会長ほか
今は地域のNPOなどで市民活動にいそしむ

社会福祉協議会＊も発足。地区社協に協力する地域団体は30余りに及び、ベーシックな部分を受け持つ町内会・自治会とも連携する、上下関係のない水平的ネットワークが見えてきた。

　運営の時代に入ったとはいえ、空間整備についても新たな問題が。開発の隙間に残る空き地や大きな敷地での建替えなど住宅地の二次開発が周辺となじまず、トラブルを生じさせるとの問題である。住民懇談会もこれらに対応すべく組織名も変え、リーダー層も少し若返って再出発した。時間はかかったがこの地域のあるべき方向性を示す「まちづくり憲章・方針」や、規範としてのルール、「建築協約[注]」の制定に至ることができた。またその後も空き家・空き地問題なども含め、生じてくる種々の課題に継続的に対応している。

　ぼくの住むまちに限らずどこの地域でも、さまざまな課題が生じそれぞれの取り組みが行われていよう。歴史のある都心部や地方では、先人たちが育んできた文化、その空間的表出である建築やまちの景観の保全と活用がテーマになってきてもいる。財団の助成リストは大きな財産で、一覧すればそういった状況が読み取れる。

活動の継承については楽観視してよいのでは

　多くの地域で「活動の継承が……」との悩みの声を聞く。しかしぼくはさほど心配していない。我がまちでも次の世代が少しずつ違う（あるいはかなり違う）スタンスで取り組んでくれている。各々の地域の住まい・まちづくりの新た

なテーマは、若い世代の感性の中から発見されるだろう。大事なのは、取り組みへの自発性であり、SNS＊を使うなど今の時代に合ったネットワークづくりであろう。ポストコロナの時代を見据えれば、その感はよりいっそうである。

　若い世代は自らの興味・関心をモチベーションとし、活動の面白み、そして達成感を重視している。ともすれば地域活動を生真面目に、固く考えがちだったわれわれの世代より柔らかい。その自発性や自由な発想が尊重されるならば、かたちは変わっても、「住まいまちづくり活動の継承」は十分に可能だと思う。

最後にひと言

　公益法人改革により、（H&C財団が）一般財団法人＊に移行した2011年から数年間、ご縁があって理事長職を務めさせていただいた。それもあって財団創設のころを振り返る機会も何度か。当時の資料をひもとくと、設立にかかわった方々（山岡義典さんなど）の卓見、運営を担った方々（鎌田宜夫さんなど）の情熱、そして出捐者の公正な支援の姿勢を見出すことができて、今さらながら感銘を受けたことだった。

　その後も、種々の経緯を経ながらもいっそうに発展しているH&C財団の近況を見るにつけ、評議員・理事・選考委員等の皆さん、事務局の皆さんの熱意はたいしたものだと思う。そのご尽力に改めて心からの敬意を表するところだ。

（寄稿）

注　「建築協約」の性格や内容等については76頁を参照。

2章

市民まちづくりのマネジメント

一般財団法人ハウジングアンドコミュニティ財団 専務理事　松本 昭

　私が所属するH&C財団では、1993（平成5）年度から公募による「住まいとコミュニティづくり活動助成事業」を開始し、この30年間で延べ440の団体に、総額約3億9500万円の助成を行ってきました。その詳細は巻末の助成団体一覧のとおりですが、助成事業を開始した当時は、特定非営利活動促進法 *制定以前で、法令に基づく認証NPO法人は存在しない時代でした。

　そんな状況のなか、志の高い市民まちづくり活動が全国各地で個性豊かに展開され、1995（平成7）年の阪神・淡路大震災では100万人を超えるボランティアが復興に大きな役割を果たすなか、1998（平成10）年のNPO法制定、2008（平成20）年の公益法人改革等を経て、非営利の市民まちづくり活動は、今や社会に不可欠なものとなっています。

　そこで、本編では、市民やNPO団体が、非営利なまちづくり活動を行うにあたって、①まちづくり組織とその連携のあり方、②まちづくりにおける合意形成とその特性、③持続的な活動を担保する市民まちづくりの資金の3つについて、具体的な事例を織り交ぜながら、市民まちづくりのこれからを考えます。

I 　市民まちづくりの主体と多主体連携

1　市民まちづくりの主体

　市民まちづくり活動を行う非営利団体の組織形態は、NPO法人、一般法人（一般社団法人 *・一般財団法人 *）、法人格を有しない任意団体に大別できます。以下、市民まちづくり組織の特性や連携のあり方について考えます。

① NPO法人

　ご存じのとおり、NPOとは、Non-Profit Organizationの略称で、NPO団体は、さまざまな社会貢献活動を行い、団体の構成員に対し、収益を分配することを目的としない団体の総称です。NPOは収益を出してはいけないと誤解している人が多くいますが、NPO団体は、収益を目的とする事業を行うこと自体は認められています。事業で得た収益は、団体の構成員に配分せず、社会活動に還元することになります。このうち、ボランティア活動など市民の自由な社会貢献活動としての特定非営利活動の健全な発展を図ることを目的として、1998（平成10）年12月に特定非営利活動促進法（以下「NPO法」）

*特定非営利活動促進法（NPO法）：1998（平成10）年に制定された特定非営利活動法人として認定される規定を定めている法律。特定非営利活動として「保健、医療又は福祉の増進を図る活動」「社会教育の推進を図る活動」「まちづくりの推進を図る活動」など20項目を定め、それらの活動を行うことを目的としている。

が施行されました。そして、NPO法に基づき法人格を取得した法人を、「特定非営利活動法人（以下「NPO法人」）」と言います。

　NPO法誕生のきっかけは、1995（平成7）年1月に発生した阪神・淡路大震災で、延べ100万人以上のボランティアが被災地で復興支援活動に取り組み、その成果は大きな社会的反響を呼ぶとともに、「日本にはボランティアは根付かない」との従来の既成概念を一気に覆しました。こうした市民活動のうねりが国会を動かし、紆余曲折を経ながらも[注1]1998（平成10）年3月に議員立法として成立しました。

　そして、NPO法の肝は、「市民公益」の認定にあります。阪神・淡路大震災では、行政が全体の奉仕者として、総合的な対応に追われ個別的対応が困難であったのに対し、市民は自らの活動場所とテーマを選んで、迅速かつ多彩に活動しました。公平だが一律な対応に終始せざるを得ない行政と、臨機応変かつ現場密着で活動する市民（団体）では、公益の特質が明らかに異なることが明確になりました。そこで、行政が行う「行政公益」に対し、多様な市民（団体）が地域に寄り添って、自由かつ主体的に行う「市民公益」活動に対し、法人格を付与して社会的に認定する仕組みがNPO法です。

　NPO法の成立により、市民が非営利のまちづくり活動に取り組む意思を持てば、わずかな資金と比較的簡便な手続きでNPO法人を設立する道が開けました。それまで、市民団体には法人格がないため、団体名義での銀行口座の開設や事務所の賃借などができませんでしたが、法人格を持つことにより、法人名で取引行為や契約行為を行うことが可能になり、団体がいわゆる「権利能力の主体」として社会活動に関わり、社会からの信用性は格段に高まりました。

　また、2001（平成13）年10月には、公益性が高く、実績判定期間（直前の2事業年度）において一定の基準を満たすとして、所轄庁の「認定」を受けた法人を認定特定非営利活動法人（以下「認定NPO法人」）とし、税制上の優遇措置を受けられる制度改正が行われました[注2]。

*一般社団法人：2名以上の人の集まりによって設立できる非営利法人のひとつ。「一般社団法人及び一般財団法人に関する法律」（2006年制定）によって規定される。基本的にどのような事業でも自由に行うことができるが、非営利法人であるため、法人の構成員である社員へ余剰利益を分配してはいけない。

*一般財団法人：一定の財産に対して法人格が与えられる非営利法人のひとつ。「一般社団法人及び一般財団法人に関する法律」（2006年制定）によって規定される。最低300万円以上の財産の拠出と、財産の活用について定めた定款、評議員・理事・監事合わせて7名以上の人が設立時に必要となる。一般社団法人と同様に、税制上「非営利型」と「普通型」に区分される。

注1　1998（平成10）年制定の「特定非営利活動促進法（NPO法）」は、もともと1996（平成8）年、議員立法により国会に提出された「市民活動促進法」に依拠する。法案に難色を示した自民党保守派との政治の駆け引きにより、法案の名称は、「市民活動促進法」が「特定非営利活動促進法」に改められ、「市民活動法人」であった法人格の名称も「特定非営利活動法人」に変更されて、市民ということばが法案から消えた。なぜ市民という言葉を嫌ったのか。坂本治也「政治的意味空間における市民とNPO」（『地方自治職員研修』2018年12月号）によれば、「市民」という言葉には2種類の用法があり、ひとつは「包括的用法」で、国民や住民と同様に、特段の政治的意味合いは持たない一般の人びととしての用法。ふたつは「限定的用法」で、特定の政治的志向性を有する一部の人びとを表現する言葉として「市民」が用いられ、自民党保守派は、この限定的用法による「市民」像を念頭に置いたことに他ならない。

一方で、時期を同じくして、多くの市区町村で、市民参加条例や市民活動促進条例が制定され、市民活動支援センターが開設され、市民活動支援課などの行政部署が多く誕生して今日に至っている。

注2　認定特定非営利活動法人制度（認定NPO法人制度）は、NPO法人への寄附を促すことにより、NPO法人の活動を支援するために税制上の優遇措置として設けられた制度。以前は、国税庁長官が認定を行う制度であったが、2011（平成23）年の法改正により2012（平成24）年4月1日から所轄庁が認定を行う新たな認定制度として創設された。同時に、スタートアップ支援のため、設立後5年以内のNPO法人を対象とする、仮認定NPO法人制度も導入された。なお、2016（平成28）年法改正により、2017（平成29）年4月1日から、仮認定NPO法人は特例認定NPO法人という名称に改められた。

表1　NPO法に基づくNPO法人の活動分野別法人数　　　　　　　　　　　　　　　　　　（2022.3.31 現在）

	分　　野	法人数	割　合
1	保健、医療又は福祉の増進を図る活動	29,686	58.5%
2	社会教育の推進を図る活動	24,812	48.9%
3	まちづくりの推進を図る活動	22,611	44.5%
4	観光の振興を図る活動	3,419	6.7%
5	農山漁村又は中山間地域の振興を図る活動	2,907	5.7%
6	学術、文化、芸術又はスポーツの振興を図る活動	18,351	36.1%
7	環境の保全を図る活動	13,346	26.3%
8	災害救援活動	4,353	8.6%
9	地域安全活動	6,366	12.5%
10	人権の擁護又は平和の推進を図る活動	8,903	17.5%
11	国際協力の活動	9,305	18.3%
12	男女共同参画社会の形成の促進を図る活動	4,856	9.6%
13	子どもの健全育成を図る活動	24,469	48.2%
14	情報化社会の発展を図る活動	5,653	11.1%
15	科学技術の振興を図る活動	2,838	5.6%
16	経済活動の活性化を図る活動	9,042	17.8%
17	職業能力の開発又は雇用機会の拡充を支援する活動	12,940	25.5%
18	消費者の保護を図る活動	2,928	5.8%
19	前各号に掲げる活動を行う団体の運営又は活動に関する連絡助言又は援助の活動	23,915	47.1%
20	前各号に掲げる活動に準ずる活動として都道府県又は指定都市が条例で定める活動	313	0.6%
	（計）	50,786※	

※ ひとつのNPO法人が複数の活動分野の活動を行う場合もあり、合計は50,786法人にならない。

　さて、NPO法もまもなく施行25年を迎えます。内閣府統計によれば、2022（令和4）年3月末時点のNPO法人の認証数は50,786法人（うち認定NPO法人1,239法人）、これらのうち、まちづくりの推進を図る活動を活動分野とした団体は22,611法人（44.5% 複数回答）で、社会的に大きな役割を果たしています（表1）。

　しかし、一方で、NPO法人の認証数は、2017（平成29）年度の51,866法人をピークに、横ばいからやや微減に転じています。また、NPO法人は、1998（平成10）年12月のNPO法制定以降、2022（令和4）年3月31日までに累計22,342団体が解散（認証取消数を含む）しています。これらから、ここ数年は、新たなNPO法人の設立より認証NPO法人の解散がやや上回る状況が推察され、成熟期を迎えたNPO法人による市民公益活動のこれからを考える時期に来ています。

２ 一般法人（一般社団法人・一般財団法人）

　従来の公益法人制度における法人設立は、主務官庁の許可制の下、法人の

設立と公益性の判断が一体的に運用されてきましたが、「民による公益の増進」を目的として、2008（平成20）年「公益法人制度改革[注3]」が行われ、その結果、主務官庁制と許可制は廃止され、法人の設立と公益性の判断は分離されました。これにより、定款の作成⇒公証人の認証⇒登記という比較的簡便な手続きで公益性を有することが可能な一般法人（一般社団法人と一般財団法人）が設立できる環境が整い、市民まちづくり団体の組織形態にも大きな影響を与えました。また、一般社団法人が「人の集まり」に対して法人格を与えるのに対し、一般財団法人は、「財産の集まり」に対して法人格を与えるものであることから、以下「一般社団法人」について述べていきます[注4]。

❸ NPO法人と一般社団法人

それでは、NPO法人と一般社団法人の特性や違いは何でしょうか（表2）。

表2　NPO法人と一般社団法人の比較

	NPO法人	一般社団法人
設立に必要な人数	社員10名以上	社員2名以上
設立に必要な役員数	理事3名以上　監事1名以上	理事1名以上（理事会設置法人は理事3名以上、監事1名以上）
役員の制限	理事3名以上、監事1名以上を満たすことおよび役員報酬を受ける者は役員総数の1/3以下であること	非営利型法人の場合は有り
所轄庁の有無	有（都道府県、政令市）	無
所轄庁の認証の有無	有	無
市民等への情報開示制度	有	無
目的事業の制限	有（特定非営利活動が主目的であること）	無
税制上の優遇措置	有	無（非営利型法人を採用する場合は有）
設立手続	①設立発起人が定款作成②所轄庁の認証③法務局で設立登記	①社員2名以上で定款作成②公証役場で定款認証③法務局で登記手続
設立実費（法定費用）	無	・公証手数料 52,000円・登録免許税 60,000円
設立期間	約5〜6か月	約1〜4週間

注3　2008（平成20）年12月1日、公益法人制度改革の根拠となるに公益法人制度改革3法（一般社団法人及び一般財団法人に関する法律、公益社団法人及び公益財団法人の認定等に関する法律、一般社団法人及び一般財団法人に関する法律及び公益社団法人及び公益財団法人の認定等に関する法律の施行に伴う関係法律の整備等に関する法律）が施行された。改正前の民法では法人を公益法人と営利法人に区分し、営利法人については主に商法（のちに会社法）で規律したのに対し、公益法人については民法で設立に主務官庁の許可が必要とされていたが、この許可主義は法人設立が簡便ではないこと、公益性の判断基準が不明確であることなど、社会状況に適合しにくいとの指摘がなされていた。

注4　普通型一般社団法人はすべての所得が課税対象になるのに対し、非営利型一般社団法人は一定の要件に該当する場合は、法人税法上、NPO法人などと同様の「公益法人等」として扱われ、収益事業から生じた所得のみが課税され、それ以外の所得には課税されない。例えば、会員からの会費や寄付金などを収入源として事業活動を行っている場合、会費や寄付金は収益に該当しないので法人税の課税対象外となる。一般社団法人は「非営利法人」であるため「利益を出しても良いけれど、株式会社（営利法人）のように余剰利益を分配してはいけない」ことが明確に規定されており、法人税法上の違いにより、「普通型一般社団法人」と「非営利型一般社団法人」のふたつに区分される。

ひとつは、活動分野・活動領域です。一般社団法人は法令に抵触しなければ、どのような事業でも行うことできます。一方、NPO法人は、不特定多数の者の利益（公益）のために、NPO法に定められた20分野（表1）の範囲内で活動を行う必要があります。しかしその内容をみても、相当の事業分野がカバーされています。

　ふたつは、市民や社会との関係です。NPO法人は、既述のとおり、NPO法規定の20分野の活動を通して「公益の増進に寄与する」ための組織であり、事業目的は「公益」であります。また、NPO活動は、市民が行う自由な社会貢献活動との建前の下、市民参加を前提として、地域や社会と開かれた関係を築きながら、透明性の高い開かれた運営を行うことが基本になります。

　一方、一般社団法人は、事業目的が「公益」「共益」のどちらでも設立が可能で、活動分野や活動内容に制限はありません。また、地域や社会に開かれた運営を必ずしも前提としておらず、例えば「特定の目的を共有する仲間だけで運営する」「地域住民だけで活動する」など社会に閉じた関係で活動することも可能です。

　3つは、設立までの手続きや期間です。一般社団法人は、費用はかかるが短期間かつ簡便な手続きで設立できるのに対し、NPO法人は設立費用はかからないが、申請書類の作成⇒設立総会の開催⇒所轄庁の審査⇒認証など設立までに一定の時間と労力を必要とします。そのため、短期間で法人設立をしたい場合は一般社団法人を選択することもあり、また、開かれた参加型の運営を明確にすることを主眼にNPO法人を選択する場合もあります。

　また、設立後は、当然のことですが、法令や定款に則った適切な運営が求められます。NPO法人は、毎年、資産の登記や所轄庁への事業報告書の提出などの他、情報公開義務もあり所轄庁の緩やかな監督を受けます。これに対し、一般社団法人には所轄庁がなく、情報公開義務も原則ないなど、比較的自由な運営が可能といえるでしょう。

４ 任意団体

　次に法人格を持たない任意団体について考えます。自治会、町内会、商店会、老人会、子ども会、まちづくり協議会、マンション管理組合＊、建築協定＊委員会、公園愛護会、実行委員会、研究会など、同じ目的をもった人が集まる組織で法人格を有しない任意団体は、法律上「権利能力なき社団」などと呼ばれています。任意団体は、法律で定められた組織でないため、定款や設立登記なども不要ですが、「法人格」がないため団体名義で契約行為等を行うことができず、多くの場合、団体代表者の個人名義などで契約を交わしたり、銀行口座を開設したりすることになります。また、権利能力がない組

＊管理組合：いわゆる「区分所有法」（1962年制定）に基づき、分譲マンションなど区分所有建物の建物（共用部分）と敷地を共同で管理するための組織。管理組合の実態の有無にかかわらず、2以上の区分所有者が発生したときに自動的に組成されるもので、区分所有者全員が組合員となり、理事会の開催や修繕等に関する合意形成を行う。

＊建築協定：「建築基準法」（1950年制定）に基づく制度で、良好な住環境の確保等を図るため、土地所有者の合意と特定行政庁の認可によって、特定の区域内の建築行為に対して「最低敷地面積」「道路からのセットバック」「建物の用途」などルールを定めること。

織であるため、行政等から補助金や助成金を得られない場合があるなど、団体組織としての社会的信用度に課題があります。

5 自治会・町内会のこれまでとこれから

　地域社会における"つながり"の希薄化が指摘されるなか、自治会・町内会は、災害に備え災害時に助け合う「防災活動」、暮らしの安心・安全を守る「防犯・安全活動」、ゴミやリサイクルに関する「環境衛生活動」などの他、高齢者や障がい者を支える活動、子育て支援や青少年の育成活動など、地域コミュニティの中核的組織として、行政では対処できない多くの活動を行っています。そして、いざというときも、ご近所の助け合いは大きな力になります。しかし、日常の暮らしにおいて、自治会・町内会の存在は影が薄く、コンビニとSNS＊があれば、近所付き合いは不要と考える人もいて、地域における共助の衰退は深刻さを増しています。

　「昭和のまま」と揶揄されるように、魅力がなく、組織運営が閉鎖的で不透明、若い世帯の価値観やライフスタイルに合わない、そして加入すれば、輪番制とはいえ役員を押し付けられるなどの要因が重なって、自治会・町内会の加入率はどんどん低下し、地域の担い手は確実に減少しています。総務省の調べ[注5]では、2018（平成30）年4月現在、全国で約296,800の自治会・町内会があるといわれています。また、総務省資料[注6]によれば、2010（平成22）年から2020（令和2）年の10年間における自治会・町内会の加入率の推移は、指定都市を除く人口50万人以上の13自治体の平均値で、2010年64.4％⇒2020年57.9％と6.5％減少していますが、人口1万人未満の107自治体の平均値は、2010年91.2％⇒2020年88.3％と減少するも、なお高い水準にあることが確認されました。今や、都市部では加入率が約50％と2世帯に1世帯は自治会・町内会に加入しておらず、こうした共助の劣化に危機感を抱いた自治体は、自治会への加入促進の取り組みを強めています[注7]。

6 自治会を母体としたNPO法人の誕生

　それでは、自治会・町内会はNPO法人になれるのでしょうか。NPO法は、特定非営利活動を行う団体に法人格を付与することにより、ボランティア活動など市民が行う自由な社会貢献活動の健全な発展を目的としており、第2条では「不特定かつ多数のものの利益の増進に寄与すること」と規定しています。したがって、自治会・町内会は、特定エリアの地域住民の「共同の利益（共益）」をめざす活動であり、エリアを特定しない公益の活動でないとの理由で、NPO法の対象にはなっていないと考えられます。

　しかし、地域のまちづくりの現場では、活動エリアの特定・不特定の違い

＊SNS：ソーシャル・ネットワーキング・サービス(Social Networking Service)の略で、登録された利用者同士が交流できるWebサイトの会員制サービスのこと。場所に縛られない情報発信が可能で、地縁型のコミュニティとは別の切り口でつながりを生むことができる可能性がある。

注5　「地縁による団体の認可事務の状況等に関する調査結果（平成31年3月 総務省自治行政局住民制度課）」による。

注6　「自治会・町内会の活動の持続可能性について（令和3年10月25日　総務省自治行政局市町村課）」による。

注7　自治体における自治会・町内会への加入促進を主眼とした条例は、2011年に塩尻市が制定した以後、さいたま市（2012年）、八潮市（2012年）、所沢市（2014年）、川崎市（2014年）、品川区（2016年）、立川市（2019年）、八王子市（2019年）など20近い市区町村に及ぶ。また、地域住民のコミュニティの推進や活性化に関するもので自治会等への加入を規定する条例は、横浜市（2011年）、京都市（2011年）、金沢市（2017年）などがある。

を除いては、公益と共益の境は極めて曖昧であり、公益と共益が重なる活動
も多数存在します。例えば、自治会が行う高齢者の見守り活動は、自治会と
いう特定エリアで行う限りは「共益」の活動ですが、自治会メンバーが活動
エリアを特定しないで行う高齢者の見守り活動は「公益」の活動になります。
こうした特性を踏まえ、自治会あるいは地域住民などの地縁コミュニティを
母体としたNPO法人の生成が各地で起きています。

自治会町内会への加入促進
ポスター（横浜市）

　例えば、後段（97頁参照）で紹介するNPO法人タウンサポート鎌倉今泉台は、
今泉台自治会の会長経験者が中心になって設立したまちづくりのNPO法人
ですが、定款には「主に鎌倉市に暮らす、若年者から高齢者を中心とした広
く一般市民に対して、鎌倉市を「いつまでも住み続けたいまち」にすること
を念頭に、空き家、空き地の管理運営事業や市民参加による地域サポート事
業、イベントの企画・推進事業等を行うことにより、すべての世代が活気に
溢れ、安全に安心して共生できるまちづくりに寄与することを目的とする」
と記載されています。地域の空き家対策などは、毎年輪番制で役員が交代す
る自治会では対処できないため、自治会活動の経験豊富な住民有志がNPO
法人を立ち上げ、地域課題の解決に取り組んでいます。また、活動6（220頁
参照）のNPO法人鶴甲サポートセンターは、自治体活動の衰退に伴い、地域
住民が会員制による相互扶助機能を持つNPO法人を立ち上げて、高齢者へ
の暮らしサポートを実践しています。

2　市民まちづくりと多主体連携

1 地縁組織と志縁組織の連携

　人口減少と高齢化が急速に進む地域社会にあって、互助・共助の活動は、
自治会・町内会だけではありません。子ども会や老人会、公園愛護会や有志
のボランティアサークルなど多様な主
体が独自にあるいは手を携えて地域活
動をしています。この多様な主体の無理
のない連携や協働が新しい地域社会の
価値を生む可能性を秘めています。今
日の社会課題は、空き家問題にしても、
まちなかの空洞化にしても、介護福祉
の問題にしても非常に複雑で、単一の
活動主体だけで地域課題を解決するこ
とは難しい状況にあり、多様な主体の
連携協働が不可欠といわれています。

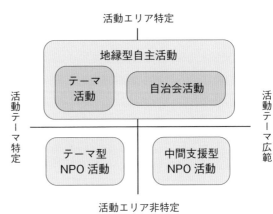

図1　活動テーマと活動エリアから捉えたNPO活動の分類

そこで、地域住民で構成する「地縁組織」としての自治会・町内会と特定テーマに関する専門性やノウハウを有する「志縁組織」であるNPOが、お互いにリソースを持ち寄り補い合うことで新しい可能性が広がります。

今や、社会課題に取り組む地域まちづくり活動は、行政がコントロールする活動ではなく、さまざまな市民団体やNPOなどが、自立しつつ、柔軟に多様なセクターと連携し協働することで、新しい価値が生まれ、新たな社会システムを生み出す土壌が育ちます。ミシガン大学ビジネススクールのC.K.プラハラードとベンカト・ラマスワミは、共著『価値共創の未来へ─顧客と企業のCo-Creation』で、こうした新しい価値創出の概念を「共創」と呼び、「企業がさまざまなステークホルダーと協働することで、共に新たな価値を創造すること」と定義しています。この共創の概念を地域社会で展開するための具体的アクションが、これからの市民まちづくりに求められています。

❷「共創」の実践1─神戸「あすパーク」の取り組み

認定NPO法人コミュニティ・サポートセンター神戸（以下「CS神戸」）が、神戸市灘区の大和公園内に、2020（令和2）年1月に開設した地域共生拠点「あすパーク」は、多様なまちづくり活動や地域福祉活動を支援する民設民営の地域共生拠点です。1995（平成7）年の阪神・淡路大震災では、公園が復興の拠点になったことを踏まえ、都市公園の一角を神戸市から有償の占用許可を得て借用し、公園を多様な市民活動情報のプラットフォームにしたいとの想いが込められています。

CS神戸のミッションが、多様なセクターと協働のプロジェクトを立ち上げて社会課題を解決することにあるため、あすパークは、市民やボランティアグループ、地域組織、企業、大学、行政などの主体を横につなぎ、各々の主体ができることを横断的にプロデュースして社会課題にチャレンジするネットワーク型のコミュニティビジネス*をめざしています。まさに近未来の中間支援組織*としての新しい役割を担おうとしています注8。

例えば、食品会社とNPOをつないで、食品会社から出る余った食材をNPOが譲り受け地域食堂*を開いて食品ロスを防いだり、あるいは、介護福

*コミュニティビジネス：地域課題の解決を地域の資源を活かしながら「ビジネス」の手法で取り組むもの。主に地域における人材、ノウハウ、施設、資金等を活用することで、対象となるコミュニティを活性化し、雇用を創出したり人の生き甲斐（居場所）などをつくり出すことが主な目的や役割となる場合が多い。さらに、コミュニティビジネスの活動によって、行政コストが削減されることも期待されている。

*インターミディアリー／中間支援組織：NPOセンターやボランティアセンターなどとも呼ばれることがある。行政・NPO・市民・企業・民間財団などと多様な関係性を持ち、間を取り持つことで、主にNPOに対して、資金や人材、情報面のサポートを行う組織。

注8　内閣府『中間支援組織の現状と課題に関する調査報告』（2002年）によれば、「多元的社会における共生と協働という目標に向かって、地域社会とNPOの変化やニーズを把握し、人材、資金、情報などの資源提供者とNPOの仲立ちをしたりする組織（一部略）」としている。

CS神戸のスタッフ（出所：CS神戸HP）

あすパーク（出所：CS神戸HP）

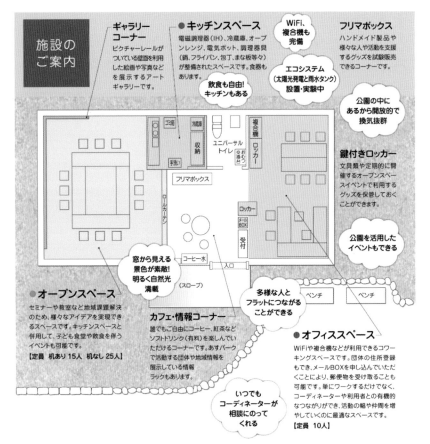

施設のご案内

ギャラリーコーナー
ピクチャーレールがついている壁面を利用した絵画や写真などを展示するアートギャラリーです。

●**キッチンスペース**
電磁調理器(IH)、冷蔵庫、オーブンレンジ、電気ポット、調理器具(鍋、フライパン、包丁、まな板等々)が整備されたスペースです。食器もあります。

飲食も自由！キッチンもある

WiFi、複合機も完備

エコシステム（太陽光発電と雨水タンク）設置・実験中

フリマボックス
ハンドメイド製品や様々な人や活動を支援するグッズを試験販売できるコーナーです。

公園の中にあるから開放的で換気抜群

鍵付きロッカー
文具類や定期的に開催するオープンスペースイベントで利用するグッズを保管しておくことができます。

公園を活用したイベントもできる

窓から見える景色が素敵！明るく自然光満載

●**オープンスペース**
セミナーや教室など地域課題解決のため、様々なアイデアを実現できるスペースです。キッチンスペースと併用して、子ども食堂や飲食を伴うイベントも可能です。
【定員 机あり15人 机なし25人】

多様な人とフラットにつながることができる

カフェ・情報コーナー
誰でもご自由にコーヒー、紅茶などソフトドリンク(有料)を楽しんでいただけるコーナーです。あすパークで活動する団体や地域情報を展示している情報ラックもあります。

いつでもコーディネーターが相談にのってくれる

●**オフィススペース**
WiFiや複合機などが利用できるコワーキングスペースです。団体の住所登録もでき、メールBOXを申し込んでいただくことにより、郵便物を受け取ることも可能です。単にワークするだけでなく、コーディネーターや利用者との有機的なつながりができ、活動の幅や仲間を増やしていくのに最適なスペースです。
【定員 10人】

図2　あすパーク（出所：CS神戸HP）

祉事業者とNPOをつないで、介護保険サービスの対象にならない生活支援サービスをNPOが担うなどの多主体連携の取り組みを進めています。

③「共創」の実践２―響き合う団地ライフ「泉北ニュータウン茶山台団地」

　大阪府住宅供給公社＊（以下「府公社」）が管理する泉北ニュータウン「茶山台団地」（大阪府堺市）では、活動8（230頁参照）で紹介しているように、賃貸住宅の大家である府公社が、地元のNPO法人や工務店、そして団地住民を巻き込んで、多主体参加型の団地再生事業に取り組んでいます。

　具体的には、団地の集会室に本を持ち寄り、住民や子どもたちの学習交流プレイスをつくる「茶山台としょかん」、団地の空き室をリノベーション＊して、NPO法人が運営するみんなの食卓「やまわけキッチン」、そして、団地の空き室を公社が無償で貸し出し、地元の工務店と日曜大工が得意な団地住民が運営する「DIY＊のいえ」。大家である府公社が、住むだけの団地に、多様なプレイヤーを見出して、緩やかなつながりで団地暮らしを楽しくする響き合う団地ライフをプロデュースしています。

＊地域食堂：地域内に住む人が、無料あるいは格安で食事ができる居場所を開放している食堂あるいは定期的な飲食提供の場。「こども食堂」という言葉と同じ意味合いで使われることが多い。明確な定義はなく、運営形態もさまざまではあるが、全国および各地で地域食堂・こども食堂同士が連携するネットワークが形成されている。

＊住宅供給公社：国および地方公共団体の住宅政策の一翼を担う公的住宅供給主体として「地方住宅供給公社法」（1965年制定）に基づき設立された法人。分譲住宅および宅地の譲渡、賃貸住宅の建設・管理などを行う。2021年4月時点で都道府県に29公社、政令指定都市8公社が存在している。

＊リノベーション：既存建物に大規模な改修を行って、建物の用途や機能を変更向上させ、建物自体の付加価値を高める行為をいう。類義語にリフォームがある。リフォームが、マイナス状態のものをゼロの状態に戻す機能回復という意味合いが強いのに対し、リノベーションは、新たな機能や価値を加えて、より良くつくり替えるとの意味合いを持つ。

＊DIY：専門業者でない人が、何かを自分で作ったり修繕したりすること。Do It Yourselfの略語。

茶山台団地内のサイン（撮影：筆者）　　やまわけキッチン（出所：NPO法人SEIN）

まさに、多主体連携によるSDGs[*]の目標11「住み続けられるまちづくりを」および目標17「パートナーシップで目標を達成しよう」の実現に向けた取り組みといえます。

▲ 多主体連携を育むコミュニティビジネス

　従来、社会課題や地域課題への対処は、行政が税を徴収し、その活用により課題解決を図ってきましたが、人口減少と急速な高齢社会の進行、そして行政の財政余力の減退等を背景に、行政に代わり、多様な社会課題等をビジネス的手法を活用して解決に挑む法人が現れています。コミュニティビジネスとは、地域の持つ資源や人材を活かして地域が抱える課題をビジネス的手法を活用して解決する事業をいいます。また、地域を限定せず、広く社会課題に対してビジネス的手法でその解決に挑むソーシャルビジネス[*]には、コミュニティビジネスも内包されます。

　わが国では、1998（平成10）年のNPO法の制定を契機にコミュニティビジネスに取り組む団体が大きく増えました。一例を挙げれば、まちづくり会社[*]が、空き店舗を活用してコミュニティカフェを運営したり、子育てママのOGが集まって一時預かり保育を始めたり、あるいはNPO法人がマンション居住者や管理組合と連携して団地再生に取り組むなど、多くの取り組み事例があります。

　コミュニティビジネスは、単に利益だけを追求するビジネスでもなく、無償のボランティア活動でもありません。コミュニティビジネスは、どのような地域課題にどう取り組むの

* SDGs：持続可能な開発目標（SDGs：Sustainable Development Goals）のことで、2015年の国連サミットで採択された国際目標。17のゴール・169のターゲットから構成され、地球上の「誰一人取り残さない（leave no one behind）」ことを誓っている。

＊ソーシャルビジネス：バングラデシュの経済学者でありグラミン銀行創設者、ムハマド・ユヌス博士が著書『貧困のない世界を創る―ソーシャル・ビジネスと新しい資本主義―』で定義した言葉で、人種差別、貧困、食糧不足、環境破壊といった社会問題の解決を行うビジネスのこと。経済産業省では、「社会性」「事業性」「革新性」の3つの要素を満たす事業をソーシャルビジネスとして定義している。

＊まちづくり会社：一般に、良好な市街地を形成するためのまちづくりの推進を図る事業活動を行うことを目的として設立された会社のことを指すが、明確な定義はない。都道府県や市町村・商工会などから出資を受け、特定の地域に対する公益的な事業やコーディネートを行うものなどがある。

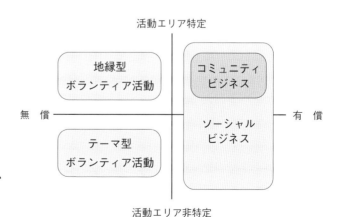

図3　活動エリアと有償有無から捉えたNPO活動の分類

かという「地域課題の解決」
と、事業を継続するための収
益の仕組みづくりという「事
業性の確保」の双方が求めら
れることから、企業並みのビ
ジネスセンスを持ちつつ、地
域課題の解決にも取り組む、
ビジネスとボランティア双
方の特性を併せ持つ新しい
ビジネススタイルといえます。

新川崎タウンカフェ（撮影：筆者）

　この「地域課題の解決」と「事業性の確保」の双方を両立させるためには、
コミュニティビジネスが、地域の広範なネットワークに支えられていること
から、多様なセクターの強みを活かした連携の関係づくりを築くことが重要
です。言い換えれば、地域課題に対して、地域のもつ多様な資源や人材をい
かに連携・活用するかが成功のポイントになります。そして、サービスの提
供に対してわずかでも対価を得て、これを事業活動に回していく循環的経営、
小さくても地域でお金が回る仕組みをつくることが事業の継続性につながり
ます。

　認定NPO法人コミュニティ・サポートセンター神戸（CS神戸）で理事長を
務める中村順子さんは、NPO法人のこれからについて激励を兼ねて「NPO
法人の元気がない、残念ながらこのところ感じている率直な感想です。活
性化しているNPO、片や細っていくNPOの違いは何か。ズバリその答えは、
団体を取り巻く周辺資源（企業・商店街・地域団体・行政・学校等）といかにう
まく協働しながら課題解決に挑戦し続けているか否かにあると考えます。地
域社会では、若者やシングルマザーの孤立、高齢者のフレイル*の増加等、
地域を直撃する課題が顕著となり、今まさに「つながり」を本旨とするNPO
の出番となっています。行政サービスやプロサービスの間に、異なった主体
の協働による人と人が助け合う柔らかな共助社会を構築するため、NPOは
頑張りたいものです」と多主体連携へのエールを送っています。

＊フレイル：加齢により心身が老い衰えているが、日常生活のサポートは必要な介護状態ではない状態。海外の老年医学の分野で使用されている「Frailty（虚弱、老衰）」が語源で、2014年に日本老年医学会が「フレイル」として提唱した。

　このように、地域課題の解決に取り組む多様なセクターが連携することで、
コミュニティビジネスが成立する可能性が高まるのです。

⑤ 空き家問題—連携し合う「自助」と「共助」

　住民の高齢化と人口減少を背景に、住宅地における空き家問題が深刻な地
域課題のひとつになっています。多くの住宅地で、自治会・町内会が、ある
いはNPOなどが空き家対策に取り組んでおり、私自身、ここ4～5年、八王

子市、逗子市、大磯町などの郊外戸建住宅
地の自治会等と協働して、地域が行う空き
家対策に取り組んできました。

　この空き家問題を考える場合、空き家所
有者が自ら行う「自助」という空き家対策
と、自治会やNPO等が行う「共助」として
の空き家対策があり、この両者の連携の大
切さを現場で学びました。

図4　「自助×地域助による空き家対策」関係図

　空き家問題の直接の当事者は空き家所有
者であり、地域やNPOは空き家対策をサポートする立場にあります。それ
では、空き家問題を例に、地域課題の当時者たる「自助」とそれを支える「共
助」の関係について考えます。

　英国人サミュエル・スマイルズの「Self-Help（『自助論』）」は、「天は自ら助
くる者を助く。自助の精神は、人間が真の成長を遂げるための礎である」と
書き出し、自助の精神こそ、その人間を励まし元気づけ、強い国家を築く原
動力になり、外部からの援助は人間を弱くすると述べています。

　しかし、空き家問題からもわかるとおり、「自助」とは、すべてを自分で行
うべきとの考えではなく、自分でできることは自分で行う努力をした上で、
他者や地域からのサポートを否定するものではないと考えます。

　昨今の社会的風潮では、自助と自己責任論を同じものに捉えがちですが、
人間は、家族、友人、地域、仕事、資産など多様なものに支えられてこそ自
助できるのです。肩の荷を下ろして、可能な範囲で頑張ることが、自助の自
然体ではないでしょうか。また、自助と共助は、各々が独立したものではな
く、相互に補完し合う一体的なものと捉えることができます。自助を互助・
共助・公助で支える。互助・共助・公助が自助や自立を可能にし、共助を公
助が支えるという相互連携型の構図が浮かびます（図4）。

　そして、これらを地域で横に結び、手を携える関係に導くのがNPOです。
NPOは、空き家の所有者に寄り添って「自助の空き家対策」を有償でサポー
トする一方、自治会や行政等と連携して、地域や住宅地全体の社会的利益の
増進に寄与する非営利のビジネスを展開します。

　空き家対策は、住まいの所有者・管理者が、責任をもって住まいを「困っ
た空き家」にしない「自助」を基本とし、個人の自発的意思に基づく互助や
自治会等の地縁組織による共助で自助を支えます。そして、NPOは、この
自助と互助・共助の連携的な取り組みを非営利（無償ではない）のコミュニティ
ビジネスでサポートする、そんな地域像が期待されます。

1 「合意形成型まちづくり活動」と「賛同・共感型まちづくり活動」

　市民主体のまちづくり活動には、合意形成の有無により、次のふたつがあります。

　ひとつは、ステークホルダー（利害関係人）の一定の合意を獲得して、まちづくりのルールを定めたり、事業を実施して目的を達成するなど、合意や同意を前提とするまちづくり活動です。

マンション再生に向けた検討会（東村山富士見町住宅管理組合）

　例えば、活動7（224頁参照）の東村山富士見町住宅管理組合が取り組む高経年の「分譲マンションの再生活動」の場合、48世帯のマンション所有者が、土地を共有し、かつマンションの専有部分を区分所

賛同・共感型まちづくり活動（奈良県十津川村）

有しているため、区分所有法*に基づき、マンションを建替える場合は5分の4以上の同意による建替決議が必要になり、大規模修繕を行う場合でも、4分の3以上の同意が必要になります。

　また、活動4（212頁参照）の横浜市青葉区の美しが丘住宅地では、「住民の力で街並みを守り、まちを育てる」というまちづくりスピリットの下、良質な戸建住宅地のまちづくりルールを住民発意の「建築協定」として定め、2003（平成15）年には、これを法的拘束力を有する見守り型の「地区計画*」へと移行して、現在も意欲的なまちづくり活動が行われています。

　このように、マンションの建替えや再生に向けての活動、戸建住宅地における住まいの建て方などに関するルールは、土地利用に制限を加えるため、土地所有者等の一定の同意が必要なことを法令で定めています。この合意形成を前提とするまちづくり（以下「合意形成型まちづくり」）は、法令上、住民というより、土地所有者等に焦点を当てたまちづくりといえます。

　一方、地域住民の合意を必要とせず、メンバーの自発的なまちづくり活動

*区分所有法：正式名称は「建物の区分所有等に関する法律」で、分譲マンションなどの独立した各部分から構成されている建物の専有部分、共用部分、敷地に関する権利関係を明確化している。また、区分所有者が管理組合を構成し、共用部分の管理や修繕などについて集会を開いて規約を定めることなどを規定している。

*地区計画：「都市計画法」に基づき、住民参加のもと、地区レベルのまちづくりを総合的かつ詳細に定めることができる都市計画のひとつ。「地区計画の目標」「区域の整備・開発及び保全に関する方針」、そして道路・広場などの公共的施設（地区施設）、建築物等の用途・規模・形態等の制限をきめ細かく定める「地区整備計画」等から構成される。

が、地域社会の賛同や共感を得て少しずつ広がり、日常の暮らしや地域の風景が変わるような取り組みも多々あります。この「賛同・共感型まちづくり」は、地域住民のボランティア活動やNPO等の非営利活動により、行政単独では対処できない多様な社会課題の解決や新たな地域価値の創造に取り組む活動と捉えることができます。

　また、活動5（216頁参照）のNPO法人玉川学園地区まちづくりの会では、住民の急速な高齢化と空き家・空き家予備軍の急増が懸念されるなか、まち歩きやワークショップ*などを通した顔の見える関係づくりとやわらかな啓発活動により、空き家を活用した「お庭カフェ」「まち並みを壊さない相続開発」など、地域の歴史や営みを大切にした住み継がれる住宅地への活動が広がって、少しずつ地域に賛同や共感の輪が広がっています。住民の急速な高齢化と住まいの高経年化というふたつの老いが同時に進む郊外戸建住宅地にあって、玉川学園の取り組みは、良好な住環境を維持しつつ、一方で、生活利便性の確保や多様な暮らしを支え合う寛容で住み継がれる住宅地への活動といえるでしょう。

　例えば、活動6（220頁参照）のNPO法人鶴甲サポートセンターが取り組む「5階建て分譲マンションにおける高齢者への生活サポート活動」は、エレベーターがなく階段の上り下りがきついため、ゴミ出しができない高齢居住者に対し、NPO法人が地域通貨*を活用したゴミ出しサポート等により、高齢者の見守りを兼ねた生活サポートを行って地域住民の共感を得ています。

　このように、合意形成型まちづくりにしても、賛同・共感型まちづくりにしても、熟成した大都市圏の郊外住宅地でのまちづくり活動は、住宅地を経営するとの意識を持って、従来の住む場所、寝る場所だけに純化した住宅地から、住む場所と仕事もする場所、生活や交流を楽しむ場所が適度に共生した多様性のある住宅地に変容する取り組みと捉えることができます。

2　合意形成と行動特性

1 合意形成

　まちづくりにおける「合意形成」とは、複数あるいは多様なステークホルダー相互の意見や考え方の一致を図るプロセスをいいます。合意形成は、表面的な賛否を調整して裁定したり、多数決で全体の意思を決定するものではありません。合意形成とは、多様な利害関係者による主体的な意見交換、学習、ワークショップ（共同検討）、熟議（建設的な話し合いにより、検討内容を発展させ、多くのステークホルダーの理解が得られる新しい案を作成する取り組み）などを介して、関係者の根底にある多様な価値観や利害を顕在化させ、意思

*ワークショップ：学びや問題解決のトレーニングの手法。まちづくり分野においては、地域に関わるさまざまな立場の人びとが参加して、地域の課題解決のための改善計画や提案づくりを進めていく共同作業の総称。

*地域通貨：特定の地域やコミュニティの中だけで流通・利用できる通貨のこと。自治体やNPO、商店街などが独自に発行するもので、法定通貨ではない。

決定における相互の価値観の融合や一致を図る行動プランニングあるいはプロセスワークです。従って、まちづくりにおける合意形成は、多くの人の意見を聞くこと、専門家の助言を得ること、先駆的な事例を学習することなど、互いに学び合うことにより、意見や価値観の一致を見出す作業といえるでしょう。

そして、合意形成への行動目標は、次の3つを明確にすることです。ひとつは「何を決めるか」という決定事項の明確化、ふたつは「いつまでに決めるか」という決定時期の明確化、3つは「関係者は誰か」というステークホルダーの明確化です。

また、合意形成の到達点である「合意」には、まちづくりの内容や特性に応じて、利害関係者の完全なる一致を図る「厳格な合意」から、個々の利害関係者の権利調整を要しない「大枠の合意」あるいは「緩やかな合意」まで多様なものがあります。

住民合意形成ガイドライン
（横浜市）

② 合意と同意

「合意」に似た言葉に「同意」があります。検索すると、合意（コンセンサス：consensus）とは、互いの意思が一致している状況を言うのに対し、同意（アグリーメント：agreement）は、他者の意見や案などについて賛成・賛同することと整理できます。

そして、合意には、合意に至るプロセスが存在するため、その過程を合意形成と表現しますが、同意には、そのプロセスがないため、同意形成という言葉は一般に使われていません。また、合意は、関係者が同じ立場に立っていることを前提にしていますが、同意は、一方が他方の意見や案を受け入れるという意味合いから、受け身の立場であることが特徴です。

③ 「地域的合意形成」と「社会的合意形成」

合意形成は、ステークホルダーの多少や特定の可否等から、「地域的合意形成」と「社会的合意形成[注9]」に大別することができます。

「地域的合意形成」とは、ステークホルダーがある程度特定できるテーマについて、顔が見える関係の中で合意形成を行うことをいいます。具体的には、住宅地内にある公園を再整備するため、地域住民によるワークショップで計画づくりを行う地域レベルの取り組み、自治会・町内会によるコミュニティレベルのまちづくり、地区計画や建築協定など地域における住まいの建て方のルールづくりなど、ステークホルダーがある程度特定され、まちづくりの利害が地域内で完結するもので、地縁的なまちづくり活動は概ねこれに該当します。

注9　桑子敏雄『社会的合意形成のプロジェクトマネジメント』（コロナ社、2016年）

桑子は不特定多数との合意形成を「社会的合意形成」と呼び、合意形成とは、「社会基盤整備や環境問題の意見の対立がある中で、良い合意をめざすために、多様な価値観の存在を認めながら、人びとの立場の根底に潜む価値を掘り起こして、その情報を共有し、お互いに納得できる解決策を創造していくプロセスである」としている。

表3　地域的合意形成と社会的合意形成の比較表

区　分	ステークホルダー （利害関係人）	決定権者	
		行　政	地域・住民
地域的合意形成	特定または少数	・住宅地内の公園再整備 ・コミュニティ道路の整備など	・マンション管理組合の運営 ・建築協定の認可申請
社会的合意形成	不特定 大多数	・都市計画道路の整備 ・大規模土地（学校跡地等）の利活用 ・駅前広場の整備など	―

　一方、「社会的合意形成」とは、ステークホルダーが広範かつ不特定に多数存在し、必ずしも顔が見える関係では合意形成が行えないものをいいます。具体的には、広域性を有する都市計画道路の整備など、ステークホルダーが、沿道住民や沿道地権者など道路整備により直接的な影響を受ける者の他、道路整備により便益を受ける道路利用者など多数かつ不特定に存在し、計画の合意→事業の合意→権利の合意と段階的に社会的な合意を積み重ねていく事例がこれにあたります。

　また、統廃合に伴う学校跡地のまちづくりもこれに該当します。行政は、都市経営の観点から跡地の売却等を含めて総合的に有効活用を考えますが、学校跡地周辺の住民は、跡地を公園、スポーツ施設、子育て支援施設にしてほしいなど、地域環境や日常生活の改善という観点から跡地利用を考え、地域の要望を行政に伝えます。このように、広域的観点と地域的観点の双方から検討を要するテーマは、全市レベルの利害と地域レベルの利害が衝突する可能性もあるため、こうした特性を見極め、公益と共益の融合を見出す合意形成が求められます。この社会的合意形成は、必ずしも全員が賛成という状況でない場合も多く、不特定多数の利害関係者に「納得するプロセス」を示すことが重要であり、「決定内容の適切さ」とともに「決定手続の公正さ」が求められます。

　このように、まちづくりの内容が、「広域性を有するもの」と「地域で完結するもの」では、合意形成の進め方が異なることに留意する必要があります。

4 段階的な合意形成―緩やかな合意から厳格な合意へ

　市区町村（行政）が主体になって進めるまちづくりは、通常、次の3つの段階的な手順や理解を得て実施されます。

　第1段階は「まちの将来像・地域の将来像の合意」で、まちづくりの内容やゴールのイメージを社会的なレベルで共有する「方針や計画の合意[注10]」です。法定都市計画では、これを「都市計画決定」といいます。

　第2段階は、第1段階で共有したまちづくりの計画を、誰が（事業主体）、いつからいつまで（事業期間）、どういう手法（事業手法）で、いくらくらいの

注10　個々の厳格な合意ではなく、社会的なコンセンサス（社会的な合意）である。都市計画法において、行政提案で都市計画（用途地域＊など地域地区や地区計画等を定める都市計画）を定める場合、利害関係者の個々の同意を求めることなく、説明会の開催⇒案の縦覧⇒意見書の提出⇒都市計画審議会の議を経て決定される。

＊用途地域：「都市計画法」（1968年制定）の地域地区のひとつで、住居・商業・工業など市街地の土地利用の大枠を13種類で定めている。それぞれの用途地域に対応する形で、建築基準法による用途や容積の規制が規定されている。

費用（概算事業費）で行うかを関係者で共有する「事業の合意」で、法定都市計画では「事業計画認可」と言います。

　第3段階は、第1段階・第2段階で共有したまちづくりを実施するにあたり、個々の土地建物所有者との権利上の取り扱いを協議して、土地建物の買い取りや補償、事業完了後における土地や建物床の再配置など、個々の権利の調整を行い、合意をめざします。市街地再開発事業では「権利変換計画」、土地区画整理事業では「換地計画」といいます。

　このように、行政主体のまちづくりは、社会全体の利益（公益）、地域社会の利益（共益）のために、住民や個々の権利者の意見等と調整を行いながら、社会的レベルでの大枠の合意、緩やかな合意を得ながら、手続きを経ながら、順次、厳格な合意へと段階的に合意形成を進めます。この大枠の合意、緩やかな合意のことを「総意の醸成」とか「社会的コンセンサス」と呼ぶこともあります。

　市民や地域住民が主体となる市民まちづくりも、基本的には同じです。

　合意形成型まちづくりのポイントは、緩やかな合意から、必要性に応じて、順次、厳格な合意へと段階的に高めていくことです。活動5（216頁参照）の玉川学園地区では、まちづくりの会が提案したまちづくり憲章と住まいの建て方に関するルールを「玉川学園地区建築協約注11」として自治会連合会が承認し、地域のまちづくりの指針としました。これは、いきなり地域住民の大多数の厳格な合意を得ることが難しいため、地域社会全体の緩やかな合意として建築協約を定め、法的強制力はないが、地域のまちづくりの理念や方針を最初の一歩として地域社会で共有する紳士協定、自主的な協約といえるでしょう。もちろん、厳格な合意に基づき、

図5「玉川学園地区まちづくりの会」の取り組み

注11　玉川学園地区まちづくりの会の提案を受けた玉川学園地区町内会自治会連合会は、「玉川学園地域まちづくり憲章」（平成21年5月25日制定）と「建築及び土地造成に関する申し合わせ事項」（平成22年6月改訂）のふたつを2011（平成23）年7月に「玉川学園地区建築協約」として制定し、地域住民のまちづくりの指針とした。
注12　協議調整型まちづくりとは、「市区町村が地域特性を活かしたまちづくりの実現を図るため、法定都市計画やまちづくり条例を根拠に、土地利用の「手続き」や「基準」の中に一定の協議調整領域を独自に構築し、この仕組みを活用して良好な土地利用をコントロールする仕組みの総称」のことをいう。一例を挙げれば、

住宅市街地の建物の最高高さを定める場合、高さ15m以下にすべきという住民意向と、それでは厳しすぎるので20m以下にすべきとの意向が拮抗する場合、住民の全体意向は、①高さ15m以下は全員が賛成、②高さ15～20mは賛否が分かれる、③高さ20m以上は全員が認めないということになる。そこで、建物の最高高さは「原則15m以下とする。ただし15～20mの場合であって、地域住民等との協議を経て良好な住環境の形成が期待できると認めたものについてはその限りではない」と定める。このように、高さ15～20mの範囲を協議調整領域として、個々の案件ごとに地域住民と専門家、行政等が熟議を通して妥当な計画高さを見出すものである。

表4　まちづくりにおける意思表示の多層性

意思表示の多層性		
反対	ある事柄に意義を唱え、また反対の行動をとること。	反対
非協力	ある事柄に対して協力しないこと。	
我慢	意思に反しているが、対外的に異議を唱えないこと。	賛成・認容
無関心	関心がないため、意思表示を行わないこと。	
保留	態度・賛否を明らかにしないこと。判断がつかず解らないこと。	
黙認	積極的に賛意を示さないこと。	
了承／承知 了承／承諾	了解（諒解）…事情を思いやって納得すること。事情を理解し承認すること。 了承・承諾…承知すること。聞き入れること。上から目線が含まれる。他人の依頼や要求を聞き入れること。 承知…聞き入れること。部下が上司に対して使う。	
賛成	ある事柄に対して、積極的に賛意を示すこと。	賛成
同意	決定した事柄、決定しようとする事柄に対して「私も同じだ」「異論がない」という行為。	
合意	ある事柄に対して意思の合致をみること。複数の人の合意は「コンセンサス」。	

行政主体で進めるまちづくりでは、明確に反対の意思表示をした人以外は、賛成または認容として取り扱われることが多い。

住民発意型のまちづくりでは、明示的に賛成者だけが賛成（同意）と扱われ、意思表示をしていない人は賛成または認容として扱われない。

法的強制力のあるまちづくりルールを目標とすべきですが、価値観が多様化する現代社会にあっては、高い比率での合意（同意）が難しいことも予想されることから、関係者が建設的な話し合いの場に参加する、いわゆる「協議調整のまちづくり[注12]」も期待されるところです。

　このように、合意形成型まちづくりも、まちづくりの熟度や地域住民の意向や賛否の状況に応じて、合意形成の目標水準を柔軟に見定めつつ、しっかりと定めるルールと共感の輪を広げる取り組みの最良の組み合わせが大切と思われます。

5 意思表示の多層性

　地域住民が示すまちづくりの意思表示は、単なる賛成・反対の二者択一ではありません。表4に、まちづくりに対する市民の意思表示の有り様を示してみました。絶対反対、消極的反対、無関心、態度保留、消極的賛成、積極的賛成など、多様な意思表示がありますが、こうしたまちづくりへの賛否は、意見交換、事例見学、ワークショップ（共同検討）、熟議など学びの場を通して変化します。当初は態度保留であった住民が、ワークショップに参加して良き理解者になったり、絶対反対であった住民の態度が事例見学会を経て軟化したなど、まちづくりはワークショップなど双方向による学びのプロセスを積み重ねることにより、地域力が磨かれ、合意形成への射程が見えてきます。

　また、もうひとつ留意しておきたいのは、まちづくりの主体者、提案者が誰かにより、賛成・反対の判断基準が異なることです。市区町村など行政主体で進めるまちづくりでは、明確に反対の意思表示をしている人以外は、賛成あるいは認容（認めて受け入れること）として取り扱うことが一般的です。

つまり、行政主体のまちづくりにおける賛否の判断基準は、賛成が何名いるかではなく、反対が何名いるかを判断し、無関心の人も含め、反対以外の人は賛成または認容していると推認し、これをもって社会的合意が形成されていると扱う傾向があります。

ワークショップの風景

　これに対し、住民発意型のまちづくりを法定都市計画の俎上に載せる場合、都市計画の提案制度[注13]や地区計画の申し出制度[注14]の活用が想定されます。その場合、法令や条例に基づき、土地所有者等の3分の2以上の同意[注15]が要件とされています。この3分の2以上の同意とは、上述した反対者以外は賛成または認容とみなすものではなく、個々の権利者が賛意を示して同意書に署名押印する行為であり、明示的な賛成者だけが賛成と扱われます。表4に示したとおり、行政主体のまちづくりの賛成者は、反対明示者以外は賛成・認容と扱われ、一方、住民発意型のまちづくりは、明示的賛成者だけが同意（賛成）と扱われるという大きなギャップが存在します。

　さらに加えれば、行政は、より多くの賛成者がいることが望ましいとの立場から、この3分の2以上の法令基準を行政指導で80%や90%に引き上げて運用するところもあります。こうしたハードルを単純に高くする運用は、住民発意のまちづくりの目を摘むことになりかねません。住民発意のまちづくりは、住民がすべてを担い、行政はジャッジ（判断）を行う構図ではなく、住民と行政が協働してワークショップを行ったり、行政の持つ公開可能な情報を積極的に提供するなど、住民発意の取り組みを多面的にサポートすることが大切です。建築協定が締結された住宅地の住民が、これを地区計画に移行しようとする場合、住民は土地所有者情報の把握と同意取得活動に膨大なエネルギーとコストを要しますが、行政がこれらをサポートし協働で取り組むことで住民側の負担が軽減され、両者に信頼の土壌が生まれます。

注13　都市計画の提案制度とは、2002年の都市計画法改正により創設された制度で「土地所有者、まちづくりNPO等」が、一定の要件を満たした上で、地方公共団体に都市計画の提案を行うことができるもの。具体的には、①一定規模以上の面積であること、②都市マスタープランなどの都市計画の方針や基準に適合していること、③提案区域内の土地所有者等の2/3以上の同意（人数および面積）が必要である。
注14　地区計画の申し出制度とは、都市計画法（第16条第3項）の規定に基づき、住民等が一定の同意（多くは土地所有者等の2/3以上と条例で規定）を得て、地区計画の指定を市区町村に申し出する制度。
注15　都市計画の提案制度（都市計画法20条の2）では、提案要件のひとつに土地所有者等の2/3以上の同意（人数および面積）を規定している。また、住民が地区計画の指定を行政に申し出る「地区計画の申し出制度（都市計画法第16条第3項）」は、その申し出に関するルールを条例で定めることを規定しているが、条例制定している市区町村のほとんどは、申し出要件のひとつに土地所有者等の2/3以上の同意を規定している。

6 参加者と決定権者との関係

　まちづくりにおける合意形成においては、「まちづくりの参加者＝決定権者」と「まちづくりの参加者≠決定権者」のふたつがあります。前者は、マンション管理組合の活動や建築協定住宅地のまちづくりルールなど、まちづくりの参加者が決定権者になります。一方、後者は、行政が事業主体になって公共施設を整備する場合、決定権限を有する行政が、周辺住民や施設利用者などの意見や要望を踏まえて計画内容を決定します。

　そして、これらに共通することは、まちづくりの参加者に、参加→検討→合意形成→決定という全体プロセスを明示してその透明化を図ること、そして決定方法をあらかじめ共有化するなど、参加のまちづくりの成果が意思決定に適正に反映される工夫が大切です。

3　コミュニティを高める合意形成への工夫

　そこで、地域住民が、コミュニティを高めながら、まちづくりに関する合意形成を進める上での要点について考えます。

ア）賛否の裏に潜む利害を把握する

　合意形成にあたっては、表面的な賛成反対ではなく、賛否の裏に潜む利害や理由を顕在化させ、その内容から、歩み寄れる項目や内容を明らかにすることが求められます。一例として「オレンジを奪い合う姉妹の逸話[注16]」がよく紹介されますが、主張の背後にある理由を共有することで互恵的な関係が構築できることを教示しています。

イ）公正かつ透明なプロセスを保障する

　合意形成にあたっては、正確な情報の公開と提供、合意形成から決定に至る手順や手続きの明示など、公正公平で透明なプロセスを保障して、合意形成への信頼性を常時確保することが大切です。行政がワークショップを行う場合、ワークショップの目的と全体プロセスにおけるポジション、ワークショップでの意見や成果の取り扱いを事前に明示して市民の信頼を獲得している取り組みと、こうしたことを怠り、結果として参加のまちづくりの意欲を削ぎ、市民のあきらめと失望感を増幅させる取り組みの双方をよく見かけます。

ウ）対立点と共通点の可視化を図る

　合意形成にあたっては、対立事項について優先的に合意形成を図るのではなく、対立点と共通点を可視化して、まずは共有できる事項について合意形成を図ること、そして、対立事項の中でも、共有できる考え方や事柄を顕在化させ、合意形成への糸口を見出す取り組みが求められます。

エ）学びを伴う共同検討を行う

注16　オレンジを奪い合う姉妹の逸話とは、姉妹がひとつのオレンジを奪い合っていてその理由を聞くと、姉はオレンジの皮でママレードをつくりたいと言い、一方、妹はオレンジの実でジュースをつくりたいと言う。
つまり、オレンジの皮は姉が使い、オレンジの実は妹が使うことで問題は解決する。このように主張の背後にある理由を顕在化させることで互恵的な関係が容易につくれることのたとえ話として紹介される。

合意形成とは、地域を共通の教材とした「まちづくり学習[注17]」でもあります。従って、ワークショップ等の共同検討の場を積極的に取り入れ、学びを通してコミュニティ力を高めつつ、まちづくりへの機運の醸成を図ることが大切です。市区町村の職員を対象にした地区計画の研修では「アンケート調査で何％の賛成が得られれば、地区計画を決定して良いか」との質問をよく受けますが、単発なアンケート調査は、片方向で学びを伴わない意向把握の方法であり、課題や問題意識の把握には有効ですが、まちづくりの決定手段としては必ずしもふさわしいとはいえない側面もあると答えています。

オ）専門家を活用する

　合意形成にあたっては、専門性を活かしながら1案にまとめる役割を担うコーディネーター、専門性も駆使して中立的な観点から調整役を担うファシリテーター等の専門家を上手に活用することも有効です。また、合意形成の内容や特性に応じて、専門家の立ち位置や権限をあらかじめ明確にしておくことも必要です。

カ）熟議により第三案を見出す

　合意形成にあたっては、持論を主張するのではなく、各々の主張や案の特性を学びつつ、熟議により、合意形成可能な第三案を見出す努力を行うなど、状況に応じた柔軟な対応が必要です。

4　法政大学地域経営論での演習課題から

―ゴミ集積場所を巡る合意形成のプロセスワーク―

　私が講義を受け持つ法政大学の地域経営論での演習課題を素材に、地域的合意形成のポイントを考えてみましょう。演習課題は「住宅地におけるゴミ集積場所の決め方」に関するもので、いわゆる近隣社会のNIMBY[注18]施設について、コミュニティを育む合意形成の進め方を考えるものです。

> **演習課題：戸建住宅地における「ゴミ集積場所の位置」をどう決めるか？**
> 　瀟洒な戸建住宅、計50世帯で構成するK市〇〇町三丁目自治会では、これまで人徳あふれる自治会長の厚意により、自治会長宅の敷地の一角を「ゴミ集積場所」にしてきた。しかし、自治会長が急逝し、土地が不動産事業者に処分されたため、新しいゴミ集積場所を町内に設けることとなり話し合いが始まった。しかし、住民の多くは、ゴミ集積場所の必要性は誰もが認めながら、自分の土地はもちろん、自宅の前の道路に置くのも嫌だという。
> 　設問1：あなたが、新しい自治会長なら、新しいゴミ集積場所の位置を決めるため、どのような方法やプロセスで合意形成をめざしますか。
> 　設問2：合意形成を図るための工夫や大切にしたい事柄を具体的に複数あげなさい。

　2021（令和3）年度、コロナ禍でのオンライン授業になりましたが、70名の受講生からレポート提出がありました。その一例を紹介します。

注17　例えば、バブル経済期の1991（平成3）年に制定された「掛川市生涯学習まちづくり土地条例」は、土地が地域社会を存立させる共通の基盤であり、市民が土地の持つ公共性と適正利用について生涯学習を行い、その成果を土地利用を中心とした「まちづくり計画」で具体化するもので、2012（平成24）年現在、市域の52.5％にあたる13,947haが、土地所有者の8割以上の同意を得て、市、地元住民代表、地権者代表の三者でまちづくり計画協定を締結した「特別計画協定区域」に指定されている。

注18　NIMBY（ニンビー）とは、英語の"Not In My Back Yard"（わが家の裏には御免）の略語で、「施設の必要性は認めるが、自らの居住地域には建てないでくれ」と主張する住民たちやその態度を指す言葉である。日本語では「忌避施設」「迷惑施設」「嫌悪施設」などと呼称される。

◆設問1「ゴミ集積場所の決定プロセス」に関する回答例

○ゴミ置き場を持ち回り制で行うことが一番だと考える。ゴミ置き場を自宅の前に設置してもよいという人は現れないと思うので、密閉性があり、臭いが出ず、カラスが来ない移動式ゴミ箱を用意して、月単位で集積場所の位置を動かすのが平等だと思う。また、ゴミ置き場の掃除も当番制で行えば誰かひとりが嫌な思いをすることなく、問題を解決できると考えた。

○1年ごとにゴミ集積場所を変えることを考えた。その方法は、50世帯を5世帯ずつ10のグループに分け、10グループでゴミ集積場所を1年ごとに順番に回す。50世帯で話し合うことも考えたが、意見がまとまる可能性は低い。世帯数を減らし、小さいグループに分ける方が、意見がまとまる可能性が高いと感じた。

○話し合いの進行や主導権は自治会長である自分が持つ。その上で、全員一致ではなく多数決制を採る。多数意見に少数意見を組み込んで案をまとめる。いかに少数意見を反映させられるかがポイント。また、各々が自由に発言できる雰囲気をつくるため最初は世間話から始める。これにより険悪な雰囲気になっても修正しやすくなる。

○ゴミ置き場の設置場所を決める前に基本体制を確立する。ゴミ置き場の掃除を当番制にし、場所を提供してくれた家庭は掃除を免除する。これを踏まえて話し合いを開始する。設置を許可してくれる家庭があればその家庭の敷地前に、なければ自治会長の敷地前に設置する。

○公園や広場の端など公共性があり、かつ住宅から離れている場所への設置を検討する。もしそれが不可能であれば、条件（見返り）をつけ、設置を承諾してくれる方を探す。条件としては、「ゴミ置き場掃除当番の免除」「町内会費免除」などが考えられる。

○まず各エリアの班長を集めて話し合いを行う。話し合いの内容は自らゴミ置き場の設置を受け入れる人がいるのか、いなければどこに設置するのが最も効率的なのかなど。そこから班長が、自分が担当しているエリアにゴミ集積場所に否定的かどうかを聞き、集まったデータから、最も否定的な意見が少なかった場所に設置するのがよいと思う。

◆設問2「合意形成を図るうえで大切なこと」に関する回答例

○1点目はお互いに信頼し尊重し合うこと。信頼を得るには時間がかかるが、信頼し合うことでどんな意見でも言いやすく理解しようという気持ちになる。2点目は、誰でも話に参加できる環境づくりが重要。

○ひとつは、嫌がる人に無理やり押し付けるような「くじ引き・じゃんけん」は避け、「それならOKかな」と皆が納得してくれる人に任せたい。ふたつは、引き受けてくれた方が不利を被ることは避けたい。設置にあたっては、カラスがゴミを荒らすのを防げるデザインのゴミ箱を選び、不衛生にならないよう交代制の掃除当番を設けるなどを同時に行う。

○ひとつは、住民ひとりひとりが、お互いを尊重し合い多様な考え方を受け入れること。ふたつは、各々が自己中心的な考えをせず、みんなが納得できる解決策を見つけ出すように協力すること。

○合意形成を図るための話し合いの場は全世帯の参加をめざす。日程が合わず、参加が厳しい場合も必ず意見を聞くこと。そして、年功序列や居住年数などはなしにして平等に決定する。

○ひとつは周囲の意見を受け入れること。自分の意見を通そうとせず、他人の意見に耳を傾けることで、ひとりでは思い付かない最適な考えを見出すことができる。ふたつは住民同士の信頼関係を深めること。信頼関係を築くことで、各々が自分の意見をしっかりと言え、意見交換しやすい雰囲気をつくることができる。このふたつを大切にすることで合意形成をより円滑に進められる。

5　地域的合意形成へのプロセスワーク

演習課題に対する絶対的な解はなく、住民の賛同を多く得られる方法が、相対的な解になると考えます。回答例などを参考に、コミュニティを育む合

意形成のプロセスワークで大切なことが、次のとおり導き出されます。

(1) 公平な受益については、公平な負担で問題解決を行う

　1年ごとにゴミ集積場所を変える、移動式のものとする、場所を提供する人以外は清掃当番により清掃を行う、ゴミ集積場所の近接住民の意見要望に最大限配慮するなど、公平な受益には公平な負担で対処することが合意形成の基本のひとつであることがわかります。

(2) 数による決着は避け、熟議により最良の選択肢を探り出す

　コミュニティの分断を避けるため、多数決など数での決着を原則行わず、やむを得ない場合は反対者の理解を得る。「くじ」や「じゃんけん」など結果の偶然に支配される決定方法は採用しないとの意見も説得力があります。そして、ワークショップなど学びを伴う方法で熟議を重ね、最良の選択肢を探り出す、地域の知恵を引き出して解決をめざす、良いアイデアをみんなでブラッシュアップする、少数意見を組み入れる工夫を行うなど、粘り強く対話を重ねて「調整⇒熟議⇒合意」をめざすことが、コミュニティを育む合意形成のプロセスと捉えることができます。

(3) 公平で透明性の高い決定プロセスを共有する

　最初に決定プロセスや決定方法を共有化すること、会議と会議資料はすべて公開して情報弱者を生み出さないなど、公正で透明性の高い取り組みが、決定プロセスの信頼性を高めることになります。

(4) 嫌悪施設としての要素を排除する地域づくり

　悪臭を防止する、美観に配慮したコンテナ型のゴミ置場とする、周囲を緑化する、カラスや動物が荒らさない工夫を施す、デザインや形態を工夫する、収集ルールを徹底し清掃当番制とするなど、嫌悪施設としての要素を排除する取り組みも、合意形成を図るための重要なプロセスワークになります。

(5) 寛容さを備えた互助・共助による地域づくり

　住宅地のゴミ集積場所は、地域住民のコモンズ（一種の資源の共同利用地）でもあり、ゴミ集積場所での会話や挨拶、清掃が地域コミュニティを育てるとも考えられます。地域コミュニティにおける合意形成は、ビジネス的な合理性だけでなく、助け合い、寛容、高齢者への配慮などの視点も必要です。実際、高齢者が使いやすい、利用しやすい場所にとのレポートもありました。ゴミ集積場所のもつ社会性、公益性にも留意したいところです。

III 市民まちづくり活動と資金

　内閣府が、2020（令和2）年度に7,347法人を対象に実施したNPO法人に関する実態調査[注19]（以下「内閣府実態調査」）によれば、年間収益500万円以下のNPO法人が54.8%と過半を超え、27.2%は常勤スタッフがゼロ人と、収益基盤、活動基盤ともぜい弱なNPO団体が多いことが改めて浮き彫りになりました。NPO法人との意見交換でも、代表理事や役員が個人的に寄付や無利子の資金供与をしているなどの話も聞きます。多くのNPO法人は、総じて収益基盤が弱く、内部留保もなく、会費とわずかの事業収入でぎりぎりの運営を行っているのが実態ではないでしょうか。こんなNPO法人のお金の問題について考えていきます。

注19　内閣府では、特定非営利活動法人（NPO法人）の活動状況、寄付の受入状況等やその活動実態を明らかにして、特定非営利活動促進法（NPO法）の改正に向けた見直しや、共助社会づくりに関する施策のための基礎資料を得ることを目的として、3年に一度、一般統計調査として実施している。2020（令和2）年度調査では、認証法人6,201法人（標本調査）、認定NPO法人および・特例認定NPO法人 1,146法人（全数調査）の計7,347NPO法人を対象に行い、4,005法人から回答があった。

1 初期投資と事業規模からみたNPO

　NPO活動は、実に多彩です。NPO活動は、立ち上げ時における初期投資（立ち上げ資金）の大小、そして、事業が軌道にのった時点での事業規模の大小から図6のように分類できます。

　ひとつは、「身の丈型NPO活動」です。活動を始めるにあたり、独

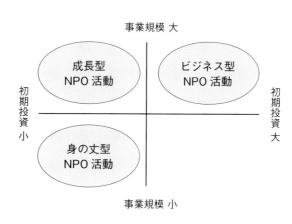

図6　初期投資と事業規模からみたNPO活動の分類

立した事務所などを設けず、立ち上げ資金を小さくして、ボランティアベースでNPO活動に取り組むもの。通常時も事業収入の伸長にあまり執着せず、あるいは事業性が低く収益が出にくい活動など、会費、寄付金、助成金の範囲内で持続的に地域課題の解決に取り組む、身の丈に合ったNPO活動です。年間事業規模は、100万〜500万円くらいとイメージできます。現役を引退した高齢者グループが、地域社会への貢献と自らの生きがいを求めて行う地域密着型のNPO活動などはその典型といえます。

　ふたつは、「成長型NPO活動」です。これは初期投資を比較的小さくして立ち上げ、助成金や補助金などを活用して、漸次、事業規模を拡大していくケースです。「小さく始めて大きく育てる」という成長型モデルといえます。

通常の事業規模は、1000万〜2000万円以上で、活動エリアも広がり、行政からの委託事業や指定管理事業などの事業収入が増えれば事業規模はさらに大きくなります。複数の常勤・非常勤のスタッフを抱え、業務に応じた報酬などが支払われます。

3つは、「ビジネス型NPO活動」です。これは綿密な事業計画の下、立ち上げ時の初期投資から一定規模の設備投資などを行い、投資に見合う事業規模を継続的に獲得するモデルです。

2 資金調達の手段と特性

NPO法人など、市民まちづくり団体の主な資金調達（ファンドレイジング）の手段は、「会費」「寄付金」「助成金・補助金」「事業収入」「融資（借入金）」などがあり、近年は、寄付金のひとつとしてクラウドファンディング*が注目を浴びています。

1 会費

会員は、団体の社会的使命やその活動に賛同し、ともに行動し、ともに支え合う仲間、同志であるとともに、団体の良き支援者・理解者でもあり、会員から会費を集めるにあたっても、このことをよく理解する必要があります。多くのNPO法人は、定款で正会員・賛助会員などの会員区分を設定し、年間会費を得て活動原資の一部に充てています。会員が継続的に納める会費は、寄付金や助成金などの流動性資金と異なる安定した活動資金です。また、会費は助成金などと異なり、使途に制限がない自由度の高い資金です。

また、活動6（220頁参照）の鶴甲サポートセンター[20]のように、相互扶助（互助）の性格を有するNPO法人の場合、サポートを行う「正会員」とサポートを受ける「利用会員」の各々を会員とし、年会費は取らず初回だけ入会金を取るという方法もあります。

2 寄付金

寄付金は、NPOの活動や事業に賛同・共感した支援者、市民、企業等から寄付を募る資金調達の方法です。寄付金は、会費のような定期的・安定的な資金ではありません。また、寄付金には、1回限りの支援としての単発寄付（都度寄付）、毎月または毎年定額で支援する継続寄付（マンスリーサポーター等）、期間や金額を決めて寄付募集を行うクラウドファンディングなどがあります。

例えば、ホームレスなど社会的弱者への住まいサポート活動を行っている

*クラウドファンディング：crowd（群衆）とfunding（資金調達）を組み合わせた造語であり、多数の人による少額の資金が他の人びとや組織に財源の提供や協力などを行うことを意味する。金銭的リターンのない「寄付型」、金銭リターンが伴う「投資型」、プロジェクトが提供する何らかの権利や物品を購入することで支援を行う「購入型」などに分類される。

注20　NPO法人鶴甲サポートセンターは、2022年4月現在、サポートを行う正会員18名、サポートを受ける利用会員173名の計191名で組織され、年会費は取らず、正会員、利用会員とも一律1,000円の入会金を会費としている。

NPO法人ほっとプラス（活動15、262頁参照）では、月額1,000〜100,000円までのマンスリーサポート（継続寄付）と冷蔵庫、洗濯機、炊飯器など家電製品の現物寄付を呼びかけています。

内閣府実態調査の結果から寄付の実態を見ると、認証法人では、個人からの寄付額0円が55.6%、0〜10万円以下が22.4%であるにもかかわらず、67.1%の団体が「寄付について特に取り組んでいることはない」と答えており、イベント実施時における寄付の呼びかけ、インターネットやクラウドファンディング等での寄付の呼びかけなどは、あまり行われていないことが推察できます。

『非営利団体の資金調達ハンドブック』の著者でもある徳永洋子さんは、寄付を行うにあたっての心理分析として、第1にその取り組みに対して「共感」し、第2に取り組みの内容を「納得」し、最後に、取り組みを行う者を「信頼」できれば、寄付行動に及ぶこと、つまり、「共感」×「納得」+「信頼」＝寄付額と述べています。

そして、寄付金で集まった資金のうち、法人の趣旨に賛同した寄付金であれば使途が限定されることはありませんが、特定の活動や事業を指定した寄付金は、その使途が限られます。いずれにしても、寄付者に対しては、定期的に情報発信を行うことで相互の信頼が深まり、継続的な関係を築くことができます。

そして、寄付先が認定NPO法人の場合、「認定NPO法人等寄付金特別控除[注21]」の対象になり、寄付金控除または税額控除のいずれかを受けることができます。

また、最近では、当時者たるNPO法人が寄付を募るだけではなく、団体の活動に賛同・共感した第三者が寄付を募り、その団体に寄付するというケースも見られます。

❸ 助成金・補助金

助成金は、財団法人等の中間支援組織が、NPO等の活動や事業を支援するために提供される資金をいいます。大半は、申請後、一定の審査を経て助成の可否が決定されます。林泰義氏は、「「新しい機会の窓」として公募型市民活動助成の仕組みが1990年代に多数登場し、市民社会に対して基本的に閉じていたまちづくりの領域に、NPO団体が参入できる「機会の窓」が開かれた意義は極めて大きい」と述べています[注22]。わが国における公募型助成制度の仕組みは、1984（昭和59）年にトヨタ財団が公募型市民活動助成制度を初めて創設し、1990年代には、世田谷区やH&C財団などで同様の公募助成制度を開始し、現在では、多くの自治体や財団法人等による多様な市民活動

注21　2011年以後に個人が認定NPO法人等に対して一定の寄附金を支出した場合、支払った年分の所得控除として寄附金控除の適用を受けるか、または一定の算式で計算した金額（その年分の所得税額の25%相当額を限度）について税額控除の適用を受けるか、いずれか有利な方を選択することができる制度がある。詳細は国税庁HPを参照されたい。

注22　H&C財団設立10周年記念調査報告書『まちづくりNPO—成果と展望』（2003年7月16日）

助成が展開されています。

また、補助金は、国や地方自治体が、NPO法人等が行う特定の事業を支援する目的で提供され、多くは公募により選考されています。その内容は、あらかじめ定めた事業の詳細に基づいて補助を行うものと、一定の目的や成果を定め、実施内容については一定の裁量を認めて委託として行うものがあります。そして、採択要件や提供される金額は多様ですが、支援期間は年度単位が多いと思われます。このように、助成金は民間団体が支援、補助金は行政が行う支援と理解してよいでしょう。こうした助成金に関する公募情報は、インターネットで容易に検索することができます[注23]。

H&C財団「住まいとコミュニティづくり活動助成事業パンフレット」（2021年度）

４ 事業収入

事業収入は、団体の目的を達成するための事業活動を通して獲得する資金です。

例えば、空き家の利活用事業やコミュニティカフェの運営事業などは、サービスに対する対価を得ることにより、収益（売り上げ）を上げることができます。この事業収入は、NPO法人の活動目的を達成するための重要な資金源になります。しかし、ホームレスや子どもなどが受益者になる活動の場合、対価を求めることは難しく事業収入を得ることが困難なため、その経費は寄付金や助成金・補助金等で賄うことになります。

そもそも「NPO法人は利益を出してはいけない」と認識している人が多いようですが、これは誤解です。NPO法人は、非営利組織とはいえ、収益活動（売上活動）を行ってはならないということではありません。非営利活動とは「利益を目的としない」「利益が生じた場合もメンバーに配分しない」ことであって、「利益を取らない」ことではありません。社会課題の解決につながる活動を継続的に行うためにも、自ら稼ぐ仕組みをつくり、それを地域に還元する循環型経営が必要です。

また、福祉や貧困など収益が上がりにくい事業について、その経費を賄う方法として、行政から委託事業を受け事業収益を得ながら目的を達成するという選択肢もあります。「認定NPO法人コミュニティ・サポートセンター神戸（CS神戸）」（67頁、95頁参照）は、行政からの委託、補助、指定管理者等の事業を上手に組み合わせ、NPO法人の目的に近づく活動をしています。

また、ささやかな裏技ですが、NPO法人の本来事業にあたる「特定非営利活動」の他に「その他の事業」として収益事業を行い、その収益を特定非営利活動に充てることもできます[注24]。

注23　助成金に関する公募情報に関する代表的な情報サイトは次のとおり。
・公益財団法人助成財団センター
https://www.jfc.or.jp/grant-search/guide/
・日本NPOセンター
https://www.jnpoc.ne.jp/
・東京ボランティア・市民活動センター
https://www.tvac.or.jp/

注24　NPO法で定められたNPO法人の行う事業は次のふたつがある。ひとつは団体が掲げた社会的使命を達成するための特定非営利活動（20分野の本来目的事業）、もうひとつは「その他の事業」である。その他の事業とは、「特定非営利活動に係る事業」以外の事業をいい、本来事業に支障が出ない範囲で本来事業の活動資金を補うために認められており、その収益はすべて本来事業に充てなければならない。例としては自動販売機を事務所に設置して、設置料を受け取ることなどがある。

5 融資（借入金）

　融資（借入金）は、金融機関からの「融資」や理事・支援者など特定の人に社債として発行する「私募債[注25]」など返済を必要とする資金です。社会課題の解決に取り組むNPOにとって、資金繰りの安定化や事業の継続性、成長性を高めるためにも、融資による資金調達は極めて有用です。一方で、融資による借入金は当然に返済しなければならないため、返済計画を含む綿密な事業計画の作成が不可欠です。熟度の高い事業計画は、融資を単に資金調達の手段に留めず、事業に対する意欲や効率性の向上など、組織経営にポジティブな影響を与えることにつながります。

　最近ではNPO法人向けの融資制度も整い、政府系金融機関の日本政策金融公庫や信用金庫、労働金庫などの民間金融機関でもNPO法人に有利な融資制度を設けています。例えば、日本政策金融公庫は「ソーシャルビジネス支援資金」というNPO法人等を母体に社会的課題の解決をめざす事業を支援する融資制度を積極的に運用しています。

　また、国や自治体からの補助事業や委託事業は、事業完了後に事業費の支払いを行うことが多く、当初に事業費がない場合は、金融機関からつなぎ融資を受ける場合もあります。

注25　私募債とは社債の一種。社債とは、会社が資金調達するために販売する「債権」のことで有価証券として取引される。社債の中でも、特定少数の投資家が直接引き受けるものを「私募債」と呼んでいる。

3　新しい資金調達

1 遺贈

　遺贈とは、個人が亡くなったとき、遺言に基づき財産の一部を相続人以外の人または団体に無償で贈与することを言います。高齢者の中には、「お世話になった地域や団体に最後の恩返しをしたい」「未来を背負う人たちに何か遺したい」との想いから、人生最後の社会貢献として、自分の財産の一部をNPO団体等に贈ることを考えている方もおられると思います。

　例えば、日本財団では、ホームページに「あなたの「思い」を未来の笑顔につなげるために」と題して、遺贈手続の案内をしていますが、図7にその手順をまとめてみました。

　そして、遺贈には「包括遺贈」と「特定遺贈」のふたつがあります。包括遺贈とは、遺言書にて「遺贈する割合」を指定して受遺者に遺贈する方法で、遺言書には例えば「遺産の10分の1をNPO法人○○に遺贈する」などと記載します。

　次に、特定遺贈とは、遺言書にて「特定の財産」を指定して受遺者に遺贈する方法で、遺言書には例えば「現金100万円をNPO法人○○に遺贈する」などと記載します。また、遺言に基づく寄付である遺贈は、生前の意思によ

り寄付が決められていることから法人格を問わず、原則、相続税の対象外となります[注26]。そのため、通常、税の優遇措置を受けられないNPO法人や一般社団法人などは、遺贈が有力な資金調達手段になります。遺贈や相続税の詳細は、弁護士や税理士などの専門家に相談してください。

このような善意をしっかりと受け止めるためにも、各々のNPO法人では、遺贈を受け付けている旨をホームページやパンフレット等で表明しておくこと、遺贈の手順や内容を理解すること、そして、遺贈の相談を受けたときの基本的な対処方法をしっかり準備しておくことが大切です。

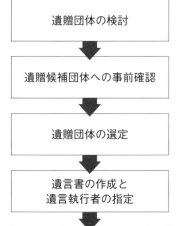

図7　遺贈の標準的手続

注26　被相続人が、株や不動産など、含み益のある財産を法人に遺贈した場合、被相続人側に「みなし譲渡所得課税」等が生じる恐れがあるため、必ず、専門の税理士等にご相談されたい。

② 休眠預金等の活用

休眠預金等とは、10年以上入出金の取引がない預金等のことをいい、内閣府の資料によれば、毎年1200億円程度(その後500億円程度払い戻し)の休眠預金が発生しており、この忘れられたお金を民間公益活動に活用しようと制定されたのが「休眠預金等活用法*」です。休眠預金等の移管、管理、活用の仕組みは、資金の特質から透明性、説明責任、成果の可視化が求められるため、図8のとおり、①指定活用団体→②資金配分団体→③実行団体という3層スキームになりました。

①指定活用団体は、法に基づく唯一の指定団体で、休眠預金活用に関する方針、基準などの各種ルールを作成するとともに、資金配分団体の公募・審査・選定を行います。そして、一般財団法人日本民間公益活動連携機構(JANPIA)が、同法に基づく指定活用団体に指定されています。

②資金配分団体は、指定活用団体から資金を受けて、指定活用団体が策定した方針や基準に則り、実行団体に助成を行います。資金配分団体は、対象となる事業領域において、社会課題の効果的な解決に向けた事業を企画立案して公益活動を行う実行団体を公募により選定して、実行団体に対する資金助成および経営人材支援等の伴走支援を行います。2019年度に初めて行われた資金配分団体の公募では、全国で22団体が資金配分団体に選定され、24事業に対し最長3年間となる活動助成の総額は、約29.8億円となりました。

③NPO法人などの実行団体は、社会課題の解決に具体的に取り組む民間団

*休眠預金等活用法：正式名称は「民間公益活動を促進するための休眠預金等に係る資金の活用に関する法律」(2016年制定)。10年以上取引がない「眠っている預金」である休眠預金について、行政対応が困難な社会的課題の解決に活用されるようになった。

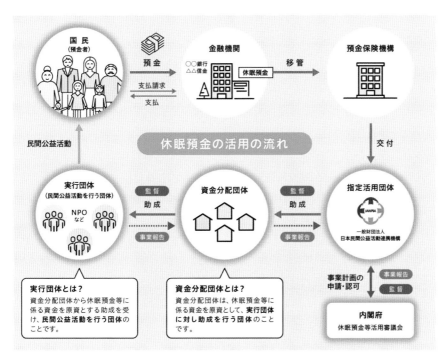

図8　休眠預金等の移管・管理・活用の流れ（出所：一般財団法人日本民間公益活動連携機構HP）

体で、資金分配団体から資金の助成を受けて、課題解決のための活動を行います。

休眠預金は、国民から託された資金の社会投資です。それ故、助成団体は、その投資を活かして「社会的インパクト」を生み出し、組織を自立成長させることが期待されています。

4　上手な資金調達とは……

会費、寄付金、助成金・補助金、事業収入、融資など市民まちづくり活動を支える資金について見てきましたが、上手な資金調達とは何かを改めて考えます。

ひとつは、安定財源をベースに、成長の呼び水として、寄付金、助成金を上手に活用することです。自立して活動を持続するためには、会費や事業収入等の自主財源を充実させた上で、事業の拡大など、次のステージをめざすための投資的資金を寄付金や助成金などで戦略的に調達することが考えられます。

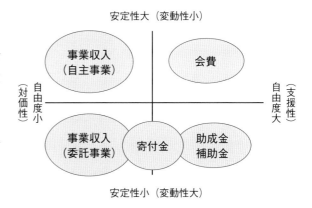

図9　NPO調達資金の特性分類

図9は、縦軸に資金の安定性の大小、横軸に資金使途の自由度の大小を評価軸に、調達資金の特性分類を表しています。

　会費や事業収入などの場合自主財源が不十分のまま、助成金など変動性の大きい外部資金に頼りすぎると、それが途切れた途端に組織自体の活動が滞るおそれがあります。資金調達の方法には、それぞれ長所短所があり、どれかに偏ると自由度は低くなり団体経営も安定しません。そんななか、自由度も安定性も高い資金調達の方法が、「継続寄付（マンスリーサポーター）」の獲得です。支援者が賛同して資金を託してもらえれば、使途の自由度は高く、かつ毎月定額の寄付を得ることができるため、団体の安定的経営にもつながります。

　ふたつは、資金調達を通して、仲間を増やすこと、志を同じくする団体との関係を築くことです。

　NPOなど市民まちづくり団体が行う資金調達には、「活動や事業のための資金を集める」という目的に加えて、寄付を契機にNPO団体の会員になったり、あるいは、助成金をきっかけに他のNPO団体と交流や連携が生まれるなど、ネットワークを広げ、活動の横連携を図るという意義もあります。H&C財団でも、毎年、その年度の助成団体が、意欲的な活動をしている地域で一堂に会し、学びと交流の場を持つ地域交流会を開催しています。

H&C財団－福井県小浜市での地域交流会まち歩き（2018年5月）

H&C財団－尾道商議所会館での地域交流会（2017年5月）

　NPO法人は、事業報告と会計報告は一体で情報開示が義務づけられています。事業報告は、当該年度、NPO法人が掲げる目的を達成するために、どのような事業を行い、どう目的を達成したかを示したものです。会計報告は、NPO法人の活動にどのような資金をいくら用いたか、それらをどう調達したか、その結果、NPO法人の財産はどうなったのかを示すもので、そのNPO法人の顔を表しているともいえます。NPO法人の会計事務は細かくて大変だとの声を聞きますが、情報開示が社会の信頼を得る第一歩であることを理解して対応したいものです。

5 賛同・共感で資金を集める「クラウドファンディング」

新しい資金調達の方法として活用されている「クラウドファンディング」の特性と可能性について考えます。クラウドファンディングとは、群衆（クラウド）と資金調達（ファンディング）を組み合わせた造語で、お金を集めたい人が、インターネットを活用してプロジェクトの内容を公開し、それに賛同・共感する不特定の人たち（支援者）から必要な資金を集めるものです。

クラウドファンディングによる資金調達には、支援者への返礼（リターン）の方法により、①支援者に対して特別な返礼を行わない「寄付型」、②支援者に対して金銭以外の商品やサービスを返礼する「購入型」、③支援者に対して株式などの金銭的な返礼を行う「投資型」の3つがあります。また、最近では、地方公共団体が、地域課題の解決を図るため、ふるさと納税＊を活用して資金を集める「ふるさと納税型」のクラウドファンディングもあります。

社会問題や地域課題に特化したクラウドファンディングによる資金調達は、SNSの普及を背景に、従来にはない手軽さや拡散性の高さがあります。その魅力とあいまって、地域のチャレンジが可視化され、その志が共感を呼び、必要なリソースと支援が集まり、プロジェクトが実現するという見える化の好循環が生まれています。

例えば、クラウドファンディング運営サイト「CAMPFIRE（キャンプファイアー）」には、「誰もが社会変革の担い手になれる舞台をつくる」をミッションにした「GoodMorning」があり、社会問題に向き合う人の資金調達と仲間づくりをサポートしています。H&C財団が、活動助成を行った助成団体でも、立ち上げ資金を確保するため、助成金の他、クラウドファンディングで資金を調達する取り組みも増えています。一例として、「NPO法人かがやけ安八」の取り組みを紹介します。

＊ふるさと納税：寄付金額のうち2,000円を超える部分について住民税の概ね2割を上限に所得税と合わせて全額が控除・還付される自治体への寄付制度のこと。2008年より始まった税収の都市一極集中を緩和する目的の施策で、出身地や特定の地方自治体に寄付ができ、特産物の返礼品やプロジェクトへの支援などさまざまな返礼メニューを各自治体が用意している。

■ NPO法人かがやけ安八

2018（平成30）年11月設立の「NPOかがやけ安八」（岐阜県安八町）では、空き家を改装して子どもたちの居場所「みのむしハウス」を開設するにあたり、2021（令和3）年、地域のシンボルにするため、地元在住の世界的なストリート・アーティスト小川亮氏に、建物の壁面に壁画アートを描いていただくことを依

かがやけ安八―みのむしハウス全景

頼しました。小川氏のご好意により製作費とデザイン料約500万円は無償、約200色のスプレー塗料等の材料費や「みのむしハウス」の開設費など230万円の目標額を掲げて、2021（令和3）年4月にクラウドファンディング（CAMPFIRE）を組成、約1か月で78名から231万8千円の資金を集めました。

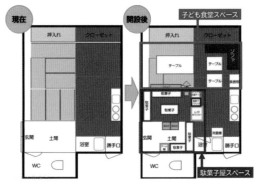

「みのむしハウス」子ども食堂・駄菓子屋の開設計画

理事長の辻直人さんからは、「地域の未来を担う子どもたちの居場所づくりのため、インターネットによる不特定多数からの寄付とともに、地域住民や地元企業にプロジェクト内容を訴え、資金調達のご協力をいただきました。その結果、活動への関心も高まり、開設後も温かい支援が続くなど、地域と一体になった安定した運営につながっています」とのコメントをいただきました。

NPO法人かがやけ安八
理事長 辻直人さん

6　ふるさと納税を活用した資金調達

　次に、ふるさと納税を活用した「ソーシャルファイナンス（社会的資金調達）」の仕組みにより、NPO活動の想いを具体化する取り組みを紹介します。国内最大のふるさと納税運営サイト「ふるさとチョイス」には、地域課題を解決するための具体的プロジェクトの資金を、事業に賛同・共感する人から、ふるさと納税のスキームを活用して広く集める「ガバメントクラウドファンディング」があります。この仕組みは、具体的なプロジェクトとそれに必要な資金を明示して「寄付の見える化」を図り、プロジェクトに共感してもらうことで寄付を集め、地域と寄付者を直接結びつける新しい関係性構築のツールです。

　このふるさと納税による資金調達の主体は、地方公共団体（都道府県・市区町村）であり、ふるさと納税による寄付は、寄付金のうち、2,000円を超える部分について、住民税の概ね2割を上限に、所得税と合わせて全額が控除・還付される「寄付税制」です。従って、例えば、50,000円のふるさと納税を行えば、48,000円が住民税や所得税から控除され、納税額が減額されるという大きなメリットがあります。この地方公共団体のみが活用できるふるさと納税による資金を原資とし、NPO法人などのまちづくり団体が行政から補助金を受ける方法で資金を得ることが可能です。

表5　ふるさと納税を活用した空き家対策の概要

	事業主体	事業財源	事業内容	寄付対象者	返礼の有無
「返礼サービス活用型」空き家対策事業	NPO民間事業者	寄付額の3割	域外空き家所有者の空き家の見守りや管理等	域外所有者	返礼の活用
「プロジェクト型」空き家対策事業	自治体（市区町村）	原則寄付額全額	自治体が行う空き家対策事業やプロジェクト等	誰でも（住民・住民外）	原則なし
	市民団体民間団体		市民団体・民間団体が行う空き家・空き店舗プロジェクト事業等		

1 空き家対策の資金をふるさと納税で調達する

　筆者が所属する（一社）チームまちづくりでは、2021（令和3）年度、国土交通省補助事業の採択を受け「ふるさと納税を活用した空き家対策の可能性」に関する調査を行い、ふるさと納税で調達した資金を空き家対策などのまちづくりに具体的に活用する方策を検討しました。その結果、次のとおり、空き家対策などのまちづくり資金を、ふるさと納税の資金で賄えることがわかりました（表5）。

　ひとつは、「返礼サービス活用型空き家対策事業」[注27] です。これは、行政区域外に住む空き家所有者が、行政区域内にある自らの空き家の見守りや管理を、寄付額の3割を上限とするふるさと納税の返礼サービスにより享受するものです。

　ふたつは、「プロジェクト型空き家対策事業」です。これは、プロジェクト化した空き家対策事業に賛同・共感する人たちから、ふるさと納税のスキームを活用して資金を集め、調達した資金でプロジェクトを進めるものです。この仕組みは、自治体が自ら事業主体となって行う空き家対策プロジェクトの経費を調達するもの（行政主体型）と、NPOやまちづくり会社などの民間団体が事業主体になって行う空き家対策プロジェクトの経費を、行政がふるさと納税のスキームを活用して調達し、集まった資金を補助金として交付するもの（民間主体型）に分類できます。このように、ふるさと納税で調達した資金を活用した空き家対策は、表5のとおり2類型3分類になります。

　そして、これらから判明したことは、空き家対策に限らず、NPO団体やまちづくり会社などが地域のまちづくりに資する事業を行う場合、その資金を行政がふるさと納税のスキームを活用して集め、これを補助金として交付する仕組みは、NPO団体が行うまちづくりの資金調達に大きな可能性を拓くということです。それ故、行政は、この仕組みの意義を理解し、市民まちづくりをエンパワーメントする手段として積極的に活用してほしいと考えます。

注27　本調査では、関東地方の1都6県の市区町村のうち、ふるさと納税の返礼サービスを活用した空き家対策を実施している自治体は27市町あることを明らかにし、これらの自治体にアンケート調査を行い17自治体から回答を得た。その結果、ふるさと納税の返礼サービスを活用して空き家の管理サービス等を受けた実例は、これまで2件しかなく、ほとんど利用されていない実態が明らかになった。

2 埼玉県北本市の取り組み

(1) 市民まちづくりの資金をふるさと納税で調達

例えば、埼玉県北本市では、まちの活性化につながるプロジェクトを市民や民間団体から公募し、その実現に必要な資金を、北本市がふるさと納税の仕組みを活用して、クラウドファンディングの手法で集める取り組みを行っています[注28]。

北本市「暮らしの編集室」プロジェクト
（出所：北本市 HP）

2019（令和元）年、若者がまちから出て行かなくても楽しく自分の暮らしができるまちにしよう。そんな想いを込めて、古びた商店街の空き店舗を活用して、まちを見直し、多くの交流が生まれる施設「暮らしの編集室」プロジェクト。"暮らしを編集する"というクリエイティブな発想で、まちの可能性を生み出す事業資金400万円を、北本市のふるさと納税活用型クラウドファンディングで調達しました。

(2) 北本団地活性化プロジェクト

翌2020（令和2）年には、地域を諦めないために、生まれ育った北本団地のシャッター商店街に子どもや若者が活躍できる居場所をつくりたいという地元若者の発意で、商店街の住宅付空き店舗を地域のサードプレイスにするプロジェクトを、暮らしの編集室・北本市・良品計画・MUJIHOUSE・都市再生機構（UR）*の5者連携により事業化。ふるさと納税活用型クラウドファンディングにて事業資金を確保しました。その結果、ジャズ演奏家の夫婦が都内から移住して、2021（令和3）年6月、「中庭」という交流型ジャズ喫茶ができて賑わいの復活が始まり、まちづくりの連鎖が起こりました。

それは、「自分もこの北本団地商店街に拠点を持って活動してみたい」と、まちづくり会社「暮らし

北本市「北本団地活性化プロジェクト」
（出所：北本市 HP）

北本市「まちの工作室」プロジェクト
（出所：北本市 HP）

注28　北本市は、2019年10月「クラウドファンディング活用型地域活性化事業補助金交付要綱」を定め、地域活性化に資する活動および地域課題の解決に資する活動を行う市内の個人または団体に対し、クラウドファンディングにより受けた寄附金を原資とする補助金を交付することを定めた。

北本団地
1971年建築、築50年のUR賃貸住宅、RC造5階建て、総戸数2095戸、居住人口約3500人。建物は経年変化しているが、緑や広場が多く良好な居住環境を有する。

＊都市再生機構（UR）：独立行政法人都市再生機構（通称UR）のことで、「独立行政法人都市再生機構法」（20043年制定）によって定められた住宅供給や市街地整備等を行う第3セクター。日本住宅公団を前身とする都市基盤整備公団と地域振興整備公団の地方都市開発整備部門が合流して設立された。

の編集室」が、3人のものづくり作家とコラボして、空き店舗を活用したシェアアトリエ & ギャラリー「まちの工作室」プロジェクトをスタート。2021（令和3）年10月から2022（令和4）年2月にかけて、既述のガバメントクラウドファンディングサイトに掲載して共感の資金200万円を募り、100人を超える寄付者から202万円の資金を調達。市はこれを補助金としてまちづくり会社に交付。まちづくり会社はこの資金を活用して、2022（令和4）年5月、北本団地商店街の空き店舗に「まちの工作室」がオープンしました。

こうした市民やまちづくり会社が行う地域活性化プロジェクトの資金調達を市が応援する―この仕掛け人である元北本市職員の林博司さんは、「北本市は、高齢化と人口減少により、消滅可能性都市のレッテルを貼られ、市は、都内から北本に人と呼び込む施策を打ちだした。しかし、よくよく調べてみると、20代から40代の若年ファミリー層が、まちに魅力がないことを理由に市外に転出する傾向が強いことが解った。そこで、若年ファミリー層がまちに魅力を感じて、北本に住み続けたいと思えるような内発的なまちづくりとして、頑張る市民を行政がふるさと納税の資金を活用して応援する仕組みを考えた」と当時を振り返ります。

繰り返しになりますが、市民がまちづくりを進めるための資金を、行政の理解と協力の下、ふるさと納税を活用したクラウドファンディングにより調達できることは、市民まちづくりの資金調達に大きな可能性を拓くものといえます。

「自分の暮らすまちで何か始めたい、場の運営をしたい。」そんな想いを持った方々はたくさんいるにもかかわらず、社会的に実現できていない課題に行政はもっと目を向けるべきだと思います。公共空間を無料で使ってもらう、ふるさと納税型クラウドファンディングでイニシャルコストを支援する。少しの工夫でまちは動き出します。
林博司（パブリシンク㈱代表取締役・元北本市職員）

7 NPO法人の決算から学ぶ

1 認定NPO法人コミュニティ・サポートセンター神戸

―自主事業と委託事業等の上手な組み合わせで活動理念を具体化―

認定NPO法人コミュニティ・サポートセンター神戸（以下「CS神戸」）は、1995（平成17）年の阪神・淡路大震災を契機に生まれたボランティアグループを母体に、「自立と共生」によるコミュニティづくりを支援するサポートセンター（中間支援組織）として 1996（平成18）年10月に発足したわが国を代表するNPO法人のひとつです。常勤・準常勤スタッフ10名、非常勤スタッフ22名、ボランティア約150名、事業規模は年間6000万円を超えます。CS神戸は、「社会に役立つ活動を立ち上げたい人」「社会に役立つ活動に参加したい人」への多様な情報提供と支援をミッションとしています。

2020（令和2）年度の決算報告（表6）とポートフォリオ（事業構成）（図10）からもわかるように、収入は、主に「会費」「寄付金」「助成金等」「事業収入」の4つを原資とし、事業は、自主財源等に基づく事業（①②）と行政からの委

託事業等（③④）の組み合わせから4つの事業を実施して、これにより活動理念の具体化を図っています。

　①自主財源または寄付金等によるNPO支援に関わる事業

　②自主財源または寄付金等によるまちづくりや地域福祉に関わる事業

　③行政からの委託、補助事業、指定管理者事業で、NPO支援に関わる事業

　④行政からの委託、補助事業、指定管理者事業で、まちづくりや地域福祉
　　に関わる事業

表6　2020年度活動計算書（出所：CS神戸HP）　　　　　　　　　　（単位：円）

科　　目	金　　額	科　　目	金　　額
Ⅰ 経常収益		Ⅱ 経常費用	
受取会費	582,000	事業費	62,943,051
受取寄付金	15,170,376	管理費	15,738,907
受取助成金等	14,830,000	経常費用計	78,681,958
事業収入	48,416,836	当期正味財産増減額	3,024,360
その他収益	2,707,106	前期繰越正味財産額	78,426,639
計	81,706,318	次期繰越正味財産額	81,450,999

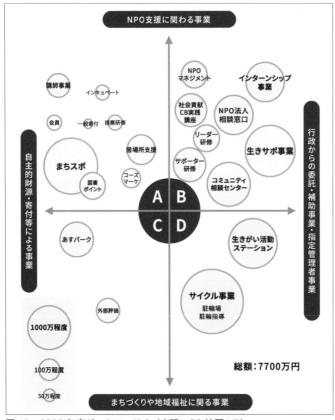

図10　2020年度ポートフォリオ（出所：CS神戸HP）

❷ NPO法人タウンサポート鎌倉今泉台

—小さくても地域でお金が回る仕組み（身の丈経済の地域内循環）—

2015（平成27）年7月設立の「NPO法人タウンサポート鎌倉今泉台」は、急速な高齢化が進む郊外戸建住宅地の諸課題に、まちをマネジメント（経営管理）するとの観点で取り組む住民主体のまちづくり組織です。

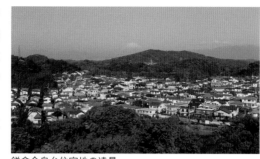
鎌倉今泉台住宅地の遠景

その舞台は、JR大船駅からバス約20分の鎌倉今泉台住宅地。昭和40年代に開発された住宅戸数約2,000戸、人口約5,000人の郊外戸建住宅地で、まち開きから50年が経過し、かつては現役バリバリであった居住者も、約45%が65歳以上と超高齢化が進んでいます。

そんななか、NPO法人設立の中心的役割を担った自治会長OBの丸尾恒雄さんが、NPOの設立を決意した理由は次のふたつです。ひとつは、輪番制で毎年役員が変わる自治会では、空き家問題など継続的な取り組みが不可欠な地域課題の解決は難しいこと、ふ

会員懇談会の風景（2017年12月19日）

たつは、自治会に比べ、寄付金、助成金、補助金、事業収入など活動や事業に要する資金を努力に応じて獲得できることでした。

良好な環境を守りつつ、緩やかなつながりの中で、交流と学び、子育てしすい環境、そして元気にいつまでも住み続けられる住宅地をめざしたいとの想いを込めて、次の活動を行っています。

①空き家・空地の管理運営事業（空き家バンク*運営事業、空き家コミュニティサロン運営事業、遊休駐車場活用事業、空き地を活用した菜園運営事業）

②住民参加による地域サポート事業（空き家・空き地の草刈、公園緑道の整備保全、IT利用による各種サービス事業の開発）

③イベント推進事業（住民参加型マルシェ運営事業、鎌倉リビングラボ運営事業、健康づくり推進事業など）

丸尾恒雄さんは、数年の活動を振り返り、「毎年6月を空き家調査月間として住宅地全体の空き家をくまなく調査して所有者と関係をつくってきた。わずかであるが、空き家は減っている」と活動の感触を話してくれました。

NPOの台所事情を見てみましょう。定款、そして情報公開されている事

*空き家バンク：空き家を売りたい人や貸したい人が登録し、行政のホームページや掲示板に情報を掲載するプラットフォームのこと。「○○町空き家バンク」のように、通常各自治体が主体となって運営している。

業報告書、決算報告書から、コロナ禍以前の2019（令和元）年度（4月1日〜3月31日）における活動を通したお金の回り方を見てみます。

　主な経常収益は、会員会費、自主事業収益のふたつです。会員会費は、正会員：年間2,000円、賛助会員：年間1,000円、団体正会員：年間5,000円（ひと口以上）、団体賛助会員：年間2,000円（ひと口以上）と賛助会員が支援しやすい金額になっています。

表7　活動計算書（2019（令和元）年度決算報告書より作成）　　　　　　（単位：円）

科　　目	金　額	科　　目	金　額
Ⅰ経常収益		Ⅱ経常費用	
受取会費	344,000	事業費	2,094,338
受取寄付金	0	管理費	344,761
受取助成金等	0	経常費用計	2,439,099
事業収入	2,382,609	当期正味財産増減額	287,521
その他収益	11	前期繰越正味財産額	789,426
計	2,726,620		1,076,947

表8　事業費内訳表（2019（令和元）年度決算報告書より作成）　　　　　（単位：円）

事業名	事業収入	事業支出	差し引き
1　空き家バンク運営事業	163,901	157,145	6,756
2　コミュニティカフェ運営事業	775,785	871,555	▲ 95,770
3　遊休駐車場運営事業	0	0	0
4　空き地利用の菜園運営事業	89,433	272,129	▲ 182,696
5　草刈り等の緑の管理事業	135,000	180,289	▲ 45,289
6　健康づくり推進事業	0	68,690	▲ 68,690
7　IT利用サービス事業の開発	3,400	32,300	▲ 28,900
8　住民参加型マルシェ運営事業	35,170	58,537	▲ 23,367
9　文化祭運営事業	84,380	153,036	▲ 68,656
10　文化祭マルシェ事業	127,470	124,409	3,061
11　鎌倉リビングラボ運営事業	900,000	114,965	785,035
12　夏祭り運営事業	68,070	61,283	6,787
計	2,382,609	2,094,338	288,271

　次に表8の事業費内訳表からもわかるように、地縁のメリットを生かした多くの事業が行われ、そこそこの事業収入を得ています。そして、鎌倉リビングラボ運営事業による事業収入が、NPO活動を下支えしています。鎌倉リビングラボ運営事業とは、産官学民で連携し、生活者の視点で地域の課題を解決するアイデアを出し合い、それを商品やサービスの開発提供に結び付ける試みです。具体的には、今泉台地域を「鉄道駅から遠いけれど若者にも魅力のある地域にしたい」という地域住民の願いを出発点とし、オフィス家

具メーカーの㈱イトーキとともに、テレワーク家具の開発やテレワークをしやすい仕組みづくりに多くの住民と共に取り組んでいます。

　こうした多くの事業の結果、「今期も、期末の収支状況を踏まえ、NPO活動に携わった人に、時間に関係なく1日あたり500円の活動費を支払うことができた」と決算報告書は記しています。

　NPO活動においては、社会的課題の解決に向けて事業活動に取り組むこと（社会性）と、継続的に事業活動を行うための資金確保（事業性）の両立が求められます。市民まちづくり活動における資金は、地域に小さな経済の好循環を生み、活動の持続性を担保するものと捉えることができます。

※2章の本文は、原則、2002（令和4）年1月1日現在の法令および諸制度に基づいた記述であり、今後、法令・諸制度等の改定が行われる場合もあるため、その時点での内容確認を行うなどのご留意をお願いするものである。

（参考文献・参考資料）
保井美樹編著『孤立する都市、つながる街』（日本経済新聞出版社、2019年）
紫牟田伸子＋フィルムアート社『日本のシビックエコノミー』（フィルムアート社、2016年）
中田実『地方分権時代の自治会・町内会』（自治体研究社、2017年）
桑子敏雄『社会的合意形成のプロジェクトマネジメント』（コロナ社、2016年）
徳永洋子『非営利団体の資金調達ハンドブック』（時事通信社、2020年）
「地方自治職員研修─NPOこれからの20年」（公職研、2018年12月）
「令和2年度特定非営利活動法人に関する実態調査報告書」（内閣府、2021年8月）
「自治会・町内会の活動の持続可能性について」（総務省自治行政局市町村課、2021年10月）
「ソーシャルビジネスのための資金調達入門」（日本政策金融公庫、2017年1月）
認定NPO法人コミュニティ・サポートセンター神戸HP
NPO法人タウンサポート鎌倉今泉台HP
NPO法人かがやけ安八HP
まちづくりNPO─成果と展望（財団法人ハウジングアンドコミュニティ財団、2003年7月）

まちづくりの
これまでの歩みとこれから

早稲田大学 名誉教授　佐藤 滋

ビジョンづくりと理念の第一世代

　私が大学院を卒業した1975（昭和50）年頃に「まちづくり」という言葉はブームでした。1968〜69年頃に学生運動や革新自治体が出てきますが「戦後民主主義」という概念だけではどうにもならなくなりました。自分たちのまちの問題は自分たちでわかっていかなければということから「まちづくり」という言葉が使われるようになります。1975年に雑誌『都市住宅』が「町づくりの手法」を年間テーマとして取り上げ、1977年には法学雑誌『ジュリスト』が『全国まちづくり集覧』を発刊します。建築、法学、社会学などから「まちづくりとは何か」ということを議論した時期でした。その頃のまちづくりには、ピシッとした理念があり、とにかく民主的であってきちんとした仕組みが必要でした。各地で「地域会議」や「まちづくり協議会」といったものがつくられて制度化されていきます。私はこれをまちづくりの「理念の第一世代」という言い方をします。ただ「理念」「哲学」がしっかりしていましたが、近づき難い感じもあり、もう少し何かないのかという気もしていました。

テーマ型のまちづくりと実験の第二世代

　第二世代は自分たちでデザインをするとか、共に創るといった時代です。第一世代の人たちとやりあいながらも、アメリカの「コミュニティデザイン」に触れ、もっと身近に小さな場としての街角、辻、冒険遊び場などをつくったりしています。直接「まち」と触れ合うという

かデザインしていくというか、そういう第二世代が生まれてきます。とても入りやすかったことからブームとなりました。とにかく「ワークショップ*」、何でも「ワークショップ」でしたが、「まちづくり協議会」で協議して決定しなければいけないという第一世代とは少し違い、いろんなテーマやいろんな切り口でいろんな人たちがそれぞれの想いで入ってきました。これはまちづくりに入りやすくする動きとなり1990年代には本当に盛んになってきました。

地域運営と市民事業の第三世代

　阪神・淡路大震災の前後から「地域運営のまちづくり」が始まります。これをまちづくりの第三世代と私は考えています。神戸は「まちづくり条例」のもと「まちづくり協議会」をいろいろな所でつくっていてそれが生きていました。それが「復興まちづくり協議会」と名前を変えて全体を仕切るようになるわけです。そこにボランティアが入り、やがてNPOとなる団体がフツフツと生まれてきます。第二世代が個々にやっていたものを「まちづくり協議会」が全体をまとめ上げていくのを感じました。復興プロセスが進むなかでNPOが法制化され、また1998年には「中心市街地の活性化に関する法律」*ができ、各地にまちづくり会社*ができるようになりました。こうした多様な主体をつなぎ合わせていくような体制が生まれます。私は、これは多主体による地域運営が進んでいくのではないかと感じました。第三世代は「地域運営」

佐藤 滋（さとう しげる）
早稲田大学 名誉教授　都市・地域研究所 顧問
1949年生まれ、1973年早稲田大学建築学科卒業、その後助手等を経て1990年教授。国内外の自治体，市民組織と実践的な共同研究を行い、まちづくりの理論と方法の確立に取り組む。編著書に、『まちづくり教書，まちづくり図解』(2017年、鹿島出版会)、『まちづくり市民事業』(2011年、学芸出版社)、『まちづくりの方法』(2003年、丸善出版)、『地域協働の科学』など。日本建築学会賞、住総研清水康雄賞、大隈記念学術褒賞などを受賞

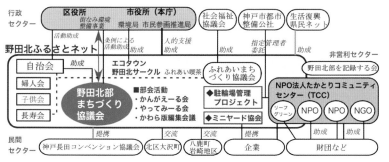

図1　野田北部体制図
阪神・淡路大震災の復興でモデルとなった神戸市長田区野田北部の復興まちづくり協議会に対して、東京工業大学の真野洋介氏が、多主体協働体制の構築と展開状況を可視化したもの。初出、真野洋介「協議会組織から開かれたまちづくりのアリーナへの展開」『季刊まちづくり5号』学芸出版社、2004年12月（今回カラー版で真野洋介氏に提供いただいた）

まちづくりデザインゲームの様子

の時代に入ったと思います。

地域運営のつながり、地域協働の体制へ

　阪神・淡路大震災の復興のプロセスで地域運営のかたち（ローカルガバナンス）が出てきますが、それを私は「ネットワーク」「アリーナ」「プラットフォーム」「パートナーシップ」で整理をしました。「ネットワーク」は緩やかなつながりです。「アリーナ」はある意味閉ざされたなかで検討して決定していくようなまちづくり協議会、町会、自治会といったものです。「プラットフォーム」は、まちづくり協議会がピラミッド型のトップから下りてフラットな関係となって地域全体の基盤となることです。「パートナーシップ」はLLP*（Limited Liability Partnership）のように、契約のもとで事業に取り組むということです。今やH&C財団が助成する大半はパートナーシップであり、事業をされているのではないでしょうか。1990年代の後半から現れてきた画期的なムーブメントです。第二世代が事業を大小さまざまに始めて発展させ、そういったものに地域運営が

被さり、「パートナーシップ」を「プラットフォーム」が支えることで事業がどんどん産み出されてくるという形態です。

まちづくりのこれからの課題

　若い30代くらいの人たちは、こだわることなくビジネスとしてやりながら社会貢献をしていきます。高齢化のなかで力を失っていくような自治会は、新しい人たちのいるNPOなどと一緒になって協議組織をつくっていければ強くなると思います。町会・自治会、協議会にNPOやさまざまな地域組織が加わるような形であれば「パートナーシップ」としても動きやすく、連携もしやすくなります。少子高齢化や環境問題の顕在化に呼応して、社会貢献がビジネスとなるなか、小さな事業組織が生まれて力を持っていくプロセスがさまざまな形で出てきています。日本が育ててきた「まちづくり」という文化のもとで「プラットフォーム」や「パートナーシップ」がどんどん生まれてきて、地域社会全体を運営していく第三世代がどんな実を結ぶのか、というのが、いま私の考える課題です。
（談）

参考文献：佐藤滋・早田宰編『地域協働の科学―町の連携をマネジメントする』(2005年、成文堂)

3章

住み継がれる住宅地を支えるための法制度、意識変革、そして支援

横浜国立大学大学院 国際社会科学研究院 教授　板垣 勝彦

　地方分権の進展により、制度的には、「地域の実情」に即したまちづくりが実現可能になっています。まちづくりの専門家の関心は、これまで規制を厳しくすることにのみ向きがちでしたが、「住み継がれていくまち」を構築するためには、ときに①「ルールの柔軟な見直し」が求められます。行政職員は、事案解決に適した法務能力を身に付けることで、裁量の適切な行使や説明力の向上といった②「「お役所仕事」の意識変革」を図っていかなければならないでしょう。また、③「プレイヤーと専門家の間を「とりもち」「つなぐ」モデレーター*の役割」は、今後ますます重要になっていきます。

1　住まい、まちづくりに関する法の役割

　建築や都市計画、まちづくりに従事してきた方々の話においては、法律の専門家は門外漢というだけでなく、創意工夫を阻むような「悪役」「憎まれ役」として登場することが少なくありません。誰でも一度や二度、役所などから、「それは法律の規制があるからできない」と断られた経験をお持ちのことでしょう。自分にも心当たりは多々ありまして、反省すべきことばかりです。しかし、誤解は解かなければいけませんので、法律とはそもそも何のために存在するのかという、法律の存在理由について最初に考えてもらいましょう。

　第1に、法律は、「無秩序の中に秩序をつくりだすため」に存在します。なぜ建築や都市計画、まちづくりにルールができ上がってきたかというと、近代の産業革命で、ロンドンやパリといった都市に人口が密集して、昼も夜も商店や工場が賑わう一方で（騒音・振動）、治安は悪化し、ゴミは捨て放題（廃棄物汚染）、汚水・雑排水は流し放題（水質汚濁）、さらには空気も汚し放題（大気汚染）といった無秩序（カオス）な状態が生まれて、それへの対応が為政者にとって急務となったためです。人びとの健康や生命を守るためには秩序やルールが不可欠であり、秩序やルールをつくり出すのが、法律の第一の存在理由です。

　第2に、法律は、「人びとの暮らしをより良くするため」に定められます。福利厚生のためのルールは言うに及ばず、建築、都市計画、まちづくりにおいて用意されているルールに限っても、建築基準法、都市計画法、あるいは各種の環境法令（廃棄物処理法、水質汚濁防止法、大気汚染防止法）、場合によっては条例など、枚挙に暇がありません。国全体のルールが法律のルールであり、都道府県・市町村（自治体）独自のルールが条例のルールです。個別の建

*モデレーター：日本語で言うと「調停者」や「仲介人」のことで、第三者として当事者間に入って議論を進行させる人のこと。座談会や討論会では、司会者や進行役のことを指す。

地区計画が指定された住宅地
（八王子市めじろ台）

建築協定住宅地（出所：（一財）住宅生産振興財団HP）

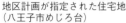

築行為や開発行為を放っておくと虫食い的な開発によって無秩序なまちになってしまい、皆が住みづらくなるために、建築基準法や都市計画法などのルールによって人びとの暮らしをより良くするように、規制が行われています。結局は第1の理由に行き着くのですが、一定の秩序があった方が人びとは住みやすいということです。

　例えば、24時間騒々しい音を出して操業を行っている工場の隣に家が建っていたら、家の住民は夜も眠れません。眠れないから、隣の工場主と交渉して、夜間の操業は止めてもらうことを考えるでしょう。しかし、工場主としても、「今現在、商品がとても売れているから24時間操業したいんだ」という希望を持っているはずです。住民としては、まずは工場と交渉して夜間操業を停止してもらおうとするでしょうが、すべての事業者と逐一交渉するとなると、取引費用が膨大になり過ぎます。代表者を立てようにも、住民たちの意見も事業者の利害も一枚岩ではないでしょうし、そもそも誰が相互の利害得失を代表して交渉のテーブルに就けば皆が納得するのでしょうか？それと、工場であればまだ個別に交渉して夜間操業を止めてもらえる可能性がありますが、飲み屋街の中に住宅が建っている場合には、夜間は最大の稼ぎ時である以上、「酔客が騒がしくて眠れないから、夜の営業は止めてください」と言われても、取り止めるわけにはいかないでしょう。

　これは飲み屋にとっても、夜静かに眠りたい住民にとっても悲劇です。そこで生まれるのが、ルールを設定して、工場と住宅とを住み分け（棲み分け）たり、飲み屋と住宅とを住み分け（棲み分け）るという発想です。工場だけで固まって立地していれば、24時間操業しようが、工場同士、お互いに文句は言われないでしょう。この発想に立って都市計画法（昭和43年法律第100号）が用意しているのが、都市計画区域の指定（同法4条2項）、市街化区域と市街化調整区域の区域区分（同法7条1項・2項）、そして13種類の用途地域*（同法8条1項・9条1項〜13項）をはじめとする地域地区（ゾーニング）になります[注1]。とりわけ、用途地域の指定は、当該地域内における建築物の用途（用途規制）、

＊用途地域：「都市計画法」（1968年制定）の地域地区のひとつで、住居・商業・工業など市街地の土地利用の大枠を13種類で定めている。それぞれの用途地域に対応する形で、建築基準法による用途や容積の規制が規定されている。

注1　用途地域の目的については、堀内亨一『都市計画と用途地域制』（西田書店、1978年）。

容積率、建蔽率等につき一定の基準により規制を施すものであって、区域区分によって「線引き」された国土を、用途地域によって「色塗り」するなどといわれます。

　具体的な規制は建築基準法（昭和25年法律第201号）の役割で、同法別表第二に掲げられた用途地域に適合しない建築物について確認申請を行っても、建築主事や指定確認検査機関から建築確認が下りないために、建築を開始することができません（同法6条・6条の2）。要するに許可制の仕組みであって、第一種低層住居専用地域には住宅や診療所、保育園は建てられるけれども、それ以外のものは建てられないといった規制が施されているのです。用途地域の指定以前から建っている建築物は、既存不適格として当面は存続が認められるのですが（同法3条2項）、大規模修繕や建替えのときに用途に適合させなければいけません。また、建築物の用途を変更する場合には、用途変更の手続きが必要になります（同法87条）。用途地域の規制とは、このように時間をかけてまち並みの純化を図っていく仕組みなのです。

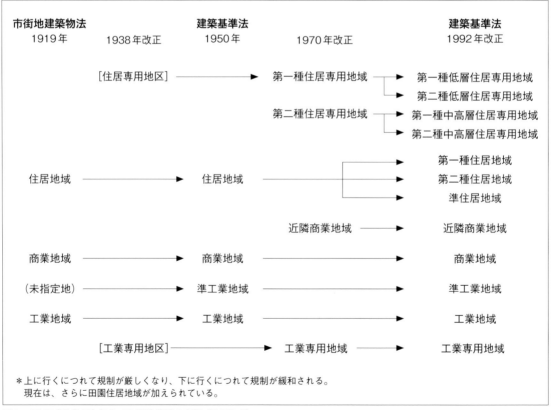

図1　2017（平成29）年までの用途地域の変遷（筆者作成）

　都市計画法では13種類の用途地域規制がかけられており（同法9条各項）、大きく住居系地域、商業系地域、工業系地域へと分かれます。最も規制が厳しい第一種低層住居専用地域は、閑静な住宅団地を想定したものであって、基本的には低層住宅のみが建てられる地域ですが、それ以外にも、小規模店舗や事務所を兼ねた住宅（店舗兼用住宅）や小・中学校に限って建築が認められます。これに対して、第二種低層住居専用地域になると、一定の店舗が建設可能になります。（第一種／第二種）中高層住居専用地域では、病院、大学、あるいはマンションなども建てられるようになります。住居系地域、商業系地域、工業系地域へと移行するにつれて、規制は緩和されていきます。

　全般的な傾向として、わが国の用途地域規制は、大量の既存不適格を生ぜしめないように用途の混在・混合を一定程度許容するタイプから、各種の専用地域を定めて用途の純化を図るタイプへと移行しており、現在では、建築物の形態・仕様と用途に応じた詳細な区分が行われています。用途地域規制とは、住み分けを施すことで、無秩序の中に秩序をもたらす仕組みであり、それによって住みよいまちづくり、言い換えれば、皆が幸せになるための、生活に役立つまちづくりが行われているといえるでしょう[注2]。

注2　用途地域規制の詳細は、板垣勝彦「用途地域規制の過去・現在・未来」『都市住宅学』113号（2021年）23頁。

2　今後の法制度の向かうべき道

１　地域の実情をふまえたまちづくり

　この十数年間、法律学における話題の中心は、条例によって「地域の実情」をふまえたまちづくりが可能となった件でした。かつて存在した機関委任事務（国に帰属する事務を都道府県知事や市区町村長といった自治体の機関が執行していた事務）が、2000（平成12）年から施行された分権改革により廃止されたからです。それ以前は、建築、都市計画、まちづくりに関係する事務の多くは、この機関委任事務に分類されていました。機関委任事務の場合、都道府県知事や市町村長は、（当時の）建設大臣から「下請け」としてその執行を委任されているにすぎないという構造になっていました。したがって、機関委任事務について自治体が独自の条例（ルール）を制定することは認められていなかったのです。最も驚くべきことは、この事務を執行する限りにおいて、本来対等・協力関係であるはずの国－地方関係において、大臣が「上級行政庁」となり、「下級行政庁」である都道府県知事や市町村長に対し指揮・命令を及ぼしていたことでした。

　それと並んで、過去に支配的であった「法律先占論」と呼ばれる法令解釈にも言及しておく必要があるでしょう。法律先占論とは、ある対象事項について国の法律に既に定めが置かれている場合には、それが国として必要十分

な規制なのであって、都道府県や市区町村の条例で当該法律と重複する事項について定めを置くことは認められず、たとえ制定してもその効力は無効であるという法理のことです^{注3}。しかし、高度経済成長期、特に環境規制の領域においては、自治体ごとに「地域の実情」を踏まえた上乗せ規制を行うことを認めてほしいという要請が強まっていきました。最終的に法律先占論は徳島市公安条例事件にかかる最高裁大法廷昭和50年9月10日判決刑集29巻8号489頁で破棄されて、過去のものとなりました。

　機関委任事務の廃止、法律先占論からの解釈変更というふたつの大きな契機によって、都道府県・市区町村は、条例を制定するという正面突破の手法を通じて、「地域の実情」を踏まえたまちづくりを思い描くことが可能になりました。

　さて、「地域の実情」を踏まえたまちづくりという話になると、決まって思い浮かぶのは、景観規制を行って建物の高さ、容積率、建蔽率を低く抑えるとか、あるいは形態・意匠を規制するというように、規制を厳しくする方向の話題です。鎌倉市、京都市、奈良市のような「古都保存法」に基づく現状凍結的な開発規制、金沢市、高山市、彦根市、萩市、亀山市などで行われている「歴史まちづくり法*」に基づくまち並みの維持・促進^{注4}、あるいは景観との調和の取れた国立市のまちづくりなどが典型的です^{注5}。理想的なまちを実現するために規制をどんどん厳しくしていこう、国の法律では不十分だから条例で規制を厳しくしていこうというのが、「地域の実情」をふまえたまちづくりの姿として紹介されます。

② 住み続けるためには ― まちは不断に変化する

　私は、これらの素晴らしい取り組みを否定するつもりはまったくありません。そのことを断った上で、あえて提案するキーワードが、「柔軟なまちづくり」です。H&C財団が住まい活動助成において掲げる「つくるルールから育てる・活かすルールへ」に準（なぞら）えていえば、まち「づくり」とは言うけれども、ゼロから何かをつくり上げて、それで完成、ハイおしまいというわけではありません。まちの構成要素である人やモノは不断に変化していくため、私たちも、それに合わせて絶えず「つくり続け」なければならないのです。維持・管理、メンテナンスと言い換えても良いでしょう。それでは、「つくり続ける」ためには一体何が必要でしょうか。

　まず、モノとしての建物は必ず老朽化していくことを指摘しなければなりません。壁や柱ならば朽ち果てていくから、その都度、補修・改築が必要です。また、技術革新によって、屋根に衛星放送のアンテナが取り付けられたり、太陽光パネルを設置したり、室内の蛍光灯もLED電球に取り換えたり、

注3　法律の方が条例よりも先に制定されている局面を想定して「法律先占論」と呼ばれていたのだが、法律が条例の後に制定された場合も法律が優先するので、用語法としては「法律専占論」とするのが正確である。

＊歴史まちづくり法：「地域における歴史的風致の維持及び向上に関する法律」（2008年制定）が正式名称。地域固有の風情、情緒、たたずまいなどから醸し出される歴史的風致を維持・向上させ、後世に継承するため、市町村が作成した「歴史的風致維持向上計画」を国が認定し、これに基づいて歴史を活かしたまちづくりを進めるもの。2022年3月現在、全国の87都市が歴史的風致維持向上計画に認定を受けている。

注4　歴史的なまちづくりについては、板垣勝彦「歴史と共に生きるまちづくり―古都保存法、明日香、歴史まちづくり法の思想と手法―」『都市住宅学』116号（2022年）。

注5　景観規制については、板垣勝彦『住宅市場と行政法―耐震偽装、まちづくり、住宅セーフティネットと法―』（第一法規、2017年）139頁以下。

電話線もインターネットの無線LANに対応したりして、設備は絶えず変わっていきます。

　そればかりでなく、人も絶えず入れ替わっていくのです。住まいには当然のことながら人が住んでいるわけですが、人は生き物である以上、子どもなら成長する、夫婦なら子どもが増える、お年寄りなら老化して施設に入る（亡くなる）ことで、世帯の家族構成は不断に変化していきます。つまり、ある一定の時期において整然と調和のとれたまちづくりがいったん「完成」したと思いきや、その後の状況の変化にうまく対応できないということも十分に起こりうるのです。というよりも、状況の変化は必然的に「起こり得る」（想定内の）事態といわなければなりません。ところが、こうした状況の変化にうまく対応できない事例が、現在、各地で問題となっています。

　大月敏雄『町を住みこなす』（岩波書店、2017年）は、衣服にも着こなし方があるように、まちにも「住みこなし方」があるという、大変興味深い視点を提唱しました。これは個別の住宅にも当てはまることで、モデルルームのようなお洒落な家は、実際に住んでみようとすると住みづらいことが多々あります。私の母親は非常に寒がりで、すぐにすきま風を遮断するための断熱材を切り貼りしたり、物干しをあちこちに取り付けたりします。見栄えは悪いかもしれませんが、生き物としての人（そして、家族）が快適に暮らしていくためには、実はこのようなメンテナンスを施した方が、都合が良いのです。ライフスタイルに合わせた柔軟な修正が、実際の住みやすさ向上には求められるということでしょう。

　大月・前掲書の新規性は、まちづくりにもこの事理が当てはまるということを提唱した点にあります。整然としたモデルルームのようなまち並みは、そのままでは住みづらい。少しくらい異なった要素（異分子）、あるいは雑然とした要素が存在する方が、実際には住みやすいのではないか。今後、「つくるまち並みから、育てていくまち並みへ」というテーマを考える上で、この思考がひとつの軸となっていくという発案です。単にルールを厳しくしていくだけでなく、人の暮らしに合うように柔軟につくりかえていくべきだという、今までにありそうでなかった刺激的な発想に、私は非常に感銘を受けました。

❸ 「住みこなし」はオーダーメード──ひとつとして同じものはない

　「住みこなし」という言葉は、服の「着こなし」から着想を得たということですが注6、「着こなし」とは、人によってそれぞれ異なる、いわばオーダーメードの発想です。言うまでもなく体型は人によって異なるし、同一人の身体であっても、よく知られるように、左右対称ではありません。自分の話で恐縮

注6　漢字では、「着熟し」になる。身に付け方が熟したという意味にほかならず、何とも含蓄のある表現である。

ですが、私は小学5年生から眼鏡をかけています。ところが、昔からレンズの左右が顔面（目や眉毛）に対して平行にならず、少しずれてしまっていました。眼鏡屋で直してもらっても、なぜか修正されない。なぜなんだろうと特に不思議にも思わないでいたのですが、つい数年前、専門的な知識を持った方に診てもらったことで、驚きの事実が判明しました。実は、私の右耳と左耳は、それぞれ（付け根の）高さが異なっていたのです。つまり、眼鏡の左右の耳あての高さをあえてずらさなければ、私の身体にはフィットしないのでした。

　建築の専門家ではない立場で僭越なのですが、個々の家を建てるときにも、同じことがいえるのではないでしょうか。例えば、立地です。通常は盛土や切土を行って水平になるよう整地しますが、何らかの事情で岩盤の上に建てる必要があるとか、土地が狭くて急な坂の上くらいしか残っていないこともあると思います。そうした事情に応じて、家の建て方はそれぞれに異なるはずです。NHKの「ブラタモリ」という番組で、箱根の強羅には巨石がたくさん鎮座しているから、昔の金持ちが巨石をそのまま活かすかたちで別荘を建てたという事例が紹介されていました[注7]。石を邪魔なものとして取り除くのではなく、家屋の礎石代わりにしたり、あるいは室内に取り込んだり、さらには石を削って室内の階段にしたり、実に工夫を凝らして興味深い建築が施されていました。箱根の事例は金持ちの道楽かもしれませんが、都内でも、坂が多い地域では、基盤が坂に沿って斜めになっている住宅・マンションを数多く見かけることがあります。その根底には、同じような発想があるのではないでしょうか。

　少し無理矢理かもしれませんが、ここで強調したいのは、個々の人や個々の家がそれぞれに異なる—今風にいえば、個性を持っている—ように、個々のまちにもそれぞれに異なる個性があり、それぞれに異なる暮らし（生活様式、ライフスタイル）に合わせて、オーダーメード的に「まちづくり」を行っていく必要があるということです。流行歌「世界で一つだけの花」の一節にあるように、「一つとして同じものはない」のです。

④ 政策決定者に向けて —混在型のまちづくりに向けたルールづくり

　ここからは、混在型のまちづくりをいかに実現するかについて、政策決定者（本当をいえば長や議会ですが、実際のところは行政担当者になります）、住民ないしプランナー、そして事業者に向けて、問題提起してみたいと思います。

　まずは、政策決定者がルールを策定する段階の話題です。人口減少社会においては、従来からの用途規制を厳格に守るだけでなく、時と場合に応じた柔軟な対応を可能とするルールづくりが必要になります。そもそもルールと

注7　2018年10月6日放送「#114　箱根の温泉～箱根はなぜ　NO.1の温泉に登りつめた？～」より。

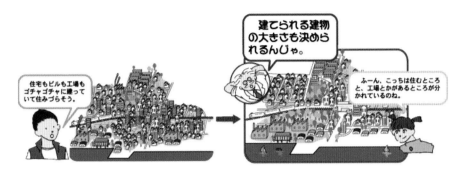

用途地域のイメージ（出所：国土交通省HP）

いうのは、ここまで述べてきたとおり、人びとの生活を暮らしやすくするために存在するのであって、ルールが人びとの生活を窮屈にしたのでは本末転倒です。こうした視点で考えると、人びとを暮らしやすくするためのルールというのは、賃貸アパートや民泊*などの「よそ者」に対して規制を及ぼすだけではなく、それらをうまく地域に取り込んでいくことのできるような工夫を施したものでなければなりません。

　そこで強調したいのが、「雑居」の重要性です。そう、「雑居ビル」などと表現される、あの「雑居」を思い浮かべてください。まちづくりに準えると、多様な属性の人びとが混在していることが望ましいというくらいに理解していただければ差し支えありません。法的ルールでいえば、用途混合の拡大へとつながる発想です。例えば、賃貸アパートでは地方から出てきた学生や単身者が住んでいる場合が多く、自治会費は払わないわ、夜中に騒ぐわ、ゴミも決まり通りに出さないわということで、昔から地域住民には厄介者扱いされていました。今で言うところの、外国人住民や民泊の扱いに近いでしょうか。

　しかし、こうした人たちが（こうした人たちも）いないと、まちには活気が生まれません。何かと世知辛い世の中ですが、このような異分子を「排除」しないで、むしろ「包摂」する、「取り込んでいく」くらいの余裕が、今後のまちづくりには必要ではないでしょうか。表現は悪いけれども、血統書付の犬よりも雑種の方が免疫があって生命力が強いように、「異分子」こそが、地域に生命力というか、これからの時代を生き抜く活力を生み出していくと思います。高度経済成長期に造成されたニュータウンが明らかにしたように、家族構成、年齢構成、職業構成が同じような世帯で成り立っているまちというのは、一気に老化してしまう。まちは常に新しいもの、「異分子」を取り込んでいく「雑居」の発想によって、活力を生み出していくのです。

　江戸時代の人は、松平定信の寛政の改革を批判して、「白河の 水の清きに 住みかねて もとの濁りの 田沼恋しき」と詠みました。規律重視、質素倹約

*民泊：一般的に、住宅の全部または一部を活用して、旅行者等に宿泊サービスを提供することを指す。住宅形態や運営主体はさまざまで、個人が空き部屋を貸し出すものから企業がアパート1棟丸ごと貸出用に整備するものもある。「住宅宿泊事業法」（2017年制定）における規定では、基準を満たすものであれば許可制ではなく届出制で事業が可能となった。

を励行した寛政の改革を嘆き、とかく賄賂政治などと批判された田沼(意次)時代の方が暮らしやすかったという趣旨ですが、この川柳は、多少の「濁り」があった方が、実際に暮らすには住みやすいという事理を、実にうまく喩えています。異論も多いかもしれませんが、歓楽街を排除した温泉地が衰退してゴーストタウン化したような事例も、これに当てはまるかもしれません。閑静な住宅街であっても、同じような一戸建てのマイホームばかりではなく、ちょっとした商店などがあっても良い。その方が暮らしていくには何かと便利でしょう。いま問題となっている空き家に関しても、まちを流通させ、新陳代謝を図るという意味では一定程度は必要です。もちろん、「特定空家*」(空家特措法*2条2項)のように、ちょっとした地震の揺れや台風で倒壊する危険のある空き家については速やかに除却する必要がありますが、まちの可変性、あるいはまちの構成員の絶え間ない変化の可能性のためには、1割くらいは空き家が存在する必要があるといわれています。

5 住民やプランナーに向けて─混在型のまちづくりに向けた建築協定の柔軟化

　住民やプランナーに対しても、同じことを申し上げたいと思います。というのは、建築協定*(建築基準法69条以下)というかたちで、住民自身もまちづくりのルールづくりには関与しているからです。ところが、これが実に難しい問題を生み出している。

　かつて一斉に分譲された戸建ての住宅地は、大半が第一種低層住居専用地域に指定されていて、住民の年齢構成が変わらないまま、一斉に高齢化が進んでいます。その住宅地ができたときは35歳前後の両親と生まれたばかりの子ども─大月・前掲書は、「35歳と生まれたて」と表現しています─が住んでいたような住宅団地が、そのまま30年、40年と年齢構成が平行移動して、「年老いて」しまった。まちも年老いたのですが、住んでいる人びとも年老いてしまったのです。子どもは独立してなかなか戻ってきません。

　この点は、自然発生的に昔から人が住み着いている市街地や、芦屋や田園調布などの、時間をかけてブランド化してきた高級住宅地との違いです。まず、自然発生的に人が住み着いた市街地は、しぶとい生命力をもっています。道路が交差していて交通の便が良いとか、土地が開けているとか、やはり、そこに人が集まるだけの理由がきちんと備わっています[注8]。次に、ブランド化に成功した高級住宅地には、人が減れば減っただけ、新しくそのブランドを欲しがる人びとが入ってきます。そして、世帯の構成に関しても、住宅地ができてから100年以上が経っているので、次々に住み継がれ、受け継がれていって絶えず新陳代謝が図られています。しかし、ある時に一斉にできた

*特定空家:「空家特措法」(2014年制定)に基づき、自治体が「そのまま放置すれば倒壊等著しく保安上危険となるおそれのある状態又は著しく衛生上有害となるおそれのある状態、適切な管理が行われていないことにより著しく景観を損なっている状態、その他周辺の生活環境の保全を図るために放置することが不適切である状態にあると認められる空家等」に指定したもの。指定後、自治体から勧告、固定資産税の優遇措置の解除、懲罰的措置、場合によっては解体等が行われる。

*空家特措法:「空家等対策の推進に関する特別措置法」(2014年制定)が正式名称で、空き家の実態調査、空家等対策計画の策定、管理不全の空き家を「特定空家」に指定して助言・指導・勧告・命令ができること、行政代執行による除却等を規定している。

*建築協定:「建築基準法」(1950年制定)に基づく制度で、良好な住環境の確保等を図るため、土地所有者の合意と特定行政庁の認可によって、特定の区域内の建築行為に対して「最低敷地面積」「道路からのセットバック」「建物の用途」などルールを定めること。

注8　他方で、海上輸送から陸上輸送への転換によって衰退した瀬戸内(鞆、尾道、門司港)や日本海沿岸(酒田、小樽)の港町、産業構造の転換によって寂れたかつての鉱山町のようなケースも確かに存在する。ただ、そのような町は、往時の栄華がタイムカプセルのように保存されており、観光資源としての活用が図られていることが少なくない。かつて栄えた都市は、やはりしぶといのである。

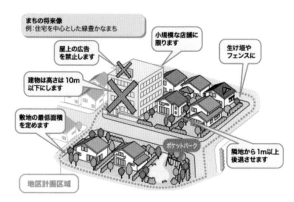

地区計画のイメージ（出所：横浜市HP）

団地では、それがなかなか難しい。これが全国各地で発生しているニュータウンの「オールドタウン」化を生み出した原因です。

　また、住民同士で厳格な建築協定が締結されていることがしばしばみられます。第一種低層住居専用地域は確かに厳格な立地規制を及ぼしてはいるものの、それでも、店舗兼用住宅の設置くらいは認められているため、なし崩し的に規制が潜脱されることを懸念したのです。そうした意図で、建築協定を結んで、店舗兼用住宅の設置さえ認めないこととしました。

　このように建築協定とは、住民（土地所有者）同士が建築物に関して一定の取り決めを行うことで、皆で我慢しながら調和のとれたまちをつくっていこうという意図から締結されたものです。締結当時は、店舗兼用住宅の存在すら認めない、厳しいけれども「良い仕組み」だと思われていました。しかし、あまりに規制を厳しくしすぎることによって、先ほどの「白河の 水の清きに 住みかねて」ではありませんが、住民の生活にちょっと便利な店舗兼用住宅まで設けられなくなった。例えば、自宅に併設してお花を売ってみたり、カフェをつくってみたり、昼間に食事ができるちょっとした食堂・レストランを営む程度のことまで許さないとなると、住民の生活を豊かにする、あるいは住民ひとりひとりの自己実現を図るための機会すら奪っていることになります。

　こうした事例では、かつて締結した建築協定を柔軟に見直して、ちょっとした生活サービスを提供できる店舗兼用住宅くらいは開業できるようにすべきです。この辺は、後述する「法律を本当にわかっている人」の感覚が生きてくるところでして、法律を真の意味で理解していれば、建築協定とは所詮人のつくったルールなのだから、時代に合わないことが明らかになってきたら、柔軟に見直しをすればよいということがわかるはずです。

3 個別事例から考えたこと

1 団地カフェの改修と消防長同意

　私の専門領域は「行政法」といって、「行政」の活動をいかに「法」によってコントロールするかに関する分野です。しかし、デベロッパー、ハウスメーカー、コンサルタント、プランナーを問わず、長いあいだまちづくりに携わった経験を持つ方で、「行政」にせよ「法」にせよ、これらに対し良い印象を持っている方は僅少ではないでしょうか。これは無理からぬことで、新たな創意工夫にチャレンジする方にとっては、多かれ少なかれ、行政当局の決して例外を許さない姿勢や、「ルールに書いてある（書いていない）からそれは許可できない」といったような硬直的な運用にうんざりした経験をお持ちのはずでしょう。

　しかし、法律を専門にしている立場からいえば、それはまったくの誤解です。そして、その責任は、多くの場合行政担当者の側にあります。

賃貸住戸を活用したお惣菜食堂
（泉北ニュータウン茶山台団地）

法律のルール自体が一切の例外を許さずに立ちはだかっているという事例は、実はほとんど存在しないからです。

　実際の現場の運用が硬直的だと、柔軟なまちづくりを妨げることになります。H&C財団の住まい活動助成で視察した、ある住宅団地の事例が象徴的でした。そこでは、集合住宅の1階の1室をカフェに改装しようとして、裏側（通路側）にある本来の入口に加えて、外側に向かって開けている表側（ベランダ側）にもテラス席を設けて、もうひとつ入口をつくろうとしたのだそうです。ところが、なぜか消防署の担当者がうんと言ってくれなかった。ご承知のように、建築確認など、大規模な改修を行う場合には消防長の同意が必要になるのですが（建築基準法93条1項）、この消防長の同意が得られず、新たな入口づくりを断念したというわけです。

でも、よく考えてみると、これはおかしな話です。消防長同意は、火事が起きた際の消防設備が十分に配置されているかとか、避難経路が十分に確保されているかについて確認するための行為です。設例の場合、出入口がふたつあったとしても避難上は何ら問題がないはずであって、

茶山台団地（大阪府堺市、2018年 撮影：筆者）

むしろ、避難経路が増えるのだから、望ましいことではないか。それが許されないというのは、制度趣旨からいって明らかにおかしい。

聞くところによれば、消防長の同意は担当者によって基準が変わることが多々あるらしく、実に設計士泣かせなのだそうです[注9]。このようなことがないように、行政手続法では、申請の許可／不許可について判断するための明確な基準（審査基準）を設定し外部に向けて公表することを求めているのですが（同法5条1項～3項）、消防法の規制はかなり複雑でわかりにくいことから、こうした「担当者によって基準が変わる」（正確に表現すると、「基準の解釈が変わる」ということでしょう）事態が頻発するようです。

しかし、意外に思われるかもしれませんが、法律というのは、本当に法律をわかっている、その法律に詳しい人ほど柔軟な運用をするのです。柔軟な運用が「できる」と表現した方が適切かもしれません。それは、詳しい人ほど、そもそもの趣旨・目的に立ち返った運用をするからです。

ところが、国から通知や運用基準─平たくいえばマニュアル─が出されていると、わかっていない行政担当者ほど、どうしてもそれを金科玉条のように守らないといけないと、びくびくしながら運用することになります。分権改革によって国と地方は完全に対等・協力の関係になったはずなのですが、なぜか旧世紀の遺物である機関委任事務の意識が残っていて、「マニュアルを守らないと国から怒られる」と思うらしい。それで、びくびくしながら運用すると、どうしても杓子定規な、マニュアルに書いていないからできませんというような、融通の利かない運用になってしまう。しかし、マニュアルに書いていない場合とか、マニュアルが想定していないような事例については、白地で個別事情を考慮した上で、現場の行政職員が裁量で判断する以外にありません。わかりやすくいえば、自分の頭で考えろということです。

私は縁あって自治体の研修講師を務める機会が多いのですが、そのとき最も強調するのは、法律をよく勉強するほど柔軟な運用が可能になるということです。勉強が足りないと、実態に合わない硬直的な運用に固執して、住民の利益を損なうことにもなりかねない。これからの現場の行政職員は、よく

注9　補足しておくと、消防署の担当者も、誇りと気概をもって任務を遂行していることは百も承知である。

法律の趣旨・目的を勉強して、柔軟な運用を図っていく必要がある。そうしなければ、実態に合わない運用が漫然と繰り返されて、住民にとって不幸な事態を招くからです。大体、マニュアルにただ従うだけの職務ならば、人間が性能の良い人工知能（AI）に取って代わられるだけです。

　まとめると、個別事情を一切考慮しない一律の運用は、実態に合わない部分がある。法律のルールにおいて、一切の例外を許さないことはむしろ稀であり、現場の行政職員は法律をよく勉強することで、勇気をもってその柔軟な運用を図っていかなければならない、それこそが創意工夫を凝らしたまちづくりの礎となるということです。

２ リノベーション*と「お役所仕事」の壁

　裁量判断という点では、住宅地持続創生セミナーで拝聴した連健夫氏（㈲連健夫建築研究室）の話も印象的でした[注10]。住み慣れた大事な家をシェアハウス*に改装したいという家主（オーナー）の要望は、近年とみに増えているそうです。しかし、シェアハウスに改装するとはいっても、実際には法規制や設計技術の壁が大きく立ちはだかる。たびたび述べたように、第一種低層住居専用地域に指定されていたり、厳しい建築協定が存在することが、法律上のハードルです。そして、いかにオーナーに熱意があっても、具体的にどのように設計し改修していくかについては、実現のための知識がありません。そこで、連氏のような一級建築士がオーナーの意向をきめ細やかにくみ取り、専門的な知見を生かして希望をできる限り実現する作業をされている。いってみれば、専門家と素人との間を「取り持ち」「つなぐ」役割を果たしているわけです。

　特に参考になったのは、建築基準法は新築を前提とした「建付け」になっているという話でした。というのも、新築の場合は文字通り新しく家を建てることになるため、ある程度、規格や基準を立てやすい。これに対し、増改築の場合にはケースバイケースの判断が求められるため、行政担当者の裁量を広く取らざるを得ないというわけです。

　連氏の提案は、既存部分は既存不適格（建築基準法3条2項）で存置させて、増築部分はそれとして構造計算をしっかりやれば良いではないかというものです。行政の柔軟な対応を求めたいというごもっともな要望ですが、行政担当者から、「既存不適格の部分に関しても、現在の基準に合わせてくれ」などと要請されたりすると、結局はコストや手間暇が新築するのと同じだけかかってしまう。かえって手間がかかるなら、オーナーにとって愛着のある家も、全部取り壊して新築しようという結末になることが少なくないという。これは非常に憂慮すべき話です。

＊リノベーション：既存建物に大規模な改修を行って、建物の用途や機能を変更向上させ、建物自体の付加価値を高める行為をいう。類義語にリフォームがある。リフォームが、マイナス状態のものをゼロの状態に戻す機能回復という意味合いが強いのに対し、リノベーションは、新たな機能や価値を加えて、より良くつくり替えるとの意味合いを持つ。

注10　2018（平成30）年11月5日開催「平成30年度住宅地持続創生セミナー第2回　住み継がれる住宅地を支える法律・条例・地域ルールの新しい潮流」より。

＊シェアハウス：一般にひとつの住居に親族以外の複数人が共同で暮らす賃貸住宅のこと。空間様式はさまざまで、2段ベッドの1段のみが専有のものもあれば、風呂・トイレ・キッチンが専有個室に含まれるものもある。

戸建住宅をシェアハウスにリノベーションした事例
（2018年10月29日 住宅地持続創生セミナー 連健夫氏プレゼンテーション資料）

　連氏は、イギリスの建築許可では担当官に裁量が与えられているため、このようなことは起きないとおっしゃっていました。しかし、誤解してはいけないのは、日本の行政担当者（建築主事）にもちゃんと裁量は与えられているということです。ただ、この裁量というのが実に厄介者で、広汎な裁量が付与されていることは、「厳格な運用」と「柔軟な運用」のどちらにも転びうる「諸刃の剣」なのです。地域住民の同意がないうちは建築確認を出さないという行政指導を行うというのが有名ですが（品川マンション事件：『最高裁判昭和60年7月16日判決民集』39巻5号989頁）、広汎な裁量を認めることが、かえって建築の自由を縛る方向に傾くことも少なくありません。

　一定の裁量が認められているとはいっても、日本の建築主事の場合、結局のところ、横並びというか他を見ながら、あるいは地域住民や上司を気にしながら無難で画一的な運用になりがちなのではないかという懸念を払拭することはできません。行政指導に関していえば、行政と申請者との間で協議したり、地域住民との間で調整を行うよう指導するのは結構にしても、一定の手順を踏んだならば―建築基準関係法令を充足する限り―許可にもっていかなければならない（行政手続法32条・33条）。この辺は、現場の職員にも勉強してもらって、法令の趣旨・目的に照らして適時・適切に裁量権を行使していくという意識を高めていく必要があると思われます。

3 コミュニティ入居を阻んだ背景

　このことは、東日本大震災の災害公営住宅の整備を巡って、コミュニティ入居の提案が退けられた「あすと長町仮設住宅」（仙台市太白区）のエピソードにも少なからず関係してきます[注11]。入居者の孤立を招いた阪神・淡路大震災の反省から、新潟県中越地震・中越沖地震のときは、コミュニティの断絶が起きないように、無作為抽選だけではないコミュニティ入居が数多く採り入れられました。ところが、東日本大震災では、コミュニティ入居の提案が行政によって退けられたという事例が散見されます[注12]。

注11　詳細は、新井信幸「復興プロセスにおけるコミュニティ・デザインの実践」『都市住宅学』81号（2013年）54頁。

注12　板垣・前掲注（5）373頁以下。

むろん、その要因には、あまりに被災規模が大きすぎて、そこまで余裕がなかったとか、首長以下の幹部職員が復興を急いだため、現場の職員も従わざるを得なかったといったやむを得ない事情もあると思います。しかし、現場の職員が自身に与えられた幅広い裁量を行使することに尻込みしたという可能性は、決して無視できないでしょう。

　幅広い裁量が与えられたとき、法実務に精通・熟練した者はその裁量を存分に活用することができるけれども、知識や経験が不足している者は、かえって何をしてよいのかわからないということが往々にして起こります。幅広い裁量判断の権限を行使することは、そこから生み出される結果の責任をも幅広く背負うことに他ならないからです。

　分権改革に伴う国からの関与や法律による「義務付け・枠付け」の緩和についても、この事理は当てはまります。大幅な権限移譲を行っても、移譲される自治体の側に知識（や経験）がないと、かえって不安になるだけで、マニュアル（通知や運用基準）を墨守するだけの硬直的な運用を招来しかねない。声高に分権を掲げる（だけの）議論は、この現場感覚からの乖離が否めないと思います。私が自治体の現場の職員の知識（や経験）の底上げを提唱するのは、こうした意図からです[注13]。

４ 「半官半民」のメリットを生かして

　大阪府住宅供給公社*による泉北ニュータウン・茶山台団地の取り組み（「ニコイチ×惣菜カフェ×茶山台としょかん」で住み継がれる団地へ）（堺市南区）は、郊外型の団地再生について大いに参照されるべきモデルです。先述したように、昭和40年代の高度経済成長期、日本のあちこちに建てられた住宅団地の再生は喫緊の課題となっており、公的団地においても事情は変わりません。ところが、現在は全国どこの自治体も財源不足に喘いでおり、既存ストックの建替えというかたちで新しくリニューアルを行うことが非常に難しくなっています。維持・管理のコストを削減しなければならないという現下の要請に応えながらも、既存ストックを活用して、皆に住み継がれるまちとして、積極的に再生させていこうというのが、茶山台団地の取り組みです。

　興味深く感じたのは、住宅供給公社が利便施設をつくる際に、以前は行政財産の目的外使用許可*（地方自治法238条の４第7項）という方法で実施していたところを、法律（地方住宅供給公社法）の解釈の範囲内で、住宅としての用途を完全に廃止したり、消防や保健所との協議において共同住宅の特例を用いたり、営業収支が安定するまでは使用貸借契約という方法を使って当面の家賃支払いを免除するなど[注14]、法律の制限があるなかでいろいろと創意工夫している点でした。

注13　板垣勝彦『公務員をめざす人に贈る行政法教科書』（法律文化社、2018年）31頁以下。

＊住宅供給公社：国および地方公共団体の住宅政策の一翼を担う公的住宅供給主体として「地方住宅供給公社法」（1965年制定）に基づき設立された法人。分譲住宅および宅地の譲渡、賃貸住宅の建設・管理などを行う。2021年4月時点で都道府県に29公社、政令指定都市8公社が存在している。

＊目的外使用許可：「地方自治法」（1947年制定）第238条の４第7項の規定に規定されている行政財産の目的外使用許可のことで、特定の要件を満たす使用方法について公営住宅や公共建築などの行政財産を規定された目的以外で使用することを許可する仕組み。

注14　賃貸借契約（民法601条）とは異なり、使用貸借契約（同法593条）は、無償で使用・収益を認める契約である。

　2018（平成30）年の夏に「茶山台としょかん」を訪ねたとき、近所の子どもたちが集まって、そこに小学校の校長先生が様子を見に来たりする光景が非常に印象に残りました。夏休み中に校長先生が子どもたちの様子を見回り、来訪を知った子どもたちも「校長先生や！」などと自然に集まったりして、なんと微笑ましい関

茶山台としょかん
（大阪府堺市、2018年 撮影：筆者）

係かと感じ入ったものです。運営主体であるNPO法人SEIN（サイン）の方々も、保護者や学校の理解のある環境の下で、生き生きと活動されていました。住宅供給公社の担当者である田中陽三氏に対しても、感謝の言葉とともに、このような「場の提供」の取り組みについて、さらなる支援を要望されていました。

　これは、地方住宅供給公社の性格とも一定程度関係していると思います。地方公社というのは、もともと土地の値段が右肩上がりの時期に、自治体に先駆けて土地を先行取得するために設立・運用された──最近はあまり耳にしない──「半官半民」の仕組みであり、従来はそのような文脈に限定して、有用性が語られていました[注15]。これに対して、茶山台団地の取り組みでは、団地の一角を図書館やカフェに改装したり、土地を畑に転用したりと、柔軟な資産の活用が行われている点が特徴です。もし、公営住宅法*が適用される府営住宅のスキームであれば、このような利活用を行う上で、行政財産の目的外使用を巡る厳格な枠組みが足枷にもなりかねなかった。地方住宅供給公社という、半官半民のスキームが、茶山台団地における柔軟な資産の利活用を可能にしたのだともいえます。

5 「空き家バンク」におけるモデレーターの役割

　全国的に空き家の増加が問題となっていますが、まだまだ使える丈夫な住宅ストックについては上手な利活用の手段を模索すべきであることから、空き家の利活用の促進のために各地の自治体が「空き家バンク*」を設置しています。空き家の増加が社会問題となる一方で、そうした空き家に住みたい人や活用したい人が実際には少なくないのだから、その間を「取り持ち」「つないで」いくという「空き家バンク」の発想自体は、高く評価されると思います[注16]。しかし、自治体主導の空き家バンクはほとんど活用されておらず、登録物件もわずかというのが実情です。東日本大震災の「復興空き家バンク」を実際に見に行ったことがありますが、自治体主導だと宅建業法などとの関

注15　板垣勝彦『地方自治法の現代的課題』（第一法規、2019年）57頁以下。したがって、土地の値段が下落することもあり得る現在では地方公社は存在意義の多くを失ったというのが、通説的な見解である。

＊公営住宅／公営住宅法：「公営住宅法」（1951年制定）によって定められた、地方公共団体が、建設・買い取り・借り上げを行い、低額所得者に賃貸・転貸するための住宅およびその付帯施設のことである。

＊空き家バンク：空き家を売りたい人や貸したい人が登録し、行政のホームページや掲示板に情報を掲載するプラットフォームのこと。「○○町空き家バンク」のように、通常各自治体が主体となって運営している。

注16　板垣・前掲注（5）40頁以下。

空き店舗をまちづくり会社が借り受けて転貸（出所：犬山まちづくり会社HP）

係もあり、商売ベースに乗せられずなかなかうまくいかないとのことでした。

　そうした状況下で注目されるのが、井川光雄氏が主宰する犬山まちづくり㈱（愛知県犬山市）のような、まちづくり会社*による取り組みです。犬山まちづくり㈱は、空き家を活用したいという意欲のある民間事業者に対して、行政や商工会議所との間を「取り持ち」「つなぐ」という役割を果たしています。官民協働・公私協働（PPP*）を推進していく場合にもよく指摘されるのですが、行政がメインであると採算を取るためのアイデアがなかなか出てこなかったりするので、民間の経営感覚を生かすことが必要だということでしょう。

　「空き家バンク」がうまくいかないもうひとつの大きな理由として、貸す側（空き家の所有者、家主、オーナー）がなかなか家を貸してくれないという事情が挙げられます。特に保守的な地方部に顕著ですが、見ず知らずの他人に大事な家を貸すわけにはいかないという感情は無視することができないからです。高齢の家主ならば、とりわけ保守的でしょう。こればかりは理屈ではどうにもなりません。この点、井川氏のように積極的に家主と顔見知りになり、時間をかけて、時には酒を酌み交わしたり、地域の活動を一緒に行ったりして、個人的な信用を高めることが大事になってきます。そうすることで、空き家を活用したいという意欲のある人と、空き家を貸したい（場合によっては貸しても良い）という人の間を「取り持ち」「つなぐ」ことが可能になります。就職活動の自己PRではありませんが、社会の潤滑油のような機能を果たすことが、モデレーターの役割といえるでしょう。

　歴史的資源としての空き家の利活用をめざす由比（静岡市清水区）の「NPO法人くらしまち継承機構」の活動を見学した際も、空き家をなかなか貸してくれない、家主の信用を得るのが大変だという声を聞きました。「かみいけ木賃文化ネットワーク」（豊島区）や「玉川学園地区まちづくりの会」（東京都町田市、216頁参照）の活動を視察したときにも感じたことですが、地元に根を下ろした不動産会社などは地域の実情にも精通しており、そうした事業者の協力を取り付けることもカギとなるでしょう。全国各地でモデレーターの活躍により彼らの間を「取り持ち」「つなぐ」ことで、困難を一歩ずつ前進し

*まちづくり会社：一般に、良好な市街地を形成するためのまちづくりの推進を図る事業活動を行うことを目的として設立された会社のことを指すが、明確な定義はない。都道府県や市町村・商工会などから出資を受け、特定の地域に対する公益的な事業やコーディネートを行うものなどがある。

*公民連携（PPP）：Public Private Partnershipの略で、公民が連携して公共サービスの提供を行う事業の仕組みの総称。多様な事業方式があり、指定管理者制度や公共空間の占有許可などの活用がある。

由比の町家（静岡市、2018年 撮影：筆者）

かみいけモクチン文化ネットワークの活動の様子
（モクチン活用の実践者を招いた「木賃サミット」）

ながら解決していくことを期待せず
にはいられません。

⑥ 新興住宅地の憂鬱

　子どもが独立して戻ってこないと
いうのは、新興住宅地のほとんどが
サラリーマン世帯によって構成され
ていることとも無関係ではないで

空き家見守り活動の様子（大津市日吉台住宅地）

しょう。例えば、昭和40年代に分譲された日吉台団地（大津市）は、現在の
県知事を輩出するなど、地域の枠組みを超えた、日本全国や世界に羽ばたく
リーダーを育てています。ところが、地域の枠組みを超えた人材は（そうし
た人材ほど）、壮年期において、地元密着の仕事に割く時間が捻出できない
というジレンマがあります。

　日吉台団地の「日吉台学区空き家対策検討委員会」においても、鶴甲団地
（神戸市灘区、220頁参照）で活動する「NPO法人鶴甲サポートセンター」にお
いても、私たちは「お年寄りパワー」とでも呼ぶべき、精力的に活動される
優れた高齢者のリーダーの方々に接してきました。その活動ぶりには本当に
敬服させられますが、やはり体力は壮年者よりも落ちてきていますし、何よ
りも後継者のことを考えなければなりません。属人的な個性・リーダーシッ
プに頼った活動は、継続性について心許ないという決定的な弱点があるから
です。

　この点、旧来から脈々と形成され受け継がれてきた市街地の強みは、自
営業者なり中小企業の「跡取り」が地域に密着していることです。この点は、
農漁村地域における農家や漁師の「跡取り」においても同じことがいえます。
私の身の回りでも、壮年期において地元の活動に精を出すことができるのは、
家業を持った者です。家業を持った者は、経験豊富な父親・母親世代のバッ
クアップを受けながら、40〜50年先までの中長期的なビジョンを持ち、自
身の子や孫の世代のことまで見据えて─子や孫も、やがてはその後継者と

なって、意思を受け継いでいく―地域の事業に取り組むことができるからです。また、「誰々さんの息子さんだから」といった地縁に根差した「信用」も獲得しています。

　そうはいっても、新興住宅地がサラリーマン世帯で構成されている現状から見れば、自営業者の子どもは自分の団地には居ないのだし、こうした提案は「ないものねだり」であって、すぐには役に立たないかもしれません。しかし、これまで述べてきた運用の改善を行って、新興住宅地にも個人商店が根付くような支援を行ってみていただきたい。中長期的には、地域に根差した活動を行う人材を輩出してくれるはずです。

4　おわりに―人びとの間を「取り持ち」「つなぐ」モデレーターの重要性

　地方分権の進展により、過去にないほど、制度的には「地域の実情」に即した柔軟なまちづくりが可能となっています。これまでの法律学の関心は、地方ごとに異なる「地域の実情」を条例などのかたちで的確に反映させていくためにはどうしたら良いかということに限られていました。そして、まちづくりのプランナーや都市計画の専門家の関心は、往々にして、まちづくりの規制を厳しくすることにのみ向きがちでした。

　しかし、一方で、秩序の取れた整然としたまちづくりという基本線を維持しながらも、他方で、住民の暮らしの実情に即した一定程度の柔軟な変化を許すものでなければ、「住み継がれていくまち」を構築することはできません。もともと、無秩序の中に秩序をもたらし、人びとの暮らしを良くするのがルールの役割であったのが、ルールに縛られて柔軟な運用ができなくなり、自縄自縛に陥ってしまうと、ルールが快適な暮らしを送りづらくするという皮肉な状態に陥ってしまいます。人びとの快適な暮らしのために設けられたはずのルールが、人びとの快適な暮らしの阻害要因となるのであれば、本末転倒です。人口減少社会において皆が住みやすいまちをつくっていくためには、第1に、ルールの柔軟な見直しが求められます。

　第2に、「お役所仕事」にも意識変革を求めていかなければいけません。法律上は広い裁量が付与されているといっても、基準に縛られてびくびくしながら杓子定規に適用したのでは、かえって個別事例にとって不適切な運用がもたらされかねないからです。公平性・公正性に配慮するのは日本の行政職員の優れた気質であり、それ自体は評価すべきことですが、場合によっては適切に裁量を行使して、事案の個別事情に適合した運用を行う必要があります。法律の趣旨・目的に照らした柔軟な運用を可能とするためには、行政手

住宅地持続創生セミナーの様子
（2017年11月9日）

住宅地持続創生セミナーの様子
（2018年10月29日）

続をはじめとして、これまで以上の法律の知識と、説明責任（アカウンタビリティ）に堪え得る「説明力」が求められるでしょう[注17]。

　第3に、まちづくりのモデレーターの「取り持ち」「つなぐ」役割の重要性は、今後ますます増していくと考えられます。モデレーター自身は、まちづくりのために直接に活動する主体ではありません。直接に活動しているプレイヤーは、テナントを割り当てられてカフェや雑貨店を営む人たちであって、モデレーターの役割は、直接ではなく、そうしたプレイヤーたちに活動の場を提供したり、プレイヤー同士や自治体、プランナー、建築士などとの間を「取り持って」みたり、「つないだり」、あるいは、そうしたプレイヤーたちに対して知見を提供するという、間接的な支援活動にとどまります。しかし、この間接的な活動を抜きにしては、すべてが始まりません。モデレーターの役割は、大きく分けて、活動の場を提供する、人と人の間をつなぐ、必要な知見を提供するといった要素に整理することができますが、これらのいずれかひとつが欠けても、まちづくりは行き詰まるでしょう。

　法律は一見すると創意工夫を阻害する、足枷としてのルールとして、創意工夫を凝らしたまちづくりにとっては悪役に映るかもしれません。しかし、本当はそうではないということを縷々述べてきました。H&C財団は、この30年間、実際に活動を行うプレイヤーに対して拠点（場）や資金を提供したり、プレイヤー同士であるとか、プレイヤーと専門家とをつないだり、専門家を通じて知見を提供したりという、まさにまちづくりの要としてのモデレーターの役割を果たしてこられました。今後も、まちづくりに対するさらなる支援をお願いしたいと思います。

注17　板垣勝彦「震災復興の住宅政策と自治体職員の「説明力」向上の重要性」『東北自治』87号（2021年）12頁。

情報社会による多様な連携が地域を拓く

國學院大學 教授　西村 幸夫

公民協働×情報革命による新しい地平

　成長社会から成熟社会に移行して、市民主体のまちづくり活動（以下「市民まちづくり」）は大きく様変わりしました。かつて市民まちづくりは、行政と距離感があり、行政と対立していたといってもよいでしょう。人口が増加し都市が拡大する時代にあって、行政は、まちづくりニーズに効率よく応えるため、分業と縦割りで対処しましたが、一方で、市民まちづくりは、地域環境をベースとして常に複眼的で総合化されていました。専門家は、これらの溝を埋める努力をしてきましたが、ときに熱心な市民活動家からは日和見主義と指摘されるなど、市民と行政は相互不信に陥った時期もありました。

　21世紀に入り、人口が減少し都市の縮退が議論されるなか、市民まちづくりは、行政と「対立」する関係から、行政と「協働」してまちづくりに取り組む関係に発展してきました。市民と行政は、フロー重視のまちづくりを見直し、ストック活用のまちづくりに舵を切ることを共有して徐々に歩み寄ってきました。こうした流れの中でWeb社会が急速に広がり、情報の収集・発信は横展開の時代を迎えました。従来、情報は、霞が関とマスコミが支配していましたが、情報革命は、市民の情報へのアクセスを容易にして、多様な情報を収集し、まちづくり活動を発信できるようになりました。現代は、情報革命と公民協働による新しいかたちが同時に到来した時代といえます。

情報社会によるコミュニティ領域の拡大

　グローバルな情報化社会は、コミュニティの在り様にも大きな影響を与えています。

　従来、コミュニティは、地域性と共同性を有する地縁的なものでしたが、情報化社会は、これまでの「地縁的コミュニティ」に加え、まちづくりのテーマや社会的課題を共有する知縁的な「テーマ型コミュニティ」の領域を飛躍的に拡大させ、広く社会につながるコミュニティへとその領域を拡大しました。情報化社会では、市民は個々にネット社会につながるため、地域の絆やつながりが希薄化して崩壊しかねない面を持ちますが、一方で、情報のグローバル化により、多様な人たちが自分の関心事に容易に関与できるなど、多元多層なコミュニティが横断的に存在し、関係人口の増加に結びついています。

　昔から、よそ者、若者、馬鹿者といわれるように、異分子が入りうまく機能すると、予想外の進展や大きな成果が生まれることがよくあります。地域おこし協力隊の活動はその好例とい

熊川宿（福井県）　いっぷく時代村　2016年

西村 幸夫(にしむら ゆきお)
東京大学名誉教授
専門は都市計画、都市保全計画、都市景観計画など
歴史的都市の保全を軸としたまちづくりを中心に活動している
日本イコモスの委員長を経て顧問に 国際イコモスの元副会長
東京大学助教授、教授等を経て、2020年より國學院大學教授

えるでしょう。濃淡はあってもコミュニティの領域が拡大し、多様な社会的つながりが存在するなか、市民は、複数のコミュニティに属することが可能となり、それぞれのコミュニティで自発的な役割を果たして幸福感を得ているとすれば、私はこれを前向きに捉えたいと思います。

　こうした多様なコミュニティが共存する社会にあって、市民まちづくりを仲立ちしたり、サポートするインターミディアリー＊(中間支援組織)の活動は、コミュニティの活動領域を広げ、ネットワークづくりに貢献する重要な取り組みだと感じます。

歴史まちづくりの価値観

　歴史を活かしたまちづくり活動(以下「歴史まちづくり」)とは、手垢のついたものに対する愛着ではないでしょうか。高度成長期、古いものは見向きもされず、歴史まちづくりは、古いものを自分たちのアイデンティティとして頑張る地域の人たちを応援する活動でした。しかし、今の若い人にとって、長い間使われて手垢がついたものは目新しいようで、折角あるものをなぜ壊すのかと、自分事としてクラウドファンディング＊を募って一定の役割を担うなど、歴史的なものを残して活用することへの価値観は、ここ数十年で一変しています。

市民まちづくりの多様性
―ボランティアとコミュニティビジネス

　また、市民まちづくりとお金の関係性にも変

肥前浜宿(佐賀県)　秋の蔵々まつり　2016年

化が生じています。以前はボランティアが当たり前でしたが、今は資金がないと廻らないことを意識した活動も多く見受けられます。市民まちづくりも、コミュニティビジネス＊という視点を含めて考える時代になってきました。

　昔は、観光について触れると、他人のために活動しているのではないと叱られたものです。しかし、社会が縮退する中、エコノミックベースで捉えると小さくなってしまうので、自分たちそのものを外に広げていかなくてはなりません。ボランティアとスモールコミュニティビジネスの両方があってよいと考えます。

　現代人は、自分が誰かの役に立っている人生を送りたいと「生きがい」を求めています。右肩上がりで社会の発展を自覚できた時代から、自分の生きがいを見いださないと自分の存在意義を見失う時代になっています。市民活動を生きる糧にしたいなど、人の生き方と市民まちづくりが自然なかたちで重なってきました。生きがいを求める時代において、これからの市民まちづくりを捉えたいと思います。

（談）

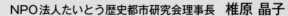

4章 未来のふるさとをつくる
－台東区谷中の試み
住文化を住み継ぐ、個人発・地域連携まちづくりの30年

NPO法人たいとう歴史都市研究会理事長　椎原 晶子

　東京都心部は、都市再開発が盛んな経済中心ですが、戦前戦後にさまざまな土地から集まり、住み働く人たちが日常生活やまつりを通してコミュニティを育んできたまちでもあります。その住文化やまちなみを守るためには、地区ごとの個性を生かすまちづくりの仕組みを地域発意で育む必要があります。本稿では、1970年代頃から現在までの谷中のまちづくりを振り返り、住民が取り組む課題を紹介することにより、個人、住民、民間事業者等の連携が、行政や経済のしくみにも連動し得る例を紹介します。そこから、「個人から始めるまちづくり」がどのまちでも実践できること、そのための工夫やコツなどを読み出していきたいと思います。

はじめに　谷中まちづくりから読み込む、個人発まちづくりのコツ

　東京都台東区谷中地区では、長年、地域住民や住み着いた個人の発意により、地域にふさわしいまちづくり・住まいづくりの局面が開かれてきました。東京、特に都心部は大きな経済中心でもありますが、さまざまな土地から集まった都民が戦前・戦後を通して、それぞれの土地で日頃の防災や交通安全、環境保全を行い、お年寄りや子どもたちを見守り、毎年のまつりで地域の結束を高めて、自分たちの「ふるさと」をつくってきたまちでもあります。しかし、首都東京における都市開発が日本経済のエンジンとなるにつれ、地価が上がり、相続時の負担は桁違いに大きくなり、住民が代を重ねて自分の家やまちを住み継ぐことが年々難しくなっています。

　江戸時代からの寺町である谷中は、東京都心部の中でも比較的開発がゆる

谷中寺町　江戸からの寺院と緑、町家が続くまち並み
（写真：椎原晶子 以下記載なきは同様）

図1　上野谷中台地と・根津の谷、千駄木本郷の台地（国土地理院地図に高低差色分け加工：君塚和香）

やかな地区ですが、山手線の内側にあり、やはり地価上昇や不動産売買の活発化の影響を受けて、新たなアパート、マンションや、ミニ戸建てや新しい店も増えています。そんななかでも谷中地区では、地域住民がつながりを保ちつつ、新たな住民がまちになじみ、自らまちの活動に入ってこられるよう、いくつものきっかけを用意しています。東京都全体の標準的な防災まちづくり、住宅づくりの手法では、谷中地域の歴史あるまちや住まい、暮らし方に合わない場合も多くありますが、できる限り谷中に適した建築やまちづくりの提案活動も繰り返しています。

　ここでは、1970年代頃から現在までの谷中のまちづくりを振り返り、住民が取り組む課題を紹介することにより、個人、住民、民間事業者等の連携が、行政や経済のしくみにも連動できる例を紹介します。そこから、「個人から始めるまちづくり」がどのまちでも実践し得ること、そのための工夫やコツなどを読み出していきたいと思います。

1　価値を見つける─「いいとこさがし」まちの文化を掘り起こす

■1 太古から人の住むまち、江戸からの寺町、坂と緑、ものづくりのまち、谷中

　谷中地区は、東京都台東区の北西部、武蔵野台地の東端の上野台地に連なる丘とそのふもとに広がるまちです。古くは縄文時代、海が内陸まで入り込んでいた頃、古東京湾に飛び出した岬のような上野台地は、地盤が固く樹木が茂り、海に近く、古代の人びとの漁労採取の暮らしに適していました。旧石器時代や縄文時代、弥生時代の遺跡、貝塚が、谷中や隣の上野公園の各所から発見されており、もともと安全で住みやすい場所であったことがわかります。中世には上野台地から道灌山に続く高台は坂東武士たちの物見の丘や神社、鎌倉仏教を広める寺院が建ち、坂下の低地は農村地帯になりました。

　江戸時代に入ると1625（寛永2）年、上野の山に天海僧正が江戸城下町の鬼門を守る「東叡山寛永寺」を創建し、徳川将軍家の菩提寺にもなりました。江戸幕府は、湿地帯や入江を埋め立て運河をつくり、町人地や武家地を広げるとともに、江戸で火事が起きるたびに城下町周辺部の浅草、谷中、駒込、高輪などに寺院を移し、町を拡張しました。特に明暦の大火（1657年）の後、上野台地上は、寛永寺と谷中を合わせて100近い寺院・子院が集まる大規模な寺町となりました。

　寺町は、寺院の造営や活動に関わる職人、商人とともに成り立っていました。街道筋には町家、長屋が並び、鳶、大工、石屋、左官屋、板金屋、畳屋などの職人、米屋、酒屋、銭湯などの生活を支える商人が入りました。17世紀の寺町の成立の頃から続く老舗が今も谷中にあります。江戸の中心部から

ほど近く、静かな谷中には、鋳物師、彫金師、絵師、彫物師、人形師、表具師、鼈甲細工師、象牙細工師等、居職の職人たちも住まいと工房を構えました。こうした職人、工芸師らが住まい、寺院を支える暮らしが谷中地区のベースとなり、今に続いています。

明治維新後、近世から近代へ、幕府から政府へ、政治体制も大きく変わりました。産業発展とともに東京へ人口が再集中し、明治の中頃には低地、川沿いの田や畑だったところには工場や住宅が建て込んでいきました。武家屋敷は実業家の邸宅に、広大な寛永寺の寺地の多くは上野

図2 「谷中地区　歴史的環境資産総合図」寺院・伝統木造・江戸明治大正の道・緑地・祭りの拠点・眺望点等（出典：台東区谷中地区まちづくり基礎調査研究2003（台東区・受託研究：東京藝術大学）

公園や博物館、美術館などの公共施設に、また上野桜木の住宅地に、谷中天王寺の寺域は谷中霊園などに転換されました。それでも、谷中の70もの寺院は変わらず、その周りの町家や長屋に住む職人・商人たちが寺と暮らしを支えるまちの構造は引き継がれました。

その後の東京を大きく変えた関東大震災や、第二次大戦の戦災後でも、地盤のよい高台の寺町谷中は大きな倒壊や焼失を免れました。バブル期も寺町と密集市街地からなる谷中はまとまった地上げも受けず、まち並みとコミュニティは保たれました。変化の激しい東京にあって、谷中は太古、中世、近世、近代から現代までの自然とまちの暮らしを重ね合わせる形で今日まで続いてきました。それを「東京の奇跡」と呼ぶ人もいます。

東京でも各所にその土地の地形や町割り、住文化が今も生きており、よくみればビル街の中にも歴史の一端を見出すことができますが、谷中ほど広くまとまった歴史的環境が残る地区は希少です。谷中地区は約83ha、約1万人余り（2022年1月現在）が住む一帯として、坂道や斜面緑地、寺院や墓地、まち並み、人びとの生業や暮らしが生きる歴史文化地区であり、住む人も訪れる人もホッとする「東京のふるさと」となっています。何世紀もの間、災害や都市開発による大きな変化を受けてきた江戸東京の住文化が、谷中に生き続けていることは偶然ではありません。自然の恵みと寺町になったこと、各時

代の住人の切実な努力が谷中をつくっています。そのプロセスを紹介していきます。

2 高度成長期〜バブル期─まちに自信の持てない時代

1960年代からの高度経済成長期、その後の1980年代のバブル経済期、日本の経済は右肩上がりで、新しく開発される地区やショッピングビルに多くの人が集まり、海外からの輸入文化もひろがり消費活動が盛んでした。その頃でも谷中は寺町として、静かな佇まいを保っていました。谷中に来る人は、墓参客か、歴史や文学、芸術好きの散策客ぐらい。住む人たちは谷中の落ち着いた暮らしを大事にしていましたが、経済成長期の日本の勢いに対して、「谷中は発展から取り残されてしまって」と言う方、「若い頃は、渋谷や青山に出かけていくのが楽しくて、地元には目が向かなかった」と話す方もいました。すべての方がそうではありませんが、多くの方が自分のまち谷中に自信を持てない時期があったのです。

3 まちの特徴を生かしたまちづくり─「まつり」と「地域雑誌」の創設

そんな中でも、谷中のまちの良さを掘り起こし、育ててきた人びとがいます。筆頭は、今も谷中のまちづくりをリードする野池幸三氏（すし乃池大将）です。長野出身、銀座で寿司の修業をした野池氏は1965（昭和40）年、谷中三崎坂に自分の店を構えました。当初は高度成長期でまちも賑わっていました

谷中菊まつり（1984年より大円寺で開催）

が、1970年代のオイルショックで急にまちにお客が来なくなりました。野池氏は「これまでは日本中どのまち、どの店にも人が来たが、これからは、そのまちならではのものがなければ、わざわざ人は来ない。商人はまちが元気でなければ生きていけない。これからはまちづくりだ。まちづくりは毎日花に水をやるように、自然にやるものだ」と語り、「谷中さんさき坂商店街振興組合」をつくります。さらに寺院の協力も得て1984（昭和59）年には大円寺「谷中菊まつり」、1985（昭和60）年には落語家三遊亭圓朝にちなんだ全生庵「圓朝まつり」などを始めて、地域の人びとと共に運営し、まちを盛り立てました。また、野池氏は、通りの古くからの町家がビルになったことをきっかけに「歴史あるまち並みが失われることを防ごう」と寺院住職やまちの方と「江戸のあるまち会」をつくり、上野谷中の歴史文化を生かす活動を始めています。この会は、のちに、東京藝術大学（以下「藝大」）構内にあった旧東京音楽学校

奏楽堂の保存運動にもつながり、上野と
谷中、藝大の教員や学生たちが一緒にま
ちづくりに取り組む関係が生まれました。

地域雑誌『谷中・根津・千駄木』

　同時期、1984（昭和59）年、地域雑誌『谷中・
根津・千駄木』（通称・谷根千）が創刊され
ます。この雑誌は当時地域で子育て中だっ
た森まゆみ氏・仰木ひろみ氏・山﨑範子
氏らが始めた有限会社谷根千工房が発行
する季刊誌で、2009（平成21）年まで続きま
した。バブル期に向かう変化の中で失われがちな、古くからの店や工房、戦
前戦後から暮らす方々の思い出、太古からの自然のなごりや江戸明治の歴史
を背負う古い家や寺院、神社などを取材して、まちの人の話し言葉ごと記事
にしました。合言葉は「まちの記憶を記録に」。季刊誌『谷根千』は、マスコ
ミでは取り上げられない、わが町の文化を掘り起こし活字にしたミニコミ誌
の草分けです。創刊号のテーマは「菊まつり」。1984（昭和59）年10月の第1回「谷
中菊まつり」に合わせて販売されました。本誌は三省堂などの大型書店でも
扱われるとともに、取材先でもある和菓子屋、花屋、蕎麦屋、パン屋などま
ちの店々でも販売されました。家族ぐるみの取材や配本作業を通して、地域
の人びとや谷中・根津・千駄木のまちのファン、かつて暮らした人にも親し
まれ、台東区・文京区の端っこ同士のまち「谷中・根津・千駄木」が「谷根
千」の名で全国に知られる発信源になりました。地域雑誌『谷根千』やまち
のまつりが10年、20年と続く中で、まちの人たちが自分のまちに誇りを持ち、
自信を持って語るようになっていったのです。

4 「谷中・根津・千駄木の親しまれる環境調査」1986 ～ 1989

　野池氏や谷根千工房のもとには、谷中・根津・千駄木で文化活動をする人、
調査研究をしたい学生や研究者などが多く集いました。谷根千工房事務所は、
工房のメンバーが保育園にお迎えに行った後のアフターファイブには、さま
ざまな地域団体が集う部室のようになりました。「谷根千の生活を記録する
会」「映画保存協会」「しのばず自然観察会」「酸性雨調査会」など。地域を大
事に思い活動するまちの人や学生、研究者たちが分野を超えてつながる拠点
にもなっていました。

　その中で、1986（昭和61）年に生まれたのが「江戸のある町・上野谷根千研
究会」による「谷中・根津・千駄木の親しまれる環境調査」（以下「親しまれる
環境調査」）です。

　このグループは、谷根千界隈の暮らしや自然、歴史、文化、建物、子ども

の遊びなど、さまざまな分野から地域のことに関心を持ち、動いていた住民や学生などが集まって始まりました。時は日本のバブル経済が日々膨らみ、昔ながらの店と近所づきあい、路地や長屋の暮らしを残す東京のまちが、表通りからどんどんビルに変わり始めていた頃でした。昨日まであった店が今日はなく、そこにいた人たちがどこに行ったかもわからない。日が経てばそこに何があったか思い出せなくなる。この調査は、そんな日々を仕方ないと諦めるだけでなく、まちに長年積み重ねられた文化を、まずは記録しよう、そこから大事なものを守り育てていこうという試みでした。

　メンバーは、東京藝術大学美術学部建築科の前野嶢助教授（当時）の研究室を事務局に、谷中まちづくりのパイオニア、すし乃池の野池幸三氏をはじめ、寛永寺の住職浦井正明氏、谷根千工房の編集人、環境教育の専門家、大工棟梁、江戸から続く畳店主、老舗酒屋の番頭、郷土史家、主婦、日本画材店主、アマチュア写真家などまちの人びとと、東京藝術大学や東京大学の建築やデザインの大学院生たちも加わって始まりました。まちに暮らす人びとと学生や研究者たちが共にまちの文化を見つめる活動は、お互いにとって戸惑いと発見から、学びをもたらすものでした。この団体は、トヨタ財団の「身近な環境を見つめる調査」に応募して、助成を受けました。建築設計や建築史、デザインを学ぶ学生も、近代化の中で失われがちな日本の家とまち、暮らしの文化をもう一度このまちの歴史やまちの人の記憶、秩序の中に見つけようと調査に参加し、まちの人たちのつながりも徐々に深まっていきました。

⑤ 「いいとこ探し」＝住人と来訪者も、自分ごととして地域資源を再発見

　学生たちが、地域の環境調査で最初に取り組んだのが「いいとこ探しアンケート」でした。1986年頃の谷中・根津・千駄木の人口は約20,000人余り。その中から、メンバーの人づてに、老舗の店舗、代々の地主、町会長、大工、お年寄り、子育て中の家族などさまざまな人たち、100人余りにヒアリングとアンケートを行いました。伺ったのは、自分のまちの好きなところ、いいと思うところ、思い出など。「歴史」「自然」「建物」「路地」「暮らし」「遊び」などテーマ別に分けて聞き取り整理し、それらをもとに地域の「谷中根津千駄木のいいとこマップ」を何種類もつくり、まとまったところで、地域の人たちを招いて発表会を行い、結果を共有する機会を折々設けていきました。

　この「いいとこ探し」を提唱したのは、前述の藝大の前野嶢氏です。普通、地域で調査をする場合、自治体や研究者など、調査研究をする主体があって、まちの人たちは「調査される側」に立たされます。前野氏によると、そうなると自分の町や生活に介入してくる他者におそれや心配を感じて頑なになってしまうまちの人たちもいます。前野氏の学生らがまちの人に家やまちを「調

査させてください」と行くと断られることが多かったので、代わりに「この
あたりの古くてよいところを探しています。教えてください」と尋ねると、
まちの人たちは「それならいくらでもある」と、率先して学生たちを古い家
や歴史のある場所、景色の良いところなどに連れて行ってくれたといいます。

「いいとこ探し」は、まちの人たちが、「調査対象」になるのではなく、自分
ごととして、自分の町のいいところを再発見する、それを来訪した人にも誇
りを持って伝えるきっかけとなりました。研究者や学生にとっては、調査研
究者の立場を持ちつつ、ひとりの人間としてまちの人たちに向き合い、礼を
持って地域のことを教わる修養の機会となりました。だれもが当事者になれ
る「いいとこ探し」は、学生や来訪者、新住民が、地域につながるきっかけ
もつくりました。

⑥「まちに学んだことをまちに還す」

1986（昭和61）年から3年間続いた「親しまれる環境調査」で特に重視され
たのは、わかったことや成果をその都度、地域で発表し、「学んだことをまち
に還す」ことでした。

学生とまちの人たちは、集めた古写真や地図、まちの声をパネルにし、「谷
根千WEEK」として展示や座談会として発表しました。さらに、「路地と暮ら
し」「谷中の住まい」、焼失した「谷中五重塔の建築と思い出」「不忍池の自然」
などを調べ、谷根千工房と協力して『谷根千路地事典』『谷中五重塔事典』『し
のばずの池事典』などとして発行し、お世話になった地域の人たちに渡すと
ともに、「東京の地方叢書」シリーズとしても販売しました。バブル経済期の
東京は、日本や世界のビジネス拠点にもなりましたが、実際には、江戸時代
やそれ以前からの村やまちの記憶、風土、文化を引き継ぐ、多様な姿とコミュ
ニティがあり、祭りがあり、それぞれのまちに住む人たちにとってのかけが
えのないふるさとでした。「東京の地方叢書」発行は、マクロな経済拠点では
ない、自分たちのまちとしての東京を取り戻し、引き継ぎつくる決意の表れ
でもありました。

さらに1988（昭和63）年には、学生たちの中には、建築や歴史を調べる者
のほか、根津の「藍染大通り」や谷中「諏方道」などのフィールドを定めて、
地域の町内会や商店会、店や住人個人とそのエリアの歴史や特徴を掘り下げ、
一緒に将来を考えるチームも生まれました。その中で、まちの人が直接「自
分たちの手で守りたい、変えられる」と思えるエリアの規模は、谷中・根津・
千駄木などの行政区では広すぎて、町内会や長さ200〜500mくらいの通り
沿いの地区の範囲、店や町の人の顔と関係性の見える範囲だと気づきました。
どの家に誰が住んで、どんな生業をしてきたのか、元気でいるか、誰が家族

『谷根千路地事典』

『谷中五重塔事典』

『しのばずの池事典』

編集：江戸のある町・上野
谷根千研究会　発行：谷根
千工房

を支えているのか、直接聞けないことも、軒先の植木の元気具合や洗濯物の出し方などから事情を察し、読み取れるようにもなっていきました。

2 波紋を広げる―「谷中学校」の個人発のまちづくり

1 まちを学ぶ学校　「谷中学校」のスタート

「谷中根津千駄木の親しまれる環境調査」は1989（平成元）年、トヨタ財団への研究発表をもって終わり、調査に加わった建築科やデザイン科の学生たちも各自谷中で取り組んだテーマを修了制作、論文にしてまちのギャラリーで展示しました。発表会には地域の方や指導いただいた方を招き、谷中のまちを考える

勉強会「谷中学校 vol.1」開催風景 1989年7月、旧吉田屋酒店座敷にて（写真：谷中学校）

座談会「谷中学校」vol.1を開催したところ、この活動やつながりをやめてはもったいないとの声があがり、まちづくりグループ「谷中学校」として続けることになりました。メンバーは「親しまれる環境調査」に加わったまちの方々と手嶋尚人氏（建築）、西河哲也氏（都市計画）、椎原（森）晶子（環境デザイン）など、大学院を出たばかりの若者たちでした。よそから谷中に来て学んだ学生のうち何人かは、会社や大学研究室に就職しながらも谷中界隈に住み続け、日常生活の中でまちづくりに関わる地域の一員をめざしました。

谷中学校の目的は「東京、台東区谷中界隈の生活文化を大切にし、まちの魅力を学び伝え、未来に受け継ぐ活動を行い、良好なネットワークを形成すること」、その上で、「谷中で行った活動の成果を、地域に根ざしたまちづくりの例として、谷中地区および他地区、他地域において、広くまちに還元すること」でした。

「谷中学校」は任意団体として、個々人が谷中にかける想い、魅力を掘り下げ、人に伝え、楽しく分かち合っていくまちの広場、寄り合い処として始まりました。だれかの強力な意思や指導、強制力のないところに、さまざまな可能性や夢を感じて、メンバーそれぞれに活動を重ねていきました。

2 実物の建物再生が呼ぶ波紋・広がる活動

メンバーの中で、建築や都市デザインを学んでいた元学生たちは、何回か「谷中らしい住まい」「谷中にあった景観とは」、など、谷中の建物やまち並みの特性を説明するパネルをつくり、勉強会を開きました。その成果を楽しみに来てくれる方もいましたが、店や家族のことで忙しい平日の夜の7時や

土日休日の昼間に、自分ごととして会合に
来る地域の人は多くありませんでした。

　しかし、谷中7丁目の門前町の通りに残る
明治の町家「旧駿河屋－蒲生家」を「谷中学
校」の拠点として再生活用してから、町の
方々が「谷中学校」に関心を持つようになり
ました。

　「蒲生家住宅」はご家族が明治期から酒屋
「駿河屋」を営んでいた町家です。戦時中に
は酒類が配給となったため酒屋をやめ、仕
舞屋（専用住宅）となっていましたが、伝統
的な和風の出桁造り[注1]の町家は、長年、谷
中の歴史シンボルとなっていました。1989
（平成元）年、その家をアパートに建替える
計画が立ちました。町家がなくなることを
心配した「谷中学校」のメンバーは、家主に
相談に行き、計画を一緒に考え始めました。
奥まで一体となった建物をそのまま大規模
に改修すると、建築基準法上、確認申請が
必要になり、明治の木造建築の姿のままで
はいられなくなります。建築家や区役所に
も相談し、手前の町家は「減築」して、奥の

座談会「谷中学校 vol.5」チラシ

「谷中学校」寄り合い処とした明治町
家（写真：谷中学校）

注1　江戸時代中期から昭
和初期頃までの商家に用い
られた軒の造り。木造平入
り前土間式の江戸町家の形
式に見られる、腕木を用い
て、軒梁より桁を1本前に
出し、軒を大きく前面に張
り出す。軒下と前土間が一
体になった商空間や工房と
なる。街道に町家が並んだ
時代は、軒下が連なりアー
ケード状になっていた。関
東大震災後、昭和初期以降
は、町家の洋風化、総2階
化、建築法規の規定などに
より、つくられにくくなる。

建物と切り離し、敷地も分割して、既存建物の小規模修繕の範囲で直せるよ
うにしました。奥の敷地には新しいアパートを建て、家主家族と賃貸住人が
住む場所となりました。手前の町家の1階は、まちづくりの相談所、「谷中学校」
寄り合い処として貸していただけることになりました。戦後につけられたブ
ロック塀や玄関を取り、1階は土間、板の間に4枚引き戸をはめて、もと酒屋
の時のようにまちに開かれた建物の形に復しました。1990（平成2）年の再生時
には、まちに開いた舞台として日本舞踊もお披露目することができました。

　古い建物が次々に減っていた頃、修理されて、さっぱりと蘇った明治町家
は注目を浴びました。それを機に、「これまで古い家は壊すしかないと言われ
た。直して使えるならそうしたい。」と谷中学校に相談に来る方も出てきま
した。そうした相談から、昭和初期築の元薬屋さんの建物のリフォーム再生、
銭湯「柏湯」を現代美術ギャラリー「SCAI THE BATHHOUSE」にリノベー
ション*して再生するなど、まちの思い出ある建物を生かして使い続けるこ
とを手伝い始めます。「谷中学校」は建物再生・まちづくりの専門組織として

*リノベーション：既存建
物に大規模な改修を行っ
て、建物の用途や機能を変
更向上させ、建物自体の付
加価値を高める行為をい
う。類義語にリフォームが
ある。リフォームが、マイ
ナス状態のものをゼロの状
態に戻す機能回復という意
味合いが強いのに対し、リ
ノベーションは、新たな機
能や価値を加えて、より良
くつくり替えるとの意味合
いを持つ。

の面も期待されるようになりました。

3 まちじゅう展覧会芸工展　1993～継続中

　谷中学校ができて4年目の1993（平成5）年、寄り合い処と同じ通りに元質屋の蔵と町家を生かしたギャラリー「すぺーす小倉屋」がオープンしました。オープニングの際、家主より「谷中学校」に1か月ほど、1部屋好きな展示をしてよいとの申し出をいただき、始まったのが「谷中芸工展」です。現在では根津・千駄木・日暮里界隈にも範囲を広げ「芸工展」として続いています。

　「谷中学校」のまち住人のメンバーは、「建築の図面を見せるだけじゃ話が広がらない」「谷中には、画家や彫刻家、工芸家も多いし、趣味で絵や版画、工芸品をつくる人もいる。みんなが自分のつくったものを持ち寄って展示したら友達や家族を呼んで来て、新しい仲間もできるし、飲み会にも行ける！」と言い、メンバーも賛同してひとり1品作品持ち寄り展覧会の企画を立てました。この企画に賛同した人たちが本当に作品を持ち寄って1か月の間に70を超える作家と作品が集まり、第1回「谷中芸工展」となりました。

　翌年1994（平成6）年には、「ギャラリーに飾れるものだけが作品ではない」と、「まちじゅう展覧会谷中芸工展」を開催しました。まちの中で昔から行われている大工や石屋、畳屋、鍛冶屋の手仕事と工房を開く、寺町に多い手焼きのせんべいや和菓子屋の製造光景を見ながら買う、彫金や象牙、鼈甲細工などの伝統工芸の工房や作品を拝見するなど、まちの人たちが身の回りのものをプロの技でつくって暮らしていることを見せていただく機会を設けました。合わせて、地域の方が日頃つくりためている手芸品や軒先園芸など、暮らしを楽しむ創意工夫も紹介しました。また、藝大生がよく住む土地柄から、若いアーティストがまちに関わる展示や演奏なども企画し、サポートしました。

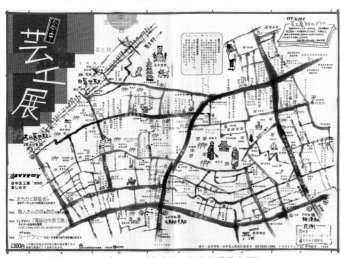

図3　谷中芸工展マップ1999（谷中芸工展実行委員会編）

芸工展：大工棟梁による技法「槍鉋」実演

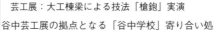
谷中芸工展の拠点となる「谷中学校」寄り合い処

芸工展：手焼きの作業がみえる「谷中せんべい」

2年目の芸工展は、まちの44箇所の工房や展示等の場所をめぐるマップをつくって展開しました。1996（平成8）年からは、芸術文化振興基金の助成も受けて、参加する作家や場所も増えていきます。谷中の隅々まで足を延ばしやすいように、目印ののぼり旗をつくり、参加ギャラリーや工房の特徴を生かしたスタンプラリーやカードラリーも企画しました。

大正時代の離れを臨時展示場に

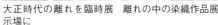

離れの中の染織作品展

これは地域に外からの客を呼び込むためではなく、地域の人たち、子どもたちが、住んでいるまちがこんなに「いいところ」「文化のあるところ」だと、まちや人との出会いを通して実感するためのものでした。

この活動を通じて、建築や都市の専門家だけでなく、ひとりひとりが、自分の手で身の回りのものをつくり、自分らしい、居心地の良い環境づくりに携わっていける、またその活動を一緒に楽しんでいける、まちのプラットフォームが年々耕されていきました。まちで展示や演奏をしてみたい人は、自分の家や工房をいっとき開くこともあれば、お寺や民家の軒先などを借りて臨時のギャラリーやコンサート会場をつくることもありました。

まちや住まいの再生というと、建物を借りる、買う、空き家を直すなど、大ごとなイメージがありますが、1〜2週間の秋の芸工展期間中、臨時に部屋や軒先を借りて展示や交流をすることが気軽に行われるようになり、貸主と借主、主催者とお客との関係性も自然と深まっていきました。ちょっと借りる、仲間と連携するなど、まちの環境にさまざまな段階で関わるチャンネルが多数あることに、谷中で何かをしたい人もまちの人たちも気がついていきました。2022（令和4）年に30周年を迎える芸工展は、形式は柔軟に変えつつ、村山節子氏ら芸工展実行委員会のメンバーが、当初からのコンセプトを引き継いで続いています。

4 豊かになるテーマ別の活動とまちとの連携

　並行して「谷中学校」の中の活動も広がっていきました。「谷中学校」メンバーは、「五重の塔再建の願い」「郷土史の収集」「まちの記録写真撮影」、ものを無駄にしない「リサイクルマーケット」など、それぞれのテーマで活動をしてきた個人の集まりです。その活動に新たな人が加わり、いくつもの活動がチームで展開するようになりました。そのときも「まちに学んだことをまちに還す」谷中学校の方針で、チーム活動ごとに活動成果をまちで発表していきました。

　その頃H&C財団「住まいとコミュニティづくり活動助成」を受けられたことは、「谷中学校」の大事な活動基盤となりました。助成第1回、1993（平成5）年度には「谷中学校」として、「住民と専門家が共同で谷中の住まいや町並み等の住環境、生活文化のよいところを発見しこれからの谷中の住まいづくり、暮らしに活かしていく方法を開発、実践する」ことを目標に、メンバーが谷中のまちの暮らしや建物、まち並みの作法を調べ、『谷中すご六たまご版』などの冊子にして発表しました。また第4回、1998（平成6）年度には、まちづくり冊子『谷中すご六 すまい編』、同『花暦編』などを作成、配布、活用し、地域の魅力の情報発信・共有とコミュニティの継承に役立てました。

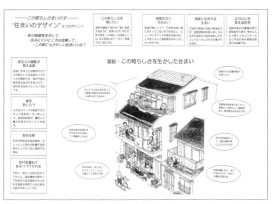

「まちづくり住まいづくりの知恵袋」パンフレットより（谷中学校 まちとすまいの相談室編）

　1990年代も後半になっていくと、改めて、谷中のような東京の中でも歴史文化をかさねたまち、コミュニティを継承するまちが注目されるようになりました。芸工展などをきっかけに、谷中に店や家を持つ若い人たちも増えました。谷中学校の活動も多岐にわたり、関わる人の数も増えていきます。谷中学校に関わる手嶋尚人氏、中島尚史氏ら建築家のグループは「まちとすまいの相談室」をつくり、住まいまちづくりのシンクタンクをめざしました。リサイクルマーケットをしていた前田秀夫氏らのグループは、上野桜木の路地で関香代子氏らが春秋行うチャリティーバザー「我家我家市」を盛り立てていきます。活動が広がるにつれ仲間も増えましたが、

『谷中すご六 たまご版』（谷中学校編、1995年）

『谷中すご六 画廊編』（谷中学校 谷中工芸展実行委員会編、1996年）

「谷中にまなぶ　都会の仲野自然とのつき合い方再発見」『足元の自然とつき合う』（谷中学校 土の復権プロジェクト編、2000年）

『「谷中コレクティブ・タウン」の提案』（谷中学校編、2000年）

図4 「谷中まつり」マップ　発行：谷中まつり実行委員会

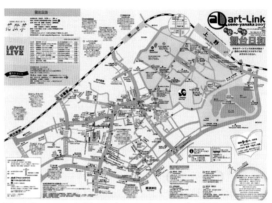

図5 「art-Link 上野−谷中 2007」マップ　編集発行：art-Link 上野−谷中実行委員会

チームごとの活動が増え、最初の頃のように、当初メンバーが親密に応援し合う機会はつくりづらくなりました。

　そこで、谷中学校内で、新旧メンバーがじっくり話し合う会を経て、体制や規約を見直したのが2001（平成13）年のことです。メンバーが自発的につくるプロジェクトチームを全体会議で承認し、その会計や事務はチームごとに管理し、本体事務局に負担がかかりすぎないようにしました。2001（平成13）年時点、谷中学校内プロジェクトとなったのは「谷中芸工展」「木のすまいお助け相談会」「谷中案内プロジェクト」「土の復権プロジェクト」「初音の道・環境アートプロジェクト」「坪庭開拓団」「寺子屋ネット谷中」などです。「まちとすまいの相談室」は谷中学校にタイアップする別組織「谷中作事組」として連携して動くようになりました。「谷中学校」は新たに何か始めたい人、まちに入ってくる人の活動の輪を広げるゆりかごの役割を担うとともに、自発的にまちに関わる個人の取り組みがチーム型に編成され、やがて主体性、持続性あるチームが「谷中学校」の母体から独立してまちに飛び出すようになっていったのです。

　そのころには、「谷中学校」だけでなく、まちの中でもさまざまな個人や団体が、地域文化の再発見や環境づくりに乗り出すようになっていました。

　1980年代に野池氏らが始めた「谷中菊まつり」や「谷中圓朝まつり」につづき、自治体も谷中界隈のまつりを支援をするようになりました。1989（平成元）年の台東区支援による「花とみどりのフェスティバル」ののち、1990年には文京区と台東区のタイアップによる「文京台東下町まつり」も始まり、10年後には「谷中まつり」「根津千駄木まつり」となって現在にまで続きます。

　文化やアートをめぐる新しい団体の活動も次々に生まれました。1997（平成9）年に始まった「art-Link 上野−谷中」は、上野公園内の美術館・博物館と、谷中界隈にでき始めた独立ギャラリー、界隈に関わるアーティスト、老舗のものづくりの店などをつないで上野谷中をめぐるマップをつくり、毎年

のテーマ企画なども行って、上野谷中の丘の上に、現代のアートの「今」を描き出す試みを重ねていきました。

　2005（平成17）年には「不忍ブックストリート実行委員会」が結成され、南陀楼綾繁氏が提唱した「一箱古本市」も始まりました。古書店や新刊書店も多く、作家や編集者、本好きの人が多く住む谷中・根津・千駄木界隈らしく、「一箱古本市」の日に自ら1箱の古本を抱えて店主になった人たちが、店の軒先やギャラリー、本屋の軒先などで小さな古本店を開き、参加者が回ってみる企画です。最初はお客として参加した人も翌年には店主になり、スタッフになりと、まちの当事者が増えていく柔軟な試みでした。

　他にも子育て、冒険遊び場、アート、文化財、防災などをテーマにいくつもの団体が立ち上がり、お互いに連携を取りながら、まちの資源を発見し、日頃の暮らしの相談にも乗り合える関係が広がっています。

3　建物再生の連鎖から―点から面へのまちづくり

■ まちの文化が認められても、文化資源が保全されない都市計画

　ここからは、地域の歴史的生活文化資源としての建物保全再生を図るまちづくりについて紹介していきます。

　1990年代から2000年代にかけて、さまざまなまちのまつり、町家や銭湯の建物再生、まちじゅう展覧会「芸工展」や、art-Link上野―谷中、不忍ブックストリートなど、地域の文化資源を再発見する活動は広がっていきました。並行して、マスコミが谷中・根津・千駄木界隈を通称「谷根千」「下町情緒溢れる町」としてテレビや雑誌で紹介するようになり、谷中銀座周辺を中心に、この地域が多くの観光客が訪れるまちにもなっていきました。

　谷中・根津・千駄木界隈の人たちは、まちは自分たちの暮らしの基盤であり、観光地とは思わない人も多くいます。普通の暮らしのまちとして住んできたのです。谷中の空の広い、低層のまち並みをこのままでよいと思う人が多い一方、まち並み保全は観光地化を進めるものと感じて抵抗のある人たちもありました。都市の防災対策が優先の東京都の方針もあって、台東区もまちの伝統木造住宅等の文化資源やまち並み保全対策に積極的に乗り出すことはありませんでした。谷中も根津・千駄木も東京の山手線の内側にある開発圧力の高い地区であり、なんらかの保全対策をしなければ店仕舞いや代替わりを機に、もともと住んできた人、店を営んできた人がまちを去るケースが増えていきます。しかし、自治体もまちを保全しない、地域住民からも保全の機運が高まらない。その中で、歴史や文化のこもった地域の宝である老舗の店や住宅、路地や長屋の暮らしの文化が都市開発の状況に流されて消えて

いくのは仕方のないことなのか、何かできることはないか、と考え行動する
人たちが現れました。

2 点から始める都市計画の可能性－まちの文化保全とネットワーク

　2000年代に入る頃まで、先述の谷中学校のメンバーは、歴史的建物を保
全活用するために、借受者や買取事業者を見つける、構造補強提案をするな
ど、できるだけの用意をしましたが、売却や解体を止めることができないこ
とがほとんどでした。有識者より、東京の中にも暮らしの文化やまち並みを
守るゾーンとして、残すべき建物や文化を安全に守るため、建築基準法の緩
和条例、固定資産税、相続税の緩和措置ができる、伝統的建造物群保存地区[*]
を設ければよいとの助言も得ましたが、建替えと道路拡幅による密集市街地
の不燃化[*]防災対策を中心とする東京都・台東区の都市計画施策の中に、伝
統木造の歴史的建造物を保全活用する制度を早急に導入することは、にわか
には難しいことでした。

　それでも何か方法がないかと、谷中のまちや家を大切に思う有志が考えた
結果、1軒1軒の建物の持ち主さんに寄り添い、家や土地、家族への想いを伺い、
その思い出を活かすために家の修理や借り上げを申し出て、存続活用する方
法を提案し、実践していきました。

　日本ではヨーロッパに比較して、まち並みを保全する制度・支援・開発規
制は弱く、その分、土地建物についての地権者の権限は高いものとなってい
ます。しかし日本の地権者が、自分の家やまち、まち並みをどのようにした
いか、自由にビジョンを描いて行動できているでしょうか。実際には土地建

明治末に建てられた近代和
風住宅「上野桜木会館」の
元の姿。区民集会施設とし
て2階は解体し、1階と庭
は残った

*伝統的建造物群保存地
区：「文化財保護法」(1975
年制定) の規定に基づき、
周囲の環境と一体をなして
歴史的風致を形成している
伝統的な建造物群で価値の
高いものおよび、これと一
体をなしてその価値を形成
している環境を保存するた
めに、市町村が都市計画ま
たは条例で定めた地区をい
う。従来、建物単体でしか
保存できなかった歴史的建
造物を、面的な広がりを
もって保存することができ
る特徴を持つ。国は、市町
村の申し出に基づき、伝統
的建造物群保存地区の中か
ら、特に価値の高いものを
重要伝統的建造物群保存地
区（重伝建）として選定で
きる。

*不燃化：地域内の建物を
燃えにくい構造のものに建
替えたり、道路を拡幅する
ことで火災時に燃え広がり
にくくすることで、地域
の火災被害リスクを低減
する取り組み。東京都では
2013年から「不燃化特区」
を定め、建替助成などを
行っている。

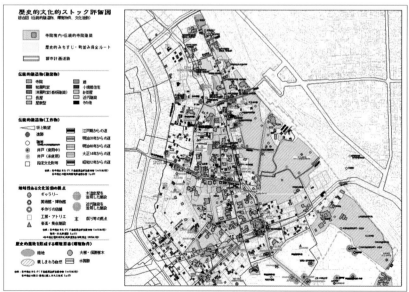

図6　谷中地区歴史的文化的資産総合図　谷中寺町の寺院と都市計画道路沿いに伝統木造住宅
が多く残り、上野公園とあわせると200ha以上の歴史文化ゾーンをなすが、保全的な都市計画が
ない

物を扱う不動産会社、資金を
提供する銀行、建物の建設を
行う建設会社などの判断のな
かで、持ち主が本来持ってい
る権限を発揮しないまま、受
け身な形で売却や建替えを決
定している地権者・家主が多
い現実もありました。まちに
入って土地建物の持ち主と話
していると、家族としてその

図7　NPO法人たいとう歴史都市研究会がこれまで管理運営に関わった谷中界隈の建物：まちの要所に建物再生モデルをつくる

家に暮らしてきた人たちは、土地や家に深い思い出や愛着を持ち、できるならば家を残したい、修繕や税の負担が高すぎる、残す方法がないならしようがない、と揺れる想いの中にいることがわかってきました。地域に根ざして家主と想いを重ねて、費用の面も含めて土地建物を再生する提案ができるなら、親身に家主に寄り添いながら建物再生ができるのではないか、と想いを巡らせました。

■3 NPOたいとう歴史都市研究会

借受管理サブリースによる建物再生活用モデル

　建物再生とまちの保全をめぐる試みの中で、2001（平成13）年に、谷中学校「木のすまい相談会」メンバーと地域の建築家、東京藝術大学大学院文化財保存学保存修復建造物研究室の助手や学生らは、NPOたいとう歴史都市研究会（以下「NPOたい歴」）を立ち上げました（2003年NPO法人化）。きっかけは、区の集会施設「上野桜木会館」保存活動の折に、その隣の明治屋敷「市田邸」を借り受け、保全活用する機会を得たことからでした。

　同メンバーで「上野桜木会館」の保全提案を台東区にしているなかで、町会の方より、「市田邸」をまず見せてもらった方がよいと助言を得ました。「市田邸」は明治40年頃、日本橋の布問屋市田善兵衛氏が建てた伝統的な和風の屋敷です。南側に門と庭があり、続き座敷に縁側がまわり、南西側に蔵がありました。上野桜木が明治の中頃に住宅地になったときの区画をそのまま引き継いでいます。この家で生まれた長女の市田春子氏は平成に入る頃まで家を藝大生の下宿として切り盛りしてきました。平成の初め頃には引っ越され、無住となりましたが、空き家の日本家屋は湿気がたまり、傷みが進みます。2000（平成12）年に拝見したときは、建物の傷みも進行していましたが、そこから建物を直して使えたら、行政も町の人も「古い建物も直して使える」と建物再生に期待する気持ちも育つだろうと助言を受けたのです。

そこで上述の有志が、今後もこのような地域の歴史ある建物を守っていく体制をつくろうと団体名を「たいとう歴史都市研究会」とし、2001（平成13）年4月には市田氏の理解を得て市田邸を借り受け、中村文美氏ら当時学生などの若い世代が明治屋敷に住み、維持管理しながら、1階の座敷と縁側、蔵、庭を、地域の伝統的建物体験として茶会、演奏会、展覧会などの文化的活用に貸し出しできるようにしました。続き座敷に床の間、縁側のある日本家屋の生活文化をより多くの方が体験し、味わえる場所にしたのです。住む

明治屋敷「市田邸」国登録有形文化財（写真：岡田継康）

市田邸でのお茶会（写真：中村文美）

メンバーは建物や家の周りの日常の清掃を行い、町内会の祭りや地域行事にも参加して地域の人びととつながり、まちの方々も安心されるように心がけました。

　ひとつの実例は次の実例を呼びます。「市田邸」を借り受けてから1年後、谷中5丁目の寺町、門前町の通りにある大正時代の町家について、市田邸のように若い人たちが地域に入り、空き家の維持管理や町会参加をするなら、任せてもよいとの話をいただきました。そこは三軒間口の土間がある町家であったため、その土間空間を町に開いて住み活用する人たちが集まり、「間間間」と名付け、維持活用を始めます。NPOたい歴は家主さんからの借受元となり、修繕や地域とのつながりをサポートしました。現在はNPOによるサブリース*を終了し、入居者が直接建物を借りて店を運営しています。

　並行して、NPOたい歴では、2001（平成13）年には、上野桜木に大正時代に建てられた彫刻家の旧居アトリエ「旧平櫛田中邸」の管理活用にも関わるよ

＊サブリース：建物オーナーから一括で借り上げた不動産を第三者に転貸すること。会社や団体等が、建物オーナーから不動産を一括して借り上げる契約をマスターリース（特定賃貸借）契約と呼び、借り上げた不動産を入居者やテナント等に転貸する契約をサブリース（転貸借）契約という。

大工棟梁による市田邸修繕（写真：中村文美）　近隣の親子と市田邸での餅つき、間間間住人と活用者による大掃除

うになります。こちらは、彫刻家が住まい、日々作品を生み出していた特徴を生かして、現持ち主の岡山県井原市に了解を得て、藝大の学生や卒業生や若手のアーティストらが、新しい創造制作に取り組む場としてアトリエや家屋を使えるようにしました。日常の維持管理や小修繕は借りる側が行い、家主側の管理負担が軽くなるようにしています。彫刻や油画、現代アートなどを専攻する学生らが修繕活動をしてから展示をすることを毎年重ねて、アート創造と交流の場所としての可能性を広げるとともに、家の健康状態をできるだけ維持しています。

旧平櫛田中邸：大正築の彫刻家の旧居・アトリエ（写真：岡田継康）

旧平櫛田中邸：彫刻学生たちが家と庭を手入れ

旧平櫛田中邸：東京藝術大学彫刻科による彫刻展「アトリエの末裔あるいは未来展」

　活動を重ねる中で、谷中地区のシンボル的な町家の喫茶店「カヤバ珈琲」の借受再生に関わる機会を得ました。1916（大正5）年に建ち、1938（昭和13）年にこの家を買った榧場氏が始めた喫茶店です。昭和40年代にご主人が亡くなったあとは、奥さんと娘さんで店を守ってきましたが2006（平成18）年の秋、娘さんの方が先に亡くなり、高齢の奥さんキミさんだけでは店が開けられないと急な閉店になりました。長年、まちの人のモーニングやお昼、藝大生らの藝術談義を支えてきた店がなくなることは地域の人びとにとってもショックで、多くの人が再生を願っていました。人に店を貸すとしたら、元いた人は出て行き、新しい人、店が入るのが普通ですが、この店の場合「カヤバ珈琲」の名前と姿のままで再生することが望まれていました。

　「NPOたい歴」のメンバーは、「カヤバ珈琲」が閉店して間もなくの頃から、家主の榧場キミ氏のもとに通い、「カヤバ珈琲」がいつできて、何を出し、お客にどんなサービスを心がけてきたのか、奥の茶の間のこたつで、ひとつひとつ教えてもらいました。「いつかキミさんと有志で店を開こう」と相談しながら1年ほど過ごしましたが、2007（平成19）年にキミ氏が亡くなります。活用の糸が途絶えたかと思いながらも、キミ氏の親族に「カヤバ珈琲存続のお手伝いをします」と手紙を送ったところ、店を相続した親族の方に声をかけていただき、2008（平成20）年10月に、「カヤバ珈琲」の建物をNPOたい歴に貸していただけることになりました。

　建物改修にあたり、角地の出桁造りの町家の建物の特徴を損なわず、カヤバ珈琲のシンボルでもある黄色い看板はそのままに再生することにしま

した。外観は変えず、店舗内側について
は、建物を一緒に借り受けたSCAI THE
BATHHOUSE代表白石正美氏の縁で、
建築家の永山祐子氏に建物のオリジナル
部材を損なわない範囲のリノベーション
を依頼しました。

1916年築のカヤバ珈琲　1976年頃の姿

　店舗の運営については、「カヤバ珈琲」
の名前や外観を残し、椅子やカウンター
などの家具什器もできるだけ生かし、名
物メニューとして親しまれた「たまごサ
ンド」や「ルシアン」(コーヒーとココアを
ブレンドした飲み物)を再現する、町内会
の活動にも協力するなど、ハードソフト
にわたり、地域の文化を引き継ぐ運営を
できる方を募りました。2009(平成21)年
の店舗再生から10年を超えた今も、運営
体制を少し変えつつ、カヤバ珈琲の姿と
名前と、名物メニューを受け継ぐ喫茶店
として、多くの方が訪れる場所になって
います。

2009年、再生後のカヤバ珈琲

2009年、再生後のカヤバ珈琲内部
オリジナルの躯体・建具・家具、カウン
ター等を残してリノベーション

　これら4棟の建物借受再生に共通して
いるのは、建物とその歴史を詳しく調査し、オリジナルの材や空間と物語を
生かした上で、現代に生きる若い人たちがその運営を担い、まちとのつなが
りを引き継いでいることです。NPOたい歴は、建物を持ち主から借り受け、
本来の特徴を生かしながら安全に使えるように修理を施し、活用者にサブ
リースで貸し出す、または活用管理をする立場で、家主とユーザー、町をつ
なぐ、中間大家のような役割を果たしています。

　古いまちに新しい人が入ってくるときに、新たな動きがまちに活気を生み
ますが、長年暮らした人たちの文化にすぐにはなじまないことも多くありま
す。NPOが間に入ることで、新しくまちに入る人たちも、まちや家のもと
からのストーリーを読みときながら、地域になじんで、まちの一員になって
もらうことをめざしています。

　NPOたい歴は、市田邸や田中邸にはNPOが主体として貸し出し活用でき
る座敷やアトリエスペースを用意し、「カヤバ珈琲」や「間間間」は一般の方
がお客として店に通いなじめる場としました。博物館的な建物再生では、建
物は展示物として見るだけになりがちですが、まちの中で、元の用途にもつ

●明治町家「香隣舎」
（谷中学校）

★昭和三軒家「上野桜木あたり」

●大正築彫刻家アトリエ
「旧平櫛田中邸」

●昭和アパート再
生複合文化施設
HAGISO

●明治町家「旧吉田屋酒店」

●大正町家「間間間」
（さんけんま）

●銭湯再生 SCAI THE BATHHOUSE

●大正町家・昭和喫茶
カヤバ珈琲

●明治屋敷「市田邸」

● NPOたいとう歴史都市研究会が
借受管理する建物
● 建物調査や活用連携する建物

図8　谷中界隈でさまざまな主体により再生活用される建物（画：椎原晶子　2015年）

ながりながら生きて活用される建物とすることで、訪れた人が、昔ながらの
伝統木造の家屋が、今のこれからの自分たちの生活の舞台にもなる魅力的な
場所として、自然に体感することができます。

　このような体験の場がまちの要所要所にあることで、「この地域には歴史あ
る建物が元気に使い続けられていて、居心地がよい、もっとそれが続いてほ
しい」と願う人が増え、ひいては都市計画の方針にもつながることを願って
きました。

　谷中学校やNPOたい歴が再生活用に関わってきた建物、上野桜木会館、
市田邸、カヤバ珈琲、吉田屋酒店、旧柏湯SCAI THE BATHHOUSE、間間間、
明治町家蒲生家などは、もと都市計画道路補助92号線上にあり、道路の拡幅
がなされたら除却される運命の家でした。しかし、計画道路上にこの地域に
とってかけがえのないまちの宝、文化資源としての家が連なっていることで、
谷中の歴史ある環境が浮き彫りになり、都市計画道路の今後の整備方針にも
影響を与え、2004（平成16）年、この都市計画道路の拡幅を見直し[注2]、2020（令
和2）年に廃止するきっかけにもなっていきました。

　谷中地区における歴史的建物の再生活用から、「点から始める都市計画」が
少しずつ形を見せ始めていました。

注2　「区部における都市
計画道路の整備方針」東京
都・特別区、2004（平成16）
年、pp.2-15

143

■4 補助金に頼らない NPO 運営の基盤

　ここで、NPOたい歴の運営体制の特徴について紹介します。

　収入の内訳は、主に会費収入と事業収入からなります。2021（令和3）年現在、会員数は120人程度、年間会費合計は例年70万円前後です。当NPOの事業は⑴調査研究、⑵歴史的建物活用、⑶歴史的建物維持管理、⑷勉強会・交流会、⑸普及啓発事業の5本柱で、主な収入源は⑵と⑶の建物活用・維持管理収入です。コロナ禍前、5棟の活用管理あわせて年1500万円程度、コロナ禍中は年850万円程度でした。内訳は、店舗やイベントに活用する部分の家賃や保全活用協力金、住人等からの家賃、修繕募金、管理委託費などです。活用収入はイベント等の多寡に左右されますが、家賃や管理委託費などは一定しています。

　NPO事業の柱となる⑴調査研究については、調査企画を立てて研究助成に応募する、建物再生の調査であれば、持ち主や事業者からの調査委託を受けるなどの方法で資金調達します。⑷の勉強会・講習会、⑸の普及啓発は、イベントごとに参加費や資料費を設定して、収入−支出がマイナスにならないようにします。

　支出の多くを占めるのは、⑵建物活用管理費と⑶建物維持管理費で、家賃が主ですが、イベント活用の受付や案内の当番費用、掃除当番費などの作業実費や建物の水道光熱費、小修繕、消耗品費等にあてられています。事業支出合計は、コロナ禍以前で年1300万円、コロナ禍の最中は年750万円程度でした。

　上記のように、会費と建物活用・維持管理が収入の基本となり、支出予算は収入の一定の割合に設定し、毎年少しずつ積立できるようにして、管理建物の修繕費・保全活用計画費などに計画的に使います。

　管理経費としては、年間120万円ほど、NPOの事務局、会計、総務、財務、渉外、広報等の作業費を見込んでいます。そのほか消耗品や水道光熱費、事務所家賃等が年間100万円程度になります。当会は専従スタッフを置かず、作業は普段別の仕事に就いている理事、運営会メンバー10人程度で分担しています。各業務は家事や仕事の合間にメールや郵便、記帳等の対応をできる仕事量にとどめて、誰かが大変になりすぎないようにします。事務仕事を一緒に行うことは総会準備時以外はほとんどなく、日頃は共通のメールやLINEグループで連絡や作業の共有・連携をします。自分が作業しない分も理事・運営メンバーは作業の流れが見えるので、理事らはNPOの運営で何が起こっているか常に確認できます。これは振り返るとテレワークの働き方と似た形でした。コロナ禍で活用収入が減った2020、2021年度も管理体制を例年程度に維持することができました。

この体制は、主な活動収入を補助事業に応募することで賄っていた「谷中学校」の運営に比べると安定しています。分担された小さな事務作業は、日常の生活の合間に組み込み、仕事や家庭生活をしながらまちづくり活動を行うことができるようにしています。しか

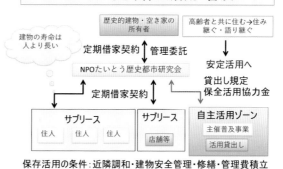

図9　NPO による建物再生・サブリース・維持活用管理のしくみ

し最近は、NPOへの建物再生相談を受けることも増えているので、これからは専門業務として建物調査などを責任を持ってできる体制も必要だと考えています。

　建物を借り受け、サブリースする仕組みも紹介します。まずはその立地や建物の面積に合わせた相場家賃を持ち主とNPOの間で共有した上で、傷んだ建物を家主が直すか、借主が直すか、空室のリーシング*や維持管理をどちらがやるかなど、修理負担、作業負担に応じて家賃設定を調整します。谷中は山手線の内側で家賃相場が高いので、持ち主が全部直して管理すると家賃が高くなりすぎ、若い人たちは入居できません。建物の基本の強度や設備の引き込みまでは持ち主側で整備し、それ以降の造作や2次設備、維持管理は入居者側が行うことで、家賃額を抑えるようにしました。借り手の作業量は増えますが、暮らしに手間をかけることで、建物やまちへの理解や愛着が高まる利点もあります。まちづくり事業では、「マネタイズ注3」が常に課題ですが、住むには地価が高すぎる都心部では上手に家賃経費等を「アンマネタイズ」できるしくみが持続的な住まいまちづくりに役に立つともいえます。

*リーシング：賃貸物件の借り手が見つかるように多方面からサポートすること。例えば商業用不動産の場合、賃貸借取引の仲介だけでなく、マーケティングやテナント構成検討、条件の設計・調整などが含まれる。

注3　これまで無料で提供していたサービスに対して、収益化を図ること。monetize。Web 上の情報サービスなどで使われるが、不動産・建築に関する新たな付加価値の提供などの収益化にも用いられる。

4　プレイヤーを増やす—まちと建物再生をめぐる多様な連携

■1 1980 〜 2010 年代、個人、NPO、会社、企業、行政、多様な連携が広がる

　東京の古民家再生やまち並み保全の流れを振り返ると、1980年代までは、市民の運動から、歴史的建物の保全管理を行政や大企業に要望する形が多く見られました。谷中地区では、台東区が芸術文化財団を設けて、彫刻家・朝倉文夫氏の旧邸を「台東区立朝倉彫塑館」とする、明治の酒屋吉田屋酒店を「下町風俗資料館付設展示場（旧吉田屋酒店）」として移築保存・公開する、「旧東京音楽学校奏楽堂」を藝大の敷地から上野公園内に移築するなど、地域の

シンボル的な歴史的建造物の行政財産としての保全活用を市民が区や都に求める動きがありました。開発促進が進む当時の東京の中で、歴史的建造物の公的保全は多くの市民、区民による地域文化保全の願いに応えるものでした。

1986年、台東区に移管された朝倉彫塑館（1935年築、国登録有形文化財）、「旧朝倉文夫氏庭園」（国指定名勝）

　1990年代後半以降は、バブル経済の崩壊もあり、自治体も行財政改革を迫られます。企業の経営も厳しくなり、歴史的建造物を維持管理することが難しくなる例も増えました。住民も、地域の資源、宝を守ろうとするときに、行政や企業に「保存をしてください」とお願いするだけでは無理があるとわかってきました。そこで、個人の住み替えや企業の事業と結びつけて家や店を再生する活動を近隣や知り合いなどの間で口コミで行っていきました。まだインターネットが普及する以前のことです。谷中地区では明治町家を借り受けた「谷中学校」寄り合い処の開

1986年、台東区が谷中の明治町家を移築し、下町風俗資料館付設展示場（旧吉田屋酒店）として公開（1910年築、区指定有形民俗文化財）

1987年、上野公園に移築された旧東京音楽学校奏楽堂（1890年築、国指定重要文化財）

設（1990年）、旧銭湯の現代美術ギャラリー SCAI THE BATHHOUSE への再生（1993年）、売りに出された昭和初期住宅への住人募集と再生など、できる限りのつてをつないで建物と店、暮らしの物語をつなげました。

1993年、元銭湯「柏湯」を現代美術ギャラリー「SCAI THE BATHHOUSE」として再生

　2000年代にはリーマンショック（2008年）等もあり、高層建築が建ち得る土地で、伝統木造の2階建ての家を保全活用することは持ち主の個人や企業にとってさらに難しくなりました。特に、高齢の世代や、入院・療養中の家族がいる家の場合、すぐに土地建物を処分するわけにはいきません。まちの中にひっそりと建つ相続以前、空き家未満の家の行く末を心配する人はいても、その家の事情に踏み込む人は多くありませんでした。そこで、谷中界隈では、地域の歴史ある生活文化を引き継ぐため、NPOたい歴が、持ち主が今すぐ売買はできず、維持管理が困難そうな家、かつ地域の歴史や景観にとって大切な家の持ち主を訪ねて、借り受け活用管理を申し出ました。地域に不在の地主家主の方にも、日頃のまちづくり活動でつながるご近所や町内会の方の紹介で会えるようになりました。持ち主は、代々の家への責任感や愛着を持ち、建物を再生する方法があればやってみたいがどこに相談してよいかわからない状況の方もいました。そこで、NPOが建物を借り受け、持ち主

図10　谷中町の鳥瞰図　江戸時代より寺町となる。元の都市計画道路沿いには伝統的な町家・長屋が多く、老舗も多いが、開発圧力も増している。喫茶店や銭湯、酒屋などがまちの文化の存続を願うNPOや個人、会社の手で再生されている（まち並み絵図：椎原晶子画）

に代わって、建物や設備の修繕をし、建物と地域を大切にする入居者を選んでサブリースする形を提案しました。持ち主の家族の状況は変化するため、契約は3〜5年の定期借家契約*としました。NPOたい歴が地区の要所にある伝統的な町家や屋敷をいくつか借りて、一般の人が展覧会やお茶会などの活用に参加できるようにすると、これをきっかけに自分でも古民家や空き家を借りて住まいや店を持つ人も増えました。

　2010年代に入ると、若い人たちが自分たちで創意工夫しながら古民家を再生する事例が増えるとともに、それまでは新築が前提だった建設業界でも、既存の建物の特徴を生かしたリノベーションを新しい建築事業の軸とする動きが出てきます。全国的な動向ですが、若い世代が自分の職能、生活の基盤として空き家や古民家の建物再生・設計・事業運営を一連のものとして行うところまで、住まいまちづくり事業が成熟を見せるようになったといえるでしょう。

2 「上野桜木あたり」オーナーとテナント、地域を結ぶ建物再生

　NPOたい歴でも、サブリース方式だけでなく、持ち主と複数のテナント入居者をつないで古い建物を再生する企画にも取り組んでいます。
　「上野桜木あたり」とは、1938（昭和13）年に建てられた三軒家を2015（平成27）年に再生した複合施設です。上野桜木は明治中頃からの屋敷地で、その中に明治期から日本橋で事業を営む塚越家の住宅がありました。1938（昭和

*定期借家契約：「借地借家法」（2000年改正）によって定められた契約累計のひとつで、契約で定めた期間の満了により、確実に賃貸借契約が終了する借家契約。普通借家契約では借り主の保護のために、貸し主は正当事由がない限り契約の更新を拒絶できないが、定期借家契約の場合そのような制約がない。

13) 年、塚越家は隣の敷地と合わせて、3棟の貸住宅を整備し、住宅、茶道教室、シェアハウス*などに用いてきました。しかし、2010（平成22）年頃には3棟すべてが空き家になり、その先は取り壊し建替えか、駐車場になることが予想されました。戦前の同時期の建物が3棟一緒に残っていることは珍しく、地域にとっても貴重なので、先代持ち主と幼馴染だった近隣の方に現持ち主を紹介していただき、再生活用を願い出ました。まずはテレビドラマのロケ地として外観の撮影に貸していただき、その後、谷中界隈の建物再生事例を持ち主に紹介しながら、昭和初期の建物を再生活用できることを話しました。

　民間事業としての古民家、空き家再生は、持ち主は修繕整備費や管理費を家賃等の収入により何年で回収できるか、テナントは仕入費や人件費、家賃を支払って、いくら売り上げれば利益が出るか、事業計画を立てる必要があります。「上野桜木あたり」の場合は、まずは持ち主と入居希望者の顔合わせ兼建物見学会を開き、入居希望者には自分がどんな店や住まいをつくりたいか持ち主に伝え、持ち主からは上野桜木の建物と会社・家族の100年余りの歴史を紹介いただきました。その後、熱意と現実性のある店舗、住人を入居者に定め、入居の約束を交わしてから工事を始めました。事業開始より前に家賃収入が確定すると、修繕整備や管理費の規模が決めやすくなります。

　契約形態で工夫したのは、持ち主とテナント入居者の契約を棟単位にしたことです。本事業は1棟に2〜3つ程度の店舗や住人が入る計画でスタートしました。

2009年頃は塀に囲まれていた再生前の「上野桜木あたり」

2013年、オーナーと活用希望者、NPOで空き家を見学し、語り合う

再生後の「上野桜木あたり」1号棟　谷中ビアホールが入る

「上野桜木あたり」ろじと2号棟、3号棟。2号棟(右)はベーカリー、3号棟(左)は塩とオリーブの専門店と「みんなのざしき」、シェア店舗KATATEMAやbiomadagaなどが入る

「みんなのざしき」に集い、地域を学ぶ

＊シェアハウス：一般にひとつの住居に親族以外の複数人が共同で暮らす賃貸住宅のこと。空間様式はさまざまで、2段ベッドの1段のみが専有のものもあれば、風呂・トイレ・キッチンが専有個室に含まれるものもある。

和のおもてなし「英茶屋」にもなる貸座敷「みんなのざしき」

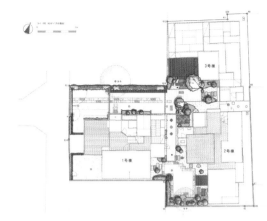

図11 2014年「上野桜木あたり」となる三軒家を店舗・住宅・事務所・レンタルスペースなどの複合施設に活用する構想をオーナーに提案（NPO法人たいとう歴史研究会 協力：kurachiffon 瀧内未来一級建築士事務所）

図12 上野桜木あたりの計画図：3軒の屋敷の門塀だけをとって、間取りや仕上げは変えず、3棟と路地、中庭を互いに行き来できる複合施設とした（作図：建築：東京藝術大学大学院保存修復建造物研究室、kurachiffon 瀧内未来一級建築士事務所、造園：安西デザインスタジオ）

持ち主がテナント・住人ごとに賃貸借契約をすると、1棟内の1者が退去したときに、残った店舗・住人に合うテナントを見つけることは難しくなります。棟ごとに代表会社が持ち主と定期借家契約を結び、その棟を全部使うか、別の店舗や事務所や住人をサブリースで入れるか選べる形にしました。

新設した井戸と子どもたち

「あたりの日」は路地で「みんなの実家マルシェ」開催も

修繕整備については躯体と外構は持ち主の会社が行い、店舗や事務所の内装は入居テナントが行いました。持ち主とテナントが整備の負担範囲を決めて、持続的な運営体制を作っています。

3 建物価値づけ調査から再生設計施工、リーシング、地域ネットワークまで一体管理

建物・住まいの再生でNPOたい歴が大事にしてきたポイントは、建物や家族の歴史や由来を調べて地域にとっての価値を明らかにすること、建物の特徴を損なわない保存改修方針を立てて設計施工を管理すること、家を安全に使うこと、入居者が家とまちを大事にし、地域の一員になることなど、再生整備から管理運営、地域ネットワークまでを途切れずにつなぎ続けていくことです。

「上野桜木あたり」再生事業でも、価値づけ調査から建物の保存再生方針づくり、入居者の募集とコーディネート、施設設計監理と建物維持管理、活用管理も一貫したチームで行ってきました。「上野桜木あたり」の1棟が持ち主会社の元社長宅だった背景もあり、持ち主もこの土地建物には深い想いがありました。NPOたい歴は、持ち主からの依頼を受け、建物や地域との

つながりを大事にしたい入居希望者を募り、建物再生の基本方針を一緒に定め、建築・外構の設計監理には地域で活動し、歴史的建物や商業施設、造園に経験ある専門家でチームをつくりました。完成後は持ち主の会社

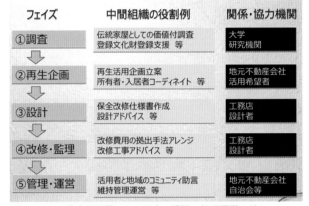

フェイズ	中間組織の役割例	関係・協力機関
①調査	伝統家屋としての価値付調査 登録文化財登録支援 等	大学 研究機関
②再生企画	再生活用企画立案 所有者・入居者コーディネイト 等	地元不動産会社 活用希望者
③設計	保全改修仕様書作成 設計アドバイス 等	工務店 設計者
④改修・監理	改修費用の拠出手法アレンジ 改修工事アドバイス 等	工務店 設計者
⑤管理・運営	活用者と地域のコミュニティ助言 維持管理運営 等	地元不動産会社 自治会等

図13　NPO等中間組織による調査・設計・管理運営の流れ

から施設管理や活用管理の運営委託を受け、施設の共有部分の清掃や維持点検、テナントと地域・町内会などを結ぶ活用管理、イベント企画など、建物・すまい・店再生からまちにつなぐことを一連に行ってきました。

　また、3棟のうち、元社長家族が住んだ3号棟の床の間付き8畳間とキッチンを、貸し出しできる「みんなのざしき」としました。地域の人や希望者が展示販売や集会、お茶会、句会などで自ら和室を活用する機会になり、施設への親しみも増します。かつては上野桜木の地に暮らした持ち主家族と近隣との関係性も、再びつながり始めました。オープン5年目を迎える頃には、持ち主とテナントが一緒に施設運営をする関係性が築かれたので、NPOの管理範囲を共有部清掃と近隣とのつなぎのみに縮小し、持ち主会社とテナントが共に運営する施設の歩みを進めています。まちと住まいに関わる人びととの関係がだんだんに育っていくことも、建物、住まい再生の醍醐味です。

4 地域団体同士の連携が深めるまちの文化とコミュニティ

　谷中地区の住まい再生・まちづくりはさまざまな団体との協働で成り立っています。

　台東区では、町内会単位の地域コミュニティが元気な地区が多くあります。谷中地区は14の町内会からなる町会連合会があり、日頃のまちの安全、子育て家族やお年寄りへの目配り、神社やまちのまつりの取りまとめとともに、台東区と地域のパイプ役にもなっています。さらに地元の青少年育成委員会や消防団、交通安全協会など、台東区、消防、警察とも連携する団体は壮年～若手の地域住民で組織され、日頃のまちの安心安全を守っています。

　また谷中地区では下谷仏教会に各寺院が参加し、仏教の普及や相互扶助を行っていますし、3つの商店街や、地域全体の子育てや福祉をサポートする谷中地区コミュニティ委員会もあります。幼稚園、小中学校のPTA、保育

園や学童保育の父母会なども、地域の子育てや安全、環境づくりに尽力しています。

また 2001（平成13）年より地域に「谷中地区まちづくり協議会」を設置し、まちの交通、防災、環境の保全などをテーマに勉強会や台東区への施策提案なども行っています。

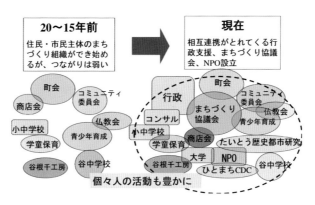

図14　谷中地区の団体・個人の連携プロセス

建物やすまいの再生、まちの歴史文化や芸術活動に関する活動もこれらの地域のベースを支える団体の活動の上に成り立っています。

これまで紹介した谷根千工房、谷中学校、NPOたい歴のほか、子育てネットワークでは谷根千青空自主保育の会たねっこ、谷中ベビマム安心ネット、荒川冒険遊び場の会、アート・ものづくり・文化の方面では日本声楽家協会、芸工展実行委員会、art-Link 上野—谷中実行委員会、不忍ブックストリート実行委員会、NPO法人文化財保存支援機構、一般社団法人谷中のおかって（設立順）などの団体が活動を展開しています。かつては、誰が何をしているのかわからない、知らないという声もありましたが、東日本大震災以降、さまざまな住人・団体間でも連携が求められており、2013年からは「谷中・新旧団体まちづくり交流会」を折々開催しています。個人、団体が互いに連携してまちのコミュニティや、何かやってみる機会を充実させています。

5 アートマネジメントグループ「谷中のおかって」との協働

地域の団体の中でも、「一般社団法人谷中のおかって」は、まちや施設の中で人びととアートを味わう企画を行い、NPOたい歴とも協働しています。

この団体はアートを媒介として、まちの人びとの暮らしの中に、生き生きとした瞬間やその連鎖をつくり出すことをめざして2008（平成20）年に設立されました。まち中でアートやものづくりの交流、発信がさかんな谷中に刺激を受けた東京藝術大学の学生たちや社会人が、まちを舞台に何か活動を始めたい人を応援したい、まちの新しい楽しみ方をつくって案内したい、などの思いで集まり、活動を始めました。

彼らはまちの幼稚園や小学校と連携した「こども創作教室《ぐるぐるミックス》」や、夜の谷中をちょうちんを片手にナビゲーターとともに巡る「谷中妄想カフェ」、公園やまち中でアーティストと茶碗を焼き「野点」をするなど、

まちの中で誰もがアートに出会える独創的な企画を展開してきました。

　彼らはまちの人やアーティスト、学生や社会人がいつでも顔を出せる、語らえる基地を文京区根津に持っていました。彼らが、新たな拠点を探していた頃、NPOたい歴が維持管理を担当していた旧平櫛田中邸のアート企画による活用提案を依頼することになりました。

　NPOたい歴は家を安全・健全に維持してまちにつなぐ支え役で、活用については店主、住まい手、展示やイベントの担い手が主となり、家を守りつつ創意工夫を発揮してもらいたいと考えてきました。

　旧平櫛田中邸は明治から昭和の日本近代彫刻を開拓した彫刻家・平櫛田中の旧居・アトリエという強い意味を持つ場所で、平櫛田中自身が後進への教育や美術の発展を願って故郷の井原市に寄贈した建物であり、さまざまな人が新しいアートを生み出し、出会える創作の実験場であることが求められました。

　2011（平成23）年、「谷中のおかって」に旧平櫛田中邸の活用企画担当を依頼して以来、毎月第4日曜日に「田中邸を味わう日」を開催しています。午前中はお掃除、午後は特にプログラムを決めず、思い思いに田中邸の好きな場所で語り合い、デッサンや読書、昼寝をしてもよしというゆるやかな企画です。活用というと、きちんと決まったプログラムや集客人数が評価軸になりがちですが、「ひとりひとりが思い思いに過ごす」というリラックスした時間が、創造活動や人の想いを知る源泉になることを確かめる機会になりました。

公開日「旧田中邸を味わう日」に、座敷での芸術談義

まちの緑を盆栽に造形してみる、「風と遊びの研究所」

谷中のおかって企画「どーぞじんのいえ」アトリエでの踊りの輪ができた

「DenchuLab.2019」嘉春佳作品「地域のこたつ」まちの人の想いのある古着でつくられたコタツ

「でんちゅうさん家の芸術っ子」ヴァイオリン演奏家と話す親子

旧平櫛田中邸でのアート制作公募企画「DenchuLab.」（2015年）

谷中のおかって企画「風と遊びの研究所」

2014（平成26）年からは、旧平櫛田中邸の空間やストーリーを生かし、実験的なアート活動を行う作家を公募で選んで制作を支援する「DenchuLab.」や、コロナ禍のもと、芸術と社会とのつながりを問い直す学生たちが、訪れた人たちと創造の過程を分かち合う「でんちゅうさんちの芸術っ子」などのチャレンジ企画を行う場にもなっています。

これは建物維持管理と活用のコラボレーションの一例ですが、建物・住まいを再生し、まちづくりにつなげるには、「どんな由来のある家を、だれが、どのように、使うのか、その使い方が家を守り、人を育て、まちにつながっていくのか」を常に考えて連携をし、実践し続けることが大切であるとわかってきました。

6 事業する建築家「HAGISO」とHAGI Studioの仲間たち

谷中地区では多彩な人たちが建物・すまい再生に取り組んでいます。中でも昭和30〜40年代の木造アパートや住宅、駅前のビルなどを店舗や旅館として再生し、まちづくりにも展開して注目を集めているのはHAGI Studioを運営する建築家、宮崎晃吉氏、顧彬彬氏（Co Pinpin）とその仲間たちです。宮崎氏が東京藝術大学大学院の建築科を修了し、設計事務所に勤めている間に同級生らと住んでいた木造賃貸アパート「萩荘」が、東日本大震災後に取り壊されると聞いたとき、自分が住んでいる家やまちで何かできないかと、「建物のお葬式」として建築家やアーティストの仲

昭和30年代築の木賃アパートを宮崎氏が2015年最小複合文化施設として再生

HAGISO「パフォーマンスカフェ」企画（写真：HAGISO HPより）

間を集め、家を舞台にした展覧会「ハギエンナーレ」を開きました。その展覧会に1,500人もの人が来たことから、家主が家を壊すのは「もったいないかしら」と言ったひと言をもとに、建物を再生活用するプランを提示したところ任されることになり、2013（平成25）年に自ら運営者となって、「萩荘」をカフェとギャラリー、設計事務所と店舗などを合わせた「最小複合文化施設HAGISO」として再生しました。

HAGISOのカフェは、創造的な暮らしや地方の食とのつながりを発信する若い人たちが働く場になりました。ギャラリー空間もこれからの表現に期待するさまざまなジャンルのアーティストを宮崎氏とHAGI Studioのメンバーがプロデュースをする場になっています。音、空間、造形、食、まちづくり、

子育て企画など、さまざまな表現者たちが発表をする場になり、ふとカフェを訪れたご近所の人や来訪客も先端的なアートや地域活動を何気なく体験することができます。

宮崎氏とその事務所HAGI Studioの活動はさらにまちに展開していきます。2015（平成27）年にはHAGISOにほど近い、空き家になっていた木造賃貸アパートを借り受けて、旅館「hanare」を開きました。この頃、宮崎氏は「まち全体がホテル」というコンセプトのもと、大旅館・ホテルの中で食事や入浴、娯楽がすべて完結する形式ではなく、食事はまちの店で、入浴はまちの銭湯で、朝はまちやお寺を散策し、希望すれば座禅会やお茶会などにも参加して、まち全体を味わい、交流する「まちやど」の概念を提唱します。2010年代に入ると、谷中・根津・千駄木の通称「谷根千」は下町観光の代名詞のようになり、本来このまちの文化ではない「食べ歩き」や「猫めぐり」「写真ツアー」などの客が増え、地域の生活にも負荷がかかるようになりました。まち歩きの客は昼間が主なので、地域の店や銭湯は観光客が増えても売り上げにつながりません。谷中界隈で大切されてきた店主と客人のおしゃべり、コミュニケーションも生まれません。それでは本来の谷中のまちの良さが伝わらないまま、マスコミ情報にまちが消費されてしまいます。「まちやど」は店舗や銭湯を運営するまちの人たちの手でまちを取り戻し、新しく住む人やまちを訪れる人も仲間になるきっかけをつくる試みでもありました。同様の動きは全国でも盛んになり、（一社）日本まちやど協会でつながっています。

「谷中まちづくり交流会」＠HAGISO
新旧団体、0歳から80代までの人たちが集い、谷中のいいところと課題を語り合う

旅館「hanare」運営 HAGI Studio
元木賃アパートを素泊まり旅館とし、「まち全体がホテル」をコンセプトに食事や入浴、散歩や交流はまちの店や銭湯、まちの居場所を紹介

「HAGI morning」＠HAGISO
スタッフが旅して交流した産地の食材を朝食で紹介するシリーズ。食が地域と人と産業をつなぐ（写真：HAGISO HPより）

「食の郵便屋さんTAYORI」運営 HAGI Studio　交流ある生産者の食材でつくるお惣菜と食事の店（写真：tayori HPより）

　hanareのあとは、2017（平成29）年には、谷中銀座から1本路地を入ったところの一軒家をリノベーションし、生産地からの食の便りを届けるお惣菜と食事の店「食の郵便屋さん TAYORI」を開きました。こちらは広報は極力せず、近所の方がくつろぎやすい店としました。他にもまちの人が先生になる教室スペース「KLASS」と設計事務所HAGI Studio、西日暮里駅そばの空きビルには若い人たちのテナントや一箱本店主を集めた「西日暮里スクランブル」を企画運営、2019（令和元）年には鶯谷駅前のホテル「LANDABOUT」の企画・デザインに参画し、そのカフェラウンジも運営しています。

　コロナ禍に見舞われた2020、2021年はまちの飲食店、旅館業にとっては大きな試練の年でした。その時も宮崎氏とHAGI Studioの仲間たちはまちの店舗と連携して「谷根千宅配便」のサービスチームをつくり、注文を受け付けるステーションを引き受け、コロナ禍の地域の家庭にまちのお店のメニューをデリバリーしていきました。

谷根千宅配便の配達手段の自転車はTokyobike Shop＆Rentals谷中さんにご協力いただいております。

図15　「谷根千宅配便」の対象エリア：HAGI Studioを中心に、連携する地域店舗のメニューを受け付けて宅配する仕組みをつくった（写真：HAGISO HPより）

　また、2022（令和4）年3月には小さな一軒家をキッチンスタジオとジェラート店に改修した「asatte」もオープンしました。食材を無駄にしない、スタッフが新しいアイデアを実験できる、その成果をお客さんにも共有するなど、コロナ禍で得た学びを事業に昇華しています。

　HAGISOのスタッフとまちの店の結束は、まちのローカルメディアの構想につながっていきます。2022（令和4）年3月、宮崎氏とHAGI Studioのスタッフたちは、谷根千をマスコミ情報に消費されないま

実験キッチンとジェラートの店「asatte」

「asatte」ジェラート販売窓口

ちにするための柔軟で主体的な方法として、まちの人、訪れる人のそれぞれの目線でみたまちを紹介するWebマガジン「まちまち眼鏡店」を立ち上げました。このメディアは異なる立場の人たちの目線をお互いに知る機会になります。新たなリクルートや建物入居者募集のプラットフォームにも育っていく予定です。

　宮崎氏とHAGI Studioの活動は、空き家の再生やコロナ禍の店舗存続・発展など切実な課題を、仲間をつくって、前向きに解いていくところに、地

関連店舗のスタッフの実験や商品開発の場ともなるキッチン

域の人びとからの支持も集まっています。近頃では谷中生まれの若い人が
HAGI Studioで働く例も増えました。HAGI Studioメンバーも地域の催しや
子育て企画に協力し、町会の役割も担うようになっています。学生だった若
者が土地に根付き、事業をおこし、家族と住んで子育ても行いながら、新旧
の店舗や人をまちにつないでいく。その取り組みを長い目で見てきたまちの
人たちが、宮崎氏と仲間たちを次の世代のまちの担い手として受け入れ、応
援し始めています。

⑦ 事業にしなければ残せない、活かせない―まちづくり会社「まちあかり舎」 の設立

　地価の高い東京で
は、歴史ある建物
も、持ち主が高齢と
なり店舗をたたむと
き、親族の家や施設
に引っ越すとき、相
続を迎えるとき、そ
の店や住まいを次世
代の家族や若者が引
き継ぐには実現が困
難な事態に直面します。

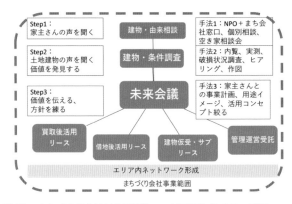

図16　まちづくり会社による建物・エリア再生のステップ例

　築年数の経った家は構造部や設備が老朽化していることが多く、直すには
費用がかかります。NPOによるサブリースでは、借りる側が内装整備を行っ
てきましたが、建物の傷みが進んでいる場合や耐震補強が必要な場合、修繕
費用も高額になるため、NPOでも持ち主家族側でも負担しきれないケース
が多くあります。

　地価の高騰に伴い、その建物が建てられた頃、土地を買われた頃よりも評
価額が大きくなっているため、相続税も高くなります。坪350万円を超える
地価になると10坪、20坪の土地でも相続税を支払う対象になり得ます。複
数の相続人がひとつの土地建物を区分所有することは一般的には難しく、売
却した金額から相続税を支払って、残りの額を分配します。家と土地を相続
してもさらに次の世代に相続するときもまた相続税を払うことになり、ひと
つの家系に何度も税負担が押し寄せます。そのため、家土地に愛着を持って
いても、維持し続けるのは難しく、相続時に手放す家族が多いのです。

　また普段の維持管理についても、地価の上昇により固定資産税も高くなり
負担が増します。住宅用であれば固定資産税額が6分の1になりますが、店

舗利用や空き家の場合は固定資産税の負担額が大きくなり、空き家にするなら駐車場にするか売却する方がよいとの結論になりがちです。

　上記のように東京の土地の高騰は、土地の流動化、建替開発、元の住人家族や店がその土地を去るベクトルを強め続けています。その中でも、「本当はこの家を残したい」「今の家を引き継ぐ方に借りてもらいたい、買ってもらいたい」と言う持ち主は少なからずいます。

　そこで、家の存続を支え、谷中界隈で生活や事業をしたい人をつなぐ、不動産と建築活用事業企画を組み合わせるまちづくり会社*「株式会社まちあかり舎」を2017（平成29）年4月に立ち上げました。この会社では、地域の地主・家主から家を借り受け、建物の安全性や利便性・歴史性を生かす修繕工事を行った上で、まちになじみつつ新しい店や事務所、住まいを営む借主を選んでサブリースし、運営が軌道に乗るようにサポートしています。

　同年には谷中の大正町家、もと銅細工師の工房兼住まい「銅菊」をまちあかり舎が地主から借り受け、耐震補強を含む再生工事をした上で株式会社大丸松坂屋百貨店の「未来定番研究所」にサブリースし

大正町家・旧銅菊「未来定番研究所運営：大丸松坂屋百貨店㈱、㈱まちあかり舎サブリース、建物調査：NPOたい歴

旧銅菊　銅細工の仕事場も再現

旧銅菊「未来定番研究所」1階座敷と庭を復元。NFT ARTの展示にも活用

旧銅菊2階。未来定番研究所オフィス。極力部材を残し、畳を板の間とした

*まちづくり会社：一般に、良好な市街地を形成するためのまちづくりの推進を図る事業活動を行うことを目的として設立された会社のことを指すが、明確な定義はない。都道府県や市町村・商工会などから出資を受け、特定の地域に対する公益的な事業やコーディネートを行うものなどがある。

ています。同社は、これから5年先の未来に人びとが求める暮らしやサービスを研究するには都心のオフィスビルの中より、古くからの歴史があるまちで次々に新しいことが生まれる谷中の町家の中に研究所を開きたい希望がありました。NPOたい歴に2016（平成28）年暮れの同じ時期に「銅菊」の建物存続を願う元住人家族と、同百貨店の両方から相談があり、NPOが建物調査を行い、歴史的価値を明らかにした上でつなぎ、借り受けと再生工事、サブリース事業については資金調達がしやすい株式会社まちあかり舎が運営を担いました。

その後も、2018（平成30）年には谷中の大正町家に入居をつないだ定食屋「傳左衛門めし屋」、根岸の元酒屋の建物を借り受けリノベーションし、1階は飲食店、2階にデザイン事務所や弁護士事務所の入るシェアショップ・オフィスにした

大正町家を修理再生した「傳左衛門めし屋」（左）。まちあかり舎サブリース

「傳左衛門めし屋」完成後のキッチンとカウンター。谷根千まちづくりファンド利用の第1号

「キノネアトリエ」など、谷中・根岸界隈で数棟のサブリース事業を行う他、根岸の昭和の家再生・入居者探しのコーディネート、池之端の住宅1階に店舗を誘致するコーディネートなどを行っています。

⑧ 建物再生の資金調達例―融資と出資、「谷根千まちづくりファンド」

株式会社まちあかり舎が建物再生時にかけた改修費用は銅菊で2000万円余り、「キノネアトリエ」で300万円台で、費用は地元の信用金庫や信用組合から融資を受けています。これらの費用は定期借家の家賃収入で回収で

マネジメント型まちづくりファンド支援業務のスキーム図

図17　国土交通省・民間都市開発推進機構が推進するマネジメント型まちづくりファンド支援業務

きる事業計画を立て、銀行から融資を得る根拠としました。

NPOの場合は特定非営利活動法人であり、収益を積み上げる構造ではないと見なされ、銀行の融資の対象にはなりにくい状況がありました[注4]。株式会社の場合は、銀行の創業支援融資や事業支援融資が得やすくなっています。そこで谷中界隈で建物整備にまとまった費用がかかるものは、まちづくり会社で扱うことで、現実的、スピーディーに建物再生事業が行えることがわかりました。

2010年代に入ると、国土交通省の方でもリノベーションを建設事業の柱に位置づけるようになり、新築の支援だけでなく、リノベーション事業にも国の制度や資金を使うスキームが開発されるようになります。

なかでも、「マネジメント型まちづくりファンド支援業務」は、小規模な木造建物の再生事業にも使いやすい規模の出資や融資を一般財団法人民間都市

注4　NPO法人や非営利セクターの運営を支える組織・個人等の尽力により、今ではNPO法人でも金融機関等からの融資の道はひらかれている。

開発推進機構*と地域の金融機関が共同出資して組成するしくみです。2017（平成29）年に大阪と沼津で第1号が設立されたのを契機に、谷中地区の有志も、谷中・根津・千駄木地区でも同様の体制をつくりたいと千代田区・文京区・台東区を地盤とする朝日信用金庫に相談しました。本金庫も2017年度より、起業支援とリノベーション支援を業務の柱に決めたことで、古民家再生で起業を図る飲食店や物販店等の支援を積極的に取り組んでいました。このファンド設立の主な要件は地域にまちづくりや建物再生の機運があり、「地域マネジメント組織が存在すること」と「第1号案件が具体的にあること」です。地域マネジメント組織としてはNPOたい歴と株式会社まちあかり舎を設定し、第1号案件としては再生企画を詰めていた大正町家を定食屋にする構想を具体化して要件を満たしました。その結果、2018（平成30）年3月、全国で4番目、都内では初のマネジメント型まちづくりファンド「谷根千まちづくりファンド」が誕生し、「傳左衛門めし屋」の町家再生・飲食店整備費に必要な出資と融資を得ることができました。

　このファンドは一般財団法人民間都市開発推進機構と地域の金融機関、地元のエリアマネジメント*組織の協力でつくることができます。その後も全国で組成が続いており、地方でも都市部でも、既存施設のリノベーションや起業時の立ち上げ資金調達手段として活用されています。

さいごに　未来のふるさとをつくる─持続あるコミュニティとまちへ

　本稿では、主に谷中地区の暮らしの文化やコミュニティを、もともと地域に住む人や歴史ある家から学び、まちに訪れた人、新たに地域の一員になる人に生きた形で引き継いでいく方法、取り組みを紹介してきました。

　明治大正昭和の家やこれを支える住人やご近所関係は、暮らしの文化の結晶です。全国的にも東京都の中でも、一般的な市街地では、都市計画は防災安全対策を優先し、古い木造の建物を適切に保全再生することについては積極的なサポートが多くありません。地価が高く、開発インパクトの高い都心部では、長年住み続けること、歴史ある建物を保つことが難しくなっています。谷中地区の有志はその中でも、地域に住み続けることや、まちの思い出や記録を谷中に新たに訪れる、住みつく人、若い世代や人びとに生き生きと引き継ぐための試みを行ってきました。

　このことは、単体の建物・すまい再生だけにとどまることではありません。日頃の生活見守り、多世代が集うまつりや子育て支援、ローカルメディアづくりで、まちぐるみでコミュニティをさらに活発化すること、集合住宅など新しい形式の建物に住む人も地域の一員となりやすいよう開発事業者に「地

*民間都市開発推進機構：「民間都市開発の推進に関する特別措置法」（1987年制定）に基づいて設立された法人（現在は一般財団法人）。MINTO機構とも呼ばれており、民間都市開発事業に対し安定的な資金支援など多様な支援を行うことを目的としている。

*エリアマネジメント：特定のエリアを単位に、民間が主体となって、まちづくりや地域経営（マネジメント）を積極的に行う取り組み。行政主導の「つくる」まちづくりに対して、住民や事業者らが主体となって地域の環境や価値を持続・向上させるまちづくりという位置づけである。

1 谷中の通りの現状

2 地区計画のみの将来像（イメージ）

3 地区計画＋伝建地区制度によるまち並みイメージ

図18　谷中地区のまちなみシミュレーション（案）
（谷中地区まちづくり協議会、環境部会、谷中を継ぐ会　作図協力：上綱久美子、2019年）

域共生型のマンション」の提案をし、ともに谷中にふさわしいマンションをつくること、それが将来にわたって担保されるように建築協定*や管理協定をつくることなども行っています。

　地域の人びとは、谷中らしい、広い空や緑、建物やまつりなどの歴史文化資産、コミュニティと防災安全を両立できるまちづくりについ

9階の計画を手前4階、奥6階に下げた地域共生型マンションの例。通りには建築協定をかけた。（2000年11月完成）

ライオンズマンション台東谷中完成予想スケッチ／椎原晶子

同左の当初計画　9階建てマンションの整備予想図（1998年9月時点　図：『谷中まちづくりNEWS第1号』1991.1より）

て、台東区や東京都とも協議や要望を重ねてきました。近年では谷中地区まちづくり協議会と台東区が検討会を重ねて2017（平成29）年に「谷中地区まちづくり方針」を定め、密集市街地整備促進事業と都市計画道路の廃止の方針を受けて、2020（令和2）年に谷中地区に地区計画*をかけて高さ規制を行い、3路線の都市計画道路を廃止しました。さらに2022（令和4）年、「谷中地区景観形成ガイドライン」をつくるなど、一歩一歩都市計画的にも谷中を守ることへの歩みを進めています。

　しかしながら、2021（令和3）年には、地区計画施行後も地下を含めた開発、地区整備計画がかからないエリアでの周囲より高いマンション計画が次々に起き、地域住民から地区計画の拡張、まちづくりルール見直しや寺町に伝統的建造物群保存地区制度の導入を求める声も根強く挙がっています。

　まちづくりには終わりがなく、ひとつの局面をのりこえればまた次の壁が現れます。谷中地区では、その壁をまちの人たちが一緒に目の当たりにし、しかし諦めず、よりよい環境をつくるために話し合い、提案し、行動しています。そのバイタリティは、これまで力の限りまちに取り組んできた先達から受けた勇気と、自分のまちを自分たちや次世代のふるさととして引き継ぎ、手渡していきたい願いから生まれています。

　谷中のチャレンジはこれからも続きます。同様に取り組む多くのまちの方たちとも知恵や想いを分かち合っていければと願っています。

*建築協定：「建築基準法」（1950年制定）に基づく制度で、良好な住環境の確保等を図るため、土地所有者の合意と特定行政庁の認可によって、特定の区域内の建築行為に対して「最低敷地面積」「道路からのセットバック」「建物の用途」などルールを定めること。

*地区計画：「都市計画法」（1980年改正）に基づき、住民参加のもと、地区レベルのまちづくりを総合的かつ詳細に定めることができる都市計画のひとつ。「地区計画の目標」「区域の整備・開発及び保全に関する方針」、そして道路・広場などの公共的施設（地区施設）、建築物等の用途・規模・形態等の制限をきめ細かく定める「地区整備計画」等から構成される。

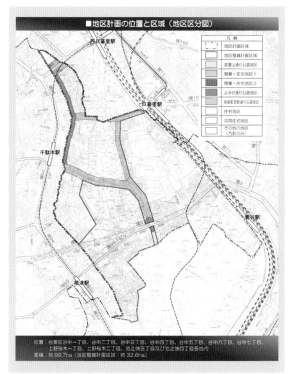

図19　台東区谷中地区地区計画（台東区、2020年）

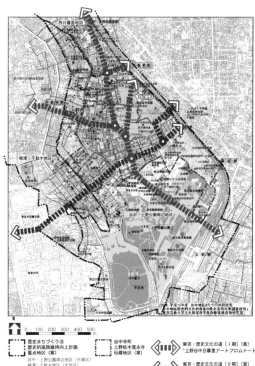

図20　谷中地区 東京・歴史文化資源地区（案）
（『東京文化資源会議リノベーションまちづくり制度研究
会報告書』、2019年）

図21　谷中地区のイメージ案：寺町の緑と家並み、暮らしを引き継ぐまち（絵図：椎原晶子）

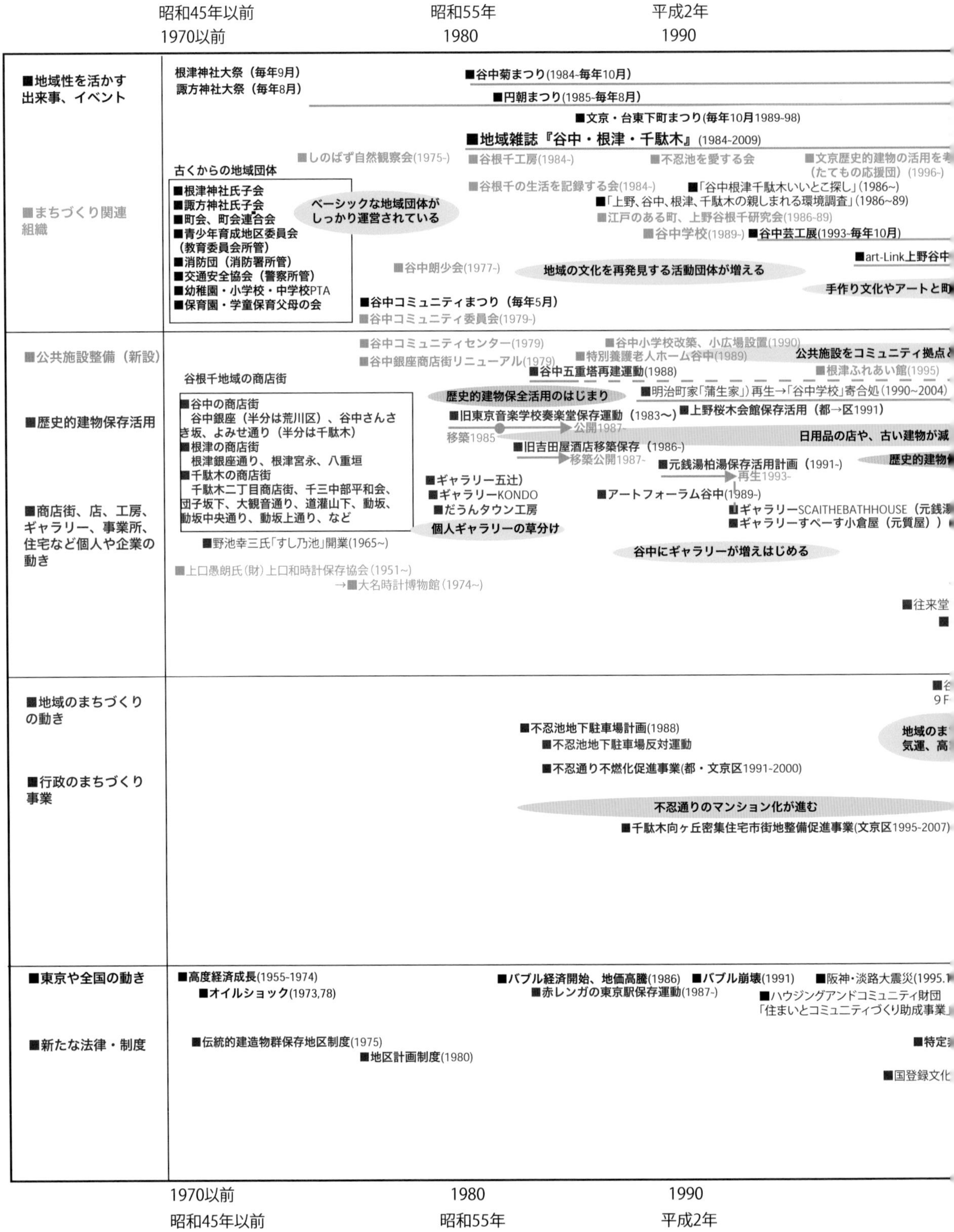

	昭和45年以前 1970以前	昭和55年 1980	平成2年 1990
■地域性を活かす出来事、イベント	根津神社大祭（毎年9月） 諏方神社大祭（毎年8月）	■谷中菊まつり(1984-毎年10月) ■円朝まつり(1985-毎年8月) ■文京・台東下町まつり(毎年10月1989-98) ■地域雑誌『谷中・根津・千駄木』(1984-2009)	
■まちづくり関連組織	古くからの地域団体 ■根津神社氏子会 ■諏方神社氏子会 ■町会、町会連合会 ■青少年育成地区委員会（教育委員会所管） ■消防団（消防署所管） ■交通安全協会（警察所管） ■幼稚園・小学校・中学校PTA ■保育園・学童保育父母の会 ベーシックな地域団体がしっかり運営されている ■谷中朗少会(1977-) ■谷中コミュニティまつり（毎年5月） 谷中コミュニティ委員会(1979-)	■しのばず自然観察会(1975-)　谷根千工房(1984-)　■不忍池を愛する会 谷根千の生活を記録する会(1984-)　■「谷中根津千駄木いいとこ探し」(1986~) ■「上野、谷中、根津、千駄木の親しまれる環境調査」(1986~89) ■江戸のある町、上野谷根千研究会(1986-89) 地域の文化を再発見する活動団体が増える	■文京歴史的建物の活用を考（たてもの応援団)(1996-) ■谷中学校(1989-)　■谷中芸工展(1993-毎年10月) ■art-Link上野谷中 手作り文化やアートと町
■公共施設整備（新設）		谷中コミュニティセンター(1979) ■谷中銀座商店街リニューアル(1979) ■谷中五重塔再建運動(1988) ■特別養護老人ホーム谷中(1989)	■谷中小学校改築、小広場設置(1990) 公共施設をコミュニティ拠点& ■根津ふれあい館(1995)
■歴史的建物保存活用	谷根千地域の商店街 ■谷中の商店街 　谷中銀座（半分は荒川区）、谷中さんさき坂、よみせ通り（半分は千駄木） ■根津の商店街 　根津銀座通り、根津宮永、八重垣 ■千駄木の商店街 　千駄木二丁目商店街、千三部平和会、団子坂下、大観音通り、道灌山下、動坂、動坂中央通り、動坂上通り、など	歴史的建物保全活用のはじまり ■旧東京音楽学校奏楽堂保存運動(1983~) 移築1985　公開1987→ ■旧吉田屋酒店移築保存（1986-) 移築公開1987-	■明治町家「蒲生家」)再生→「谷中学校」寄合処(1990~2004) ■上野桜木会館保存活用(都→区1991) 日用品の店や、古い建物が減 ■元銭湯柏湯保存活用計画(1991-) 再生1993-　歴史的建物
■商店街、店、工房、ギャラリー、事業所、住宅など個人や企業の動き	■ギャラリー五辻) ■ギャラリーKONDO ■だうんタウン工房 個人ギャラリーの草分け ■野池幸三氏「すし乃池」開業(1965~) ■上口愚朗氏(財)上口和時計保存協会(1951~) →■大名時計博物館(1974~)	■アートフォーラム谷中(1989-) 谷中にギャラリーが増えはじめる	■ギャラリーSCAITHEBATHHOUSE（元銭湯 ■ギャラリーすぺーす小倉屋（元質屋） ■往来堂
■地域のまちづくりの動き ■行政のまちづくり事業		■不忍池地下駐車場計画(1988) ■不忍池地下駐車場反対運動 ■不忍通り不燃化促進事業(都・文京区1991-2000) 不忍通りのマンション化が進む ■千駄木向ヶ丘密集住宅市街地整備促進事業(文京区1995-2007)	地域のま 気運、高
■東京や全国の動き ■新たな法律・制度	■高度経済成長(1955-1974) ■オイルショック(1973,78) ■伝統的建造物群保存地区制度(1975) ■地区計画制度(1980)	■バブル経済開始、地価高騰(1986) ■赤レンガの東京駅保存運動(1987-)	■バブル崩壊(1991)　■阪神・淡路大震災(1995, ■ハウジングアンドコミュニティ財団「住まいとコミュニティづくり助成事業」 ■特定 ■国登録文化

1970以前　昭和45年以前 ／ 1980　昭和55年 ／ 1990　平成2年

図22　谷中地区まちづくり年表 1970～2022

平成12年 2000	平成22年 2010	令和2年 2020

■「美しい日本の歴史的風土100選」に東京都では「寛永寺・上野公園と谷中の街並み」、「江戸の城下町、明治の市区改正、帝都復興の遺産、根津・千駄木、神楽坂」が選定(2007)

■ル・コルビュジェ設計「国立西洋美術館」世界文化遺産に登録(2007)

■谷中まつり(毎年10月1999-)
■根津千駄木まつり(毎年10月1999-)
■東京文化資源会議(専門家有志2015~)
■東京文化資源会議・国・都・区に東京都歴史文化地区を提言(2018)
■東京歴史文化まちづくり連携(2019~)

る会 谷根千ネットプロバイダー(2000~) たてもの応援団NPO法人化(2007)
■NPO法人文化財保存支援機構(2001~)
けんこう『蔵』部(1999-) 団体のNPO法人化と地域との連携強化
■たいとう歴史都市研究会(2001~,NPO法人化2003~)
■NPO法人ひとまちCDC(2003~2009)
ヒマラヤ杉と寺町谷中の暮らしの文化、街並み風情を守る会(2013~15)
(一社)ヒマラヤすぎ基金(2015基金~)

97-毎年秋) ■(一社)谷中のおかって(2008~)

■不忍ブックストリート実行委員会(2005-)
連携イベントが増える ■一箱古本市(2005-)
■東京芸大120周年地域連携UTM(2007~2009) ■上野文化の杜新構想(2018~)
サスティナブルアートプロジェクト(2004~2007) ■GTS観光アートプロジェクト(東京芸大・墨田区・台東区)(2010~12)

て活用 ■特別養護老人ホーム 谷中コミュニティセンター再生マスタープラン ■谷中防災コミュニティセンター完成(2015~)
千駄木の郷(2001) (2006~)→防災初音の森 完成(2007~) 谷根千まちづくりファンド(
香隣舎(2004~) 谷中五重塔再建運動(2007~) (朝日信用金庫・民間都市開発機構2018~)

■大正町家「旧銅菊」調査(2016~)→未来生番研究所(まちあかり舎サブリース(2018~)
■昭和三軒家「上野桜木あたり」再生
■上野桜木会館保存運動→改築部分保存(2001-02) 店舗・住民・複合施設化(2015~) 登録有形文化財ぺーす小倉屋_台東区取得へ
いく ■明治屋敷「市田邸」保存活用(2001~)→国登録有形文化財(2005~) ■大正町家「カヤバ珈琲再生(2009~) 登録有形文化財「花重」再生調査計画(2020~)
活用の仕組みづくり試行中 ■大正町家「間間間」保存活用(2002~) (間間間)→「のんびりや」
■旧平櫛田中邸・アトリエ保存活用(2003-) ■大正屋敷「旧唐木田邸」調査(2011~)→桜緑荘(2014~) ■大正町家「傳左衛門めし屋」(2018~)
■旧岩崎邸地下ゴミ処理計画反対運動(1997~)→旧岩崎邸庭園・邸宅保存公開(2001~) ■下谷銭湯「快哉湯」保存調査(2016~)→
■明治屋敷「根津茨城県会館」(売却コンペ2003・建替・庭と蔵保存2006~) ヤマムラ建物再生室+カフェrebon(2018~)

(1993-)
3-)■ギャラリーKINGYO(2000~) 新しい店、若い世代のネットワーク増える HAGIStudio谷中界隈リノベーション拠点・誇れる日常づくり ■ローカルwebメディア
■谷中坂町ハウス(コーポラティブ,竣工2002) 萩荘→最小複合文化施設 HAGISO(2013~) 「まちまち眼鏡店」(2022~)
青空洋品店(2003~2018移転) ■第二五越荘→まちぐるみ旅館hanare(2015~)
手作りの店、工房、個性ある本屋、カフェ等が増えはじめる ■食の郵便局,お惣菜と食事TAYORI(2017~)
(1996~) ■tokyo bike(谷中2004~) ■千駄木KALSS+HAGI Studio(2018~)
ほうろう(1998~) ■ブックオフ千駄木店(2004~) ■焼菓子TAYORI BAKE(2019~)
■いろはに木工所(2005~2017両国移転) ■西日暮里スクランブル& KALSS(2019~)
■旅ベーグル(2007~2015香川移転2016) ■鶯谷 LANDABOUT TABLE(2019~)
■谷中銀座複合店舗 ■ジェラードとキッチン
Things.YANAKA(2017~) 谷中asatte(2022~)
交流拠点「さんさき坂カフェ」(2009~) ■千駄木CIBI(2017~) コロナ禍中の飲食店・住民の協力

崎坂マンション見直し ■上野桜木マンション見直し運動(2000~03)
手前4F(1998~2000) ■上野桜木マンション完成(2003) ■よみせ通りマンション見直し9F→6F(2015~16)
■谷中地区まちづくり憲章(2000.3) ■谷中地区伝建地区推進の陳情(下谷仏教会、谷中を継ぐ会2019)
くり ■谷中三崎坂マンション完成(2000.11) ■谷中地区まちづくり協議会に ■谷中地区まちづくりに関する要望書 ■谷中2丁目あかじ坂マンション見直し(2021~)
■谷中三崎坂建築協定締結(2000.12) 交通部会、防災部会、環境部会 都と区に、歴史資源と防災の両立を求め ■谷中7丁目朝倉彫塑館通りマンション
■谷中地区まちづくり協議会(2000) を設置(2003-) ■台東区景観まちづくり条例(2002) る(谷中地区まちづくり協議会2017) 見直し(2021~)
■谷中地区まちづくり推進の要望書を区に提出(2000) ■東京都景観条例(2002) 地区計画策定後、マンション開発・見直し運動増加
富士見坂景観保全運動(1999-) ■台東区景観計画(2011) ■谷中谷中2・3・5丁目不燃化特区制度(2014~)
防災広場「初音の森」整備計画(2003-) ■台東区谷中地区に新防火区域規制(2014~)
完成2007 ■谷中地区まちづくり方針策定(台東区2015~2017)
■谷中二・三・五丁目地区密集住宅市街地整備促進事業(台東区2000-2023) 谷中の暮らし・歴史文化資源と防災を両立する ■谷中・日暮里地区都市計画道路廃止(東京都2020)
■谷中地区まちづくり基礎調査研究(台東区2001) まちづくり推進についての要望書(都と台東区に ■谷中地区地区整備計画策定(台東区2017~2020)
■谷中地区整備経計画(台東区2002-04) 谷中地区まちづくり協議会2014) 谷中地区まちづくり協議会に
■東京都部都市計画道路整備方針(2004)谷中日暮里地区都市計画道路見直し対象に ■東京都谷中・日暮里地区 景観部会を設置(2019~2022)
■谷中地区都市再生整備事業(台東区2005~2010) 都市計画道路廃止方針 ■谷中地区景観誘導策検討支援業務(台東区2019~2022)
谷中霊園整備計画(東京都2005~) (2015) ■台東区谷中地区景観形成
行政によるまちづくり支援事業が増える ■根津駅周辺まちづくり ガイドライン
(文京区2006-) 台東区・谷中の景観形成・保全に着手

東日本大震災後、国、都、区市町村の防災対策強化(2011~)
3~) ■景気回復(2002-) ■東日本大震災(2011.3) ■新型コロナウイルス蔓延(2020~)
丸ビル建替(1999-2002) ■リーマンショック(2008) 国,重点密集市街地「地震時等に著しく危険な密集市街地」指定(2012~)
活動促進法(NPO法1998-) ■東京ミッドタウン(2007-) ■東京都「木密地域10年不燃化プロジェクト」(2012~) ■ロシア・ウクライナ侵攻
度(1996~) 歴史まちづくり法(2008~) ■東京都「不燃化特区制度」(2013~) (2022)
■都市再生特別措置法(2002) ■東京都「新防火区域規制」(2013~)
■国「美しい国づくり政策大綱」(2003~) ■東京オリンピック・パラリンピック(誘致2013~実施2021)
■景観法(公布2004施行2005~) ■東京都心部地価の上昇(2013~)
■文化財保護法一部改正_文化的景観(公布2004施行2005~) 都心部再開発の推進、都心周辺開発増加
■まちなか再生事業(2006~) ■文化財保護法及び地方教育行政の組織及び運営に関する
法律の一部改正(公布2018施行2019~)

2000	2010	2020
平成12年	平成22年	令和2年

年表制作：椎原晶子 2008, 2011, 2022
参考資料：「谷中のまちづくりの歩み20年」『季刊まちづくりno.6』(学芸出版社)、森まゆみ『谷根千工房の冒険』(ちくま書房)、谷根千ねっとHP、国土交通省HP、文化庁HP、東京都HP、台東区HP、椎原晶子「密集市街地における防災性向上と地域文脈継承両立の課題−東京都・台東区谷中地区の取り組みから」(2013年度日本建築学会大会(北海道)都市計画部門パネルディスカッション資料)、他

市民まちづくりの現在地

まちづくり株式会社コー・プラン　小林 郁雄

はじめに／市民活動社会の時代へ

　20世紀は国際・企業中心の企業活動世界だったと思うが、21世紀は民際・市民中心の市民活動社会へと向かうと考えている。グローバルな会社ビジネスが世界を支配していた時代から、ローカルな市民まちづくりがこれからの社会の核になる。1995年阪神・淡路大震災の最中に薄々気づいたが、2020年新型コロナウイルス感染症パンデミックによって、私の中でそれは確信になった「小規模分散自律生活圏の多重ネットワーク社会」である。

　21世紀は地域主権・情報共有を条件に、市民が主体となりコンパクトな自律生活圏が多重にネットワークしている自律連帯社会だろう。その中核が「市民まちづくり」である。

草の根のまちづくり活動へ／
住まいとコミュニティづくり活動助成

　H&C財団の30年は「住まいとコミュニティづくり活動助成」の歴史である。住まいまちづくり分野のNPOや市民活動団体を支援するた

第6回「住まいとコミュニティづくりNPO交流会」
2010年8月28日 学士会館（東京・神田錦町）

め、公募による支援（活動資金の助成と支援を通した活動の推進）で、第1回が1993（平成5）年度で今年2022（令和4）年度が第30回になる。昨年度（第29回）までの合計で応募件数4,310、助成件数440、助成金額約3億9500万円となっている。

　それは日本全国津々浦々での草の根まちづくり活動への最も古くからの、また、最も地域に根ざした活動への助成事業であり、1事業あたりの金額は多いとはいえなくとも、多くの団体・個人に親しまれ、行政や学会などからの信頼も厚い。各年度選考された助成事業はその先進的、実験的取り組みに特徴があり、「市民まちづくり」への眼差しに助成選考の基本が置かれている。

私の体験から／助成事業の先進性

　私はH&C財団の助成選考委員会の委員を第13回〜第16回（2005〜2008年度）の2期4年と第17回（2009年度）と第18回（2010年度）の選考委員長を担当した。それは大変楽しく刺激的な体験で、長年まちづくりに携わってきていたが、神戸というローカルな地域限定の私の経験・知識を超え、各地さまざまな地域での活動を知ることができ、実際にそれぞれの現地での案内・解説などで実態を教えていただいた得難いものであった。

　各事業の先進性に関して、例えば、第18回2010（平成22）年度の委員長総評に次のように記した。

　昨年（2009年度）の助成先のキーワードは、

地域交流会「たつの」まち歩きの風景（2016年）

小林 郁雄（こばやし いくお）
都市計画・まちづくりの専門プランナーとして、Team UR、コー・プランで1969年から約40年ほど神戸中心に実務（主にポートアイランド、ハーバーランドなどウォーターフロント計画）
阪神・淡路大震災後は復興市民まちづくりの支援ネットワークで尽力

①空き家、②アート、③農業、④子どもであった。今年の助成先でみると、①空き家活用などによる歴史的まち並み再生、②アートを背景にした地域文化継承や映画館再生・映画制作、③生態系にも配慮した都市内空き地のいも畑化や森の再生、④高校生や地域の若者によるまちづくりといったように、大きな傾向には変わりはないが、より具体的かつ切実な住まいとコミュニティづくり活動への取り組みとなってきている。加えて、ずいぶんと増えてきたと思うものに、生活保護ホームレス対応活動がある。経済不況や格差社会の進行と軌を一にした敏感な反応であろう。

　10年が経過した今（2022年）、「空き家」「アート」「農業」「子ども」は、住まいまちづくり分野のNPO・市民活動団体の最も身近で重要なキーワードになっている。あるいは、これからなろうとしているこうした活動を、10年以上前から実践している人びとや団体がいたこと、それをH&C財団が支援してきたことに、この助成の先進性を強く思う。

**報告と交流・懇親が重要／
助成団体の事業活動報告会、交流会の意義**

　さらに、各年度助成対象団体が一堂に会して事業報告をするだけでなく、活動の知恵や経験の交流と懇親を図る会（住まいとコミュニティづくりNPO交流会など）が2005年から毎年開催され、助成希望団体や関係するNPO・市民活動団体のみならず、広くまちづくりに関心を持つ人や組織など、誰でも参加できる形になっていることが素晴らしい。また、2014年からは地方（伊勢、高田、たつの、尾道、小浜、金沢など）での地域交流会も、併せてH&C財団によって企画運営され、私はこれまでほとんどの回に参加したが、現場のまちづくり活動の学習、交流の場となるこれ以上の機会はないと思う。

　これら助成活動、交流活動によって、まさに全国各地の草の根市民まちづくり活動を支えてきたのがH&C財団の30年であった。

おわりに／市民まちづくりの現在

　私が神戸の大都市震災からの復興過程に携わるうちにやっと気づいたことは、地縁的社会の「自律生活圏」が大切だということである。そして、21世紀の市民活動社会に向けて、脱炭素・省資源・循環型社会を維持運営するためにも、小規模で分散した自律生活圏が多重にネットワーク（交通・水緑・情報など）すること、その中核に「市民まちづくり」があるという構図である。

　これから少なくとも数年〜十数年単位で、新型コロナウイルス感染症などとの共生社会は、人口集積大都市交流社会から新たな規範をもった小規模分散社会に向かわざるを得ないと考えている。

　　　　　　　　　　　　　　　　　（寄稿）

5章

空き家再生を通した
地域コミュニティの創造
NPO法人尾道空き家再生プロジェクトの15年

尾道市立大学 非常勤講師　渡邉 義孝

　近世〜近代にかけて繁栄した瀬戸内の都市・尾道市では、NPO法人によって空き家再生の活動が取り組まれています。負の遺産と思われがちな空き家を、その建築的特徴や周辺環境の特性などから「まちの宝」と措定し、時間の積層の表象として住宅、飲食店、宿泊施設などに再生するその営みは、若者を中心に多くの移住者を引きつけています。市からの委託により実践している空き家バンク*事業や、国の登録有形文化財*制度の活用、さらには取り壊しが迫る「セトギワ建築」の保存運動などを通して、市民の主体的なまちづくりの軌跡を紹介します。

1　観光地おのみちの変遷と課題

　私たち、NPO法人尾道空き家再生プロジェクト（以下「空きP[注1]」）の拠点となる尾道市は、広島県東部に位置する人口約14万人の都市です。度重なる合併により内陸部や島嶼も市域に含まれましたが、空きPが活動しているのは、旧市街と呼ばれる尾道駅近くの中心部です。尾道水道と呼ばれる狭隘な海にギリギリまで山が迫る、斜面地の多いエリアです。

向島から見た尾道水道と市街地

1 坂と海と古寺のまち

　今でこそ尾道は、「空き家再生のまち」「おしゃれなカフェや店があるまち」として認知されるようになってきましたが、少し前までは「尾道観光イコール寺めぐり」という印象が強いまちでした。かつては80以上、現在でも25の寺が残るという類いまれな密集度は、中世・近世を通してこのまちが、いかに豊かであったかを示しています[注2]。

　一定年齢以上の世代にとっては、尾道といえば大林宣彦監督の映画のロケ地として記憶されているかもしれません。「転校生」「時をかける少女」「さび

浄土寺

*空き家バンク：空き家を売りたい人や貸したい人が登録し、行政のホームページや掲示板に情報を掲載するプラットフォームのこと。「○○町空き家バンク」のように、通常各自治体が主体となって運営している。

*登録有形文化財：1996年の「文化財保護法」改正に基づいて、重要文化財以外の有形文化財のうち、保存および活用のための措置が特に必要とされるものとして文部科学大臣によって登録されたもの。重要文化財指定制度よりも幅広く文化的価値のある建造物を継承する目的で制度がつくられた。改正当初は建造物のみが登録の対象だったが、2004年の改正で美術工芸品などの有形文化財も対象になった。

注1　任意団体の時期からの尾道空き家再生プロジェクトの略称。「あきぴー」と読む。

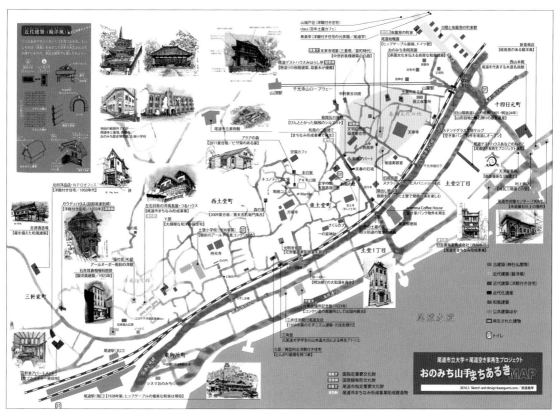

図1　おのみち山手まちあるきMAP

しんぼう」のいわゆる尾道三部作の「聖地巡り」は今も根強いファンによって続けられています。

　尾道の魅力は、なによりも「海と島、坂の町」という地形的な特徴があります。特に、旧市街地の尾道三山（浄土寺山、西國寺山、千光寺山）の南側斜面地は、今も車が入れない細街路と急傾斜地が多く、その迷宮的な空間と古い建物が、まち歩きを楽しませる重要な要素となっています。

② 駅前なのに多数の空き家──斜面地の現状

　その特殊な環境が空き家を生み出す最大の原因になっていることもまた事実です。このエリアの大部分は、明治の初めまでは寺社のみが存在を許された神聖な地であり、1891（明治24）年に山陽鉄道（現JR山陽本線）の敷設によって住み処を失った人びとのために宅地開発が許されたという背景から、いまも寺地のままという土地が多いのです。つまり借地の上に建てた家であるがゆえに資産価値が低く、また無接道であることからそもそも建築行為が禁止されているというケースが大半です注3。住人が転出したり高齢化して施設に入ると適切な管理がされなくなり、売ることもできず、建替えもできず……という悪循環で「荒廃した空き家」になっていくのです。「駅前のいちばんの観光エリアに、空き家が続々と発生する」という状況が、1990年代以降の尾道の深刻な問題となっていきました。

尾道市中心部、斜面地の住宅。自動車もバイクも通れない、階段のみのアプローチの家も少なくない

注2　尾道の中心部（尾道三山の斜面地）には、国宝の浄土寺本堂・多宝塔のほかに、重要文化財の同阿弥陀堂、西國寺金堂・三重塔、西郷寺本堂、天寧寺塔婆などの中世寺院建築が残る。村上水軍や足利家とのつながりに加え、近世には北前船寄港地として繁栄を見た。

注3　建築基準法の接道義務の要件に加えて、崖地に関する県安全条例の制限により、斜面地の多くのエリアで再建築が困難となっている。尾道市中心部の空き家はそうした地域に密集している。

3 全国チェーン店がない商店街

　尾道の中心市街地である本通り商店街は、1990年代には、ご多分に漏れず
シャッター街と呼ばれるようになっていました。小売店舗が減少し、空き店
舗の増加に悩まされていきます。

　一方、商店街には、全国チェーンの小売販売業やレストランがほとんど存
在せず、地元の老舗や小さな個人商店がその大半を占めていました。もちろ
ん、駅から離れたエリアでは大手スーパーやファミリーレストラン、電器量
販店も見られますが、本通り商店街には進出できていません。その背景には、
近世の地割を引き継ぐ極端に細長い短冊状敷地と複雑な権利関係がありまし
た。そのために「シャッターが降りた空き店舗」が建物の更新もされずに放
置されてきたのですが、それは悪いことばかりではなく、今後の人口減少社
会のコミュニティデザインに有利に働く可能性もあります。これは「5 空き
家再生で変わるまち」にも関係します。

2　ガウディハウスとの出会い―空き家再生のはじまり

1 マンション問題と景観への警鐘

　空きPが空き家再生に取り組む以前にも、尾道の都市景観やまちづくりを
巡るさまざまな活動がありました。

　1990（平成2）年に、国宝の寺・浄土寺近くにマンション建設計画が発表さ
れたのです。多くの文化財を擁する古寺めぐりルートに近く、地元住民から
反対の声が上がりました。各界のリーダーが集まって結成された「尾道の歴
史的景観を守る会」は2週間で9千余名の反対署名を集めます。さらに市内
だけでなく首都圏でも募金活動を展開。集まった3億5千万円で建設予定の
敷地を買い取り、美術館を建設したのです。これが「尾道白樺美術館」であり、
その後、尾道市立大学の美術館として今も市民に開放されています。

旧尾道白樺美術館（現尾道
市立大学美術館）

　2005（平成17）年、今度は尾道駅の真横の土地に、新たなマンション建設
計画が浮上。多くの市民の署名も集まり、尾道市も建設を認めない姿勢を示
し、市の予算から5億4千万円を拠出して土地を買い取ることで決着しました。
尾道駅を降りて東に進むと、踏切の脇に三角形の不思議な芝生の広場が目に
留まりますが、こここそ、市民の勇気と市の英断の記念碑というべき場所な
のです。

尾道駅脇の三角形の芝生

2 豊田雅子代表が空き家を購入、掃除と情報発信をスタート

　尾道の空き家再生プロジェクトの活動は、地元出身の主婦、豊田雅子さん
が、長く空き家状態となっていた崖の上の一軒家を購入したところから始ま

豊田雅子代表理事

りました。

この建物は、通称「尾道ガウディハウス」。高校時代から目にするたびに気になっていたこの家を内覧する機会があり、その職人技にひと目惚れ。夫にも無断でポケットマネーで家を買ってしまう彼女の行動力が、その後の大きなうねりをつくり上げていくことになります。

豊田さんは、高校卒業後に尾道を離れ、大阪の大学を経て旅行会社に就職。添乗員として世界を駆け巡りましたが、特にヨーロッパ渡航を重ね、イタリアのアマルフィの景観に強く惹かれたといいます。と同時に、ふるさと尾道との違いに危機感も覚えました。

尾道ガウディハウス

「どちらの街も、山が海に迫り、斜面地に集落が広がる都市。アマルフィは古い建物をそのまま残し、世界中から観光客が集まり、経済的にも豊かで若者もそこで生きていく。一方、尾道は、空き家がどんどん増えていき、若者も流出し空洞化が進んでいる」と。

古い建物をこよなく愛し、地元で空き家を手に入れて再生したい、との想いを強くした彼女は、再会したガウディハウスを即決で購入しようと決断したのです。2007（平成19）年の春のことでした。

尾道ガウディハウスは、1933（昭和8）年の建築。正しくは旧和泉家別邸といい、紙の箱の製造で財を成した実業家の別宅でした。尾道を象徴する急傾斜地に石垣を築いて建ち、和館と洋館から構成される近代建築のひとつですが、和風の部分にも南京下見板が張られ、複雑な飾り屋根、鳥居のような門柱が立つなど、異形というべき外観から、誰ともなく「ガウディ」の名を冠して呼ぶようになったというユニークな建物です。

3 2007年「尾道空き家再生プロジェクト」結成、翌年にNPO化

既に双子の母親となっていた彼女は、子育てと同時進行で、この建物の片付けと掃除に取り掛かります。そして、銘木や錺金具、手の込んだ技法を発見してはブログで発信、建物の魅力を広く世に訴えていきました。また、空き家から出てきた廃品を処分するための「蚤の市」を開いては、再生資金を集めます。

その過程で、かつての同級生や、尾道大学（現尾道市立大学）の美術教員、そして尾道以外の専門家らも加わり、「尾道空き家再生プロジェクト」が誕生します。翌年には、NPO法人として登記されます。

ちなみに筆者はこの折りに「不思議な古い建物を購入したので、実測を頼みたい。ボランティアで……」という彼女からの連絡を受けました。写真画像に興味をおぼえてこの運動の輪に加わることになったのです。すぐに千葉から尾道に向かい、実測図面（平面図、断面図）を作成するとともに小屋裏を調査し、昭和8（昭和33）年の棟札を発見することができました。その時の調査データが、6年後の国の有形文化財登録につながりました。

新田悟朗専務理事は「『まずはできることから始める』ことこそ空きPの物件再生の特徴。資金がなくても手を動かして、いろいろな補助金、助成金にもチャレンジしながら、地元住民やアーティストなどを巻き込みつつ一歩ずつ進んでいくことである」と語る

ガウディハウスは、さまざまなアートイベントの舞台にもなりました。滞在型の美術製作「アーティスト・イン・レジデンス（AIR）」の会場として、「山本基／塩の迷宮」（2007年9月）、「坂口恭平／襖絵ドローイング『街男』」（2009年8月）など

ガウディハウス和室部分

に提供され、多くの来場者を迎えました。この頃から、尾道の空き家の再生は、アーティストとの協働が重要な要素として意識されるようになります。また、「空きP役員会」「空き家談義」など、NPOの会議やイベントでも活用されてきました。大林監督の映画にも登場していましたが、最近ではアニメの舞台としても知られるようになり、若い世代による「聖地巡り」スポットとなりつつあります。

「再生物件第1号」であるガウディハウスは、実に10年以上の修復期間を経て、2020（令和2）年についに1棟貸しの小宿としてオープン。「内部の改変が自由」という登録有形文化財の趣旨を踏まえて、1階の倉庫部分にネコ脚タイプのバスタブを設置、タイルづくしの洗面台などを新設しました。一方、外観の改変は最小限とし、雨漏り補修・下見板の部分的な更新に留めました。やや高価格帯の「文化財に泊まれる宿」として、その価値を知る人に利用してもらいたいと私たちは考えています。

ガウディハウスは小さな建築ながら、文化財としての上質な空間と尾道のまちをゆっくりと楽しんでもらうため、1組限定の貸し切り、かつ2泊以上から受け付けている

④ 直営物件としてゲストハウス、カフェ、アパートなどを再生

（1）とんがり屋根の「北村洋品店」再生

話を2007（平成19）年に戻します。

ガウディハウスを購入した豊田代表は、それに続く第2号物件を自費で購入します。それがとんがり屋根の洋館、「北村洋品店」です。現在はNPOオフィ

スとして活用しています。

ガウディハウスが「文化財としてきちんと残すべき対象」だとすれば、戦後に建てられたこの「北村洋品店」は、もっと気軽にみんなで楽しくリノベーション*しようという対象でした。

その時はやはりゴミだらけで、シロアリの被害も強烈で、柱や梁の多くは消滅しているような状況でした。

それを、子どもを含めたさまざまなワークショップ*で再生しました。床のモザイクタイルは保育園児の手づくり、外壁はドイツ壁を再現する一方、一部

北村洋品店

の板壁を「廃材の床板を張ってオブジェをつくる」というアート・インスタレーションとして表現するなど、単なる修復ではない再生の手法を試みています。ユニークなのは床の下から発見された井戸をあえて畳の上に露出させていること。文字通りの「子育てママの井戸端サロン」として、役員会や毎月実施する「空き家相談会」などで使用するほか、さまざまな地域のイベントにも開放しています。

(2)「三軒家アパートメント」─サブリースの手法

次に紹介するのは、三軒家アパートメントです。

駅から1〜2分の距離なのに、ほとんど空き家状態になっていた木造モルタル、10部屋のアパート。これを丸ごと借り上げて、ひと部屋ずつサブリース*するというものです。

ここにはカフェやギャラリーをつくるとともに、雑貨屋や陶芸家などいろ

*リノベーション：既存建物に大規模な改修を行って、建物の用途や機能を変更向上させ、建物自体の付加価値を高める行為をいう。類義語にリフォームがある。リフォームが、マイナス状態のものをゼロの状態に戻す機能回復という意味合いが強いのに対し、リノベーションは、新たな機能や価値を加えて、より良くつくり替えるとの意味合いを持つ。

*ワークショップ：学びや問題解決のトレーニングの手法。まちづくり分野においては、地域に関わるさまざまな立場の人びとが参加して、地域の課題解決のための改善計画や提案づくりを進めていく共同作業の総称。

北村洋品店の外壁もアート作品のひとつ

北村洋品店内部。井戸を囲んで話し合うメンバー

三軒家アパートメント内のギャラリー

三軒家アパートメント　1階平面図

図2　三軒家アパートメント1階平面図

いろいろな活動している個人にテナントとして入ってもらい、いわば尾道のサブカルチャーの発信地のような状態になっています。テナントの入居にあたっては、審査があります。それは空きPが判断するのではなく、既にアパートメントで営業している店主たちが話し合い、「新しい仲間としてふさわしいか否か」を決めます。そこでOKが出ると入居できる仕組みです。

(3)「あなごのねどこ」～商店街で宿をつくる

尾道の特産であるアナゴにもじって「あなごのねどこ」と命名されたこの建物は、まさに「うなぎの寝床」のように50メートルにも及ぶ長い敷地を持っている空き店舗でした。近世地割を引き継ぐ典型的なつくりです。

職人さんの指導を仰ぎながら素人が中心になって改装。1階をカ

あなごのねどこ外観と空きPスタッフ／座位右端が豊田雅子代表、その右の立位置は筆者

フェとして、2階をドミトリー中心の安い旅人の宿として開業しました。1泊2,800円のドミトリーが基本です。

1階部分には「あくびカフェー」を設置。建築的には、市内で廃校になる小学校の備品や板等、廃物を最大限利用して内装をつくり上げています。それが時間の流れを感じさせる魅力につながっています。

それも、新し過ぎない独特の味を出している秘訣です。そしてここでは、カフェ部門を含めて多くの若者を雇用しています。

(4) 山の上のゲストハウス「みはらし亭」の復活

次は空きP史上、最大の難工事といえる「みはらし亭再生」。尾道随一の観光地、千光寺山の中腹に建つ大正時代の旅館です。

街中からいつも見えている尾道の「顔」のような建物ですが、老朽化と雨漏りが進み、ひどい状態のままで空き家に

みはらし亭遠景（西川真理子撮影）

＊サブリース：建物オーナーから一括で借り上げた不動産を第三者に転貸すること。会社や団体等が、建物オーナーから不動産を一括して借り上げる契約をマスターリース（特定賃貸借）契約と呼び、借り上げた不動産を入居者やテナント等に転貸する契約をサブリース（転貸借）契約という。

なり放置されていたものです。これを「絶景を独り占めできるゲストハウス」として再生する、というのがこの計画です。工事を始める前に、この建物も国の登録有形文化財にしました。

みはらし亭内のカフェ

空き家の多くは山手の斜面地に集中していて、荷物の上げ下ろしひとつとっても、マンパワーに依存せざるを得ません。みはらし亭はまさにその典型でした。一方、実際に体を動かして家を直してみたいというニーズが高まっているという面もあります。そこで「空き家再生夏合宿」と題して、全国からボランティアを募り、1週間寝泊まりして

みはらし亭で作業する地元の小学生たち

2009年の空き家再生夏合宿のチラシ

もらいながらひとつの空き家を直していくというイベントを、この建物でも実施しました。3回にわたり、全国から延べ70名以上が参加してくれました。

工事には3000万円近い工事費がかかりました。その費用調達のために、初めてクラウドファンディング*に挑戦し、目標額200万円に対して400万円の支援を集めることができました。ほかに、ひと口30万円の無利子貸付を関係各所にお願いし、地元の企業家や理事らから400万円超を預かりました。こちらは毎年6万円を5年かけてお返しするという約束で、予定通り全員に返済することができました。また、日本遺産構成物件[注4]になったことで、市役所から600万円の補助を受けました。こうした各方面からの志が集まって、みはらし亭は再生を果たしたのでした。

(5) 駅前旅館の再生「松翠園大広間」

尾道駅北口の目の前に、多くの旅行者に親しまれた旅館「松翠園」がありました。既に廃業して久しく空き家となっていましたが、その敷地内には、本館とは別に離れとして通称「大広間」が残っていました。舞台・床の間付き60畳の大空間と広縁、八畳間と厨房棟、さらに茶室も備えた一群の建物です。かつて結婚式場としてもおなじみの場所だったようで、駅や海を見下ろす好立地でもありました。ただ、野犬の一家が住み付き、畳も壁も屋根も

＊クラウドファンディング：crowd（群衆）とfunding（資金調達）を組み合わせた造語であり、多数の人による少額の資金が他の人びとやや組織に財源の提供や協力などを行うことを意味する。金銭的リターンのない「寄付型」、金銭リターンが伴う「投資型」、プロジェクトが提供する何らかの権利や物品を購入することで支援を行う「購入型」などに分類される。

注4　尾道市は、①「尾道水道が紡いだ中世からの箱庭的都市（2015年）」、②「"日本最大の海賊"の本拠地：芸予諸島（2017年）」③「荒波を越えた男たちの夢が紡いだ異空間〜北前船寄港地・船主集落〜（2017年）」の3つのストーリーとして日本遺産に登録されている。みはらし亭は①の19構成文化財のひとつ。

傷みがひどく、当然車が入れない場所でもあることから改修工事は難航しましたが、1年以上をかけ、多くのボランティアや地元小学生の力も借りて2019（令和元）年に貸しスペース兼宿泊施設「松翠園広間」としてオープンしました。支輪折り上

松翠園大広間

げ格天井の鏡板にロゴマークが並んでいますが、これは1枚につき5万円を寄付してくれた企業や個人を表しています。資金調達の試みでした。

松翠園大広間の格天井に張られた協賛ロゴマーク

　ここは建物としての魅力が特に豊かな物件でした。

　第1に、終戦直後の資材も職人も不足していた時代に これほどの大空間を手の込んだ手法でつくり上げたことに驚愕します。寄付の茅葺きや扇垂木、松竹梅の透かし彫りに加え、御影の沓脱石も見どころ。

　しかし、この建築の白眉は南縁側の16mもある一枚モノの松の床板です。約2尺幅の無垢板は一見の価値があります。座敷は支輪折上格天井、舞台の対極には2間幅の床の間。松皮菱と瓢箪の透かしは左官で仕上げた見事なものです。大空間が洋小屋トラスで架構されているのも隠れた魅力となっています。

3　空き家バンクによる移住促進

1 市の空き家バンク事業を受託、移住者の受け皿に

　空きPの「歴史的建造物の保存再生」というハード面の事業は、大きくふたつに分類できます。

　「2 ガウディハウスとの出会い」で紹介した「直営物件の再生」ですが、これを「第1のフェーズ（段階）」と呼ぶことにします。代表個人の活動を含めて、空きPが直接の主体となって建物を再生し活用するというスタイルです。

　それに対して、「第2のフェーズ」というべきものが尾道市空き家バンク事業であり、移住希望者に空き家情報を提供し、そのマッチングを担うのです。その先は、移住者自身がひとつひとつの建物を甦らせていくことになります。

2 データベースは非公開

　バンク自体は以前から尾道市にありました。しかし、平日の昼間に役所

に行く必要があり、「そこで渡されるのはExcelでつくられたシートだけだった」、と豊田代表は回想しています。そのせいか成約件数も少なく、「バンクを自分でやりたい」と決意します。そして2008（平成20）年に法人格を取得した空きPが、翌2009（平成21）年に市から業務を委託されます。それ以降、空き家バンクは空きPが運営をすることになりました注5。

空き家バンクには、現在200件超の物件が登録されており、一方、全国からの移住希望者は1,500名を超えています。

つまり「尾道の空き家に住んでみたい」という人の数に対して、紹介できる建物の数が圧倒的に不足している状態です。もちろん空き家は山の斜面に無数にあるのですが、すぐには「貸しても良い」「売ってもいい」となりません。相続後の合意形成とか、ゴミや仏壇がそのままで……とか、いろんな理由が所有者をためらわせています。さらに「こんなボロ家なんか、欲しい人いないでしょ」との想いもあるようです。それに対しては、「ゴミの処分も格安で引き受けます」「もっとすごいボロ家でもこんなに素敵に変わりましたよ」と訴えています。

空き家バンクそのものはWeb上で情報を閲覧するという仕組みです。私たちは不動産業ではないので、宅建業法における仲介や斡旋をすることができません。なので、単にここにはこういう空き家があって、それはどういう間取りでどういう特徴があるのか、図面や写真と簡単な解説と共に情報提供するわけです。気にいった建物があったら、移住希望者は直接所有者に連絡を取る。それがバンクにおける情報提供のあり方です。

ただそのバンクの情報は公開しているわけではありません。

閲覧するためのパスワードは、一度必ず尾道に足を運んでもらい私たちの説明を聞いた後でお渡しするようにしています。それは「安いからという理由だけで尾道に移住してほしくない」という想いがあるからです。「斜面地の生活の不便さや空き

『尾道暮らしへの手引書』

注5　尾道市空き家バンク事業は、2009（平成21）年から空きPが市から委託を受けて運営している。その対象区域は旧市街地の斜面地とその周辺に限られていた。一方、移住希望者のニーズの多様化を受けて、市ではそのエリアの拡大をはかるため、2015（平成27）年から「みつぎ空き家バンク」、2020（令和2）年から「因島空き家バンク」をスタートさせた。いずれも、民間団体にその運営を任せている。

家のリスクを理解しない人には情報を提供したくない」という事情もあります。

　このまちに来てもらう以上は、不便で高齢化が進みコミュニティの崩壊の危機に瀕しているこのまちを、生まれ変わらせ、支えてくれる仲間として迎えたい。だからゴミ出しや防災訓練やその他諸々のまちを支える活動を積極的に担ってほしい。古い住民と仲良くし、良いまちをつくるための意識を持った人に来てほしい。そのためにカルタのような『尾道暮らしへの手引書』をつくりました。不便さを楽しむとか、汲み取りトイレに驚かないとか、ムカデやシロアリは日常茶飯事、というようなマイナス面をきちんとお知らせしています。ここには投機目的で取得するというケースを防止するという意味合いもあるのです。

■3 根っこには愛がある―民間ならではの表現も

　尾道の空き家対策のユニークさは、空き家を忌むべき負債ではなく「資源である」と捉えるところだと私は思っています。

　役所ではできないが私たちにはできること―それは「愛情たっぷりに建物を紹介する」ことです。民間がやっているからこその表現を大切にしています。パスワードをもらってログインすると、たくさんの物件の写真と図面が閲覧できます。豊田代表による紹介文はこんな感じです。

　「メインストリートから少し入った所にある洋館付きのお屋敷です。裏には立派な蔵もあり、お風呂はなんと！五右衛門風呂がオリジナルで残っています～昭和初期以前に建てられただろう職人の技が光る宝のようなお屋敷です。本床や欄間、引き手や照明器具等、戦前の優雅さがそのままオリジナルで残っているすばらしいお屋敷です。この日本の伝統の美を受け継いで下さる方をお待ちしています。」

　「春のしだれ桜で有名な天寧寺から千光寺に向けての坂道沿いは、かつて尾道の茶園文化[注6]が花開いた場所で、尾道水道を望める絶景のロケーションに日本庭園と立派な門構えの贅を尽くした別荘建築が競うように並んでいます。その一軒がこの度空き家バンクに登場しました！玄関の辺りは洋館風になっており、くの字の縁側から海が望める和室が特徴のお屋敷です。庭園も非常に広く、管理が大変かと思いますが、緑に囲まれた豊かな生活が送れそうです。」

　公平性や客観性よりも優先するのは、その建物の「いいところをアピールする心」です。どんな建物にも長所、見どころはあるものです。それをまずは探すのです。豊田代表の情熱あふれる筆致が、空き家を探している人たちの心に届いている、と私は思います。

注6　茶園とは、尾道独自の呼び方で、茶を楽しむ客をもてなすためにつくられた、近世豪商の別邸（別業とも呼ばれる）に起源を持つ、建築と庭園等を含めた環境の総称である。（真野洋介／尾道茶園案内帖より）

4 さまざまなサポートメニュー

　その上で移住した人に対しては、そこでお付き合いが終わるのではなく、サポートメニューの充実を図っています。

　空きPが主体となるものには、「専門家派遣」「道具の貸し出し」「ゴミ出しの手伝い」そして「作業補助」などがあります。また、「まちなみ形成事業」「空き家再生促進事業」「沿道修景」などの市の事業の紹介や相談にも乗っています。

　そうした息の長い取り組みが、尾道の移住者をケアし、新しい移住者の流れにつながります。

5 空き家バンクを経て再生された建物たち

　実際に尾道市空き家バンクでのマッチングを経て再生された空き家は、2022（令和4）年1月現在で140件ほどであり、移住者は既に200名を超えています。用途としては住宅が多いですが、店舗やアトリエとして公開されているものも少なくありません。

　「はちみつBeeio」は大阪からの移住者が、自ら養蜂・採取したハチミツを販売する店舗で、1年以上の時間をかけてコツコツとセルフビルドでつくり上げた建物です。名刹・天寧寺の石段の脇にあり、手仕事の跡が見える内装も魅力的です。

はちみつBeeioの外観
（facebookより）

　「クジラ別館」は、浄土寺山の斜面地に建つ築100年ほどの和風住宅で、茶園的な趣のある空き家でした。バンクの紹介で東京の若い映画監督が関心を持ち、所有者と金額交渉の上で購入。文化財的価値も高いことから、尾道市まちなみ形成事業の助成を受けて補修、水回り改修以外はほぼ現状のままに

クジラ別館の外観

旅館業法の許可を取得して1棟貸しのゲストハウス「クジラ別館」としてオープンしました。徒歩でしかアクセスできない不便さも魅力のひとつとして、純和風な空間の美しさをアピールし、既に映画やCMのロケ地としても知られるようになりました。

　「水尾之路」も、県外からの移住希望者がバンクを通して取得した洋館付き住宅

水尾之路（公式 Instagram より）

です。1階をカフェに、2階を宿泊施設に改装し、オーナー夫妻は洋館部分に暮らすというスタイルで、上質な空間と「食・泊」を提供する隠れ家的なスポットとしてファンを獲得しています。

ほかにも雑貨屋、ステンドグラス工房、カフェも複数あり、これらの移住者の営みが尾道の新たな魅力を創造していることは、人口増だけにとどまらない成果であると自負しています。

4　セトギワ建築の解体を阻止する

2019（令和元）年頃から、空きPはある変化を見せました。「尾道市内の、解体の危機に立つ歴史的建造物の解体を阻止する」という行動を次々と起こし始めたのです。

新聞報道などで「取り壊しが決定」と報じられたり、地域の口コミで「あの家はそろそろヤバいらしい」と耳にしたら、「それは残すべきだ」と声を上げるということです。言い換えれば「直接関係のない建造物の運命に介入し、そこに責任を持つ」という、これまでにない責務を背負い始めたことを意味します。

命が途切れるギリギリの瀬戸際にたつモノたち。私たちは、そうした建物たちを「オノミチセトギワケンチク」と名づけ、それらを救うプロジェクトを始めました。それは、空きPにとっての新しいフィールドであり、「第3のフェーズ」と呼ぶべき挑戦でもあります。

■1 セトギワ建築活動の背景

団体発足から十余年を経た私たちが常に感じていたことは「空き家になる前にすべきこと」の重要性です。とりわけ、尾道市内に残る文化財レベルの重要な歴史的建造物を恒常的に活用していくことこそ、空き家対策の柱にしなければならないという意識がありました。これが第1の理由です。

第2に、オリンピックに向けて都市の更新が激しく進行し、東京から遠く離れている尾道でも、次々と建物が解体されていったことです。「外国人がやってくる、そのために伝統的な建物を壊す」「更地にして駐車場を増やす」という倒錯した思考が、尾道の風景を一変させようとしていました。それは「目先の損得のために大切な価値を不可逆的に喪失する」愚行であると、私たちには思えました。

第3に、これは前項と逆の動きですが、コロナ禍によっていくつかの再開発や建替えの計画がストップするという状況の変化がありました。突然に生じたこの「空白期間」は、災禍がもたらしたものではありながら、まち並み

の保存・再生にとって貴重な猶予を与えてくれたのは事実です。「いま動かなければきっと後悔する」という決意が私たちの中に生まれました。

　第4に、近年の異常気象がもたらす環境変化、特に豪雨災害の頻発が、尾道の斜面地に深刻な被害と居住する上での不安を醸成していることがあります。「心配だから今のうちに壊してしまおう」というマインドが強くなったことは否定できません。

　第5に、以上のような背景から、近年空きPに持ち込まれるこの種の相談が増えてきていました。後述する元尾道警察署庁舎などがこれにあたります。「傷みが進んでいる、どうにかできないか」「相続したが、どうしたらいいのか」あるいは「空きPで活用してくれないか」という依頼が、さまざまな個人から寄せられたのです。

　以上のような背景・理由を前に、豊田代表そして新田悟朗理事を中心に役員内で議論を続け、打ち出したのが「オノミチセトギワケンチク」プロジェクトでした注7。

2 オノミチセトギワケンチクたち

(1) 広島県立尾道東高校の煉瓦塀

尾道東高校の煉瓦塀

　「セトギワ」の立ち上げの最初のきっかけは、建築物ではなく、古い煉瓦の塀でした。2020（令和2）年秋、斜面地の再生物件を管理する知り合いから「『近所の煉瓦塀を解体撤去する』とのお知らせが役所から届いていたのです。あの煉瓦は味があって貴重なものだと思うが、空きPの皆さんはご存知ですか」との連絡が豊田代表にありました。場所は尾道東高校の横の細道。ゆるやかにカーブした総延長76mにもなる煉瓦塀は、旧市街地の中でも最長の距離を誇る近代の遺構でした。さらに、ここはかつての県立高等女学校であり、尾道ゆかりの文学者・林芙美子の母校としても知られています。

　これは壊してほしくない。しかし地震時の危険性が理由となっている以上、倒壊を防ぐ代替案を提案しなければならない。私たちは構造設計者の協力を得て、裏側（学校敷地内）に鉄骨で控え柱を設置するプランを提案、同時に「セトギワケンチクスケッチ会Vol.1」を開催。「みんなで絵を描くことで煉瓦塀

注7　新田悟朗理事は「古い建物は解体、更地とした上で売買するという不動産のあり方を変える、《壊さない不動産屋》を始めたいと思っています」と、セトギワケンチクの意義を語っている。

の価値を共有しよう」と呼びかけました。そのイベントが報道された1か月後、「撤去見送り」が発表されました。関係者の水面下での尽力もあったのだと思います。今後は、「保存しながら補強する」方法を専門家と県教委が模索していくということです。

(2) 小林和作邸—尾道を代表する洋画家の邸宅

尾道を代表する洋画家で、地域の文化活動のパトロンとしても活躍した尾道市名誉市民の小林和作[注8]が、1934（昭和9）年から40年間、アトリエ兼住居として利用した大正時代築の和風住宅です。没後、遺族から市が譲り受けて管理していました。長江通り斜面地に立地する尾道らしい景観を構成する1棟であり、高度な技術と良質な材を使用した和風住宅建築です。しかし、老朽化と財政難から市が取り壊しを発表。市民が知ったのは、解体工事予算1300万円が議会で可決された後でした。

小林和作邸イベントのチラシ

注8　1888（明治21）年、山口県に生まれ京都市立絵画専門学校（現京都市立芸大）卒。日本画から洋画に転向し春陽会会員になり渡欧。後に独立美術協会に移る。1974（昭和49）年没。

小林和作邸は石垣の上からはみ出すように建っている

「あの和作の家を壊すのか」と少なからぬ市民が驚きました。一方で「予算が通った以上、いくら反対してもムダ」という声もありました。空きPは内部で議論を重ねました。

「これを座して見ているのでは空き家再生を掲げる意味がない」

「『それなら君たちが取得しろ』と言われるだろう」

「そうだ、われわれで運営すべきだ」

「そんな体力はない、ここでレストランをするような人を見つけるべきだ」

最終的に、空きPが取得する、最低限の補修をする、5年後をめどに希望者を探す、という方針が決まりました。直ちに市に申し入れ、同時に「建物見学会」を開いて地元住民に建物の価値を説明し同意を得る努力を始めました。なぜならば、「瓦が落ちて危険」と不安を感じていたのは町内の人たちだったからです。和作ゆかりの画壇の有力者も「残してほしい」と声を上げました。さらにトークイベント「小林和作を旧居で語る。旧居を語る。」連続イベントを開催。アーティストや市民を招いて広く保存を訴えました。

そんな中、市は「予算の執行停止」という異例の決断をし、解体計画の撤回を発表（2021（令和3）年5月）。プロポーザルを経て、空きPが土地・建物を160万円で購入しました。

小林和作邸の保存活用を考えるワークショップに参加した市民

「どう残すか、どう使っていくか」はまったくの白紙です。それでも船出をしました。腐朽した部分の補修も待ったなしです。そんな決断が報じられ

た直後、尾道のロータリークラブなどからの多額の寄付が続きました。私たちは、まずは登録有形文化財の申請をめざして調査を始めています。

　ほかに、小林和作の壁画が残る旧産婦人科医院（木造3階建て）や、明治期の旧尾道警察署庁舎を移築した事務所建築（木造2階建て）など、いくつかの建物について相談を受けており、これらも登録有形文化財にして保存・活用する方法を模索しているところです。

❸ まち並みに責任を持つ主体として

ガウディハウスの登録有形文化財プレート

　「もうダメだとあきらめずに、声を上げる」という行為の持つ意味を考えたいと思います。所有者でも当事者ではない者が、その建物の運命に意見するということはどういうことなのか。「余計なお世話」なのか。「無責任な行動」なのか……。

　しかし、建築物はほかの動産と異なり、いったんその地に建設された以上、そして景観を構成する要素となった以上、時間と空間を共有するすべての人にとって「関わりをもつ実体」になるはずです。人はそこに、さまざまな想いや記憶を刻み、仮託するのです。駅舎を見ただけで晴れやかな気持ちになる人もいれば、過去の別離を思い出して悲しくなる人もいる。建築は多義的な記憶装置であり、誰もが当事者になり得るのです。それは「まち並みは公共財」という欧米の思想にも通じるものです。だから私たちは声を上げる。「これは大切です」と叫ぶのです。「残すために知恵を絞りましょう」と呼びかけるのです。その役割こそ、このまちに15年かけて育ててもらった空きPとしての、責任ある関わりなのではないでしょうか。

　これは、別の視点から言うと、「声を上げることで地域は変わる」という体験でもあります。コミュニティの中の民主主義の学校のようなものだ、と思われました。

　登録有形文化財のプレートには、「この建造物は貴重な国民的財産です」と記されています。その意味を私たちは、尾道の地で問い続けていきたいと思います。

5　空き家再生で変わるまち－コミュニティのかたち

1　歴史的建造物が地域で果たす役割

　歴史的建造物が地域のコミュニティおよびその再生に果たす役割は何でしょうか。それは、どんな資料よりもわかりやすく地域の歴史を伝える証人であることです。また、博物館の展示物と違って、建築は道行くあらゆる人に対して、常にその存在感を発し続ける力があります。古い建物の多くが、現代の材料や技術によって再現することができないということも、高い希少性を物語っています。

　尾道では、中世の寺院はもとより、江戸期の作となるさまざまな仏堂や大型土蔵、そして近代以降の茶園建築、洋館、洋館付き住宅が多数現存しています。「どんな時代も豊かであった」と尾道の人は言います。村上海賊の繁栄、足利の庇護、北前船がもたらした莫大な富、そして明治以降の金融業や商業・観光業の発展……。料亭旅館の幅3尺を超える松板、左官の粋というべき螢壁、日本一の称号を欲しいままにした備後表の畳と本床の風情。建築は往時のまちの豊かさの象徴であり、自然と一体で存在した地域社会のサイクルを体感することもできます。何よりも、「一度壊してしまったら、二度と同じものはつくれない」という価値を、私たちは身近に感じながら生活しているのです。

　しかし「ただそこにあるだけ」では、専門家以外にはその希少性を共感してもらえないのも事実です。空きPでは、市民向け講座「尾道建築塾」を定期的に開催して、歴史的建造物、特に近代建築の魅力を紹介し、地域の宝として認知してもらうことに努めています。受講者からは「建築の知識を少し身に付けるだけで、知っている街が違って見えた」などの感想が寄せられます。「ふるカフェ」「レトロ建築」への関心が高い若い世代に、よりその効果は表れるというのが実感です。

尾道建築塾のチラシ

　地域への愛着や誇りを醸成する装置として、身の回りにある歴史的建造物を大切に保存・活用して未来に継承していくという営為は、ストック社会のまちづくりのメインストリームになっていくでしょう。

2　行政の役割と連携

　前述の通り、空きPが運営している空き家バンクは尾道市の事業であり、費用は全額行政が負担しています。市の積極的な支援とNPOへの信頼が、尾道の空き家再生のベースにあります。「移住希望者と比べて物件数が少ない、空き家オーナーにはたらきかけてほしい」という要求に対して、市は固定資産税のお知らせの封筒に、空き家バンクのチラシを同封してくれるよう

になりました。その直後から所有者からの相談が増え、最近では毎月数件の新規物件登録が続いています（それでもまだまだアンバランスですが）。

尾道市は、「歴史まちづくり法*」に基づく歴史的風致維持向上計画を、県内の他市にさきがけて2012（平成24）年に策定しています。これに基づき、いくつかの補助メニューを用意しているのですが、金額も大きく重要なものとして「まちなみ形成事業」[注9]があります。「歴史的建造物等の外観の修理や変更等を行う場合、経費の3分の2（最大200万円）を助成する」というもので、登録有形文化財レベルの価値を有するものが対象です。その申請を空きPとして代行することはありませんが、空き家バンクを利用して移住を希望する人には、個別に情報提供や相談などのお手伝いをしています。

市はかねてより「中心市街地の空き家問題を最重要課題とする」という姿勢を明確にしています。建築基準法などさまざまな法規制との支障が生じる場面がありますが、一概に「できない」と否定するのではなく、担当部局と事業者が知恵を出し合い「現状よりも安全にする」という方向性のもとに協力して解決策を見出す姿勢が強いと私は感じます。

将来的には、建築基準法の適用除外を実現する「その他条例」の制定を期待したいと思います。古くからの密集市街地であるがゆえに、構造的な弱点や敷地外への越境、界壁の共有など、現行法規にそぐわない部位をもつ建物は無数にあります。それらを救う道すじが求められているからです。

3 さまざまな団体との協働とネットワーク

尾道ではさまざまな個人や団体が別個に活動を続けています。そのいずれもが、まちづくりの重要な主体であることは言うまでもありません。

そのひとつは「AIR Onomichi」で、「2 ガウディハウス」の項で紹介した「アーティスト・イン・レジデンス（AIR）」の実施主体です。

マレーシア人作家の作品

国内外から作家を招聘し、山手地区に点在する空き家・廃墟を「場の資源」として捉え直し活用することを目的としています。傷みが進み、建築の視点から見れば「もはや直しようがない」という悲惨な状態の建物でも、アーティストから見たら「これは面白い」と思えるものがあります。そしてアートとして活かしきる。これもまた空き家再生のひとつの形です。

損傷がひどく、再生が困難な家や既に廃虚化してしまった場所も少なから

*歴史まちづくり法：「地域における歴史的風致の維持及び向上に関する法律」（2008年制定）が正式名称。地域固有の風情、情緒、たたずまいなどから醸し出される歴史的風致を維持・向上させ、後世に継承するため、市町村が作成した「歴史的風致維持向上計画」を国が認定し、これに基づいて歴史を活かしたまちづくりを進めるもの。2022年3月現在、全国の87都市が歴史的風致維持向上計画に認定を受けている。

注9　まちなみ形成事業は、尾道市歴史的風致維持向上計画の重点区域のエリア内の建造物・工作物を対象に、未指定・未登録であっても文化財的価値を立証できれば、その外観（屋根、外壁、建具、塀など）の修復に対して200万円を上限として市が補助する制度。年間1～2件のペースで助成している。

ずあります。そういった再生不可能な放置された場を今後どうしていくのか
が、今、地域の問題としてクローズアップされつつあります。 今後、AIR
ではむしろそうした場に光を当てていきたい。美術活動の強みは使用価値、
経済観念を一度括弧に入れ、状況を純粋に風景として捉えたり、場として再
定義することが可能なところにあります。例えば、打ち捨てられ倒壊しかけ
た家屋は住居としての価値を持ちませんが、それを風景や彫刻として捉える
と、そこには実にさまざまな建築の意匠、生活の痕跡と自然との葛藤、時間
の経過が表現されていて見所満載であるともいえるのです[注10]。

注10
小野 環「AIR ONOMICHI
2009 における実践」『尾道
大学芸術文化学部紀要』第
10号より抜粋

「AIR Onomichi」は、斜面地に残る鉄筋コンクリート造の元・労働基準監
督署庁舎を再生し、「AIR Café」をオープン。その2階はギャラリー兼多目的
スペースとして美術家やさまざまなイベントに貸し出しています。

その他にも、地元の女性が「映画のまちなのに映画館がひとつもないなん
て」と、廃業した映画館を再生したNPO「シネマ尾道」(2006 (平成18) 年設立)
や、大林映画の伝統を引き継ぎ、エキストラ集めやロケ地探し、道具貸し出
しなどをサポートする団体「尾道フィルムラボ」(2021 (令和3) 年設立)、地域
に根ざした祭りや文化的イベントを続けるNPO「まちづくりプロジェクト
iD尾道」(2012 (平成24) 年設立) など、さまざまな意欲的なグループが活動の
輪を広げています。空きPとも重複するメンバーがおり、互いに刺激を受け
ながらゆるやかにつながっているのです。

4 コロナ禍を経て ― 人口減少社会のコミュニティの姿

2000年代に入って少しずつ新陳代謝が進み、新しい店がオープンするよ
うになった本通り商店街ですが、その動きがもっと加速したのが、実はコロ
ナ禍の最中でした。出店した方の事情は一様ではないでしょう。しかし、「こ
こならばやっていける」と思わせる何かがこのまちにはあると思われたこと
は確かです。

観光地であるとともに、人びとの生活が息づいている。尾道の特徴をそう
表すことがあります。適度な人口の集中と、福山など都市圏との距離に加え
て、文化的な教養を大切にする風土性があると私には感じられます。それは
茶園文化の地としての遺産でもありましょう。観光地としての魅力の創造が
まちの雰囲気を底上げし、それが地元の人びとの意識をも向上させるという
サイクルがあるのではないでしょうか。そこに加えて、空き家ゆえの安い家
賃で新規起業を始めやすい環境があります。

「古いまちなみ」の価値に社会全体が気づき始めると同時に、ジェントリ
フィケーション (gentrification)[注11] の問題が発生します。歴史的建造物のポ
テンシャルが向上することで、家賃などが上昇することですが、値上がりし

注11 そのエリアの居住者
の階層が上位化すること。
紳士化。適切な改修やアー
ティストの活動などによっ
てイメージが向上し、中産
階級や富裕層が流入する一
方、家賃が高騰して本来の
住人や低所得者が退出する
ことを余儀なくされる現象。

た家賃を負担できないオーナーは締め出され、大きな資本以外は淘汰されるという現象をも生み出します。「1 観光地おのみちの変遷と課題」で触れたように、尾道はその地形的・歴史的理由から外部資本による再開発から守られてきました。ドラスティックな景観の変貌が起こらないという意味で、私たちはこの傾向が続いてほしいと考えています。

　域内循環という点では、雇用の創出が重要です。空き家に移住しようとする人にとって重要な問題は「仕事がない」ことでしょう。空きPが取り組んでいるのが「仕事をつくる」ことです。私たちが運営するゲストハウスやカフェでは、そのためにパート、アルバイトの採用を続けています。

　尾道の山手では、今、町内会が注目されています。高齢化率が5割近くまで達していた東山手西町内会は、今、移住してきた30、40代の若者たちがその執行部を担っています。連絡はメールで取り合い、行事参加を強制しないなど新しいスタイルを確立。一方で高齢化で中断していた防災訓練も10年ぶりに復活、「誰が会長になっても組織が回る」町内会をめざしています。

　萌芽的ではありますが、これらの動きは新しいコミュニティのあり方に一石を投じるものといえるでしょう。

⑤ まち並みの奥にある「ひと」の魅力

　実際に移住してきた人びとに「尾道に来る決断をした理由は」と尋ねると、その多くが「ひと」と答えます。「面白い人がいるから」「この人の生き方に共感したから」というケースがとても多い。都会で「普通の生活」を送ってきた人が、その毎日に疑問を抱き、「自分が本当にやりたいこと」を探す、というパターンでも、やはり最後は「こんな生き様をしている人が尾道にいるなら」という出会いが、テイクオフ(離陸)を後押しするのです。そしてやがてその人自身が、別の誰かにとって「きっかけとなる人」となることもあるのです。

　これは尾道というまちの性質とも関わっているようです。「尾道は港町として栄えたから、昔からヨソ者に対して寛容だった」と豊田代表は言います。「ちょっと変わった人も快く迎え入れるオープンさが、古くは文人墨客を招き入れ、いまもさまざまなアーティストや若者たちを地域の一員として歓迎する土壌となっている」と。

　このことを象徴するエッセイがあります。編集者でライターの綿貫大介氏は、映画のイベントでふらりと尾道を訪ね、そこで自然とコミュニティに溶け込む感覚を文章にしています。

　　そして尾道で出会ったコミュニティのみんなと接していくうちに、尾道の印象は変わってきた。昔ながらの坂のまち、文学や映画、絵画の

NPO法人尾道空き家再生プロジェクト　ウェブサイトのバナー

まち。そう語られる通りのまちだとずっと思っていたし、今まではそのノスタルジックな風情を求めてここに来ることが多かった。でもそれはこのまちの本質ではなく、表層でしかなかった。

　たしかに古いまち並みをじっくり見渡してみると、実はここ近年で観光や暮らしの拠点となる新しいスポットが登場したり、空き家をリノベーションしたお店などが増えているのがわかる。昔ながらの良さを残しつつ、新しいものを受け入れる懐の深さ、新旧が共存し合うバランスの良さがこのまちの心地良さだったのだ。きっと、昔からこのまちはそうやって成長し続けてきているはず。だからこそ、ただ懐かしさやノスタルジーのみを土地に求めるのはきっと違う。ちゃんと時間と空間が織りなす文化の重層がこの町を支えている[注12]。

　歴史的建造物が残り、地元の住民の生活がきちんと営まれていて、そこに個性的で魅力的なヨソ者が交じり合う、そんな魅力が尾道にはあると言っているのです。

注12　「& Issue：綿貫大介「あなたをあなたのまま、迎え入れる。尾道と『逆光』の日々」」(2022.01.05)より抜粋 https://www.neol.jp/movie-2/111441/

6　これからの空き家再生への視座

■1 「空き家×?」─入口はいくつもある

　空きPのウェブサイトがありますが、そこには「空き家 × ?（かける　はてな）」と書いてあります。

　その「?」には「建築、環境、アート、環境、コミュニティ」が入ります。それは、空き家の再生に至る、さまざまな切り口という意味です。空き家を再生するアプローチとしてはさまざまなきっかけがある、逆に言うと、「自分の関心を出発点にして多様な再生のやり方がある」ということを示してい

す。アートについては、「5 空き家再生で変わるまち」で触れましたが、ほかにも、斜面地の公園で続いている「空き地ピクニック」などは、空きPへのアプローチの多様性を示すものといえるかもしれません。

　私が主に活動しているのはこの中の「建築」、つまり建築チームなのですが、それ以外にもアーティストや音楽家、子育て中の親たち、グルメに興味がある人、そんなさまざまな人びとがいわば好き勝手に動いて、全体として空き家をひとつでも再生させよう……としているわけです。

親子連れの移住者が参加する空き地ピクニック

② 建築技術者の役割

　では、空き家再生やまちづくりの現場で、建築士や職人、工務店など建築技術者の役割はどのようなものがあるでしょうか。

(1) ヘリテージマネージャー／建築士の仕事

　私自身が建築士でかつヘリテージマネージャー*（地域歴史文化遺産保全活用推進員／ヘリマネ）ですが、その職能と果たすべき役割について以下の4点が重要だと感じています。

　第1に「建築物の調査、作図」です。そのためには実測調査が必要です。既存図面が存在しない場合は特にそうですが、建物の姿かたちを図化し、構造を理解し、腐朽などの状態を把握することは、再生の第一歩です。歴史的建造物の調査は、歴史・理論の学びに加えて、なんといっても実地での経験の蓄積が重要で、場数を踏むことの大切さをいつも感じています。

　第2に「評価し周知し価値を共有する」ことです。古い建物を「レトロで素敵」と感じる人が増えている時代だからこそ、「なにが素晴らしいのか」「どの部分が貴重なのか」を言語化し、客観的な検証に耐えうる論理的な解説ができなければなりません。それが付随しないと、ただの「マニアが好きだから」という扱いにされてしまうからです。さらに、それを市井の人びとにもわかりやすく、図解したり面白く話したりする能力も必要でしょう。国の登録有形文化財とするための書類作成の業務は—ヘリテージマネージャー制度の大きな目的のひとつが文化財登録のノウハウをもった建築士の育成ですが—建築士に研鑽と成長の機会を与えてくれます。

　歴史的建造物の特性を見出す上では、(ア)歴史的な特性、(イ)空間的な特性、(ウ)景観的な特性の3つについて総合的な視点を持つことが重要です。尾道であれば、古代・中世・近世そして近代を通して蓄積された富と人と文化の往来が(ア)にあたり、近世地割や近代に解禁された斜面地の住宅化、坂道の構造などが(イ)に該当します。そして建築そのものの形態的特徴が(ウ)ということになります。そんな作業を重ねることで、携わる建築士の層を厚くして、やがては「文化財の保護が建築士の大事な仕事」と言えるような社

＊ヘリテージマネージャー：地域に眠る歴史的文化遺産を発見し、保存し、活用し、まちづくりに活かす能力を持った人材のこと。各都道府県の建築士会が育成活動を行っている。2012年には全国ヘリテージマネージャーネットワーク協議会が設立された。

会をめざしたいものです。

　第3に「マネジメントする力」です。それは、具体的な改修計画の立案・提案だけではなく、その後の運用までを見すえたマネジメントをする能力です。新しく付与される用途について、その需要を発掘すること、保存活用計画を立てること、それを見越した上での修復計画をまとめなければなりません。設計そして工事中の監理はもちろん、いよいよオープンした後も、本当の意味でのマネジメントが求められます。これらの3つは、建築士を主な対象とするヘリテージマネージャーの研修で学ぶものですが、何度も言うように、やはり経験の中で身に付けるしかないというのが私の感想です[注13]。

　第4に「各種法令に関する知識と対応力」が挙げられます。建築基準法に関しては、用途変更の確認申請の義務が200㎡に緩和されましたが、確認の要否にかかわらず法適合性を確保するのは建築士の役目です。また、消防法に関しては原則として建物全体に規制がかかり、必要となる消防設備も高額になりがちです。空き家再生においては、事業者がどんなリノベーションを検討しているかを把握し、早めに消防署との事前協議に同席することが重要だと思います。その他に、ゲストハウスなどを開く場合は、旅館業法や水質汚濁防止法とのすり合わせも必要になります。建築士にとって直接の専門ではない場合でも、空きPでは移住者の立場に立ってアドバイスすることは少なくありません。

(2) 伝統技法を継承する職人の育成とネットワーク

　歴史的建造物の修復には、大工・左官・瓦など、伝統技法が求められる場面が多くあります。しかし現代の住宅産業においては、古くからの技術の継承が困難になっていることは周知の通りです。職人の技法を継承するためには、正当な対価が支払われる仕事が継続しなければなりません。NPOベースでは、指定文化財レベルの施工を求めるような業務を発注することは困難ですが、それでもひとつの現場でひとつ以上の「見せ場」をつくり、いつまでもその技巧を誇りにできるような作業環境を提供していくことが求められます。

　また、意欲ある若手職人と日常的につながりを持ち、歴史的建造物の見学をしたり、完成した現場を見学し合うようなネットワークをつくっておくことも「何かあったとき」に役に立つことになるでしょう。

③ 持続可能性を考える—ビジネスモデルとしての空き家再生？

　空き家再生はビジネスモデルたり得るか？これは、さまざまな場面で問われます。多くの場合「ビジネスとして成立しなければ持続できない」という脈絡で語られることが多いように思います。

　「なつかしさ」「ロマン」といった主観的な想いだけが先行し、資金的な裏

注13　空き家バンクを担当する新田悟朗理事は、「空きPの活動スタイルは『こういう事業をしたいからそれに適した物件を探す』というものではなく、知り合いやネットワークの中の個別の人の存在がまずあって、具体的な建物と出会ったときに『この人に声を掛けよう』『その人のニーズを踏まえて再生しよう』という形で進んできた」と語っている。「おカネがなければそこでイベントをやって、何ができるか考えよう」という事例も少なくない。

団体結成の初期から空きPを支える職人のひとり、豊田訓嘉棟梁。数寄屋大工として伝統技法に精通し、現場を管理する

付けがなければ、事業として成立しないことは間違いありません。ただ、「ビジネスにする」という言葉には常に危険な陥穽があります。例えば、客単価を上げる目的で文化財的価値を減ずるような改修が行われたり、歴史的文脈を無視した改造・減築・増築が行われる危険性があるからです。

しかし、以上のことと逆のベクトルになりますが、「建築再生はお金にもなるのだ」という一面も、正しくアピールしなければなりません。傷んだ建物を「負動産」として持ち続けるよりも、「更地にして建替える」「売却する」という選択肢を、銀行や税理士、不動産業者は提案するでしょう。「きちんと快適に暮らせるように改修しようとしたら、新築するよりもおカネがかかりますよ」というささやきも聞きます。しかし時代は「本物の価値」を求めていますし、それは若い人ほど顕著です。奇抜な新築物件は当初こそ多くの人を引きつけますが、なかなかリピーターを獲得しにくいのではないでしょうか。

ひとつの示唆を与えてくれるのは、尾道駅舎をめぐる動きです。

JR山陽本線の尾道駅舎は、1930（昭和5）年築の洋館風の平屋建ての二代目駅舎が存在していました。はかまごし屋根[注14]や板張りの軒裏廻りには往時のデザインが垣間見られ、それは味のある「尾道の顔」でした。しかし東京オリンピックなど観光需要の高まりに備えて建替えの計画が決定され、有名建築家のデザインによって鉄骨2階建て、瓦のようなパターンの鋼板葺きで竣工しました。2019（令和元）年のことでした。

2階には宿泊施設が入り、レストランや店舗が鳴り物入りで開業しましたが、家賃負担も大きく、コロナ禍もあって、2020（令和2）年にコンビニ以外の全テナントが撤退、わずか1年にして市内で最大規模の「空き家」が現出したのです[注15]。

「建築保存はロマンチシズムに過ぎない。おカネのことを考えたら建替えるべきだ」という意見もよく聞きました。しかし、変化する状勢の中で、それは「真」ではなくなったのです。「たられば」は禁物で

注14　切妻屋根の妻側に屋根上部から途中までに寄棟屋根のようにしたもの。

注15　尾道駅舎はその後、1階に土産物の物販店舗が入居し、2022（令和4）年には再び宿泊施設が入居する予定と報じられた。

さよなら尾道駅舎スケッチ会の様子

はありますが、「あの洋館風駅舎を壊さずに復原していたら、どれほど魅力的なスポットになっていただろう」という想いが心の奥に残っています。それはきっと多くの観光客をさらに呼び込み、「おカネになった」はずなのです。

4 これからの空きP

　最後になりますが、創立15年目を迎える空きPの、団体としての特徴と課題に触れたいと思います。

　豊田代表ほか10名の役員の属性は、飲食店経営者、大学教員、デザイナー、不動産業者そして建築士などの専門職が含まれます。ほかに専属スタッフ1名と、ゲストハウス2店舗とカフェに計3人の長がいます。尾道出身者はそのうちの約半分、その他は市外または移住者からなります。30代、40代の世代が中心です。さらに会員には大工、電気、左官、屋根瓦、塗装などの職人が加わってくれています[注16]。

注16　NPO法人尾道空き家再生プロジェクト概要2022年現在、会員数193名（うち正会員75名）。役員11名。

　15年を通して、メンバーの異動はほとんどありません。各自がそれぞれの専門領域を活かして活動していますが、豊田代表は「自分は古いものが好きだが専門家ではない素人である、だからプロが関わってくれることが大切」と言います。アート、建築（設計および施工）、不動産、デザインなどの専門家への敬意が、NPOの健全な発展を支えてきたのではないでしょうか。

　組織運営の上では、「トップが方針を決めて下に降ろす」という指示系統をもつスタイルではなく、運営店舗・施設の担当者を信頼し、その自発性に依拠することで、総合的な目的の実現をはかるスタイルであることも、活動の持続性に寄与していると感じます。これはそれぞれのチームの責任者が全体性を自覚していることに加え、組織論的に俯瞰する専務理事の資質によるところが大きいといえるでしょう。

　まちの中に尾道市立大学（芸術文化学部と経済情報学部）がある、ということも強みのひとつです。学生時代に尾道の風景や空き家再生の実態に触れた若者が、卒業後にふるさとに帰らず、尾道にそのまま定住するケースは多く、その中から空きPの役員として活動を支えてくれる人材も生み出されています。

　尾道の空き家再生の15年を振り返って、やはりリーダーの類いまれな「建築への愛」が運動の核に灯り続けていたことが、その源泉であったと感じます。建築専門家として、その愛を言語化する、理論化するという役割を多少でも担えたことは幸運なことでした。

　コロナ禍を乗り越え、持続可能なまちづくりをつづけるために、これからも建築の価値と魅力に依拠した空き家再生活動を続けていきたいと考えています。

みはらし亭竣工を祝う空きP会員および仲間たち(2016年4月) 　　　(5章：特記なき写真は筆者撮影)

表1　尾道空き家再生プロジェクトのあゆみ

2007年	任意団体「尾道空き家再生プロジェクト」設立、ガウディハウスにて AIR 開催
2008年	「NPO法人尾道空き家再生プロジェクト」として登記
2009年	尾道市空き家バンクを受託
2012年	尾道ゲストハウス「あなごのねどこ」+「あくびカフェー」オープン
2013年	「ガウディハウス」と「みはらし亭」が登録有形文化財に
2015年	H&C財団「住まいとコミュニティづくり活動助成」を受ける
2016年	ゲストハウス「みはらし亭」オープン
2019年	「ガウディハウス」宿泊施設としてオープン
2021年	「小林和作邸」を購入、まちづくり大賞(日本建築士会連合会)受賞

地域は屋根のない学校

東京学芸大学 名誉教授　小澤 紀美子

社会システムの分断化と地域を軸とした市民活動

　近年の社会のグローバル化によって、地球環境の危機的状況や社会システムの分断化がもたらされています。50年前の1972（昭和47）年に国際連合人間環境会議で世界の環境問題が初めて世界的規模で議論されました。同年、国際的な研究機関「ローマクラブ」が発表した「成長の限界」は、爆発的な人口増加や環境悪化により地球上の成長は限界に達すると警鐘を鳴らし、資源と地球の有限性を指摘しました。そして国連は1987（昭和62）年を国際居住年と決議しました。しかしアジアの大都市では都市化が急速に進み、居住問題が深刻化していました。

　日本においては都市開発が過度に進み、均衡ある都市発展とは言い難い状況です。今や「外なる自然破壊」だけでなく「内なる自然破壊」ももたらしています。そこに情報化の波が加速度的に加わり、人びとが「いいね！」だけでつながっている状況です。このままでは、人間性をも解体されかねないかと危惧します。地域を軸とした市民活動は、このような分断をどのように紡ぎ直すのかが、今、問われています。H&C財団のこれまでの助成対象団体が、点から面としてつながること、網の目状につながっていく仕組みが必要です。

地域コミュニティ力の育成と昨今の社会課題

　自分自身の経験を例にとると、武蔵野市のゴミ焼却場の建替え問題を協議する「新武蔵野クリーンセンター（仮称）施設・周辺整備協議会」の会長に推されて、関与し始めたことを機に武蔵野市への移住を決めました。新施設は工場のようなクリーンセンターではなく、美術館のようなクリーンセンターへ、市民が誇れる施設にしようと、協議会で出された意見を反映して建設され、2017（平成29）年に本格稼働が始まりました。特徴として、ゴミ処理の過程を見ることができ、周辺環境へ配備した外装デザインが施されていること、地域の低炭素化に向けた取り組みがなされていること、敷地内にコミュニティスペース（市民憩いの広場）が設けられていることなどが挙げられます。

　また、新施設の実現にあたっては、地域住民がコミュニティ力を高めて「学び合う」関係性の構築にも配慮しました。武蔵野市では、1971（昭和46）年に市の長期計画によって「コミュニティ構想」が掲げられ、1976（昭和51）年に運営のすべてが市民に委ねられるコミュニティセンター条例が制定されています。「コミュニティづくりは市がおしつけるべきではなく、市民自

地域に開かれたクリーンセンター
エコマルシェの開催とその様子

置賜農業高校生　バードの歩いた道を観光客に案内

小澤 紀美子（こざわ きみこ）
東京大学大学院工学系研究科博士課程修了（建築学専攻）後、
㈱日立製作所システム開発研究所研究員を経て、現在、東京学
芸大学名誉教授・公益社団法人こども環境学会理事
専門分野は環境教育・住環境教育学・ESD
工学博士、技術士（都市及び地方計画）

身がおしすすめていくもの」との考え方は今も
変わることなく、地域住民の自主性が重んじら
れています。一方で、現在の社会課題は複雑で
多様化していますので住民活動だけで解くこと
は不可能で、行政の関与もはずせません。

　なお、協議会の意見を反映して新施設に隣接
している旧クリーンセンターの建物の一部は、
リノベーション＊して環境啓発施設として整備
されました。地球温暖化を背景に市民、市民団
体、事業者、関係機関、市などが参加して、「ゴ
ミ」をはじめ多様な地域の課題について共に考
え、学び合い、行動していくための施設として
活用されています。

中高校生の視点を共創に活かす

　今、シチズンシップ（まちづくり市民）教育が
できていません。口を開けて待っていればチエ
を放り込んでもらえると思っている人たちが
育っています。専門に関する知識・技能のみで
は社会で十分に活かすことはできません。「当
事者性」をどのように育んでいくか、どのよう
な価値が大切なのかを自分たちで考えて行動に
移せるようにしていくことが重要です。

　私が以前から応援しているまちづくり団体に
「えき・まちネットこまつ（山形県川西町）（H&C
財団で2010年、2014年、2021年度に助成）」があり
ます。運営継続が困難となった町民駅「羽前小
松駅」の駅業務と共にまちづくり事業を行って
います。住民主体の組織で主に活動を担ってい
るのは、山形県立置賜農業高等学校の高校生た

ちです。意欲溢れる教員と生徒たちがアイデア
を出し合いながら、地域の歴史文化に根差した
地場産品の開発・販売、かつてイザベラ・バー
ドが辿った道の整備など、多様な農都交流事業
を展開しています。

　2014（平成26）年に名古屋で開催された「持続
可能な開発のための教育（ESD）に関するユネ
スコ世界会議」において、若者の力の活用が謳
われました。私が審査委員長を務めていた全国
ユース環境活動発表大会（高校生が日頃から実践
している環境活動、SDGs＊活動を発表する大会）
においても、高校生が地域の課題を見出して取
り組んでいることを実感します。次代を担う中
学生、高校生の声を活かしてまちづくりに参加
してもらうことが重要です。SDGsのバッジを
つけている人が多くなりましたが、どれだけの
人が本質を理解しているでしょうか。口先だけ
で唱えていても社会の課題は解決できません。

　共創に必要なのは、社会的イマジネーション
とクリエイティビティです。多様な視点で対応
していかなければなりません。知識を得ること
だけが「学び」だと思っている人が増えていま
す。大学から教養教育が消えたことや社会人に
も教養がなくなってきていることは大きな問題
です。中高校生を地域の中で育むことが重要で
す。地域の中で「人として生きること」を学ぶ
のです。**地域全体は屋根のない学校だ**という発
想が大切なのです。

　　　　　　　　　　　　　　　　　　　　（談）

第2部

住まいまちづくり
活動に学ぶ

鏝絵の蔵の修復をきっかけとした
摂田屋のまちづくり

10年の歳月をかけて行政の関与を導いた市民活動

キーワード　歴史的建造物の保存　市民の共感　まちづくり会社

機那サフラン酒本舗保存を願う市民の会
平沢 政明

設 立 年 月　2013（平成25）年6月
メンバー数　役員12名、一般会員27名、ボランティア
　　　　　　スタッフ会員20名　（2021年10月現在）

機那サフラン酒本舗が、市民共通の文化資産（宝）であるとの認識に立ち、魅力を高める活動や維持管理のサポートを通じて地域文化発展に貢献することを目的とする。また、独自の世界観をもって創作を行った創業者吉澤仁太郎の意思を尊重すべく、訪れる人に感動と楽しみを与える施設の実現をめざす。
http://kina-saffron.com

機那サフラン酒本舗を活かしたまちづくり

　2004（平成16）年新潟県中越地震が私たちのまちを襲いました。被害を受けた数々の建物を目にして地域の魅力の重要性に気付いた私たちは、この景観を活用して地域を活性化しようと「NPO法人醸造の町摂田屋町おこしの会」を立ち上げました。活動を進めるうち「機那サフラン酒本舗」がとても希少で個性的な建物であり、しかも保存するために残された時間はいくらもないことに気付きました。

　埋もれていた文化財の復活は、草取りから始まり10年以上の活動を経て行政を動かし、新しいまちづくりの拠点としての整備が進行中です。

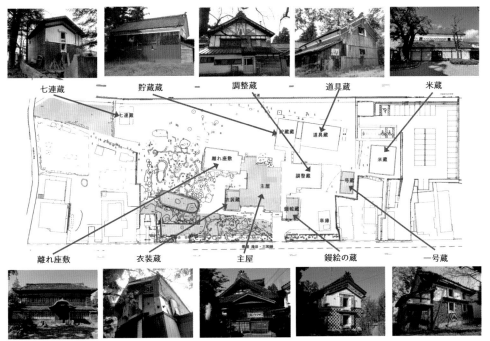

七連蔵　貯蔵蔵　調整蔵　道具蔵　米蔵

離れ座敷　衣装蔵　主屋　鏝絵の蔵　一号蔵

図1　機那サフラン酒本舗建造物群　平面図

今やるしかない、地域の宝を救え!

　地域の中核的建物「機那サフラン酒本舗」に残る10棟の建物は、明治から昭和初期にかけ商いの繁栄とともに建築されました。しかし、戦後事業は徐々に衰退し、門を閉ざした状態が続いたため、地域の人にさえ忘れられていました。足を踏み入れると貴重な文化財であることは、すぐに実感できます。しかし、庭園の灯篭は倒れ、樹木や雑草が生い茂り、建物は傾き、ひび割れや雨漏りも生じている悲惨な状態。老朽化に加え地震の被害も重なり、保存のため残された時間が少ないことは素人目にも判断できました。

　そこで自分たちでできる「草取り」から始めました。活動を進めると徐々に「機那サフラン酒本舗」の魅力が伝わってきます。そして、建物や庭園の全貌が見えた時「なんとかしたい!」から「今やるしかない。必ず後世に残さなければ」という使命感に変わっていきました。過酷な作業かもしれませんが、参加者の多くはやりがいを感じ、非日常的といえるこの作業は楽しみでもありました。

ボランティアの想いは共感の輪を広げていった

　地震で傷ついた「鏝絵の蔵」が修復された翌年の2009（平成21）年、「本舗の庭園を蘇らせたい」という町内の造園屋さんのひと言が発端で、私たちの活動はスタートしました。

　NPOの呼びかけで集まったのは、住民や学生たちなど約50名。草刈りや蔦の除去で汗を流し、作業後の交流会ではひとりひとりが感想と抱負を語り、活動の継続を誓いました。回を重ねるたびに視界が開けてきます。この個性的で創造性にあふれた庭園には、発見と感動がありました。参加者はいつしか庭園に対する想いや夢を持つようになります。

　作業が進むにつれ主屋と離れ座敷にも興味を惹かれました。外見は立派ですが、板で囲われた中は見えません。文献にも建物内を紹介したものはほとんどありません。

　ある時、所有者の許しを得て主屋と離れ座敷の内部を見る機会を得たところ、そこで目にしたものは驚愕の姿。どこもかしこもゴミの山、まともに通行もできない有り様です。でもよく見ると床も壁も柱も、私には見たことのない立派なものでした。そして天井には雨漏りの

主屋

離れ座敷

米蔵内部

形跡も。雨漏りが建物をどんどん腐食させている。H&C財団の助成も決まり、「今やるしかない」と「機那サフラン酒本舗」を残すための活動を本格的にスタート。建造物調査の実施に向けてボランティアが集まり、主屋と離れ座敷の大掃除を行いました。ゴミやほこりとの格闘でしたが、この後、屋内の掃除も定番メニューになります。

活動の様子は毎回新聞やテレビで紹介され、本舗の存在も少しずつ広まっていきました。

最初の草取りから4年が経過し、見ていただく環境もある程度整ったため、2013（平成25）年から庭園と離れ座敷の一般公開を実施しました。見学した人からは、驚きと感動、保存を希望する熱い言葉をたくさん聞くことができ、頑張れば希望は叶う感触を得ました。

同年、長岡造形大学の理事長を会長に「機那サフラン酒本舗保存を願う市民の会」（以下「市民の会」）を立ち上げ、保存を訴え募金も始めました。それまでの清掃、建物修繕、限定公開に加え、コンサート、ワークショップ＊、講演会、シンポジウム、写真展など、次々とイベントを行いながら保存を訴えました。

2015（平成27）年からは、多くの方々の共感を得るために「休日公開」を始めます。

並行して錺絵の蔵1階に映像設備を配置、2階を資料室に、主屋入口を見学の受付や交流ができるスペースに改装。すべて自分たちの手づくりで行いました。ご案内はスタッフが自分の言葉で一生懸命解説します。週末や休日には全国から大勢の見学者が訪れるようになりました。見学を終えた人からは、お礼や励ましの言葉をいただくことも頻繁で、夢の実現に手ごたえを

感じました。見学者のなかには建築家や職人の方も多く、「機那サフラン酒本舗」の建築のすごさや希少性を数多く教わりました。

屋敷内を片付けていると、ゴミの中からいろんな物が見つかります。鑑定すれば高値が付きそうな物、昭和の時代にタイムスリップしたような品々など、貴重な資料や写真を大量に発見。さらに事業の軌跡や創業者一族に関する大量の文書も見つかっており、これらを分類整理して「機那サフラン酒本舗」の物語を発表する準備も行っています。

発酵をテーマにまちづくりを開始

2016（平成28）年に市民の会の有志でまとめた報告書「サフラン酒本舗を摂田屋観光の拠点に」を長岡市に提出。これを受け長岡市は2017（平成29）年に本舗の取得を発表、本舗の保存活用の道筋が示されたのです。

2019（令和元）年には地元企業や、私を含めこれまで関わってきた人たちが出資してまちづくり会社＊「ミライ発酵本舗株式会社」を設立。2020（令和2）年、長岡市は隣接する土地に駐車場を整備し、「米蔵」を改装し、ミライ発酵本舗が「摂田屋発酵ミュージアム」として観光交流事業をスタート。長岡市は「機那サフラン酒本舗」を拠点に発酵をテーマにしたまちづくりを開始しました。

建物の改修が完了するのは10年後という長期のプロジェクトです。消滅してしまったかもしれない文化財にもう一度息を吹き込み、創業者吉澤仁太郎の精神を継承し、新たな夢も加えて、新しいまちづくりにトライしていきたいと考えています。

NPO×行政×まちづくり会社による
機那サフラン酒本舗の保存と活用
市民の地道な活動と多様な主体の関与による地域活性化

大内 朗子

　H&C財団の30年間にわたる「住まいとコミュニティづくり活動助成」事業において、歴史的建造物の保存と活用は、典型的な市民まちづくり活動です。そこで、活動を牽引した3つの組織の変遷と、その設立に関与したキーパーソンに着目してみました。

　新潟県長岡市摂田屋地区は、酒・味噌・醤油などの蔵元が6軒残る醸造のまちです。機那サフ

情報発信交流拠点発酵ミュージアム・米蔵

ラン酒本舗の広大な敷地（2,700坪）の中には、10棟の建物（入母屋造りの重厚な屋根の主屋や離れ座敷、極彩色の鏝絵の蔵、衣装蔵、米蔵などの土蔵）と庭園が存在します。

●3つの組織の変遷

NPO法人醸造の町摂田屋町おこしの会

2005年　醸造業の経営者が中心となり設立

2006年　「鏝絵の蔵」（シンボル的存在）が国の登録有形文化財＊の指定を受ける

2008年　復興基金で鏝絵の蔵を修復

2009年　所有者の了解を得て敷地内への立ち入りが可能となり、応急的な庭園修復、邸内の片付け、草取りを開始
　　　　　その後、発展的解散して市民の会に活動を引き継ぐ

機那サフラン酒本舗保存を願う市民の会

2013年　学識者、市民有志により設立
　　　　　建物調査と報告会、歴史講演会、一般公開

2014年　離れ座敷の雨漏り防止工事
　　　　　狂言やコンサートの開催

2015年　離れ座敷の整備（トイレ、流し、休憩スペース）
　　　　　シンポジウムで長岡市長から行政も積極的に応援する旨の挨拶をもらう
　　　　　学識者を座長に活用方策についての勉強会を開始

　H&C財団では2013年度から2015年度にかけて活動助成を行いました。

2016年　報告書『サフラン酒本舗を摂田屋観光の拠点に』を長岡市に提出

2018年　長岡市が用地を取得し、建物は所有者が市に寄贈して本舗の保存が決定

まちづくり会社「ミライ発酵本舗株式会社」

2019年　34の個人と法人により設立

2020年　米蔵と駐車場の管理と情報発信、交流拠点としての活用を担う
　　　　　同年、敷地内に現存する歴史的建造物のすべて（10棟と石垣）が登録有形文化財の指定を受ける

　NPO法人から任意団体とまちづくり会社に派生した組織変遷は、他に類を見ないのではないでしょうか。

　活動当初の組織形態であるNPO法人は、メンバーに摂田屋地区の複数の醸造業の経営者が名を連ねることで、活動の社会的認知と信用を得ることができました。その後、活動を引き継いだ市民有志による任意団体は、学識者と元副市長が会長と副会長を担うことで信用は維持され、法人格を持たなくても問題がないとコアメンバーが判断した経緯があります。そして、市民の一貫した保存活動と価値を裏付ける学術的調査は、行政も動かして官民一体のまちづくり会社の設立を促しました。

●社命により活動を牽引した平沢政明氏

　「町おこしの会」や「市民の会」の事務局長の平沢氏の当時の肩書は、吉乃川株式会社の企画部や総務部の社員でした。彼にとって「機那サフラン酒本舗」を核とした地域活性化は社命だったのです。

　平沢氏は、「まさか、通勤時に目にしていたお屋敷に関わる日が来ようとは思っていなかった。味噌や醤油の会社とは接点がなかったし、なにより古い建物に興味がなかった」と笑います。平沢氏は淡々とした人柄ですが、3つの組織で活動を牽引してきました。ミライ発酵本舗を設立するにあたり、彼は吉乃川を離れます。行政の当初予算だけでは整備維持が追いつかないことを見越し、本舗をサグラダ・ファミリアにたとえ「次代を担う人づくりに注力しなければ」と熱く語ってくれました。

金澤町家の魅力の発信と
継承・活用の取り組み
所有者のプライドを呼び覚ます、まちのかかりつけ医

キーワード　歴史的建築物　流通支援　改修・活用支援　既存不適格建築物

NPO法人金澤町家研究会理事長
（公社）金沢職人大学校理事長・学校長
川上 光彦

設 立 年 月　2008（平成20）年2月
メンバー数　正会員42名　賛助会員5団体
　　　　　　（2020年6月現在）

金澤町家の継承・活用に向けて、町家居住や町家保存に関心のあるあらゆる人に対して、関係機関とも連携を取りながら、町家の継承・活用の促進に関する事業、町家の修復等に関する研修事業、町家を利用した交流事業、情報発信事業などを行う。それらの事業を通じて、貴重な都市資産である金澤町家が減少している傾向に歯止めを掛け、金沢市における風格と魅力あるまち並み形成の促進および市民主体のまちづくりの推進に寄与することを目的とする。
https://kanazawa-machiya.net/about/

生活の場としての継承と中心市街地の活性化

　金沢は大藩の城下町として発展し、第二次世界大戦において非戦災であったため、城下町域であった中心部にまだ多くの歴史的な建物が残っています。それらの継承と活用は、歴史的資産の生活の場としての継承と中心市街地の活性化に重要との視点から、行政と連携しながら市民活動として取り組んでいます。本稿では、金沢での取り組みの特徴や課題を説明するとともに、他地域での同様の取り組みに際して参考になると思われる点についても考察します。

「金澤町家」の継承と活用をめざして

　金沢市は歴史的建築物について、文化財保存

金澤町家巡遊ツアー　　　　　金澤町家巡遊ツアー　　　　　金澤町家巡遊のワークショップ

や景観まちづくりの観点からだけでなく、2005（平成13）年頃より歴史的建築物の継承と活用という観点からも取り組みました。先行していた京都市での取り組みを参考に、まず2005年度事業として、城下町域の歴史的建築物の残存状況と市民意識調査などを予算化し、当時、金沢大学の教員を本務としながら、市のまちづくり専門員を務めていた筆者に相談がありました。なお、同専門員は、検討段階の施策に市スタッフとともに参画するもので、近年いくつかの自治体で運用されているインハウス・スーパーバイザー（ISV）*のさきがけともいえます。

　筆者からは実態調査を市民活動として取り組むことを提案しました。また、城下町であったため、町家タイプだけでなく、武士系の建物や明治維新以降の近代和風の建物など多様な様式の建物が存在しますので、市民にわかりやすく説明し展開するために、歴史的建築物を総称する愛称として「金澤町家」を提案しました注1。同時に、筆者から地元の大学教員や建築士などに呼びかけ、任意の市民活動団体を設立しました。同団体が市より調査事業を受託し、調査の実施、分析、提案を取りまとめました。同様の市による調査事業や市民向けのイベントについては、その後も私たちの団体が受託して行うことが多くなっています。なお、同団体は2008（平成20）年2月にNPO法人金澤町家研究会（以下「町家研」）として石川県より認定を受け活動しています。

　上記の団体を組織できたのは人的ネットワークが形成されていたからです。本地域には、金沢の歴史的建築物を研究する複数の大学教員が存在し同教員の研究室による調査研究の蓄積もありました。また、大学教員が自治体の歴史まちづくりに関連する各種委員会に参画する機会も多く、それらを通じて大学教員間や自治体スタッフとのつながりが形成されていました。さらに、歴史的建築物の継承に取り組む建築士グループも存在していました。そのため、現在でも大学教員と建築士が中心的メンバーで、それに一般市民や金澤町家の所有者や活用者が参加している状況です。

金澤町家に関する多様な取り組み

　市民団体としての活動は、自主的な活動と市などから受託して行うものがあります。

（1）金澤町家巡遊

　自主的な事業として、2008（平成20）年より毎年秋に「金澤町家巡遊」を開催しています。毎年テーマを変え、そのときの課題に対応するように工夫し、また、町家ショップを紹介するリーフレットを編集し発行しています。

　金沢には味噌、醤油など発酵食品の製造が盛んなことから、2021（令和3）年は「発酵街道」としてそれらを製造している寺町台地区の金澤町家を巡りました。なお、コロナ禍を考慮して町家ショップの紹介は、前年に引き続き、ビデオによるオンラインで行いました。2020（令和2）年はコロナ禍のため、オンライン配信で町家公開などを行い、また、町家ショップはYouTube配信しました。2019（令和元）年は、外国から金沢に移住した方などで、金澤町家を活用されている方の建物を拝見してお話を伺い、これまでの経緯や金澤町家への想いなどを紹介しました。

　最初は無料で申し込み不要としましたが、一部で非常識な参加者がみられ、公開町家の所有者とトラブルになる事例があり、その後は公開

金澤町家巡遊の拠点建物　　　　優良金澤町家の事例（ゲストハウス）　外観調査の風景

中にはできるだけ担当者が各建物に待機して案内し、ツアー等は原則として事前申し込みで少額でも有料とするようにしています。

（2）優良金澤町家

優良金澤町家の
特製プレート

　町家研として「優良金澤町家」を認定し、玄関外側に掲出するための特製プレートを贈呈しています。これは、金澤町家の存在を所有者と市民に広く知っていただくために、良好に改修、活用されているものを認定しています。もともとは、筆者も委員長として参加していた、金澤町家の継承・活用を検討する市設置の委員会が2008（平成20）年に提言したものですが、市は既存の文化財指定制度との整合性を図ることが困難として対応できませんでした。そのため、町家研が対応することにし、2010（平成22）年から2020（令和2）年までに140軒を認定しました。

　なお、2020（令和2）年に市は「特定金澤町家」の制度をスタートさせました注2。これは、金澤町家の中で、歴史的、景観的、まちづくり的のいずれかの観点から特に保存が望まれるものについて市が登録し、玄関外側に掲出するプレートを贈呈するものです。登録に際して自薦も可能で、できるだけ広く認定するように運用しています。特定金澤町家は、町家研の優良金澤町家の制度に類似していると思われますので、町家研としては残存する10個程度の特製プレートがなくなり次第、優良金澤町家の制度を終了します。

（3）その他の自主事業

　市民向けの講演会や見学会も行っています。講演会は、総会時に県外から講演者を招いて行ったり、優良金澤町家の認定式のときに金澤町家の改修設計を担当している建築士に講演してもらったりしています。

（4）金澤町家調査

　市では金澤町家の外観悉皆調査注3を約5年ごとに町家研に委託して実施しています。前述のように、最初の調査を2005（平成17）年度に行い、その後、2008年度、2012年度と2017年度に行いました。

　2017（平成29）年度調査の結果、金澤町家は約6,100戸が残存、空き家は約1,000戸、毎年約100戸程度取り壊されていることなどが把握できました。また、2012年調査では、町家タイプが57％と最も多く、武士系36％、近代和風住宅等7％となっていました。さらに、調査データを用いて金澤町家データベースを構築し、それを活用して、金澤町家に関する各種事業を遂行しています。

（5）流通支援事業

　その他、町家研が市から受託している主要事業は、金澤町家流通コーディネート事業と金澤町家情報バンクの資料作成などです。

　流通コーディネート事業は2011（平成23）年度より金澤町家の流通を促進するため、空き家の所有者（オーナー）に登録してもらう一方で、金澤町家を活用したい利用者（ユーザー）にも登録してもらい、両者の適切な組み合わせ（マッチング）を進めるものです。登録情報は非公開です。町家研はコーディネートを進めるために、担当するコーディネーターを7名程度依頼し、毎月会議を開催しながら進めています。2021（令和3）年3月末までに登録はオーナー112件、ユーザー306件で、マッチング50件です。なお、登録した建物の調査は、金澤町家の改修設計の実績があ

金澤町家塾の講演風景

彦三町家（金澤町家研究会の活動拠点）

金澤町家研究会幹事

る建築士に依頼します。調査は目視で行い、簡易な平面図の作成と老朽度や改修の必要性について所感をカルテ形式に取りまとめています。

金沢市では、金澤町家バンクを2005（平成17）年より設けています。市サイトに掲載する公開情報で誰でも閲覧可能です。資料作成は町家研が受託しています。建物調査は石川県建築士会まちづくり委員会のメンバーに依頼しています。調査の内容等は前述のコーディネート事業と同じです。実際の建物の見学や流通の進行は、すべて活用希望者と所有者代理の不動産業者の間で行われ、市は関与しません。2005年度より2021年3月末までに、掲載は売買159、賃貸79、計238で、成約は売買135、賃貸62、計197であり、成約率83％と比較的高いといえます。

(6) 金澤町家情報館

市では、金澤町家の継承・活用を進めるための拠点として金澤町家情報館を2016（平成28）年11月に開館しました。そこでは、改修事例としての建物の展示だけでなく、金澤町家に関する総合的な窓口とするため、市スタッフも勤務しています。市から町家研に対して、町家研職員の常駐を求められ、相談業務などに市職員とNPO職員が協働で対応する体制になっています。

金澤町家情報館を活用する事業として町家研は金澤町家塾を受託しています。同塾は2016（平成28）年度より毎年、市民向けの町家探訪ツアーを2回、講演会を1回実施しています。

(7) 広報・交流事業

町家研は、毎年活動報告書を取りまとめ、市内や全国の図書館および全国の類似の活動団体などに送付しています。また、市民の方々に金澤町家の存在を広く知っていただくための本の

NPO法人金澤町家研究会編『金澤町家−魅力と活用法−』（能登印刷出版部、2015年）

NPO法人金澤町家研究会・発行『金澤町家−改修と活用−』（2021年）

https://kanazawa-machiya.net/efforts/other/goods/

出版を行いました。ひとつは市民活動開始から10周年を記念し、金澤町家を総合的に解説するために出版した『金澤町家−魅力と活用法−』です。第2冊目の『金澤町家−改修と活用−』は、金澤町家の改修・活用事例を数多くフルカラーの写真を多用して紹介し、歴史的建物で暮らす良さや味わいを説明し、市や町家研による支援の取り組みを紹介しています。

市民団体としての実績と事業化への模索

市民団体として金澤町家の改修と活用を支援する活動を開始して16年が経過しました。金澤町家の存在とそれを継承、活用する大切さが市民に知られるようになり、簡単に取り壊されることがやや少なくなっているように感じます。

金沢での活動や市民団体の特徴は、市と市民団体が連携、協働していることです。市の施策について提案等を行い、行政と市民団体それぞれの役割を担う良好な仕組みが構築されていると思われます。行政の役割や対象業務は限定されざるを得ません。そのため、行政が取り組み難いことで必要なことは市民団体が担うようにしています。それは、金澤町家巡遊、優良金澤

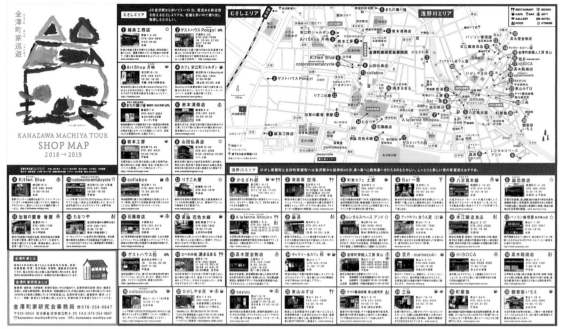

町家ショップマップ（毎年改訂）

町家、流通コーディネート事業などの取り組み、市民向けの出版物の編集発行などです。また、流通コーディネート事業や町家相談などで要請があった場合に、金澤町家の改修設計に実績のある団体[注4]の建築士を紹介しています。

ただし、大切にしているのは、市民団体が行政の下請け組織のようにならないことです。あくまでも市民活動として、独立して自立的に活動する団体であることを忘れないようにしています。

NPO法人として活動することにより、社会的信頼性が高まっていると思われ、法人として不動産の登記ができます。これまで、2軒の金澤町家の寄付を受けました。それらを市の補助を受けて町家研が改修しました。

金沢の場合、地域中心都市の中心部に歴史的建築物が残存しているため、建替えたり駐車場としたりする需要が比較的高く、そのような事例が多いのが実態です。また、流通させる際の価格がやや高くなってしまいます。一方、住宅としての需要の他に、飲食店やゲストハウスなどの需要もみられます。そのため、上記の課題を克服しながら、需要に適切に対応するように工夫しています。

課題としては、やや新会員が少ないこともあり、メンバーが固定化し、活動が若干マンネリ化していることなどが挙げられます。

大きな課題としては、建築物の改修、活用、流通を直接事業として取り組むことが必要と思われます。金沢でもいくつかの団体による、そうした取り組みが始まりつつあります。

また、行政側の課題になりますが、歴史的建築物を改修、活用するための制度の足かせが、まだかなりあります。少数の自治体が建築基準法の適用除外と代替措置の確立などについて進めていますが、国による抜本的な制度改正などが必要です。

注
1　市条例で「金澤町家は伝統的な構造、形態又は意匠を有する木造の建築物（寺院、神社、教会等を除く）で、建築基準法（昭和25年）の施行」までに建てられたものとしている。
2　金澤町家条例を2019年に改正して創設された。文化財指定とは異なり、市の歴史文化資産として広く認定しようとするもの。約1,000軒程度の認定を目標とし、2021年までに92軒を認定している。
3　「悉皆＝ひとつ残らず全部」が意味するように、調査対象のすべてを調査することで、全数調査、全部調査とも呼ばれる。
4　「LLP（有限責任事業組合）金澤町家」は金澤町家の改修実績がある建築士9名による団体であり、町家研と連携して活動している。

かかりつけ医のような「マチヤケン」

渡邉 義孝

川上先生に金沢の町を案内していただきました。NPO金澤町家研究会（マチヤケン）が調査・再生・事業者探しに関わったさまざまな歴史的建造物が、駅から徒歩圏内に数多く残っています。

●謙遜の奥にある誇り

視察の途中、茶屋町の近くで、軒が低くいかにも古そうな住宅を見ました。

お住まいの女性がちょうど道に出ていて、顔なじみの川上先生は気さくに話しかけます。「うちは古いだけでね」と謙遜しながらも、家の説明をしてくださいました。厨子2階の窓を指さして彼女は「今も紙障子だけでガラスがないんです。雨風が降り込むと思うでしょう、それが全然入ってこないんですよ。ちゃんと考えてつくられてるんですね」。そして「200年前のまんまですから！」とおっしゃいました。

内部見学をさせていただくことができました。囲炉裏があった吹抜けの部屋「火袋」には高窓から光が差し込み、梁も柱も煤けて黒光りしています。床板をめくると豆炭や練炭が昔のままに保管されていました。

女性の言葉の端々には、謙遜とは逆に誇らしい響きが感じられました。「古いだけ」と思っていた自宅が宝物であったことを知る。その価値を引き出したのは、町家研究会の地道な活動だったのではないでしょうか。

●所有者の機微に寄り添う

行政との協働、所有者の信頼形成と、意欲とマインドのある専門家集団の存在―全国的にも「成功事例」として知られる金沢の町家の再生ですが、そこには独特の難しさもあった、と川上先生は言います。「古いまちならではのプライドがあるのです。買い手を探していることが近所に知られると『あのイエはお金に困っている』と思われるのが怖い。だから交渉は水面下でやりたい、という方もおられます。流通コーディネート事業を非公開システムとしたのはそのためです」。

もちろん「ヨソ者」の存在は必要ですし、実際に町家研究会でも、移住した若い建築士が再生の現場をリードしています。それでもやはり、こうした所有者のデリケートな機微に寄り添う感性と経験が、まちづくりのリーダーに不可欠なのです。

「誇りをもって建物を維持してくださる住人が増えました。今はいいのですが、次の世代にその想いを継承できるかが心配です」と川上先生は言います。路地の隅々を知り、所有者の顔を見ながら、ひとつひとつのケースに適した補助メニューの処方箋を出す活動を続けてきた町家研究会の存在は、あたかも「かかりつけの訪問医」のようでもあります。それは金沢という歴史を背負ったまちだからこそ確立されたメソッドであるとともに、どんなまちにも求められることなのではないでしょうか。

金沢市主計町（かずえまち）茶屋街を解説する川上氏（撮影：筆者）

活動3　NPO法人旧鈴木家跡地活用保存会　　　静岡県浜松市

旧庄屋屋敷の保存活動が Park-PFI に結実
地域良し、事業者良し、行政良しの民間事業者参画の公園づくり

キーワード　Park-PFI（公募設置管理制度）　地縁的コミュニティ

NPO法人旧鈴木家跡地活用保存会
村木 正彌・池田 敏章

設 立 年 月　2016（平成28）年3月
メンバー数　正会員23名　賛助会員35名
　　　　　　（2021年4月現在）

2016（平成28）年当時の近隣8地区の自治会長および元自治会長ら14名を発起人として結成。
旧鈴木家跡地（14,000㎡）に残る母屋、離れ屋、弓道場（射場・的場）を改修して歴史溢れる地域の多世代交流拠点として活用すべく設立された。
https://www.mangoku.com/info/

地道な市民活動が花開いた

　旧鈴木家庄屋屋敷跡地（浜松市東区 面積約14,000㎡）は、室町時代から続く庄屋屋敷の跡地です。2010（平成22）年、地権者から浜松市に寄付され、公園として整備されることになりました。当初、浜松市は、敷地内の建屋は撤去する方針でしたが、地域住民の「建屋は地域の多世代交流拠点としたい」という強い意向と長年にわたる地道な活動を受け止め、2021（令和3）年2月、撤去ではなく、都市公園法に基づく公募設置管理制度（Park-PFI）[*]により「建屋を公園施設として活用する民間事業者」を公募し、審査の結果、事業者を決定しました。

　浜松市と地元住民、事業者は、地域の歴史が

1日開放デー　　　　　　　　　　　　　　　　　　　　改修前（上）と改修後（下）の的場

残るこの地に、古風な佇まいを残す市民の憩いの場を協働してつくり上げていきます。

旧庄屋屋敷を活かした公園づくりの活動

旧鈴木家は、室町時代から続く旧家で、江戸時代には古独礼庄屋といって領主に単独で謁見できる格式の高い庄屋でした。家康の側室阿茶の局が預けられ、家康自身もたびたび屋敷を訪ねたという言い伝えもあります。

公園整備にあたり、市は、跡地に残る建屋（屋敷門、母屋、離れ屋、弓道場（射場・的場）、納屋、土蔵、祖霊社）は老朽化が激しく改変されていて、文化財指定が難しいこと、耐震改修費や維持管理費が掛かりすぎるという理由から、撤去の方針となりつつありました。

そんな状況を受け、建屋保存に向け2016（平成28）年NPO法人旧鈴木家跡地活用保存会が設立されました。市は、NPO法人設立の動きも考慮し、「建屋改修のための直接工事費は出せないが、存続に向けた検討中（保留）」としました（残念ながら土蔵と納屋は老朽化による崩落の危険が増し2017年に解体撤去）。

当地は、古くからの住民と、住宅開発による新住民が共に暮らす地域です。旧来の住民は高齢化が進み、新住民は地域とのつながりが希薄です。若いお母さんは孤独に子育てをし、高齢者や子どもたちは居場所をなくしています。私たちは、情感あふれる旧庄屋屋敷を保存活用して、地域の歴史に思いを馳せる空間、地域の交流の場、地域の縁側として活用しようと考えました。建屋を単に保存するだけでは将来は負の遺産になってしまう。みんなでつくり、みんな

で使う公園、それこそが地域の公園だ。そんな思いが活動の原動力となっていきました。

地域の想いを行政に伝える活動

地元では、2012（平成24）年春、積志地区自治会連合会（39自治会）を母体に「旧鈴木家屋敷跡地活用協議会」が設立され、跡地の保全活動と庄屋屋敷の歴史と地域で果たした役割を紹介する活動が始まりました。

2014（平成26）年には、市から借り受けた跡地の一部（広場）の自主管理団体として「万斛広場利用者委員会」を設立し、2016年には活動の中核を担ってきたメンバーが発起人となり、建屋の保存活用をめざすNPO法人「旧鈴木家跡地活用保存会」を設立しました。さらに2016年から2年間、地元14の自治会長とNPOとで「交流拠点づくり委員会」を組織し、浜松市も交えて跡地の在り方について議論を進めました。2017年、2018年には浜松市のはからいで、認定NPO法人浜松NPOネットワークセンター（Nポケット）」の支援を受けることができました。

これらの諸団体が協働して屋敷の保全活動や鈴木家の紹介活動を進め、建屋の保存改修や交流拠点としての活用を訴えてきました。

みんなで参加する公園づくり

〈みんなできれいに〉
- 2011年から10年続く敷地内の草刈・樹木の枝打ち活動（年6回、合計65回、延べ800人参加）
- 花の会（2015年設立）、公園愛護会（2019年設立）は、公園内15のミニ花壇で植栽活動を実施中

草刈り前のミーティング

的場の改修風景

見学の小学生と母屋

〈みんなで直す〉

- 2014年、跡地の一部を市より借り受け、グラウンドゴルフ場として整備
- 2015年、弓道場射場を休憩場として改修
- 2018年、弓道場の的場をH&C財団の支援を受けて修復
  修復された的場はその後の母屋再生活動のシンボルとなりました。

〈みんなで使う〉

- 2014年からグラウンドゴルフ場の利用者は、7年間で延べ42,000人
- 2016年から毎年5月、広場に数十のこいのぼりを掲揚
- 2018年、浜松市の助成事業として「公園予定地1日開放デー」を実施。来場者は延べ163組、403名
- 2019年から東区流通元町図書館と「読み聞かせ会」、浜松理科教育研究会と科学の面白さを伝える「ミニ科学の祭典」を毎年実施中。

〈みんなに伝える〉

- 2011〜2012年、屋敷説明会開催(6回、来場者3,000人)
- 2012年3月、2017年1月、浜松市東区役所の市民ホールで旧鈴木家の歴史と収蔵品の展示会を開催(合計来場者3,500人)
- 2013年から地元小学校6年生の野外授業実施(旧鈴木家に関する授業と現地屋敷の見学、NPOメンバーが講師を担当)
- 2015年から季刊の広報誌『万斛広場だより』を発行(2022年3月現在、27号を発行)
- 2016年からNPO法人旧鈴木家跡地活用保存会は季刊の広報誌『NPOだより』を発行(2022年3月現在、22号を発行)
- 2018年、NPO法人旧鈴木家跡地活用保存会の

ホームページ完成

- 2011年から現在まで、屋敷内に残る約5,000点の古文書の整理、解読(約3,500点以上整理済)

地域の想いがPark-PFIに結実

市は、2020(令和2)年3月までにわれわれに建物改修の資金目途が立たない場合、建屋を撤去するという方針でしたが、地元の長年にわたる公園の清掃維持管理、グラウンドゴルフ場の管理、弓道場的場改修といった活動、建屋改修活用の熱意を受け止め、2020年、Park-PFI事業として「建屋を公園施設として活用する民間事業者の公募」に取り組み、2021年2月、松川電氣株式会社さん(浜松市東区、代表取締役小澤邦比呂氏)を設置等予定者として決定しました。事業者提案のコンセプトは、「日本の伝統行事や収穫体験を通じて子供たちを笑顔にし、子供たちの笑顔を大人たちが見守り集まる憩いの公園をめざす」とされ、「母屋は古民家カフェとコミュニティスペース。離れは貸部屋事業、研修室、体験教室。弓道場射場は地域住民に貸し出し、グラウンドゴルフの詰め所、健康教室として整備し、2022年10月、一部の営業開始をめざす」(浜松市HP)とされました。

そして、建屋改修の目途が立ったことから、同年4月、跡地は「万斛庄屋公園」として正式に開園しました。

まさしく私たちの長年の思いを具現化するものでした。私たちは、浜松市のPark-PFI事業の取り組みを通して、素晴らしい事業者と巡り合うことができました。これからは、浜松市と事業者、地域住民との協働で、みんなでつくり、みんなで使い、みんなで楽しむ公園、市民が運営する新しい公園づくりに挑みます。

地道な市民活動が導いた
「旧庄屋屋敷を保存活用した公園づくり」

Park-PFIによる地域住民と民間事業者協働の新しい公園運営の取り組み

松本 昭

都会では、年寄りと子どもの遊び場であった公園が、カフェなどの民間施設を公園内に設置しておしゃれに蘇り、まちのリビングとして生まれ変わる試みが各地で始まっています。最近の公園は、憩いの場所であるとともに、自ら稼ぎ、自らまちを潤す役割も担うことになったようです。都市公園法が改正され、公園の適正管理と維持費の捻出を図るため、公園内の一部に収益施設を設け、その収益で公園内の特定区域を維持管理する手法が、Park-PFIです。都心の大きな公園では、公園内にカフェやコンビニエンスストアがある風景が見られます。

浜松市の万斛庄屋公園は、この手法を巧みに活用して、地域良し、事業者良し、行政良しの公園整備を見出しました。通常、公園などの公共施設に民間の資金やノウハウを入れると、公共性が失われるとか、住民が自由に使えなくなるなどの不安が噴出して、しばしば計画がとん挫することがあります。しかし、万斛庄屋公園の場合、風情ある旧庄屋屋敷をコミュニティカフェに活用したい、高齢者や子どもたちの居場所と交流の場にしたいという地元の強い願いを市が受け止め、Park-PFIにより、地元愛に溢れた民間事業者の参入を導きました。

私が、最初に現地を訪れた2019（平成31）年3月、

NPO法人の村木代表や池田さんから、財団の助成で的場の修復はできたが、母屋の保存改修には約3000万円かかる。クラウドファンディング*でも何でもできることはすべてやるが、金額が大き過ぎるので……という感じでした。

政令指定都市である浜松市も、人口減少局面に入り、市町村合併により市域面積は、全国2位の約1,558㎢と伊豆半島を凌ぎ、保有公共施設の縮減と経費の節減に取り組んでいます。そんななか、由緒があるとはいえ、浜松市が、老朽化した庄屋屋敷を自らの負担で保存修復して維持することは困難と思われます。そこで市は、一群の家屋を保存修復し、公園内施設として有効活用する意欲やノウハウを持つ民間事業者に公園管理への参加を促し、行政・民間・地域の三者による協働の公園づくりをめざしたいと考え、その可能性を探るため、サウンディング調査*を実施し、Park-PFIへの手ごたえを感じ取りました。

そして、2020（令和2）年12月、公募設置管理制度（Park-PFI）を募集し、2021（令和3）年2月に民間事業者が決定。2022年秋には、見事に蘇った旧庄屋屋敷に地域住民の笑顔があふれる公園が完成します。

民間事業者の事業提案書のとおり、3か月ごとに地域住民や地元NPO等と意見交換を重ねながら、協働して公園施設の運営を行う新しい取り組みのこれからが楽しみです。

万斛（まんごく）庄屋公園

旧庄屋屋敷の修復イメージ

小さな営みが幾重にも
蓄積されたコミュニティ

公益財団法人助成財団センター 会長　山岡 義典

私生活の一断面のようなことを書いて何の役に立つのか？ そんな思いを抱きながらも、やはり豊かなまちづくりの原点ってこんなものかもしれないと今さらながら自分に言い聞かせつつ、書き始めることにした。

お庭掃除の師匠とともに

8年前に深夜型の生活パターンを早朝型に切り替えた。そこで毎朝6時から我が家の前の神社の境内や参道の掃除に参加することにした。長年にわたって掃除してきたふたりの仲間に加わったわけで、私も含め今はみんな80を超える。

この掃除は、隣接市の公団住宅に住む主婦Aさんが30年くらい前に始め、やがて同じ団地の主婦Bさんが参加したもの。AさんもBさんも数年前にご主人を亡くされたが、とても元気だ。年長のAさんはいつも七つ道具をリュックに背負い、それを駆使して草刈りでも枝落としでも何でもこなす。私は勝手に「お庭掃除の師匠」と呼んでいるが、どうも6時よりもっと早く来ているらしい。Bさんは何年か前に遠くに

秋が深まると公孫樹の落葉掃除が大変だ

引っ越し、当初は自転車で来ていたが今は歩いて来る。40分近くはかかるという。運動のためとはいえ、よく頑張る。

境内や参道の落ち葉は季節によって異なる。松や樫のような常緑樹は年中落葉するが、日によって落ちる量には多少の波がある。公孫樹（いちょう）や欅のような落葉樹は少し時期はずれるが秋から冬が山場、11月末になると参道は公孫樹の落ち葉で黄金の絨毯になる。初日は美しいが放っておくと数日後は見苦しい。後始末は大変だ。枯れ葉の少ない日は暇を持て余し、箒や熊手を使って砂地に掃き目をつけてあれこれ楽しむ。私の得意技だ。

気持ちよい境内で朝の体操を

では何で毎朝早くから神社なんだ？ 我が家は氏子ではあるが、別に信心からではない。実はこの掃除は、境内を借りて体操をしている仲間から生まれた自主的な活動なのだ。「少しでも気持ちよい境内でみんなが体操を」、そんな想いから続けているにすぎない。

掃除が終わる6時半頃には、アチコチから30人余りがやってくる。ラジオ体操が始まり、われわれ3人も当然参加する。続いてタオルを使ったストレッチ体操、これで20分が過ぎ、その後は皆が輪になって足腰を動かす体操を20分。7時10分頃には全員が家路に向かう。多摩川の土手の桜が満開の頃には花見に行くことも。夏には近くの農園でブルーベリーを摘むこともあり、秋には境内の銀杏拾いもする。

山岡 義典 (やまおか よしのり)
法政大学 名誉教授
都市計画の研究や実務についた後、トヨタ財団にてプログラム・オフィサーとして活躍
フリーを経て日本NPOセンター設立、代表理事を経て顧問に
市民社会創造ファンドを設立、理事長就任
(公財)助成財団センター理事長、2022年7月会長に就任

夏休みには子どもたちでにぎわう(写真提供：Cさん)

参加した子どもたちへの「参加賞」(写真提供：Cさん)

　この体操の会は、50年ほど前にM先生がラジオ体操の指導資格をとって始めたそうだ。先生が遠くに引っ越した後は、近所の主婦のCさんやDさんが資格をとって引き継ぎ、やがて指導資格をもつEさんをお呼びした。今はEさんを中心にCさんやDさんが皆の前に立って毎朝指導する。

　現在の参加者はほとんどが女性で、男性は5〜6人に過ぎない。夏休みには子どもたちも多数参加、父母や祖父母も一緒で賑やかになる。その祖父のひとりは毎朝来る常連になった。夫婦の参加は多くはない。ペアで来ていたが連れ合いが亡くなって今はひとりで来ている人もいる。ほぼ毎日ペアで参加するのは我が家と近所の一夫婦に過ぎない。

　このコロナ禍にはどうしたか？ 休校自粛や緊急事態宣言のときは皆で話し合った。参加者たちの意志は固い。風通しのよい屋外のこと、マスクをして両手を広げた距離を保ち、近づいてしゃべらなければ何の問題もない、そう判断して掃除も体操も休みなく続けることにした。

感染者も出ず、むしろコロナ籠りの中での心身の健康維持に大きく役立った。

日々の小さな営みがまちづくりの底力に

　来るも自由、来ないも自由、規則もなければ会費もない。どこにでもある小さなグループだが50年も続いてきた。地縁でもなく志縁でもない、偶々という意味で偶縁ともいうべきか。70を過ぎて初めて参加、日常生活の豊かさとは何かと日々気づかされている。

　朝の掃除や体操に限らず、同じような自主活動はよく見れば地域のあちこちにある。何をどう変える、といった大それたことではなく、「まちづくり」といえるほどのものでもない。ただ存在し続けてきたことの意味が、何となく見えてきたということだ。

　このような小さな営みが幾重にも蓄積されたコミュニティこそが、まちづくりの底力になるのではないか？

　そんな想いを綴ってみた。

（寄稿）

建築協定から見守り型地区計画へ

まちづくりスピリットを紡ぐ

キーワード　　まちづくりスピリットの継承　　住民発意の見守り型地区計画　　まちの来歴の伝承

美しが丘アセス委員会遊歩道ワーキンググループ
街のはなし実行委員会
藤井 本子

設 立 年 月　2015（平成27）年7月
メンバー数　14名　（2022年4月現在）

「歩くためのまち」というコンセプトのもと、1960年代の開発当時から張りめぐらされている遊歩道（歩行者専用道路）の良好な維持管理と利用促進を通じて、地域住民のまちへの愛着およびコミュニティの活性化をめざして活動を行っている。
美しが丘中部自治会（委員会活動）
https://www.utsukushigaoka-chubujichikai.net/委員会活動/
街のはなし
https://machinohanashi.com
100段階段プロジェクト ホームページ
https://100dan-kaidan.org/makingstory/

住民の力でまちを育てる

　横浜市青葉区美しが丘は東急田園都市線たまプラーザ駅の北側に広がるエリアに位置し、1960年代に田園住宅都市構想に基づきクルドサック*形式の道路網や遊歩道ネットワークが導入され開発されました。当地区には開発当初より"住民の力で街並みを守りまちを育てる"という「まちづくりスピリット」が芽生え、日本初といわれる住民発意の建築協定*を30数年間継続し、その後、地区計画*へと移行し良好な住環境を維持してきました。しかし開発から50年以上が経過したインフラは老朽化し、まちづくりを牽引してきた住民の高齢化も進みました。このような状況下で、今後の担い手を育

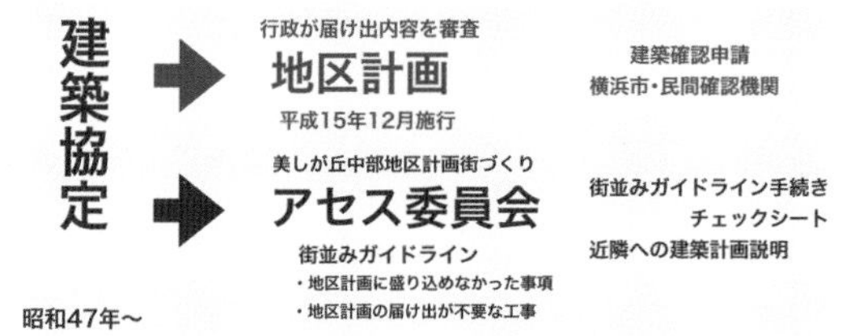

図1 建築協定から地区計画＋アセス委員会（街並みガイドライン）への移行

成する活動が始まり、成果を上げ始めています。

街並みガイドラインの策定

　青葉美しが丘中部地区は1972（昭和47）年に全国初といわれる住民発意の建築協定を締結し、良好な住環境を維持してきましたが、建築協定運営委員（以下「委員」）の高齢化による負担感の増大、後継者不足、協定に合意しない地権者の存在、協定からの離脱者などの問題によって協定継続の不安を感じるようになり、1999（平成11）年より検討・準備を重ね、2003（平成15）年12月に地区計画に移行しました（表1）。

　2004（平成16）年に地区計画に移行したことで、建築協定に盛り込まれていた一部の内容（地盤のかさ上げ禁止、擁壁や塀の基準、屋根や外壁の色彩など）が積み残しになったことから、それらを独自のルールとして建築主に配慮を求めるため、2004年にアセス委員会が発足しました。都市計画法に基づく地区計画は、建物を建てるときの基準を定めるものであるため、美しい街並みをつくるための配慮や建築工事に伴うトラブルを未然に防ぐための近隣への説明や約束事などは規定することができません。そこで、私たちは、住み心地の良い上質な住環境を確保するため、地区計画に加えて、地区計画では定められないプライバシーへの配慮、工事に伴う騒音や土砂・粉塵の飛散防止、工事関係車両に関するルールなどの配慮事項を自主的に守る地域ルールとしてのガイドラインを『街づくりハンドブック』としてまとめました。

　アセス委員会内には複数の建築士によるガイドライン相談チームを設置し、施主、建築業者からの質問や相談に対応しています。行政との連絡も密に行い、地区計画の届け出の段階

表1　青葉美しが丘中部地区　地区計画策定の経緯

1996年		建築協定運営委員会で地区計画について独自で検討開始
1998年	9月	建物・環境委員会地区計画勉強会開始
1999年	4月	地区計画検討委員会発足
	6月	第1回 まちなみづくりアンケート この街をどう思っているか？ 地区計画に上乗せルールは必要か？ どのようなルールをどう運営すべきか？
2000年	6月	栄区湘南桂台視察交流会
	7月	まちなみづくりルールを2つのワーキンググループで検討開始
	11月	検討したルールを「まちづくりへの提案書」としてまとめる
2001年	2月	第2回 まちなみづくりアンケート 地区計画が良い51％＞建築協定が良い16％　「まちづくりへの提案書」に示された提案の要否、意見を求める　地区説明会（4ブロックに分けて）
	6月	田園調布視察交流会 地区計画キャンペーンVol.1 井戸端会議による草の根作戦
	10月	第3回 まちなみづくりアンケート 地区計画賛成92％　地区計画導入の賛否・上乗せルール案の賛否・意見 地区計画キャンペーンVol.2 街歩きオリエンテーリング開催　ブロック別説明会 地区計画キャンペーンVol.3 シンボルマーク・標語の募集と制定
2002年	2月	意見提案者懇談会　既存不適格建物現地調査　意見提案　個別折衝（大地主など）
	7月	地区計画変更案意向確認アンケート 地区計画変更案賛成94％ 前回アンケートから大きく変化した「建築用途の制限」「壁面後退の制限」の変更案についての意見を求める 意見提案者懇談会
	11月	地区計画住民案最終意向確認アンケート 地区計画賛成94％　横浜市に提出する「地区計画地元案」の賛否確認
2003年	1月	反対意見者との意見交換会
	2月	地区計画検討委員会および自治会評議員会にて採決
	3月	横浜市へ地区計画決定正式提案
	6月	当該地域住民へ原案説明会
	9月	都市計画審議会にて審議
	12月	横浜市議会にて可決　12月25日公布

原則月1回の委員会開催（43回）
委員会の動向を知らせる「まちなみだより」の発行（16回）

で事業者にはアセス委員会への「工事計画等適合チェックシート」「街並みガイドライン適合チェックシート」の提出と工事計画等に関する近隣居住者説明会を求め、説明会にはアセス委員も毎回参加します。

　地区計画へ移行して委員の負担は減ったものの、若手の人材の確保はなかなか困難でした。若年層の地域活動への無関心、世の中の急速なデジタル化によって世代間のデジタルスキルにギャップが生じ、全世代による協働が難しくなっ

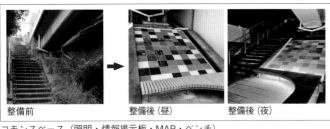

整備前 → 整備後（昼） 整備後（夜）

コモンスペース（照明・情報掲示板・MAP・ベンチ）

たまプラ遺産プレートと階段の標高スケール

たという現実もありました。ガイドラインも法的な拘束力を持つものではなく、アセス委員会活動への住民の理解と協力を得るためになんらかのアクションを起こす必要が出てきました。

新たなチャレンジ

①50年経過した郊外住宅地のリファイン
②まちへの愛着の醸成とまちについて考えるきっかけをつくることで、連綿と続いてきた美しが丘の「まちづくりスピリット」を継承
③地域活動参加者の平均年齢の引き下げ
を目標に、次の活動を展開しています。

(1) 遊歩道ワーキンググループ活動

2006（平成18）年にアセス委員会内に遊歩道ワーキンググループが発足し、歩行者専用道路（総延長約3,300m）の維持管理および改善向上をめざして活動を始めました。すべての歩行者専用道路の調査を行い、行政への働きかけにより2007年以降一部の改修工事が実現しました。

公民協働の「次世代郊外まちづくり」活動や「青葉区健康づくり歩行者ネットワーク整備事業」に参加・協力したことをきっかけに2017年に「ヨコハマ市民まち普請事業」に応募し、2018年度事業に採択されて100段階段プロジェクトが始まりました。階段をまちの標高スケールに見立て、地域内のあちこちに設置した「たまプラ遺産タイル」と紐付けて丘のまちの高低差を体感するしかけやコモンスペース※の設置など地域資産でもある遊歩道の修景、100段階段や歩道橋のカラーリングを全世代の住民参加で行うワークショップ※を継続しています。

(2) まちの歩みを記録し、次世代に伝える

まちづくり活動の一環として『街のはなし』というオーラル・ヒストリーをまとめた冊子を2014年から毎年発刊しています。50数年の間にまちは劇的な変化を遂げました、三世代にわたる地域住民の普段の生活からこぼれる言葉はいきいきと地域の変遷と社会の変化を伝えます。昭和のニュータウンの温故知新。先人の努力の蓄積とまちの成り立ちを知ることは、地域への愛着にも、私たちが当たり前のように日々享受している良好な住環境が先人の遺産であることへの気づきにもつながり、未来に続く街並みとコミュニティの価値創造をめざすための資源となります。

H&C財団の活動助成により、地域内の12カ所にQRコードの印字されたプレートを設置し「街のはなし」の朗読音声をゆかりの場所で聞くことができるようにもなりました。

QRコードプレート

(3) 受け継がれていくまちづくりスピリット

活動の展開においては、古参も新人もメンバーが互いを理解し尊重し合う関係性の構築に心をくだきました。先人の経験と知恵に学び、若い世代のスキルと感性を活かすまちづくりをめざします。活動への参加をきっかけに新たな地域活動の担い手も増えました。

小学校の総合学習・生活科の授業における生徒自らの居住地域を知るというカリキュラムへの関与もできるようになりました。

これらの取り組みは多方面から評価をいただいています。地域での認知度も上がり、地域住民、自治会、企業や商店街、学校、行政などからの支援や協力も得ながらハード・ソフト両面の活動を継続展開しています。

「多摩田園都市構想」から生まれ、
住民が受け継ぎ育てる「美しが丘」のまちづくりスピリット

椎原 晶子

●安全で美しいまちを引き継ぐ
　住環境ルールと地域の主体づくり

　横浜市青葉区、美しが丘の住民まちづくりに学ぶところは、当初1960年代に東急電鉄「多摩田園都市構想」により計画されたよりよい住環境を守るため、まちの状況に合わせて適切なルールを決め、これを企画・運営する住民組織をつくり、次世代へ引き継いでいく姿勢です。1972（昭和47）年には日本初の住民発意の建築協定を結び、その30年後の2003（平成15）年には、より法的に安定した地区計画に移行しました。地区計画ではカバーできない地盤、塀、擁壁の形状、建物の色などの配慮、工事協議等の手続きについては、自主協定として街並みガイドラインをつくり『街づくりハンドブック』にまとめています。地域ルールの策定・運営には、その都度、住民による「美しが丘個人住宅会」や「建築協定運営委員会」「地区計画検討委員会」などが組織され、自治会や横浜市とも連携して7年間もの協議やアンケートを重ねて賛同者を増やし、地区計画をまとめました。

　「街並みガイドライン」については建築士などの専門家を含む「青葉美しが丘（中部地区）地区計画街づくりアセス委員会」が協議・運営を担っていますが、さらに若い世代との連携のために新たなステージも開拓中です。各時代の住民が今とこれからのまちづくりの主役として、その時々にふさわしい法制度や活動のテーマを設定して取り組むことで、まちづくりのバトンが未来に引き継がれていきます。

●ハード・ソフトにわたる次世代郊外まちづくり

　上記の「アセス委員会」は、2006年より歩道橋や「100段階段」などのカラーリングを住民参加で行い、まちへの愛着や、直接まちの環境を改善する手応えを老若さまざまな世代の人たちと分かち合っています。2012年より、横浜市と東急電鉄が始めた「次世代郊外まちづくり」をきっかけに、東急田園都市線沿いの住宅地で高校生の取り組みや、子育て・高齢者支援、環境保全、エネルギー供給、災害時のペット支援など、ソフトハードにわたる住民発の取り組みが育っています。

　特に美しが丘、たまプラーザ駅周辺地区は、地区計画や「街並みガイドライン」などに加えて歩きやすい遊歩道や公園の整備管理、魅力的な店や住民の活動が次々に生まれることで、住むにも店を開くにも人気の場所となり、地価も高くなっています。多くの都市部では、郊外の人口減少、空洞化などが課題ですが、美しが丘の住人が長年引き継ぐ「まちづくりスピリット」とその活動は、まちを「我が事」と思い行動する原動力となっています。よりよい環境とまちの価値の維持向上につながる先進例です。

図2　「街並みガイドライン」の適用地区および遊歩道ネットワーク

『街づくりハンドブック』

緩やかなコミュニティで紡ぐ
住宅地マネジメントの活動
顔の見える関係から始める地道なまちづくり

キーワード 住み続けられるまち 顔の見える関係の構築 お庭カフェ やわらかな啓発
空き家・空き庭活用 みちコモン

NPO法人玉川学園地区まちづくりの会
木村 真理子

設 立 年 月 2005（平成17）年5月
メンバー数 35名 （2019年4月現在）

町田市住みよい街づくり条例に基づく「街づくり市民団
体」として、地域の多様な団体と連携協働しながら主に
専門性を活かした活動を展開している。地域の成り立ち
や地形、歴史文化の魅力を活かした住環境整備をめざし、
まち並みや住環境の維持のための建築協約の普及啓発を
中心ミッションとして、住み続けられるまちづくりに取
り組む。
玉川学園地区まちづくりの会
https://www.facebook.com/tamagakumachiplan/
地域資源活性化プロジェクト
https://www.facebook.com/tamagawagakuen.LRA

地域密着のまちづくり団体として

　玉川学園地区まちづくりの会（以下「まちづく
りの会」）は、2005（平成17）年に活動を開始した
「町田市住みよい街づくり条例」に基づく「街づ
くり市民団体」で、2021（令和3）年にNPO法人
となりました。

　建築やまちづくり関係者が在籍する団体とし
て専門性を活かし、家の建て方や住まい方、開
発のルールと方法、坂と階段と緑豊かな住宅地
の魅力を活かした「住み続けられるまち」を提
案しています。近年は、まちの資源を活かすこ
とやまちの将来像を共有するため、町内会、地
区社会福祉協議会（以下「地区社協」）＊、高齢者
支援センターなどとの協働に加えて、多様なグ

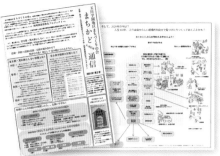

敷地高低差、豊かな緑を演出する家　　お庭カフェの様子　　　　　　　「まちかどとっきどっき通信」

ループや世代とも連携協働しています。

まちづくりのルールの提案活動

玉川学園は、1929（昭和4）年に小原國芳氏が理想とする「教育ムラ」をつくろうと始めた手づくりの学園町で、戦後、急速に開発が進み、今では小田急線玉川学園駅を中心とする半径1.5km約220haのエリアに約9,000世帯、2万人が暮らす住宅地です。ヒダの細かい丘陵地に張り付くように広がる住宅と急坂と階段、豊かな緑が特徴です。

1990年代以降、宅地の細分化やマンション・アパートの建設が目立つようになり、まちのルールを整え、開発事業者との協議に対処するため、まちづくりの会が立ち上がりました。まち歩きやワークショップ*などを通して地域のあり方を住民と一緒に考え、その成果を「まちづくり憲章」「まちづくり方針」「住みよいまちと暮らしのデザインガイド」にまとめて地域に提案し、その一部が2011（平成23）年に「建築協約」[注1]として玉川学園地区町内会・自治会連合会により制定されました。以来、玉川学園町内会と連携して宅地開発に伴う地域協議に対応しています。

地域資源活性化プロジェクト

(1) プロジェクトを始めた理由

紳士協定である「建築協約」の限界や開発つくされた感もあるなか、人口減少社会でも住み続けられる魅力あるまちの実現には、多方面で連携し、重層的に地域を維持すること、既にあるものを資源として活かしていくことが大事です。

玉川学園も空き家や空き家予備軍の存在を意識せざるを得なくなっており、無理解な事業者

に開発用地を渡さない仕組みや空き家・空きスペースの有効活用、相談、住替支援、小さな緑スペースや交流の場をまちに広めるといった活動を考えました。2019（令和元）年H&C財団の助成をいただき、プロジェクトが具体化しました。

(2) プロジェクトの実施内容

住民ができる空き家調査や有効活用への取り組みは「地域での信頼関係が前提！」との実感から、顔の見える空き家（近隣住民や福祉団体とのご縁による人の空き家）を対象に調査を行い、併行して、将来の空き家化が懸念される空き家予備軍の高齢者等へのやわらかな啓発を目的としたチラシや新聞を作成し配布しました。

そして「まちかどとっきどっき通信」では、人生100年時代をどう過ごすかのヒントや覚悟、空き家予備軍段階での備えの重要性や先進事例、行政の相談窓口、既成概念に捉われないアイデアなどを記事にし、町内会の回覧板や市役所、市の出張所、地域の学校や医院、お店などにも置いてもらい周知に努めました。

また、地道に顔の見える関係を地域に拡げていく試みとして、「お庭カフェ」を開催しました。近隣住民同士のそこそこフランクな関係構築と情報共有（暮らしの困りごとや楽しみごと、暮らしの情報交換、ご近所での見守り合い、非常時や詐欺、空き巣対策など）が目的です。2021（令和3）年度からは「ご近所さん会　お庭カフェ」として地域で予算化され、玉川学園町内会、地区社協、高齢者支援センター（地域包括支援*）との共同事業になりました。

「みちコモン」の候補地調査とデータベース化

高齢化や共働きなどで庭木管理の負担感が増

駐車場や階段を設けつつ斜面緑地も保つ

みちコモンを共有するまち歩き

空きスペースで月に1回行われるマルシェ

し、ミニ開発で緑が減り高い擁壁が増えました。せめて、まちの効果的な場所に管理が容易な緑を植えて、道を歩いて感じる緑だけでも維持できないか。道に接する敷地の一部を「街路の膨らみ」のようにグランドカバーで緑化し椅子などを置けば、隣家に影響なく緑を感じておしゃべりできる場所ができるのでは？ 散歩も楽しくなるのでは？と考え、これを「みちコモン*」と呼ぶことにしました。

ゆくゆくは、緑好きな住民有志によるお小遣い稼ぎとコミュニケーションの機会を兼ねた緑の維持管理活動ができればと思っています。そこで、「みちコモン」の候補地を調査し、情報共有のためのまち歩きを実施しました。

こうした小さな活動の積み重ねは、緩やかなコミュニティを広げ、地域の多様な団体との交流を育み、協働の輪が広がりました。地区社協が受けたお困りごとや一般の相談事業のうち、空き家など住まいに関する相談は、まちづくりの会が受け持つようになり、高齢者支援センターとも連携が進んでいます。

プロジェクトの課題と成果

玉川学園地区は、まだまだ不動産マーケットが成り立つ地域で多様な住民が暮らしており、不動産資産への考え方、傾斜地への住まいの建て方、そして近隣や地域に対する考え方なども多様で、既成概念の壁を折々に実感します。

1軒1軒の住まいがまちをつくり、ひとりひとりの振る舞いが身近な暮らしを豊かにも貧しくもし、空き家や空きスペースを地域資源として維持活用することは、自分もまちも豊かになる（昔の里山のように）ことを、顔の見える関係

と柔らかな啓発を通して地道に続けていくしかないのではと思っています。

そんななか、2020（令和2）年暮れから明るい兆しが見えてきました。

新聞を見て共感された方から空き家提供のお申し出をいただき、有志で資金とアイデアを出し合い、2021（令和3）年夏に、地域住民の居場所として開設しました。今ではアートやキネマ、コンサート、健康体操や不登校のフリースクール、マルシェなど多様な利用が行われるようになっています。

また、実家を相続した方から、まち並みを崩さない売り方の相談を受け、敷地分割をせず、緑や地形を活かし近隣に配慮した建て方をする場合は大幅値引きに応じるとして売り出しました。なんと！購入者は建築史の研究者でした。おかげで懸案の地元不動産屋さんとの連携も実現しました。

また、アラフォー世代を中心にマルシェや家の前に小さな本箱を置くなど、日常的にまちを楽しく使いこなそうという機運が広がってきています。

家の前に置かれた本箱

今後は、地域の活動団体やインフルエンサー*となりそうな活動的な住民、市役所との連携が進むなかで、地域ビジョンの共有に加え、効果的な協働の仕方や役割分担を整えていき、多方面から地域課題の山を登る協働のエリアマネジメント*を企んでいます。

注
1 「建築協約」の性格や内容等については76頁を参照。

玉川学園地区のまちづくり
地域への愛着と、顔の見えるネットワークが育てるみどりのまち

椎原 晶子

●玉川学園と一体的につくられた理想の住宅地

　玉川学園地区は、昭和初期に学校法人玉川学園とともに形成された「学園町」です。玉川学園創設者の小原國芳氏は、理想の学園建設のために自然豊かな丘陵地を取得し、小田急電鉄に働きかけ「玉川学園前駅」までつくりました。

　小原氏に賛同して集まった人たちは、「全人教育」を目標として、学園と住宅地の環境づくりを行ってきました。このまちの人びとが長年ソフトハードともに温かい環境をつくり続けているのは、学園町建設のスピリットが現在まで受け継がれていることも大きな芯になっているのではないでしょうか。

●緑豊かな郊外住宅地環境の抱える課題

　新宿駅から30分余り、都心部に通いやすい玉川学園地区は、開発インパクトを受け続けています。邸宅地は元の区画が広く、相続などを機に敷地分割した旗竿状の敷地が増え、階段状のアプローチや駐車スペースのために斜面緑地を削ったコンクリート擁壁が目立つようになりました。

　住人の高齢化に伴い、住宅の低利用や空き家化、売却により、地区の暮らしや文化を知らない人や会社に家土地が渡ることもあります。公共部分でも、住宅地創生期に植えられた桜などが老木となり、そのケアや植え替えなどが課題になっています。

●緑豊かなまち、人のつながりを支える
各種団体の連携

　これらの課題について、玉川学園地区ではさまざまな地域団体が連携して、日常生活の中で解決にあたっているのが大きな特徴です。

　地区の主な団体と活動事例を紹介しましょう。

①玉川学園町内会

　住民により防災防犯、環境保全、コミュニティ交流、広報活動などをベースに活動し、「まちづくり憲章」「住みよいまちと暮らしのデザインガイド」「建築協約」などを制定。

②NPO法人玉川学園地区まちづくりの会

空き家マッチングで住人が決まった家

　建築やまちづくり関係者が多数在籍。地域資源調査、空き家実態調査、空き家の活用マッチング、沿道の緑化やベンチ設置、活動広報メディアの発行など、専門性を活かしたつなぎ役として活躍されています。

③玉川学園地区社会福祉協議会

　目標は「いつでも誰でも助けてと言えるまち」。玉ちゃんサロン、日常生活支援訪問サービス、まちかど相談室など、地域福祉活動を行っています。

④町田市

　「住みよい街づくり条例」に基づく市民団体活動支援、景観計画、緑の基本計画などによる地区の方針づくり。公共施設、道路、公園などの整備、地域との協働。

　上記団体の他にも、町田第3高齢者支援センターなど自発的な活動を重ねる多様な団体、個人がお互いに顔見知りの関係を深めて地域課題を楽しく、豊かに解決する人の輪を育てています。

「まちの魅力維持創出」×「空き家の発生予防・適正管理・利活用（除却）」

住まいの今後・空き家・空き室・お庭活用など『相談室』イメージ図

活動6　NPO法人鶴甲サポートセンター　　　　　　兵庫県神戸市

エレベーターのない
マンション暮らしを支える互助活動
地域通貨を媒介にした顔の見えるコミュニティづくり

キーワード　エレベーターのない分譲マンション　地域通貨　自治会加入率　サポーター　地域互助組織

NPO法人鶴甲サポートセンター
桑田 結

設 立 年 月	2015（平成27）年12月 （2021年4月NPOへ移行）
メンバー数	正会員18名　利用会員179人 （2022年3月現在）

築50年の鶴甲団地（約2,400世帯）では、半数の住民がエレベーターのない5階建て分譲マンションに住むため、高齢化した住民の困りごとであるゴミ出しなどの日常生活の問題を住民相互で助け合う継続的なシステムを構築し、暮らしの安心をめざした活動を行っている。主に介護保険などの公的な制度ではカバーできない分野のサポートを手掛けている。

地域の老いをサポートする助け合いの住民活動

　約50年前、神戸市が六甲山の麓で開発したニュータウン「鶴甲団地」。ここが私たちの活動現場です（図1）。

　ここには、神戸市住宅供給公社＊（現在は解散）が分譲したエレベーターのない5階建て分譲マンションが36棟1,300戸、民間事業者の分譲マンションが9棟400戸、そして戸建住宅が700区画あり、5,800人が暮らしています。かつてはバリバリの現役世代が暮らす元気な住宅団地でしたが、ご多分にもれず、住民の急速な高齢化は、建物の高経年化と相まって深刻さを増しています。

　高齢者からは「子どもたちは遠方だし近隣と

220

図1　鶴甲地区地域図

累計登録会員数　ハロー券・ミナヨイ券の発行状況

（凡例）ハロー券／ミナヨイ券／登録会員数

初年度：135、50、31
2016年度：640、445、68
2017年度：285、725、99
2018年度：685、405、112
2019年度：1004、590、141
2020年度：1040、980、166
2021年度：1770、1422、190

図2　会員数、ハロー券、ミナヨイ券の発行枚数の推移

の付き合いも減ってきた。万一のときが心配」「歳を重ねるごとに日常のゴミ出しも億劫に」「エレベーターがないためゴミを1階に運べない」「新聞・ダンボールを出すことが辛くなったので新聞購読をやめた」「腕を動かすことがつらく換気扇や窓の掃除ができない」「庭掃除ができなくなった」などの困りごとが聞こえてきます。

公的制度ではできない課題が多いなか、私たちは、住民が相互に助け合い、安心して暮らせるまちをめざして、2015（平成27）年「鶴甲サポートセンター」を設立し、気兼ねなくサポートの依頼ができるよう地域通貨＊を利用した生活サポート活動を始めました。

私たちの主な活動

（1）地域通貨による多様な生活サポート

私たちは、誰もが遠慮なくサポートを依頼できるように、ゴミ出し用の「ハロー券」とそれ以外のサポート用の「ミナヨイ券」のふたつの地域通貨を発行しています（図2）。

①ゴミ出しサポート（ハロー券）

3階から5階に住む高齢居住者は、エレベーターがなく階段の上り下りがきついため、ゴミ出しができず、階段やバルコニーからゴミ袋を地上に落とす光景も見られました。玄関でゴミ

を受け取るゴミ出しサポートは、高齢者の見守りや安否確認を兼ねた戸別訪問の役割も果たしており、遠方に住む身内の方に

ゴミ出しの様子

も喜んでいただき共感寄付をいただいたこともあります。2021（令和3）年度のハロー券の発行枚数は、前年度比145％の1,422枚になりました。

②ゴミ出し以外のサポート券（ミナヨイ券）

参集可能な10名ほどのメンバーで、植栽の剪定、障子の張り替え、台所や換気扇の拭き掃除、蛍光灯の取り換えなど、暮らしのサポートを行っています。「サポートセンターそのものが心丈夫」という声もあり、励みになっています。2021（令和3）年度のミナヨイ券の発行枚数は、前年度比170％の1,770枚になりました。

（2）空き家の実態調査

2019（令和元）年12月、空き家の実態調査を行いました。「不在区分所有者住宅（住んでおらず所有者が年数回訪れる住宅）」と「生前空き家（事情で施設や病院等に入居し当面空き家にしておく住宅）」を空き家として扱い、分譲マンション205戸、戸建住宅31戸、計236戸（9.8％）の空き家が確認されました。

調査結果を考察すると、公社分譲マンションでは3階から空き家率が上がる傾向にあります。鶴甲団地には多くのバス停がありますが、バス停からの距離と空き家の相関関係は見られませんでした。また、唯一のスーパーであるコープ

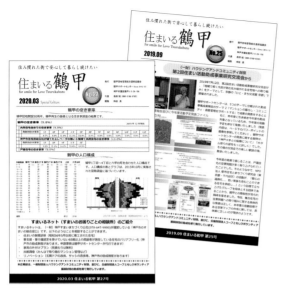
広報誌『住まいる鶴甲』

鶴甲を中心としたゾーンで空き家率が低い傾向にあり、日常生活における買い物の利便性が重視されるものと推測できます。民間事業者による分譲マンションでは6階以上でも空き住戸はほとんど存在しておらず、エレベーターの有無が、いかに重要であるかのひとつの査証と考えます。戸建住宅の空き家問題は、庭木の成長による隣家への迷惑や防犯上の課題などがありますが、私有財産であるため、私たち素人集団ではなかなか手が出せないのが実情です。

(3) 広報誌『住まいる鶴甲』の発行

私たちの活動内容を広く知っていただくため、広報誌『住まいる鶴甲』を季刊で約2,500部発行しています。鶴甲団地での顔の見えるコミュニティづくり、お互いの助け合いで生活ができるまちをめざす方策として「鶴甲サポートセンター」があることを広報しています、サポーターやサポートを受けた方の感想を掲載することでサポート事業の雰囲気が伝わり、これらの記事を見てサポートを依頼する方がたくさんおられます。

活動のこれから

(1) サポーターの確保と組織のNPO法人化

各事業に関する情報と地域の現状・問題点を共有するため、サポーター交流会を隔月で開催していますが、サポーターからは、高齢化が進

んでおりサポーターの担い手は確実に老化しているとの切迫した声が寄せられています。私たちの主要事業であるゴミ出しサポートは、徐々に利用者は増えている一方、お手伝いするサポーターは残念ながら減る傾向にあります。サポーターの高齢化と元気なサポーターの確保が切実な問題となっています。

そんななか、私たちは、CS神戸（生きがいしごとサポートセンター神戸東）のご助言をいただき、2021（令和3）年4月1日よりNPO法人として新しくスタートしました。私たちの事業内容は変わりませんが、活動の信頼性が高まることを期待しています。私たちのサポート事業は、自治会など既存の地縁組織ではできない事業であると考えています。特に、サービスに対し少額でも対価を得る事業は、社会的な信用がないとできないと私たちは考えています。

(2) 地域の互助共助組織の必要性

神戸市住宅供給公社（現在は解散）が分譲した36棟の5階建て共同住宅は、竣工時期が異なるため、それぞれ管理組合*を組織していますが、それらをまとめる組織はありません。また、竣工当時は、全棟が自治会に入っていましたが、管理組合と自治会の性格や目的の違いから退会が続き、現在では、自治会の加入率は25％くらいで、既に自治会が地域を代表する役割を失っています。原因は、自治会の煩わしさ、非必要性、住民の年齢格差、自治会自体の魅力のなさなど、いろいろ重なっているのが現状です。住民同士のコミュニティの希薄さは日々感じていますが、こうしたなかで「鶴甲サポートセンター」のような住民同士の互助システムは、これからもますますその必要性が求められるのではないでしょうか。

サポーター

コミュニティを包摂した
共助の住まい＆暮らしのサポート活動
事業性と社会性を備えた新しい地域互助組織の可能性

松本 昭

ユニークな地域通貨「ハロー券」（5枚綴り500円）による高齢者の安否確認を兼ねたゴミ出しサポート。そして、「ミナヨイ券」（5枚綴り2,000円）による多様な住まい・暮らしサポート。鶴甲サポートセンターは、団地生活の小さな困りごとを、住まい手に寄り添ってサポートする地縁型のNPOです。

鶴甲団地で初期に建設された「鶴甲コーポ」（分譲マンション36棟1,247戸、賃貸マンション1棟40戸）は、全棟エレベーターのない5階建ての階段室型（一部メゾネット型）マンションで、築50年を超えます。居住者も子ども世代の転出で高齢夫婦世帯や高齢単身世帯が多く、65歳以上の高齢化率は約40%と、まさに高経年高齢居住のバス便マンション団地です。

鶴甲団地の外観

本文にもあるように、各住棟の竣工時期が異なるため、単棟ごとに管理組合が組織され、団地管理組合は存在しません。そのため、住民が、団地全体の建物や緑の管理を共同で行う活動はなく、コミュニティが育ちにくい環境といえます。

また、自治会の加入率も大きく低下し、共助を支えてきた自治会機能が衰退するなか、共助の劣化を憂うより、まずは立ち上がろうと志のある高齢者が立ち上げたのが鶴甲サポートセンターで、自治会に代わる新しい地域互助組織になる可能性を秘めています。

地域通貨を媒介に100円、400円と小さなお金が地域を循環することで、顔の見える関係が築かれ、少しずつ安心とコミュニティの輪が広がって高齢者の笑顔が戻る、こんな日常を取り戻す活動でもあり

ます。エレベーターがないなどハードなハンディキャップを、顔の見える関係のソフトで補う活動です。

サポーターによる植木の剪定

しかし、乗り越えるべき課題もいくつかあります。ひとつは、サポート事業を支える担い手の確保です。10名余りのサポーターは大半が高齢で、高齢者が高齢者を支える状況が続いており、土日や週1回など、働きに出ている住民も負担感のない範囲で交流の楽しさを実感できるサポーター制度などが期待されます。

ふたつは、事業を継続するための資金の確保です。NPOの主な活動資金は、正会員、利用会員、賛助会員の入会金（各1,000円）と助成金、サポート事業の利用料ですが、安定的な事業収入に乏しいため、事業に共感する継続寄付金（マンスリーサポーター等）の確保なども検討したらいかがでしょう。

3つは、自治会、管理組合、そして、団地再生に取り組む神戸市住まいまちづくり公社等と連携して、ソフト・ハードの両面から、若年層の呼び戻しや団地を元気にする活動も始めたいところです。

鶴甲サポートセンターの活動は、行政や介護保険サービスでは手が届かない暮らしの課題に、緩やかな支え合いで高齢者と地域をつなぐ共益の活動であり、事業性と社会性を備えた地域互助組織としての発展が期待されます。

意見交換会

1案に絞らない
郊外分譲マンションの再生活動
多様性を尊重した地道な合意形成への取り組み

キーワード　1案に絞らないマンション再生　管理組合と区分所有者　合意形成　共用部分と専有部分

東村山富士見町住宅管理組合
大森 茂

設 立 年 月　1974（昭和49）年10月
メンバー数　48戸の区分所有者および居住者
　　　　　　（2021年4月現在）

築48年を経た郊外分譲マンション、鉄筋コンクリート造3階建て4棟48戸の再生を、1案に絞らず「修繕（リニューアル）」「改修（リノベーション*）」「建替え（リビルド）」の3案で進めるための合意形成と、再生計画3案の魅力アップ活動に取り組んでいる。

分譲マンションの再生に挑む

　私たちの東村山富士見町住宅は、東京都住宅供給公社*の分譲マンションとして1974（昭和49）年に竣工した鉄筋コンクリート造3階建て4棟、計48戸の住宅団地で築48年を迎えることから、住民主体でマンション再生の活動を始めました。

3階建て4棟48戸の団地

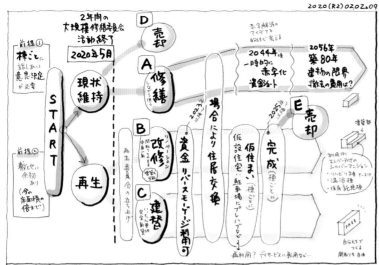

2020(R2)0202a09

意見表明シートは1戸につき1票とし、1戸で複数の意見が提出された場合は等分計算します。　夢を語る会の様子

図1　富士見町住宅 今と未来チャート図

　その特徴はふたつ。ひとつは、マンションを相続予定の次世代の若年層と現所有者が一緒に行う世代引き継ぎ型の団地再生を検討すること。もうひとつは、全戸同一タイプの特性を活かし、住戸交換などを視野に入れて、1案に絞らず多くの居住者の希望を適える複数案の再生計画をつくることです。

　2019（令和元）年度にスタートした私たちのマンション再生の活動を紹介します。

多様な意向を尊重した再生計画への模索

　首都圏には、高度経済成長期に供給された築40年を越えた郊外団地が多数存在します。これまでのマンション建替えの多くは、余剰容積率を活用して区分所有者の資金負担を低減することで事業を成立させてきましたが、人口減少期に入り、マンションの市場性の低い郊外地域では、この建替え手法に限界があります。また、住民の高齢化等によりコミュニティ活動の衰退が懸念される郊外団地の再生は大きな社会的課題となっており、当団地も築48年を経て、居住者（区分所有者）のうち70歳以上が6割を超えるなど、深刻な高齢化に直面しています。

　こうした状況に対処するため、管理組合*に住まい方の選択肢を提言する専門委員会を設置して、更新に向けた情報提供や機運の醸成、具体的な計画案の検討を進めてきました。2020（令和2）年2月に「富士見町住宅 今と未来チャート図」（図1）で各区分所有者に「住まい方の意見表明」をしていただいた結果、A 修繕 20名、B 改修（リノベ）9名、C 建替え 11.5名、D 早期売却 2.5名、E 改修後売却4名、不明1名の計48名となり、さまざまな意向や要望があることがわかりました。

多様な選択肢の提示「1案に絞らない再生構想」

　再生計画をひとつに絞らず、5案（修繕案／リノベ案1, 2／建替え案1, 2）を並行して検討し、居住者と次の世代を巻き込んで話し合う活動を始めました。これまでも継続して修繕工事を実施してきましたが、経年劣化が進み、耐震性能や断熱性能、設備性能の低下による快適性が損なわれている現状があり、これを受けたたたき台として、以下の5案に整理しました。

①修繕案：

共用部分修繕＋専有部分適宜リフォーム

　共用部分はしっかり修繕し、専有部分はおのおのが適宜リフォームして、永く住み続けようとする案です。富士見町住宅は汚水浄化槽設備の撤去と下水道放流、受水槽の改修は実施済みです。修繕工事を継続し、経年数を経た共用部分を更新する「修繕＋部分改修」の修繕構想をまとめます。さらに30年以内に起こりうる大地震への防災対策と速やかな復旧のための法的

225

東村山富士見町住宅の外観

調査を検討しています。

②リノベ案1：

専有部分戸別全面改修＋共用部分順次改修

1室ごとの専有部分の全面改修に合わせて、断熱や防水補修など部屋内から見える共用部分を改修する構想です。専有部分の改修に自由度を高めるため、躯体の部分撤去を可能にするリノベーションガイドの素案を作成しました。専有部分の改修時に共用部分の改修を行うので年月がかかるため、管理組合の改修履歴の管理体制が課題です。

③リノベ案2：

専有部分一括全面改修＋共用部分集約改修

1棟ごとに、すべての内装と外装を改修するスケルトン改修構想をまとめました。

④建替え案1：順次建替え

1棟ごとに建替える構想です。組合員と共同建替えに賛同する人が集まり計画するコーポラティブハウス*方式を検討します。

⑤建替え案2：集約建替え

2棟をまとめて建替える構想です。建物の一部に介護施設や子育て支援施設を整備して「魅力ある終の棲家」「団地はふるさと」といえる住宅を目標とします。

修繕委員会の開催風景

合意形成に向けた活動

東京都住宅供給公社から新築当時の計画通知

意見交換会の様子

書を取得し、当団地は、一団地認定*ではなく、4つの敷地に4つの建物が建つ計画手法であることを確認できました。この事実を踏まえ、実現可能な多様な再生に向けて、区分所有法*や民法の諸規定をどうクリアするか、どのように話し合い、合意形成を進めるかなど具体的な課題が見えてきました。

住まいの再生活動を通して、富士見町住宅の将来像をどう描き、住まいをきちんと引き継いで相続することの重要性が、区分所有者の多くに浸透してきています。2020（令和2）年春、各区分所有者が表明した多様な再生方法（修繕、リノベ、建替え、売却）に関する意向を前提に、団地全体の建物計画、資金計画、合意形成プロセス、事業スケジュールなどを盛り込んだ「再生基本計画」の作成に着手しました。課題は山積みです。区分所有者の意向が若い世代と高齢世代で分かれていること、世代間ギャップを助長する「他の区分所有者の考え方や事情を許容しない区分所有者」が増えてきていること、各区分所有者の意向を踏まえた住居の交換と土地の分割合意などが今後乗り越えなければならない大きな課題です。

合意形成に5年かかるとしても10年かけようと言われます。合意には費用負担が大きな要素ですが、お金や法律だけではないようです。お互いを想いやることはわかっていても、「10年か……もういないよ」との声がもれ聞こえてきます。今住んでいる人が幸せになれるような期間でできるよう活動を続けます。

小規模分譲共同住宅団地の再生の
あらゆる可能性を追求

大月 敏雄

●分譲マンション再生の先がけに

東村山富士見町住宅は4棟からなる団地形式の分譲集合住宅であるが、すべての住戸の間取りが同じという特徴を利用した「住居交換」という、近年の区分所有法の集合住宅ではおそらく実践例がほとんどないのではないかと思われる手法も含めて、団地再生の方法論を検討している。可能性のある団地再生オプションをすべて検討する必要はないであろうが、その中にはまだ日本では実現できていない種類の再生手法があるに違いない。これらのオプションの綿密な計画検討を通して、逆に今の日本の分譲マンションの再生をめぐって、たくさんの課題が見出されるはずであるし、こうした検討の経緯が今後の他の多くの分譲マンション再生に寄与するところは大であろう。

おそらく、検討にあたっての主要課題は3点ほどあると思われる。

1点目は、全員合意が取れるかどうか。敷地や建物の所有形態を変えたりすると、とたんに全員合意が法的に要求されることが多いが、そのためにも、検討プロセスが全員参加的に行われることが望ましい。

2点目は、区分所有法関連、建築基準法関連、都市計画法関連の規制によって、実現したい案が法の範囲内に収まらない場合がありそうだということである。法改正となると随分時間がかかるので、柔軟な解釈と運用を行うのが現実的だろう。このためには、早い段階から都なり市なりの担当部署と連携をとって、この検討が、他の高経年分譲マンションにとっても意義のあるものだという理解を得ておくことが重要だと思われる。

3点目は、お金の課題である。補助金や借入金を当てにすることが一般的だが、住宅ではない床をつ

説明会・意見交換会風景

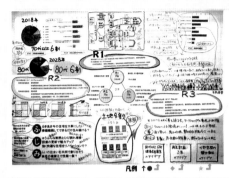

図2　再生計画ワークショップ検討図

くってそこで稼ぐなど、新たなビジネスをここで生むという観点も重要と思われる。

●同潤会代官山アパートに学ぶ「住居交換」

最後に、「住居交換」について述べよう。既述のように、これは現在の区分所有法上は難しいが、同潤会[*]アパートでの例を挙げてみよう。

1927（昭和2）年に建設された同潤会代官山アパートは関東大震災の復興住宅として出発したが、敗戦によって1946（昭和21）年末にGHQ管理下となり、その後、1950（昭和25）年には一時東京都営住宅として管理された後、結局居住者に払い下げられた。この間、戦前の自治会に代わって代官山アパート居住者組合という組織をつくり、そこがアパート全体の管理を行うこととなった。

この中で実施されたのが「移動調整」であった。戦後すぐの当時、家族が疎開したまま帰らない、夫が戦地からまだ帰還しない、という理由で8畳＋4畳半の広い間取りにひとり住まいの住戸もあれば、焼け出された一族で住んでいる単身住戸もあるという現実が同時に存在していた。こうしたなか、賃貸だからこそ、居住者組合の采配で住戸交換が行われた時期があったのである。この体制は2年弱しか行われなかったようだが、時あたかも、社会党が短期で政権をとった時代でもあり、所有より利用が優先された時代でもあった。

こうした歴史を踏まえると、区分所有法の想定を少し越えたような団地再生が模索されるのは大変結構なことであり、また、所有権と利用権を混在させたような再生の仕方も考えられると思う。

専門家の知識と生活者の知恵

ハウジングアンドコミュニティ財団 元専務理事　鎌田 宜夫

いえ・まちの再生は協働で

　7年前、後期高齢者に仲間入りした年に、それまで続けてきた学会や団体の活動に区切りをつけるべく順次会員を退いた。ただひとつ残したのが「埼玉いえ・まち再生会議」である。これから本格化する人口減少・高齢化・ストック型社会に対応すべく、住まいや住環境・まち並みが更新・維持されていくための提案と実行の集団である。私が現役を退いた60歳代後半に、さいたま市の工務店の社長さんや市役所の部長を経験された方等を中心に勉強会を立ち上げ、2年間の調査・検討を経て、2011（平成23）年に一般社団法人*となった。「再生の作業には専門家の協働が必要」とのことから、地元の工務店・設計者・建材・不動産・行政・研究者・コンサル・デザイン・弁護士・行政書士・専門工事業等住まいづくり・まちづくりに関わる多くの専門職の方々そして市民が会員となっている。具体的活動として、地域で空き家が生じないように高齢者の住まいを若い世代に住み継ぐことを支援する活動を中心に据えて、住まいの相談や住まいの修理のための職人さんの紹介等を行ってきた。これらの事業は現在も続いているが、当初予想したほどには拡大していない。近年では地域の古民家の利活用や水害に強い住宅の技術開発にも活動の幅を広げている。私は東京在住で地域外の会員であることから、現場の活動にはなかなか参加できず、毎月1回の定例会に出席して活動の状況を聞たり意見を述べることが主であった。

　勉強会段階では、「いえ・まち再生会議」と同じような集団が全国各地に広がることや、地域の住宅ストックを活用して高齢者の介護や子育てのための施設を整備していくというストーリーまで描いていた。

　この活動は今年で15年になるが、私個人にとって心に引っかかっていることがある。地域外の会員の実践活動には限界があること、そしてこの団体の活動はやや理念が過ぎていたように思える。私自身住宅計画や住宅生産の専門家と自認していたが、実践活動における専門家の知識とは何だろうと、この年にして思う。

生活者の知恵

　30年前H&C財団の初代専務理事になってしばらくして、マスコミの情報誌に書いた小さな文章がある。このたびの原稿依頼にあたって昔の資料を探していて見つけた。表題は「生活者の知恵」である（次頁）。住まいづくり・まちづくりには地域に住み続けている生活者の知恵が必要であることが書かれている、この思いは今も変わらない。

　そう思って財団の『2020年度住まいとコミュニティづくり活動助成報告書』を紐解いてみると、それぞれの活動に地域の生活者の知恵や思いが詰まっている。そして埼玉いえ・まち再生会議で実行したり思い描いていた、住まいの住み継ぎや高齢者のための施設づくりをテーマにしている活動もある。住宅団地スケールで次世代に住み継ぐことをめざす「柏ビレジ自治会」、

H&C財団第1回助成「女性庭師チーム」の活動風景（つくば市）

鎌田 宜夫（かまだ よしお）
1963年建設省（現国土交通省）入省　国土庁、茨城県庁等を経て建設省建築研究所第一研究部長
専門は住宅計画、住宅生産。H&C財団設立の1992年から7年間専務理事
その後㈳日本建築士会連合会等の専務理事に就任　工学博士

男性高齢者の活動拠点や宅老所づくりをめざす「NPO法人玉川まちづくりハウス」である。このような活動はこれからも、わが国の多くの地域における普遍的なテーマであろう。

　そして、まちづくりにおける実践者としての専門家も地域の生活者であるという当たり前の事実に気づかされた。

いえづくりのこれから

　昨年暮れから新年にかけて『朝日新聞』に「住まいのかたち」というテーマで連載された記事がある。（2021年12月30日付、2022年1月1日付）

　この中に千葉県流山市に建つ床面積110㎡の5LDKの家を祖母から譲り受けてDIY*でリノベーション*した若夫婦の話があった。見よう見まねで設計図を描き通販サイトで建材を買い、週末になると現場に通ったという。高齢者から若者が住み継いだ家である。

　もうひとつは、山梨県小菅村に建つ建築面積約20㎡の小さな木造住宅。建築家が地元の木材を使って開発した町営の賃貸住宅である。この家に東京から移り住んだ若いふたり連れの話である。アメリカで注目されている「タイニーハウス（小さな家）」の日本版という。住宅ローンに縛られず最低の所有物で自由な暮らしをしたい若者の住まいである。

　長年にわたり賃金が上がらないわが国の住まいは、若い生活者の知恵によって解決されている事例である。人口減少・高齢化社会のいえづくりの一断面を垣間見た。　　　　（寄稿）

人物交差点

生活者の知恵

　住まいの設計コンペの審査をしたことがある。その部の、高校生の部、一般の部、一般の部、一般の部は設計者の部、高校生の部に分かれていた。設計者の作品はいたって常識的だった。高校生の作品は斬新だが、生活実感がない。そんな中、一般の部のある主婦がプロだけあってプレゼンテーションはうまく、図面が美しい。しかし提案内容はいたって新だった。高校生の作品は斬

　住まいの設計コンペの作品に心を奪われた。今でも鮮明に覚えているが、一階が正方形のプランで、その対角線上の両角に夫の間と妻の間がある。その中間は共通の間である。小さめの二階はひと回りできる幅広い板の間の回廊のみで、少し高くなった中二階には、何と瞑想の間がある。

　この住宅プランは決して一般的ではないが、妙に生活実感のある提案ではないかと思った。このように思って、今の財団の

　ハウジングアンドコミュニティ財団専務理事　鎌田　宜夫

市民活動の助成事業などを見ていると、実にさまざまな生活者の独創的な活動があることを実感させられる。これらの生活者の知恵は、行政の施策や企業の事業にも役立つであろうが、成熟した社会にあっては第三の独自の分野として確実にその存在を大きくしていくであろう。

『Kyodo Weekly』（1996年5月27日付、共同通信社）に掲載

活動 8　大阪府住宅供給公社　　　　　　　　　　　　大阪府堺市

公社賃貸住宅の空室活用による団地コミュニティ支援

茶山台団地「やまわけキッチン」と「DIYのいえ」

キーワード　賃貸住宅の空室の多様活用　住宅供給公社の団地再生　テーマ型コミュニティの創出

大阪府住宅供給公社
田中　陽三

NPO法人SEIN（やまわけキッチン運営）
設 立 年 月　2004（平成16）年2月
メンバー数　8名　（2021年4月現在）

誰もが本当の豊かさを追求できる「役割と稼ぎがめぐりめぐる地域社会」づくりに取り組む。
https://www.npo-sein.org

茶山台団地DIYサポーターズ（DIYのいえ運営）
設 立 年 月　2020（令和2）年1月
メンバー数　6名　（2021年4月現在）

団地住民の暮らしと住まいの課題をDIYで解消し、住環境の向上をめざすとともに、シニア男性の社会貢献やコミュニティ参画を促進する。https://diy-chayamadai.com

空室を活用したコミュニティ拠点の創出

　大阪府の南部、泉北ニュータウンにある茶山台団地。築50年を迎えた団地は建物の老朽化や住民の高齢化など多くの課題を抱えるなか、大家である大阪府住宅供給公社*（以下「府公社」）によって団地の再生に向けたさまざまな取り組みが進められています。本稿ではその中から団地住民、パートナー事業者、府公社による共創体制のもと、空室を活用して生まれた新たなコミュニティ拠点「やまわけキッチン」と「DIY*のいえ」について紹介します。

課題解決をめざした団地再生事業

　茶山台団地は高度経済成長期の住宅不足の

さまざまなアイデアが生まれた「茶山台としょかん」

「やまわけキッチン」 厨房の様子

「やまわけキッチン」のスタッフ（右からふたり目が湯川さん）

なか、1971（昭和46）年に府公社が建設した賃貸住宅団地です。当初は約1,000戸が満室の時期も続きましたが、近年は老朽化とともに全体の2割弱となる160戸を超える空室が発生し、また住民の半数近くが65歳以上を占めるまでに高齢化が進行。さらに若手の担い手不足による地域コミュニティの疲弊や近隣スーパー撤退による買物難民化など、多くの課題が顕在化するようになりました。

　そんななか、府公社では団地の魅力向上やニュータウン再生への貢献を大きな目標に、2015（平成27）年より茶山台団地再生事業を開始。「響きあうダンチ・ライフ」のコンセプトを掲げ、ニュータウンの緑豊かな住環境のもとで、既存の住宅ストックを活用したハードとソフト両面の団地再生に取り組んでいます。若い世代を呼び込むリノベーション*住宅や、集会所を活用したコミュニティスペース「茶山台としょかん」開設に続いて府公社がチャレンジしたのが、住民同士が趣味や関心ごとでつながれる「テーマ型コミュニティ」の新たな拠点づくり。地元のパートナー事業者と連携し、団地の空室を転用して誕生したのが「やまわけキッチン」と「DIYのいえ」です。

地元パートナー事業者との連携

（1）やまわけキッチン

　「買物に困っている」「食事できる場所がほしい」。団地住民へのアンケート結果から見えてきた声をきっかけに、子育てママなど若手住民が団地の一室を「手づくり惣菜店」にすることを企画。団地住民であり子育て中のママでもあ

る、地元NPO法人SEIN（サイン）の湯川さんが中心となり、府公社のフォローのもとで実現に向けて動き始めました。保健所や消防署との協議や、助成金やクラウドファンディング*を使った初めての資金調達、延べ181名の住民の手によるDIYワークショップ*での内装工事といったハードルを乗り越え、2018年11月、「丘の上の惣菜屋さん やまわけキッチン」がオープンしました。

　運営はSEINが担い、「地域のニーズ」＋「みんなが集う場」＋「空室の活用」の一石三鳥を狙った新しい取り組みとして、季節の食材を使った日替わりの手づくり惣菜を求めやすい価格・分量で販売するほか、惣菜を定食メニューで食べられるイートインスペースを備え、ご近所同士でワイワイとランチができる場所として提供しています。こうした「食」を通じたコミュニティづくりにより、買物難民化や高齢者の孤食・フレイル*など社会的課題の解決につながる取り組みとして注目され、メディアでも多数紹介されました。

　コロナ禍ではテイクアウトメニューを充実させ、近隣には配達サービスを始めるなど住民同士のつながり、ゆるやかな見守りを絶やさない努力を惜しまず活動を続けています。

（2）DIYのいえ

　公社では団地の魅力向上と住まいへの愛着増を狙って、賃貸住宅でできるDIYの普及を進めています。その取り組みを始めた頃、堺市主催のビジネスマッチング企画で出会った地元工務店（株式会社カザールホーム）の中島さんと連携を開始。2019（平成31）年2月に団地の空室2室

茶山台団地 DIY サポーターズ
（いちばん左が中島さん）

大盛況の DIY ワークショップ

団地マルシェの様子

を改装し、住民のDIY全般をサポートする工房「DIYのいえ」をオープンしました。室内のさまざまな道具や工具は団地内外の誰でも無料で自由に利用できるほか、またDIY初心者は中島さんをはじめとするDIYインストラクターに相談したり、技術指導を受けることができ、オープン直後から老若男女問わず大人気の場所となりました。

DIYのいえが住まいのDIYやものづくりを通じて新しい地域・多世代のつながりが生まれる交流拠点となるなか、常連となっていた地域のシニア男性（おっちゃん）たちがスタッフとして工房の運営を担うようになりました。やがて、おっちゃんたちは「茶山台団地DIYサポーターズ」を結成し、住民から寄せられる住まいに関する困りごとへのサポートや地域のイベントへの出張DIYワークショップ出展など、自分の得意ごとを生かした地域貢献へ活動の幅を広げています。

こうして、DIYのいえはこれまで地域との接点を持つ機会の少なかったシニア男性に活躍の場を与え、リタイア後の新たなやりがいや生きがいづくりにつながる、地域コミュニティの新たなカタチとなっています。

（3）コラボレーションによる相乗効果

やまわけキッチンやDIYのいえで育まれた新しいコミュニティがそれぞれつながることにより新たな相乗効果が生まれています。新型コロナの影響で各拠点の休業やイベント中止により住民同士の集う機会が減少するなか、これまでの茶山台団地の日常を感じながら再び賑わいを取り戻すために、湯川さんや中島さんと一緒に住民たちが団地マルシェを企画。2020（令和2）

年11月に開催した団地マルシェでは、やまわけキッチンやDIYのいえ、住民有志などが手づくりでイベントブースを出展し、改めて住民同士のつながりを実感することができました。

住民が主役を担う魅力ある団地づくり

これまでの団地のコミュニティといえば自治会組織中心の、役割が明確化された縦のコミュニティが中心でしたが、茶山台団地では「やまわけキッチン」や「DIYのいえ」のような拠点に集い、誰でも参加できる「横つながり」のコミュニティが生まれています。おのおのの趣味や興味のあるテーマを通じて多様な世代が気負わず交流しながら、住民同士が団地再生の主役として楽しみながら新しい価値創造に取り組んでいます。

また、長引くコロナ禍の中で印象的だったのが、ある住民の方が「特にこれまでと大きな変化はない」とおっしゃっていたこと。これは適度に閉じられた団地コミュニティの中で、さまざまなコミュニティ活動に触れながら、以前とさほど変わらない日々、比較的平穏で安心な暮らしができていたことを表していると思います。

長期間団地再生に関わり、現在は空き家の減少や若年世代の入居増加などの成果が表れている一方で、収支の改善やモチベーション維持など取り組みの継続性確保について課題も見えてきています。こうした課題を意識しながら、引き続き団地のコミュニティ活動を生み育て、「住民が主役」の息の長いコミュニティづくり、魅力ある団地づくりに取り組んでいきたいと思います。

創意工夫を凝らした公的住宅空住戸の活用

板垣 勝彦

　高度成長期に大量に建設された公的団地（公営住宅＊、公社住宅、UR＊住宅）では急速に施設の老朽化と入居者の高齢化が進み、コミュニティを維持した上でいかにして適切な維持・管理を図っていくかが全国的に大きな課題となっています。

　この点、茶山台団地では、大阪府住宅供給公社から活動の場として提供された空き住戸のストックにおいて、NPO法人であるSEIN（サイン）と地元の工務店カザールホームがそれぞれ「テーマ型コミュニティ」の拠点づくりを担っている点が特徴です。

　夏休み中に伺ったせいか、今時珍しく、たくさんの子どもたちに出迎えてもらいました。様子を見に来られた校長先生の周りにワッと子どもたちが集まる光景も印象的でした。また、「茶山台としょかん」や「やまわけキッチン」にせよ、「DIYのいえ」にせよ、老若男女問わず、とにかく笑い声が絶えることなく、賑やかなことに好感を持ちました。

　H&C財団の助成対象事業の内容は本当に多種多様であり（それが本財団の助成の長所でもあるのですが）若干醒めた見方をすると、今後も事業は継続していくのか、政策としてどれほどまでに一般化できる事業であるか、正直なところ心許ないことも少なくありません。

　その点、茶山台団地の取り組みは、空きスペースというハード面での「場の提供」はしっかり住宅供給公社がサポートした上で、「やまわけキッチン」でお惣菜をつくったり、「DIYのいえ」で内装工事をしたりといったソフト面での活動を担うのは地域のお父さん方・お母さん方であるという役割分担が非常にうまく図られており、今後、全国の公的住宅に広めていくべきモデルになるでしょう。

　住宅供給公社の担当である田中陽三さんも、利便施設をつくるに際し、以前は行政財産の目的外使用許可＊（地方自治法238条の4第7項）という方法で実施して

いたところを、地方住宅供給公社法の解釈の範囲内で、住宅としての用途を完全に廃止したり、消防や保健所との協議において共同住宅の特例を用いたり、営業収支が安定するまでは使用貸借契約という方法を使って当面の家賃支払いを免除するなど、創意工夫を凝らされていました。田中さん個人のセンスと尽力による部分が大きいことは言うまでもありませんが、これが公営住宅（府営住宅）のスキームであれば、団地の一角を図書館やカフェを改装したり、土地を畑に転用したりといった柔軟な資産活用は難しかったかもしれません。住宅供給公社という「半官半民」のスキームを実にうまく活用されていると思いました。

DIYのいえ

茶山台団地　DIYワークショップ後にみんなで記念撮影

<ハイツの施設>

空から見たハイツ(南側からの俯瞰)

新狭山ハイツの鳥瞰図

藤本一美作画（2012年11月）

管理事務所①　　ふれあい広場②

まるた小屋③　　わくわく自然園④(調整池)

南第一公園⑤　　果樹園⑥

商店街⑦　　楽農クラブ⑧(ハイツ隣接地)

空き部屋モデルルームでひろげる 団地の魅力再発見

あきらめるのはまだ早い！団地のもったいない空き部屋を減らす仕掛け

キーワード　素敵に加齢する団地　不動産流通の改革　空き部屋のモデルルーム化

NPO法人グリーンオフィスさやま
山本 誠

設立年月　2001（平成13）年4月
メンバー数　正会員34名、賛助会員40名、法人会員4
　　　　　社　（2018年5月現在）
2022（令和4）年6月解散
なお、活動は新狭山ハイツ自治会や新たな任意団体、法
人があらためて取り組んでいく。

主に埼玉県狭山市およびその周辺地域を対象に、安心か
つ楽しく住み続けられるまちの実現に係る事業を行い、
公益に寄与することを目的とする。
http://www.go-sayama.net/index.html

素敵に加齢する団地をめざして

　埼玉県狭山市にある「新狭山ハイツ」(以下「ハイツ」)は1974(昭和49)年に建てられた770戸の分譲団地です。この団地で"素敵に加齢するまち"をめざして活動する「NPO法人グリーンオフィスさやま」は、新たな住人を呼び込む「ブランディングプロジェクト」の一環として、放置されたままの空き部屋を活かす取り組みを始めました。空き部屋をリノベーション*してモデルルーム化することで、ハイツの部屋が持つ魅力を再発見し、空き部屋の活用へとつなげるのが狙いです。

モデルルームから団地の魅力発信をめざす

　築47年を迎えるハイツは駅から徒歩20分、

新狭山ハイツ

DIY 前のキッチン

ワークショップによるキッチンリメイク

バスは1時間に1本という不便な立地にあり不動産としては非常に不利な条件ですが、建物のメンテナンスは管理組合*によりしっかり実施され、住人が育ててきた団地内の豊かな緑と、周りには畑のひろがる自然豊かな環境があり、数字では表せない暮らしの魅力があります。

しかし、住んでみたいという人がいる一方で、ハイツ内には活用をあきらめて放置されたままになっている空き部屋も存在しています。その経緯はさまざまですが、住人が高齢となり施設に入所したままの部屋や、相続されてそのままの部屋などがあります。それらの部屋が放置される理由には、「どうせ古い団地だからどうにもならないし……」といったあきらめの感情があるように感じられます。また、残された家財の片付けは、ハイツを離れて暮らしている子ども世代にとって大変な労力が必要なことも、大きなハードルになっていると思われます。

このもったいない状況をなんとかするために、ハイツ内に空き部屋をリノベーションしたモデルルームをつくり、その部屋を空き部屋オーナーに見てもらうことで、ハイツの部屋の魅力を再発見してもらいたいと考えました。

モデルルームづくり

(1) 活動に必要なもの

モデルルームをつくるために、まず必要なものは"空き部屋"です。幸い、これまでの活動を知っていた空き部屋オーナーから「部屋をハイツの役に立ててほしい」というお話を聞いていたので、すぐに相談させてもらい、管理費・修繕積立金と同額程度の安い賃料で借りられることになりました。

次に必要なのは活動を継続していくための"お金"です。助成金だけに頼る活動では意味がありませんので、持続的に資金を得る方法を考えることが必要です。

2LDKの個室ふたつのうち、1部屋は住居として、もう1部屋は事務所としてシェア活用していきます。モデルルームでシェア居住というと、一般的には需要はなさそうに思いますが、ハイツでは既にシェア住戸が運営されていることから、助成期間終了ギリギリでしたが、なんとか入居者も決まりました。

(2) DIYでの部屋づくり

モデルルームは、ハイツに住む人がイメージしやすいように、キッチンなどの既存設備は活かしつつ、かつ変化を感じられるようなリノベーションをめざしました。そこで重要なのは、コストを抑えることです。実際の空き部屋活用では、お金を掛けないことが求められます。お金を掛けずに良いものをつくる、その点が工夫のしどころといえます。

そういった部屋づくりではDIY*が有効な手段です。DIYに関心のある人と一緒に部屋づくりをすれば、楽しんでもらえる上に費用も抑えられます。今回も、床下地づくり、給排水、電気工事などはプロの手を借り、仕上げ作業に関してはワークショップ*を開催してDIYで仕上げました。

ワークショップは、壁塗り・床張り・キッチンリメイクに分けて合計4日間開催し、21名で部屋を仕上げていきました。初心者でも部屋ができ上がるように、壁の仕上げにはうまく塗れなくても味がある珪藻土を選び、床にはカッターで施工できる粘着剤付きのフロアタイル、

ワークショップによるリビング壁塗り

DIY されたリビング

空き部屋管理サービスチラシ

キッチンはお金を掛けずに生まれ変わらせるために色を一新。ピンクのタイルは真っ白に。シンク下や吊り戸棚は、中まで塗装するなどして古いイメージを払拭し、おしゃれな外観へと変身させました。

(3) 内覧会の開催と空き部屋管理サービス

こうして完成したモデルルームの完成内覧会には、ハイツ内から15名の方が来場され、"同じハイツの部屋とは思えない"という声が聞けたのは狙い通りでした。その後は、月1回の「内覧会・空き部屋相談会」を開催する他、個別の相談にも随時対応して、リノベーションに関心のある人や空き部屋オーナーから相談を受ける機会をつくりました。既存の設備を活かしたリノベーションの部屋は、自分が住む部屋と比較しやすく、イメージが湧きやすいと好評でした。

内覧会と並行して、空き部屋オーナー向けのサービスとして「空き部屋管理サービス」の提案も開始しました。空き部屋の換気や郵便物の確認等のメニューを基本に、部屋の片付けといったオプションメニューも設定し、団地管理組合の協力のもと、全オーナーにチラシを配布しました。管理サービスへの依頼には結び付きませんでしたが、チラシへの反応があったことから、困りごとへの具体的な解決策の提案がオーナーにとっては重要なことだと再認識しました。

空き部屋オーナー向けサービスの検討

ハイツの暮らしを知ってもらい、魅力を感じる人に住んでほしい、その想いで生まれたブランディングプロジェクトはインターネットを用いて情報発信を進めてきました。他方、空き部屋のオーナーはおそらく高齢であり、どうにか

してモデルルームへ足を運んで実物を見てもらわないといけませんが、SNS*での情報発信ではオーナーへのアプローチが難しく、内覧会への集客は苦戦をしました。

ハイツ住人に向けての階段での掲示やインターネットでの告知をしましたが、来場者がたくさん来る日もあればゼロの日もあるといった不安定な状況でした。またハイツ内からはさまざまな人が来場しましたが、空き部屋のオーナーは思うようには来てくれませんでした。しかし、少ないながらも反応があったのは、空き部屋のオーナーへの管理サービスチラシの郵送です。チラシを見てモデルルームへ来てくれたオーナーから空き部屋に残っていた粗大ごみの撤去とリノベーション後の賃貸での活用の依頼をいただいたことは大きな一歩でした。

しかし、ハイツには放置されている空き部屋がまだまだ残されています。これから相続の発生が増えることを考えると、空き部屋はさらに増えてくるのではないかとも思います。今後は子ども世代も含めた空き部屋オーナーへの事前のアプローチで、放置する前に対応することが大きな課題となりそうです。

郊外都市の若年女性を支えるリノベーション

大月 敏雄

狭山のような、大都市通勤圏と地方都市の両側面を有する地域は全国にたくさんあるが、そういった場所が、今後居住地としてどのように成り立っていくべきかという課題に対して、ひとつの方向性を示唆する活動事例だと思う。

このような郊外都市では、近代に入る前から形成されてきた何百年と続く自律的な農村集落や街道筋の住商混合地域、近代に入って形成された工場や各種公益施設とそこで働く人びとのためのハウジング、それから、主として鉄道で通勤する大都市通勤者の家々、こうした住宅群が、郊外都市を構成する住宅から成り立っているのが普通である。そこには、農家住宅、併用住宅、戸建分譲住宅、分譲マンション、賃貸アパートといった住宅種別が張り付いているが、それぞれに独立して建設され、互いの住宅タイプで人びとが行き来することは想定されていない。これらの住宅種別は、歴史的な住宅を除けば、その時代ごとの要請に応じて建設された、いわば目的型住宅供給によって建設された家々なのである。

この新狭山ハイツも例外でなく、高度成長期に都心に通うサラリーマンの住宅所有ニーズの受け皿という目的で建設された。ただし、こうした時代のニーズによって供給される住宅は、時代のニーズが去ると同時に、違う課題に直面していくのである。それは、超高齢化問題であったり、空き家問題であったりする。こうした課題は、分譲マンションも戸建住

シェアハウスの個室

宅団地でも同じである。

共通していえるのは、そもそも、特定の社会層のみに特化した供給の仕方をしているので、その他の社会層を受け入れ難いことである。このことが、高齢化と空き家化を同時に進行させているのである。こうした状況にメスを入れる活動を、グリーンオフィス狭山のシェアハウス*・リノベーションは行っているのだと捉えたい。

現地に行った際に、このシェアハウスに住むのはいわゆるOLではない30代シングル女性が多いという話を聞いた。フリーランス的な人びとだそうだ。手に職を何か持っている、あるいは持とうとして修業中の単身女性が主流だ。よく考えてみると、こうした郊外都市を根底から支えている人として、若年単身女性は重要である。コンビニなどのちょっとした物販やサービス提供者などは、地域を支える重要な人的資源である。が、歴史的にはこうした人びとへ向かってちゃんとした住宅供給はなされてこなかった。一般の新築アパートでは値段が高すぎるのだ。

こう考えれば、グリーンオフィスさやまの活動は、単に団地リノベであるだけでなく、地域を支える人びとを支える活動ともなっているのではないかということも重要なのである。

図1 シェアハウスの間取り図

活動10　一般社団法人Omusubi（現 Ripple）　　　　　宮城県気仙沼市

空き家を活用した
「子育てシェア型託児所の運営」

ママの気持ちに寄り添った子育て支援活動

キーワード　民家リノベーション　子育てママの休息所　一時預かり専門託児所　シェアハウス

一般社団法人 Omusubi
佐藤 祐美

設 立 年 月　2016（平成28）年9月
メンバー数　6名　（2021年4月現在）
2022年1月1日から 一般社団法人Rippleに名称変更

母親・子ども・父親、個々の欲求が満たされ、互いにひとりの人間として健やかに成長することができる社会を目的として、子育てシェアスペース運営を通し、地域の子育て環境向上に関する事業を推進している。
https://www.おむすび.com

複合施設「子育てシェアスペースOmusubi」

　子育てシェアスペースOmusubiは、一時預かり専門託児所*（以下「託児所」）、女性専用シェアハウス*、ママのリラックスルームの3つの機能を併せ持った複合施設です。託児所はママがちょっと困った時に子どもを預けられるよう、生後2か月〜小学生までのお子さんを対象に休まず運営しています。女性専用シェアハウスは、気仙沼に引っ越してきた女性が少しでも子育てを身近に感じてもらえるように併設しました。そしてリラックスルームは、ママが子どもを預け、同じ敷地内でゆっくり自分の時間を過ごせる居場所となっています。

238

シェアハウス

託児所

リラックスルーム

子育て中のママの声を活かした場所づくり

　きっかけは、ママたちから「気仙沼は子育てがしづらい」「ちょっとした時に預け先がない」と言われたことです。「ないならつくろう！」と託児所づくりに向けて空き家探しを始めました。「近くですぐにママが休めたらいいね」という声も上がり、ママがひと息つける「リラックスルーム」も併せてつくることになりました。

　まず2019（令和元）年8月にシェアハウス、2020（令和2）年2月に託児所とリラックスルームの運営が始まりました。さらにママがもっとリラックスできる空間をつくりたいと思い、H&C財団からご支援をいただき2020年5月からリラックスルームのリノベーション*が始まりました。8畳と3畳の和室を小上がりスペース、カウンター、秘密基地のようなドラえもんルーム、個室の4つの空間に区切ることで、ママが自分の時間をゆっくり過ごせるよう工夫しました。

　新型コロナウイルス感染症対策をしながら、延べ214人のママ、地域の大工さん、移住者、子どもたちなど、たくさんの方に手伝っていただいて、2020（令和2）年11月からリノベーション後の運営が始まっています。

子育てママに焦点を当てた多彩な活動

（1）ママ向けイベント

　月に3回〜4回、リラックスルームを使いママ向けのイベントを行っています。地域の助産師さんによるママの健康診断、ウクレレ講習会、接骨院の出張整体などラインナップに富むことを意識しています。「これなら行ってみたい！」とママの琴線に触れ、託児への第一歩を踏み出

してもらうことが目的です。ママには、イベントに参加することで、子どもを預けることへの安心感と、「自分の休憩のために子どもを預けても良いんだ」というマインドを得てもらいたいと思います。

　また、そのためのワークショップ*も開催しています。筆者が担当している「話の聴き方レッスン」と「怒っちゃう自分の手放し方」というアンガーマネジメント（怒りをコントロールするための手法）の講座です。講座では“自分の感情にフォーカスすること、気付くこと、素直に気持ちを表現すること”に重きを置いています。私自身、人が健全に生きるには自分の感情に気付き、その感情に沿って生きることが最も重要だということを学んだ経験があり、子育てと社会の板挟みになりがちなママの“呪い”を解くことが、ママが自分らしく子育てするための必須条件だと感じています。

（2）子育てシェアメンバー

　保育士や子育て支援員の資格を持つママに託児のお手伝いとして入っていただき、その時間分だけ無料で子どもを預けられる子育てシェアチケットをお渡しする仕組みです。転勤や子育てによって退職し収入源を持たないママたちには、自分のためにお金を払って子どもを預けることに抵抗感を持つ人がまだまだ多いのが現状です。ですが、子育てシェアメンバーになることで、家計から託児代を捻出することなくママは自分の時間を手に入れることができるようになります。

（3）女性専用シェアハウス

　移住・就職・進学で引っ越してくる女性たちが、個人の空間と他人と共有する空間を大切に

ウクレレ会

ワークショップ「怒っちゃう自分の手放し方」

子育てシェアメンバー

し、お互いに気持ちよく過ごせるように、みんなで集まりながら、時に素直に意見を言い合える環境づくりを意識しています。また、スタッフの子どもと遊んだり、オムツ交換や食事介助を体験することで、子どもや育児・妊娠や出産を身近に感じたり、「子育て」についての経験を積み重ねています。

(4) 子育て支援の強化

気仙沼をもっと子育てしやすいまちにするための取り組みも行っています。気仙沼市役所子ども家庭課と地域の子育て支援団体が連携し、昨年より"気仙沼子育てコレクティブインパクトプラットフォーム「コソダテノミカタ」"という団体が立ち上がりました。メンバーは自分の仕事の傍ら興味のある分野のチームに所属して課題にアプローチしています。

私の所属する"ママのため"チームでは、行政からの誕生祝金を郵送する際に、各子育て支援団体のパンフレットやチラシを同封できることが決まり、気仙沼で出産したママに情報が行き渡る道筋を確保しました。Omusubiもチラシに1時間無料のチケットをつけることで、ママが利用しやすくなるよう工夫をしています（図1）。

また、2021（令和3）年度は新型コロナウイルスの感染状況を鑑みながら、"けせんぬま子育てタウンミーティング"を2回開催することができました。ママやパパはもちろん、市議会議員、

児童館職員、独身の社会人、市内の企業の経営者、高校生など、幅広い世代の方と一緒に、気仙沼の子育てをもっと良くするにはどうしたらいいのかを考える機会を持つことができました。

自走できる組織への模索

施設を知ってくれる人が増え、「Omusubiさんがあるから安心して子育てできます」という声をいただくことが多くなりました。2020（令和2）年度託児利用人数が延べ811人だったことに対し、2021（令和3）年度は1月時点で、延べ961名もの利用がありました。2月より平日の託児料の引き下げ（30分350円から300円へ）や、念願の兄弟ふたり目以降利用料半額も始まり、さらに利用しやすい施設にしていくために試行錯誤しています。

運営は、認可外保育施設として、子ども子育て交付金の一時預かり事業費を国から受けながら行っていますが、決して潤沢なわけではありません。ママたちからの利用料を抑え、毎月の収入が確保できるシェアハウスを満室にするべく、SNS*を駆使したり、お試し移住プログラムの宿泊先として登録したり、また、新型コロナウイルス関係の助成金は確実に申請するなど、できるところからやっています。今後は企業の福利厚生としてOmusubiを利用できたり、市役所やハローワークの利用の際に補助が出たりと、ママ以外のところから資金を得られるよう働きかけていけたらと考えています。

Omusubiが細く長く続いていけるよう、地域を巻き込みながら、今後も運営を続けていきたいと思います。

図1 誕生祝金のお知らせに同封するシェアチケット

子育てママが「ほっこり」できる場の提供

大月 敏雄

地方都市にたくさん出てきた空き家の活用が国内全体で急務になりつつあるが、この課題と、地域における子育て環境の向上をマッチさせる総合的な取り組みは、実は、なかなか珍しい。この活動で使用されている空き家は、2階建ての母屋（図2の左上部分）とワンルームになっている離れの部分（図2の右下部分）が、風呂とトイレ部分（図2の右上部分）で連結している、とても広い住宅である。さらに、日当たりの良い広い庭（図2の下部分）もついており、空間的にはいろいろな利用法が想像できる、なかなかいい物件である。

ここではまず、離れにて子どもの一時預かり専門託児所をその前庭と一体となって利用するという、既存環境を最大限に活かした活動を基軸にしている。風呂とトイレをバッファーとして、母屋のダイニングキッチンが、スタッフや関係者がざっくばらんに交流できる舞台裏となっているところもよい。さらに、母屋の2階を女子専用のシェアハウスとして利用することにより、気仙沼へ移住してきた女性たちの生活拠点を提供するとともに、彼女たちが、託児所に集う子どたちと子育てママたちと交流する場も同時に提供するということになっている。

そして、今回H&C財団の支援を受けたリラックスルームは、母屋のお座敷と収納スペースを一体的にセルフリノベーションして、地域のお母さんたちに「ほっこり」してもらう空間を提供するという意

リノベーション時の集合写真

図の、実はとても意義深い使い方を想定しているところが素晴らしい。

私自身も田舎の出身なのだが、三世代同居が当たり前だったりする田舎のお母さんたちが個人的にほっこりする場は、実はあまり計画されていない。家に居れば舅姑の目にさらされ、近隣では必ず知人と会ってしまう。ひとりで映画を見たい、コーヒーを飲みたい、ボケーっとしたい、などということを許してもらえる空間は、そんなにないのだ。こうした、誰も口には出さないものの、とても切実なニーズに応えている取り組みだといえる。

またこのニーズを、子どもを預けるお母さんたちといろいろと話を聞いているなかで発見したというアクションプランニング的な活動であることも重要な点である。

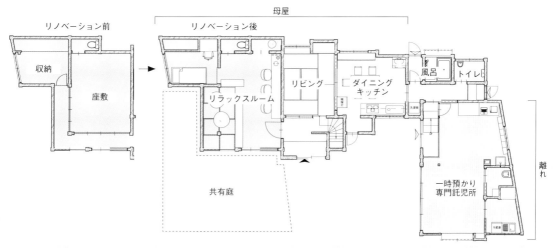

図2　敷地全体の利用計画

ジェンダーの視点でまちをみる

独立行政法人国立女性教育会館 理事長　萩原 なつ子

これまでの市民のまちづくりとジェンダーギャップ

　少子高齢化により自発的に市民まちづくり活動を行う市民の減少が大きな問題となり始め、加えて出産世代であるF1世代[注1]も減少するため、将来的にもその担い手の減少は止められません。さらには、子どもを産みたくても産めない、産んだら全部女性にしわよせがくるという、子どもにも子育て中の親にも優しくない社会の状況により、子どもを持とうというモチベーションがなくなります。ジェンダー＊の視点では、8割もの世帯が共働きであるにもかかわらず、アンペイドワーク（無償労働）である家事・育児・介護等のケア役割の多くを女性が担っているという問題もあります。そのような状況のなか、2021（令和3）年秋に公表された内閣府の調査で、50歳以上の方、とりわけ男性たちに固定的役割分業や「男らしさ・女らしさ」などのジェンダーに対する「無意識の偏見」があることがわかり、その方たちが牛耳っている限り、町内会・自治会などの地域社会においては、女性が参画するということは非常に難しいでしょう。ちなみに女性の自治会・PTAの会長は6%で、企業においても大学においても同様です。ジェンダーギャップの問題を解消していかなければ、社会における本当の意味での女性の活躍は望めません。これまでのまちづくりは確かに女性も関わり、重要な役割を担ってきましたが、意思決定は男性主体であり、女性の意見が必ずしも十分に反映されていなかったと思います。今後は市民のまちづくりの市民の定義に"ついで"のように女性が入っているのではなく、物事を企画・決定する場に女性が参画できるような仕組み作りと「無意識の偏見」を意識したジェンダーギャップの解消が求められるでしょう。

4つのワーク

　人生百年時代[注2]の新たな働き方のベースとなる「4つのワーク」という概念があり、①家事・育児・介護等の家庭ワーク②雇用労働・自営業・副業などの有給ワーク③学習ワーク④NPO・ボランティア・地域活動などを意味するギフトワークで、ギフトワークの中に市民が自主的に行うまちづくりも入ります。この4つのワークのバランスが大切なのですが、固定的な性別役割分業の意識が根強い日本では「一家の大黒柱」として男性は有給ワークに重きが置かれ、家庭ワークはもちろん、学習ワークやギフトワークにも縁がない、関わってこなかったという実態もあります。また意識はあっても時間的制約を理由に、地域活動などに参加してこなかったため、身近な地域社会とのよりよい関係性を築けていません。男性に関しては、「65歳問題」がクローズアップされています。それは生活者として自立できていなかったり、地域との関係が良好でない男性が今後、孤立・孤独となり、身体と精神を病み亡くなっていくというような、65歳以上の男性の社会関係や人間関係についての問題です。男性は「強くたくましく、弱音を吐くな、泣くな」と幼少期から言われているので、

チャールズ・ハンディの4つのワーク

萩原 なつ子（はぎわら なつこ）
独立行政法人国立女性教育会館 理事長
㈶トヨタ財団アソシエイト・プログラムオフィサー、宮城県環境生活部次長、立教大学教授等を経て、現職
認定NPO法人日本NPOセンター代表理事　H&C財団評議員
立教大学 名誉教授

「助けて」と声をあげにくいという男性に対するジェンダーバイアスの存在もこのような問題を生み出す要因です。ジェンダーの問題は女性だけではなく、実は男性も背負っているのです。

一方で、若い人たちの間では、1994年からの高校の家庭科男女共修やボランティア体験学習など、教育の中で家庭ワークやギフトワークの種まきがされていて、4つのワークをバランスよく行う人たちが徐々に増えているのです。

豊島区F1会議〜座長としてのこだわり

これまでも女性の視点や経験を活かしたまちづくりは行われてきましたが、政策提言を通して事業化した事例少なく、それを行ったのが豊島区の「としまF1会議」です。

座長として私が重視したことは、「調査・研究」で、まずはメンバーが豊島区というまちを知ることでした。また、豊島区がどのような施策を展開しているのかをメンバーで徹底して調べました。当然のことながら施策を展開するのは行政なので、メンバーには行政の方も入っていますし、最終的に議決するのは議員なので、議員の方にも積極的に声がけをしました。

2014（平成26）年5月に豊島区が消滅都市にあたるといわれ、すぐにF1会議を立ち上げスピード感を持って動き[注3]、秋には豊島区に対して政策提言を行いました。そうしないと次年度の事業の方針決定や予算の編成に間に合わず、ましてや次年度の事業を決定する2月の議会に間に合わないのです。このプロセスデザインは私の宮城県庁時代（宮城県環境生活部次長2001〜2003）の行政経験からくるものです。

ケアラーの視点でまちをみる

「としまF1会議」が提案した政策のうち、11事業に8800万円の予算が付き、豊島区のまちづくりは大きく変わり始めます。提案の中には自転車道路やベビーカーを押しやすい歩道の整備がありました。ベビーカーが押しやすい道はシニアカーや車いすも通りやすいですよね。家庭ワークやギフトワークの多くを担う（担わざるを得ない）女性の経験に根ざした「視点」はケアラー*の視点です。つまり、女性に優しいまちづくりは女性だけではなく、性別・年齢・国籍・障がいの有無を問わず多様な市民が主体的に関わり、活かされる誰にとっても優しいまちづくりであり、ユニバーサルなまちになっていくことが「としまF1会議」からの大いなるメッセージなのです。

これからの市民まちづくりにおいて重要なことは何か？それは「としまF1会議」で示した「ケア」の視点を軸とした、まちづくりを意識する市民、固定観念にとらわれない変革者としての多様な市民が増えることではないでしょうか。

（談）

注
1　マーケティング用語で20歳から34歳までの女性を表す。
2　英国の経営学者チャールズ・ハンディが1994年に著した『パラドックスの時代―大転換期の意識革命』で提唱したもの。
3　日本創成会議（座長増田寛也）が発表した日本はやがて消滅するという警鐘において、「消滅可能性都市」に豊島区が含まれていたため、女性たちの意見を政策に反映するF1会議を立ち上げた。

高齢単身区分所有者の
資産管理を支援する活動
超高齢社会のもとでの維持管理と支援を考える

キーワード　マンション管理組合　区分所有者　単身世帯　見守り　終活　財産管理　遺言　委任契約

NPO法人都市住宅とまちづくり研究会
杉山 昇

設 立 年 月　2000（平成12）年8月
メンバー数　正会員60名　賛助会員26名　（2019年4月現在）

高齢化が進行する都市において、高齢者や障がい者にとっても安全で快適な個性ある都市住宅の供給と暮らしやすい地域コミュニティの構築と再生をめざして、共同建替えなどの再開発事業、土地の有効活用事業、コーポラティブ方式による住宅供給事業などを行うことにより、地域社会の活性化に寄与することを目的として活動している。
https://tmk-web.com

高齢単身区分所有者の増加が管理に及ぼす影響

　マンションは、区分所有者が管理組合＊を構成し、組合員の合意により建物の維持管理や再生などが行われます。しかし、近年、いざというときに頼る親族がいないなどの高齢単身区分所有者も増えてきており、将来、認知症などにより高齢単身区分所有者が意思表示できなくなると、管理組合の運営やマンションの維持管理などにも影響を及ぼします。

　そこで、そのような高齢単身区分所有者（予備軍を含めて）を支援する具体的な施策が可能かどうか、調査研究を行うことになりました。

高齢単身区分所有者へのヒアリング　　高齢者中心に再生を検討中のマンション　　高齢者の「見守り隊」打ち合わせ

困難になりつつあるマンションの維持管理

　NPO都市住宅とまちづくり研究会（以下「としまち研」）では、首都圏におけるマンションの大規模修繕や建替えも含む再生検討など、管理組合の活動の支援を行っています。マンション再生検討委員会を組織して大規模修繕やマンション建替えの検討を始めた築40年を超えるマンション事例では、所有者や居住者の高齢化率も高く、高齢化に伴う管理組合活動への参加率低下、役員の担い手不足、組合活動の停滞、組合員の認知症、所有者の不在や不明により、合意形成の困難化が進行しています。

　としまち研準会員の高齢単身区分所有者から「体調が悪いので病院に連れて行ってほしい」との連絡が入り、2年間ほど病院への受診時や入院時の支援、入院費用、生活費等の預金口座からの引き出しや支払いなどを頼まれ、仕事の合間に対応しました。いとこがふたりいるとのことでしたが、「まったく付き合いがなく、死後のことなども頼めない」とのことでした。

　このような高齢単身区分所有者が、管理組合の行うマンションの維持管理に迷惑を掛けないようにするにはどうしたらよいか、世の中の実情を把握し、良い対応策はないかと調査研究を始めました。

研究会の立ち上げと調査活動の実施

　としまち研では、この活動に至る前段として、2017（平成29）年度に「大きな時代の変化に対応するための勉強会」を計3回行い、としまち研会員内外に呼び掛け20数名が参加しました。

　その方々を中心に声を掛け、「高齢区分所有者の資産管理を支援するシステムの検討をするための研究会」を立ち上げ、2018（平成30）年度に計10回の会議と必要なヒアリングやアンケートなどの活動を行いました。

　その中で「高齢単身区分所有者が亡くなり、管理費と修繕積立金が引き落とせなくなった」「居住者の勤め先の上司から、安否確認をしてほしいとの依頼があり、警察官立会いの下で鍵屋さんに鍵を開けてもらったところ、室内で亡くなっていた」「管理組合は私有財産そのものを直接扱うのは非常に難しい」などの意見がありました。そこで万一の場合に管理組合や近所に迷惑をかけないようにするため、離れて暮らす親族や相続人予定者には連絡を行い、また残されたマンションについて管理や処分を任されるようなシステムの構築をめざしました。

高齢単身区分所有者へのヒアリングなど

　高齢単身区分所有者の支援を意識しながら高経年マンションの実態を把握するために、管理組合や高齢の方にお願いしてヒアリングを実施しました。まず、築40年になる鉄筋コンクリート造7階建て44戸の高経年中規模マンションで最大の課題は居住者の高齢化。世帯主の平均年齢は76歳、単身高齢者は12名（女性9名、男性3名）と高齢化が顕著。理事は順番表があるが、辞退される方からは、辞退料をもらうよう規約を改正したそうです。このマンションは定住率・総会の出席率も高く、模範的なマンションといえますが、今後どうなるかを心配されています。

　マンションの管理会社にもヒアリングを実施し、管理会社の立場から見た管理組合や高齢区分所有者の実態と、管理会社として対応さ

研究会の会議の様子

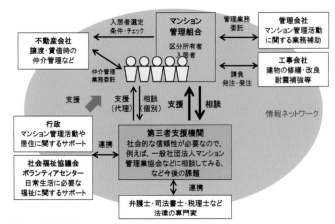
図1　支援システムのイメージ

れていることを伺いました。例えば、築40年で高齢化が顕著。組合員の住所・氏名と緊急連絡先は把握している。既に亡くなっていた区分所有者の住戸について家族が相続放棄をした事例があり、弁護士と相談の上、裁判所に相続財産管理人*の選任を申し立て、滞納管理費などを回収したケースも紹介されました。

　もう少し全体的な傾向を把握するため、2018（平成30）年マンション管理受託業務戸数上位20社にアンケートを依頼したところ、4社より回答が得られました。管理会社に共通の困りごととして、高齢者増加により総会出席者の減少、役員がなかなか決まらないこと、孤独死の発生・増加などの回答があり、ある管理会社からは「高経年マンションにおける建物の老朽化や居住者の高齢化は社会的な問題であり、有効な対策もない」という意見がありました。

支援システムとイメージの具体化

　ヒアリングやアンケートなどを踏まえて、支援システムのイメージ（図1）と、中心となる第三者機関をどのような組織が担うべきかなどについて意見を交換しました。支援システムは、高齢単身区分所有者の状況に応じて、区分所有者が元気な段階（事前準備・見守り）、介護が必要になった段階（成年後見制度*・生活支援）、死亡時（緊急連絡・死後事務委任契約*）、死亡後（相続・処分など）などがあります。しかし、第三者機関の「信用性」をどのように担保するかが課題です。その意見を出した研究会メンバーが所属する一般社団法人民事信託推進センターのマンション支援信託推進委員会が2021年7月に、

長寿社会における高齢者のマンション居住・管理・処分をサポートする仕組みとして、『「マンション居住者支援信託」のご案内』というパンフレット（試作版）を発行したとのことで、後日、研究会メンバーなどにも紹介してもらうことになりました。

高齢単身区分所有者の支援の仕組みを考える

　支援する第三者機関は、高齢単身区分所有者の意向をしっかり確認して、遺言書作成を支援し、以下のような契約を締結することを想定します。

①継続的見守り契約および財産管理などの委任契約

　例えば、毎月一定の間隔で電話連絡をし、3か月に1度訪問面談

②任意後見契約

　見守り契約と同時に締結し、高齢者の意思表示が困難になった時点で、家庭裁判所に任意後見監督人の選任を請求してから効力が発生

③死後事務委任契約

　菩提寺・親族などへの連絡事務。火葬、葬儀、納骨、永代供養に関する事務。行政官庁への諸届事務など

　今後の課題としては、資金力や人材を確保して、第三者機関をつくることが必要となります。コロナ禍での今日、なかなか余裕がないのが実情と思われますが、この基本思想を事業としてつくり上げていくことが求められています。

高齢単身区分所有者の
資産管理を支援する活動から学ぶこと

久田見 卓

●終の棲家と資産意識の変容

少子高齢化が進むなか、集合住宅においてもコミュニティの変容が余儀なくされています。「日本の世帯数の将来推計（全国推計）」（国立社会保障・人口問題研究所2018年推計）では、日本の人口は2008（平成20）年頃をピークに減少し、他方で高齢者世帯数は直近10年間で約340万世帯増えて約1377万世帯（2020年現在）に、単身高齢者世帯については2030年に約800万世帯に迫るとされています。

マンションにおいても居住者の高齢化は進み、平成30年度マンション総合調査（国土交通省）では、70歳代以上の割合が22.2％（前回平成25年度調査より＋3.3％）となり、また完成年次の古いマンションほど70歳代以上の割合は高く、昭和54年以前のマンションにおける70歳代以上の割合は47.2％となっています。

一方、永住意識については「永住するつもりである」が62.8％となり、年齢別では年齢が高くなるほど増加する傾向にあり、前回調査と比較においても、「永住するつもりである」は52.4％から62.8％へと増加し、「いずれは住み替えるつもりである」は17.6％から17.1％と減少しています。

かつてマンションは「住宅すごろく」における一次取得住宅という位置づけでした。しかし居住性能の向上もあり、永住しようとする人が次第に多数を占めるようになると、ほとんど高齢者で構成される「終の棲家」としてのマンションが増加し、他方、独立して既に自分自身の所帯生活を得ている子ども

にとって親の住むマンションは、老朽による価値低下もあり、相続する資産としては関心の薄いものとなりつつあります。

●コミュニティの維持に向けて

日本では、区分所有法*により「区分所有者は、全員で、建物並びにその敷地及び付属施設の管理を行うための団体を構成し、この法律の定めるところにより、集会を開き、規約を定め、及び管理者を置くことができる。」と定められています。マンションの管理組合の設立は義務付けられており、複数の区分所有者が集まった時点で当然に構成されて管理費等により運営されます。居住者の高齢化のなかでその運営資金が滞ればスラム化の原因となりますし、相続人の無関心が進めば、相続を含めた資産継承の際に空き家として放置されることが想定されます。

空き家となっても戸建住宅のように外から簡単にわかるものではないことから、管理組合は管理費等の金銭上での問題として捉えがちとなりますが、相続人に代わる第三者による高齢者の資産管理と継承の支援を、コミュニティの維持に向けて考えていかなければならない段階を迎えているのではないでしょうか。

コーポラティブ住宅*とそのコミュニティに携わってきた「都市住宅とまちづくり研究会」の、今回の見守り契約、財産管理委任契約*、任意後見契約等を組み合わせた資産（遺産）の代理管理のシステムの構築の検討について、今後の事業検証を期待しています。

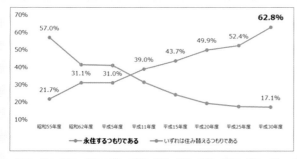

図2　平成30年度マンション総合調査「永住意識」（国土交通省）

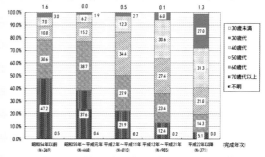

図3　平成30年度マンション総合調査
「世帯主の年齢［完成年次別］」（国土交通省）

公社の空き住戸を活用した
障がい者による団地食堂での地域交流活動

企業の障がい者雇用と地域の課題解決をつなげるソーシャルモデル

キーワード　福祉型ソーシャルビジネス　地域食堂／こども食堂　ダイバーシティの助け合い

NPO法人チュラキューブ
中川 悠

設 立 年 月　2012（平成24）年6月
メンバー数　5名　（2021年4月現在）

高齢者や障がい者、買い物難民などを含む、情報弱者の
支援を目的とする事業を行うこと、また、高齢化社会、
障がい者の生活の不自由さ、買い物弱者などが直面して
いる社会問題を解決する手助けを行うことを目的とす
る。
https://chura-cube.com

杉本町みんな食堂

　大阪市住吉区のあ
る団地の1室に週3回、
ランチを350円で提
供する食堂「杉本町み
んな食堂」があります。

ここは、高齢者も子どもも食べに来ることがで
きる「みんな食堂」。高齢化が進み、空き部屋
が増えた団地の1室が、2018（平成30）年8月か
ら地域住民の交流の場として人気を集めていま
す。この場所は、ランチの調理と接客を知的・
精神障がいのあるスタッフが担当。そして、食
堂に足を運ぶお客様、団地の運営をしている大
阪府住宅供給公社*（以下「府公社」）、NPO法人

OPH杉本町（旧杉本町団地）　外観

102号室が週3回のランチ食堂に

イベント　餃子づくり

が一丸となって支え合う新しいソーシャルビジネス*モデルとして定着をしています。

団地の空き部屋を地域食堂へ

　この食堂は、大阪府内の団地を運営する府公社とNPO法人チュラキューブが共同で運営しています。みんな食堂が入っている団地「OPH杉本町（旧杉本町団地）」は、築10数年とまだ新しいのですが、その前には約50年の間、木造の団地が6棟あり、数百人の住民が住んでいました。老朽化のための建替え後、住戸は70戸へと大幅に減少。今まで培われたコミュニティは失われ、こども会、老人会、花見、バスツアー、餅つき大会など、すべての催しが行われなくなってしまいました。

　2017年度の空き部屋は20部屋。この空室率の高さに危機感を感じた府公社は、当法人に「102号室を2年間限定で、無償で貸し出すので、住民や周辺住民のためのコミュニティ食堂をつくれないか？」という相談を持ち掛けたのです。障がい者福祉作業所*のサポートをはじめ、農業・伝統工芸などの産業と福祉の連携プロジェクトを数多く手掛けてきたNPO法人チュラキューブは、団地の空き部屋を活用した障がい者福祉と連携の可能性を考え始めました。

　社会福祉と経済の両方を成り立たせる仕組みをどう構築していくか。NPO法人チュラキューブは、新しい仕掛けとして地域食堂*を「企業で雇用された障がい者スタッフが、働く訓練をする拠点」と位置付けることにしました。

(1) 企業と福祉施設の橋渡し

　企業は、全社員の2.3％以上、障がい者手帳を持っている人を雇わなければならない

「法定雇用率」という責務を背負っています。SDGs*やオリンピック・パラリンピックの追い風のなかで、しっかりと障がい者を雇用し、できる限り長く働いてもらいたいと望む企業は増えてきていますが、「障がい者の雇い方」「障がい者スタッフへの仕事のつくり方」「社内にいる障がい者スタッフのケア方法」がわからないと、多くの人事担当者が同じ悩みを口にしています。障がい者雇用ができないまま障害者雇用納付金*を払っている企業も決して少なくなく、2019（令和元）年度の資料によれば、企業の障がい者雇用枠は大阪府内では約8,000人もの未達成者数が確認されています。

　今、社会の中で必要なのは、障がい者を雇用したい企業と障がい者の就職を支援したい福祉施設の橋渡しの存在。そして、採用した障がい者スタッフが長く働き続けていけるように、企業に寄り添ってサポートをする存在です。特に後者に関しては、現行の支援制度ではほぼ存在しておらず、人事担当者は社内でも孤立しています。

(2) 企業との連携

　「杉本町みんな食堂」では、企業に雇用された障がい者が給与を得ながら働いています。そして、同時進行でNPO法人チュラキューブは、雇用した企業と連携し、障がい者に対する理解の促

障がい者スタッフ

進、雇用管理の体制づくりの基盤を人事と相談をしながら構築。また、食堂での勤務のなかで、調理、清掃、コミュニケーション力を培った障

1食350円のお得なランチ　精神障がいのあるシェフが手がけている　　　　子ども食堂

がい者スタッフが、常に人材不足に悩むソーシャルビジネス・社会活動の現場を支える人材として活躍できる仕組みづくりを、企業と連携をしながら生み出し続けています。

地域食堂で障がい者が働くメリットは非常に大きく、企業が障がい者に対する理解が低い状態で受け入れた場合の職場における無理解・イジメ・仕事がないなどの状態を回避でき、障がい当事者の望まない離職が圧倒的に減少します。そして、障がい者スタッフも、週40時間をめざして働くことで、時給換算だとしても月に約16万円の給与が発生し、社会保険にも加入することができるのです。障がい者スタッフからは、「福祉施設では月々の工賃が1万6千円だったのに、給料が10倍に増えた」という喜びの声も届いています。

(3) 誰もが幸せな持続可能な経営手法

食堂で流れる時間は多忙な飲食店と違い、とても穏やか。仕事の中で少々ミスがあっても、住民は笑顔で許してくれます。その優しさの連鎖が、高齢の住民の方の中にも「彼らをサポートしている」という社会貢献意識を生みだしています。また、企業は運営するNPO法人に雇用した障がい者スタッフの訓練を有償で委託。つまり、地域食堂の支援スタッフ・障がい者スタッフすべての人件費は企業からの委託費でまかなうことができ、家賃負担もない「杉本町みんな食堂」は、利益の少ない1食350円のランチを提供しても、持続可能な経営を続けることができるのです。

2018（平成30）年から現在まで、住まいの中にコミュニティの場「杉本町みんな食堂」があることで、団地の空き室は10室も減少。わずか

10席だけの小さな地域食堂は、2019年度のグッドデザイン賞、第8回「健康寿命をのばそう！アワード」の厚生労働大臣優秀賞を受賞することができました。

社会課題の解決への挑戦

NPO法人チュラキューブには、さまざまな地域からの相談が寄せられます。例えば、地域の図書館の使われていない厨房施設で、地域食堂ができないか？地域の空き店舗を使って、地域コミュニティをつくれないか？いずれも人口減少時代の中で次々に生まれている「場所が使われていなくて余っている」「地域のつながりが薄れている」「経済が縮小してきて、継続的な運営費用が捻出できない」という社会課題でいっぱいです。

もし、これらの難題を解決するために、「杉本町みんな食堂」のような企業の障がい者雇用と連動した新しいソーシャルビジネスが活用できるのだとしたら、世の中の障がい者雇用の未達成者が減り、障がい者は福祉施設よりも10倍の給与を得ることができ、地域コミュニティへの支援活動は持続可能な経済とともに動き続けることができるはずです。

少子高齢化の時代の中で、これからも社会課題は生まれ続けます。だからこそ、障がい者が地域を支えるヒーローになる持続可能な経済モデルを通して、地域コミュニティを元気にしていきたい。NPO法人チュラキューブの挑戦は今日も続きます。

「公社住宅」×「高齢者」×「障がい者」
=ソーシャルビジネス・インキュベーション

大月 敏雄

世の中には、公共賃貸住宅と呼ばれるカテゴリーの住宅がある。公営住宅法*に基づく、主として低所得者層向けの都道府県や市町村が直接供給するような「公営住宅」も公共住宅の例であるが、いわゆるUR*住宅（かつて、日本住宅公団やその後続の組織が供給した住宅なども含む）や都道府県等の住宅供給公社などが供給した賃貸住宅を含んだ形で総称されるのが、公共賃貸住宅である。

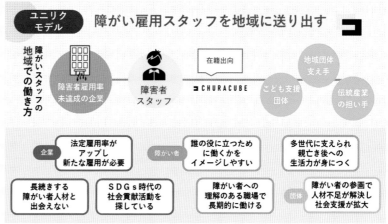

ユニリクモデル

障がい雇用スタッフを地域に送り出す

障がいスタッフの地域での働き方

障害者雇用率未達成の企業 — 障害者スタッフ — 在籍出向 CHURACUBE — こども支援団体 — 地域団体支え手 — 伝統産業の担い手

| 企業 | 法定雇用率がアップし新たな雇用が必要 |
| 障がい者 | 誰の役に立つために働くかをイメージしやすい |
| 多世代に支えられ親亡き後への生活力が身につく |

長続きする障がい者人材と出会えない｜SDGs時代の社会貢献活動を探している｜障がい者への理解のある職場で長期的に働ける｜団体 障がい者の参画で人材不足が解決し社会支援が拡大

チュラキューブが推進する新しい障がい者雇用モデル

近年、住宅セーフティネット*や居住支援という、さまざまな事情を抱える多様な人びとの住生活の根幹を支えるための方策が、少しずつではあるが行政によって形づくられる際に、民間賃貸住宅（いわゆる賃貸アパートの類）に注目が集まり、どんな事情を抱えた人であっても入居を拒まないというセーフティネット住宅としての登録をすれば、バリアフリーへの改修などいくばくかの行政的支援を受けることができるような仕組みが整いつつある。

当然、公共賃貸住宅の中でも、公営住宅はそもそもセーフティネット住宅の役割を担い続けて法制度化されているものなので、この住宅セーフティネットの活動の1丁目1番地の存在なのであるが、UR住宅や公社住宅が、世の中の住宅セーフティネットにどのように打って出るかという積極的な話はまだ道半ばのようである。

こうしたなか、大阪府住宅供給公社ではかなり果敢に、団地の人びとばかりでなく、地域のお困りごとを持った人びとへも届くようなプログラムを展開しており、私はその動向を注目している。

大阪市のJR杉本町駅近くにある府公社の賃貸住宅の1階の部屋を使って、NPOチュラキューブが運営する「みんな食堂」は、全国にもっともっと出現してしかるべき活動である。空き住戸を、実験的にでもこんなふうに貸し出し、少しの間でも地域で困っている人びとが共に支え合って生きていること

障がい者スタッフが、社会課題を解決する"未来のヒーロー"になる。

ユニリク ②

担い手を求める
地域食堂や縮小産業と
障がい者を
雇用でつなぐ

①企業は障がい者スタッフの活躍の場を地域に作れる
②離職が少なく長期の雇用が実現

×

企業雇用になると
障がい者の月収8～16万

障がい者にとって
誰かの役に立つ仕事を
生み出す。

①誰のために働くかをイメージしやすい
②やり甲斐を感じられる仕事
③施設より格段に高い賃金

が実感できるような場の創出が、もっともっと展開されるべきであろう。

また、新築団地であってもこうした活動が最初から展開できるような空間計画としておくという建築計画も、超高齢社会の日本では必須の要件のような気もしている。

チュラキューブではここでの経験を活かして、障がい者雇用制度を使ったさらなるビジネスに挑戦している。公社の賃貸住宅ストックが、こうしたインキュベーション機能を果たし得ることも、重要な発見であった。

みんな食堂のチラシ

外国人居住者が過半を占める
大規模賃貸住宅の共存・共生への取り組み
住民の相互理解をめざした学生と自治会の協働活動

キーワード　多言語・多文化・多世代　共住から共存・共生へ　自治会×大学生

芝園かけはしプロジェクト
圓山 王国

設立年月　2015（平成27）年2月
メンバー数　39名　（2021年4月現在）

外国人居住者が過半を占める UR 川口芝園団地で、文化や習慣の違いによるトラブルや相互不理解の解消をめざして、住民間の多様な接点づくりや、わかりやすい生活案内パンフレットづくりの取り組みを進めている。
https://shibazonokakehashi.org

多文化・多世代の住民の共存・共生をめざして

　芝園かけはしプロジェクトは、UR＊川口芝園団地で活動する、外部の学生ボランティアです。芝園団地では、1990年代後半から中国系住民を中心に外国人住民が増加、2021（令和3）年現在、居住者の半分以上を外国人住民が占めています（図1）。ゴミ出しのルールなどによるトラブルを小さくする「問題緩和」と、住民間の接点をつくる「交流促進」に取り組むことで、多文化・多世代の住民がともに安心して暮らせる地域づくりをめざしています。

自治会と大学生のつながり

　芝園団地は、外国人住民の急増に伴い課題に

芝園かけはしプロジェクトの活動範囲

芝園団地の外観

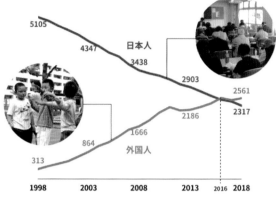

図1　芝園町（ほとんどを芝園団地が占める）の人口推移

直面しました。ひとつは、文化・習慣の違いによるトラブルです。ゴミの出し方、屋内外の生活音、香辛料のにおいなどについて、もともと暮らしてきた日本人住民からの苦情が増えてしまいました。もうひとつは、住民間の接点不足です。言葉の壁、ライフステージの違い、住民の入れ替わりの激しさは、安心できるご近所関係を難しくしました。

　2014（平成26）年、現自治会事務局長のO氏が自治会役員に就任したことで、自治会は接点の少なかった外国人住民との交流を模索し始めました。一方、自治会は会員の減少と高齢化が進み、新たな課題に取り組む余力がありませんでした。そこで「開かれた自治会構想」を掲げ、住民との関係強化や地域内外の組織との協力関係の構築をめざしました。そのようななかで、自治会と地域外の大学生のつながりができていきました。つながりのできた学生の有志が、団地を元気にするために何かしてみたいと思い立ち、2015（平成27）年に芝園かけはしプロジェクトを設立しました。現在まで、芝園団地での取り組みは、芝園かけはしプロジェクトと自治会の協働を中心に展開されています。

交流促進と問題緩和

(1)「交流促進」の取り組み：交流の場づくり

　2016（平成28）年から、毎月、多文化・多世代の住民交流イベント「多文化交流クラブ」を開催しています。持ち寄りランチ会、住民が先生の中国語教室、季節の催しなど、さまざまなイベントをしてきました。どのイベントでも、参加者が気軽にコミュニケーションをとりやすい企画や雰囲気を大切にしています。学生は、国籍や言葉、世代の違う住民の間に入り、一緒に会話することで、人と人をつなぐ「かけはし」の役割を担います。留学生メンバーもいて、イベントでの通訳など大活躍です。イベントだけの一時的な交流にならないように、イベントの企画会議にも住民に参加してもらい、企画内容や準備の役割分担を話し合うことで、準備のプロセスからの交流にも取り組みました。

　多様な住民に参加してもらうため、多言語のポスターを作成したり、多くの中国系住民が利用するSNS*（微信：WeChat）のグループで情報発信をしたりするなど、複数の告知方法を組み合わせています。

(2)「問題緩和」の取り組み：
生活案内パンフレットづくり

　2018（平成30）年には、団地の生活ルールをわかりやすく伝えるパンフレット「芝園ガイド」を作成し、配布を開始しました。団地内のUR管理サービス事務所に協力をお願いし、新規入居者に配布しています。

　さらに、2019（令和元）年には、計4回のワークショップ*を開催して、内容や表現を住民と話し合いながら、新しいパンフレット「芝園団

地域情報誌『かけ×はし』

地のみんなの生活のヒント」を制作しました。ワークショップの狙いは、①内容と表現を充実させること、②住民の対話を生むこと、③暮らしやまちの課題を発見することでした。2018（平成30）年版パンフレットでは想定読者を外国人住民としていたところを、2019年（令和元）版では芝園団地の住民全体に変更しました。変更の理由は、このパンフレットを「外国人住民に対する一方的な注意ばかりのパンフレット」ではなく「誰にでもわかりやすく読みたくなるパンフレット」にして、国籍や世代を越えて関心を持ってもらい、一緒につくり上げようという雰囲気をつくりたいと考えたためです。学生は、ワークショップのファシリテーターを担い、参加者が対等な立場で安心して発言できる場づくりに努めました。ワークショップの結果、「やさしい日本語」・英語・中国語の3言語併記の生活ルールだけでなく暮らしの困りごとを助ける情報も掲載したパンフレットが完成しました。

（3）コロナ禍の取り組み：

新たな「交流促進」の模索

　新型コロナ感染症拡大に伴い、対面のイベントやワークショップは中止になりましたが、新しい形式の「交流促進」も生まれています。そのひとつが、地域の人や活動を紹介する地域情報誌『かけ×はし』の制作です。住民の皆さんに、地域の人や活動を身近に感じてもらうとともに、学生自身も取材を通してさまざまな人との関係を構築することをめざしています。このほか、オンラインの住民交流会にも挑戦しています。

小さな共生と第三者の関わり

　活動を始めてから、文化や習慣の違いによるトラブルの苦情は減っていると聞きます。芝園団地は、「共存」（必ずしも交流があるとは限りませんが、互いに対立し合うことなく暮らしている状態）に近づきつつあるといえます。一方、これまで交流イベントには延べ1,000名以上の参加者がありましたが、住民は「交流に関心のある人」ばかりではなく「交流に関心はなく静かに暮らしていたい人」も多いということに気づかされました。住民全体で「共生」（互いに関わり合い支え合いながら暮らしている状態）を実現するのは難しいのかもしれません。しかし、小さな「共生」の現場が生まれていることは確かです。例えば、自治会にはイベントでの声掛けをきっかけに外国人住民の会員や役員も増えました。また、ワークショップで香辛料のにおいについて話しているとき、高齢の日本人住民から「（中国の香辛料のにおいが日本人には気になる、というだけではなく）日本の魚のにおいも中国の人には気になるかもしれないね」と、自身の価値観を振り返るような発言もあるなど、ささやかではありますが、異なる国籍や世代の人に対する態度が変わる瞬間も見られます。住民全体では難しくても、地道でも小さな「共生」の現場を増やしていくことで、緊張が和らいだような場面を多くしていきたいです。

　私たちは、団地住民にとっては外部の第三者ですが、自治会が地域との橋渡しをしてくださることで活動ができています。第三者だからこそ、地域の人間関係のしがらみにとらわれにくい長所があるものの、地域の状況や住民の気持ちを理解しようという意識は忘れぬようにと、自分たちに言い聞かせています。学生ボランティアという形態は、気軽に活動に関われる点は長所ですが、就職に伴い卒業し、メンバーが安定しにくい短所もあります。しかしながら、学生同士の交流や学び合いの場になっている点は、最大の価値だと考えています。

いきなり「共生」でなく「共存」からというまちづくり哲学

大月　敏雄

　もう20年近く前まで私はタバコを吸っていた。以前は電車の中でも飛行機の中でもタバコが吸えていたことが、まるで異国での出来事のように思い出されるが、私がタバコを止める数年前から次第に公衆の面前で吸うことが憚られるようになってきた。今思えば当然のことではあるが、当時は、外国に行って日本と同様にタバコを吸っていると、特にアメリカなどではどぎつい白眼視を受けることが、しばしばであった。今思えば、単にふてぶてしいアジア人という目線だったのかもしれない。

　日本はコロナが流行する前はインバウンドといって、歴史上例を見ないほどの外国人を受け入れていた。その中には、われわれが眉をひそめるようなことをやってしまう外国人を何人も見かけた。ただ、その中には、かつての私自身の姿が映される。このように、異文化体験などというものはお互い様としか言いようがない。

　「郷に入れば郷に従え」ということわざは、洋の東西に問わずありますが、文化が異なれば振る舞いも異なるもので、その振る舞いの意味も異なるという知識を、どれだけ蓄えているかが、多文化共生社会の第一歩だと思う。しかし、そうした知識の習得は、そうたやすいものではない。ましてや芝園団地

生活案内パンフレットづくりワークショップ

のように、既に外国人の人口が日本人の人口を超えている場合は、どっちが「郷」の立場なのだろうか。このことわざにおける「郷」あるいは「ローマ」というものは、いわばその地域の「主」がどっちであるかを規定する言葉であり、来訪者が主のルールに従わなければいけないと諭している。

　ただ、芝園かけはしプロジェクトでめざしているのはまず「共生」ではなく「共存」であると伺った際に、「郷に入れば郷に従え」というような考え方ではいけないということを、瞬時に理解させられた。こうした意味では共存すらかなり難しそうなのに、その先にある共生をいきなりめざすのもナンセンスに思える。どっちが「主」であるかが関係のない社会関係をまずめざすという肩肘張らない取り組みが、まず重要だろう。

2019（令和元）年版生活案内パンフレット

私の生活者視点からの住生活への試み

株式会社ライフ・カルチャー・センター 代表取締役　澤登 信子

これまでの活動
―生活者の視点に立つ

ソーシャルマーケティングの会社をつくり活動を続けて50年近く経ちますが、私が心がけてきたのは生活者の視点に立つということです。また生活者の立場から、どのような関係を行政などと作れば課題を解決していけるかということも考えながらこれまで活動してきました。

私がソーシャルマーケティングの世界に入ったきっかけのひとつに家庭の影響もあったと思います。中小企業の経営者の家に生まれたことで、両親から「生み出さなければ使えるお金はない」という教育を受け、大学でも経営学を学びました。

また父の会社に勤めていた一時期には、「自分はこれができます」というものをつくらないといけないと思い、消費者コンサルタントに関する勉強や、社員教育に関する資格を取ったりもしました。そして20代半ばに、何もないところから会社をつくろうと、友達に手伝ってもらいながらボロアパートの一室からチャレンジを始めました。

お金というのは価値の交換材であり、自立した暮らしをするには、お金がなければ言いたいこともしたいこともできません。またボランティアでは食べていけないので、事業として存在しなければならないということから会社を設立しました。その時の会社の名前は「レディースボイス」、女性の声という意味です。

ソーシャルな活動へ
―女性の声を集めることから始める

こだわってきたのは、女性という性別ではなく、生活者という立場です。女性が男性と競争をするということではなく、自然と道が開かれればよいなと思っていました。女性と男性とで何が違うのかと考えると、子どもを産むか産まないかという肉体の違いしかありません。

暮らしを俯瞰して、"何が不便で何が必要か"ということに着目して、女性に何が不便でどういう物が欲しいのかというアンケート調査をしたところ、女性のいろいろな要望の声がありながらも、世の中の中心はすべて男性ということでした。これはいったい何なのかと考え始めたところから、"女性たちが声を出そう"というソーシャルな活動へと思いが至りました。

これからの取り組み
―人をつなげる人と共有空間のありよう

今の女性たちの動きとかをみますと、かなり自立していると思います。私はこれまで子育てのネットワークや、いろいろなコミュニティに密着してきましたが、これからはひとりがひとつだけではなく、幾つか複数のコミュニティに関わって暮らしていくのではないかと考えています。

ひとりひとりが自立する中で、自分は何がしたくて何が足りず、どういう人と組めばよくて、お互いに足りない点をどのように埋めていけばよいのかということを考えると、ひとりひとりが幾つかの趣味や地域の仲間で、互助の関係を

シェアハウスの共用空間（リビング）

澤登信子（さわのぼり のぶこ）
ソーシャル・マーケティング・プロデューサーとして、地域おこしや都市生活者と農村社会を結ぶ事業など、ヒューマンネットワークを基盤とした生活者・企業・行政の新しい関係をプロデュースする一方、自分自身の人生を総合的に計画できるセルフ・プロデュース・プログラム（SPP）の商品開発を手がけている。
『近未来の高齢化社会の住まいを考える調査研究』（1998年）、『等身大のライフエリアづくり』（1999年、㈶アーバンハウジング）、『見えてきた安心社会』（ゲイン㈱）、『コミュニティビジネス「市民起業」』（共著、㈱日本短波放送）、『経済効果を生む－環境まちづくり』（㈱ぎょうせい）

どうつくろうかと考えることが必要であって、これらは私の関心事でもあります。

社会の役に立つ小さな仕事、多少お金が介在する仕組みをつくり、コミュニティに根差すことをめざし、見える関係と気持ちの通じ合える関係性、新しい互助の関係や共有空間をつくらないといけないという気がしますので、縦糸と横糸を織りなしてつなげるような人が出てくればよいと思っています。

例えば、住まいであれば、ハードについてはみんなが評価をしますが、他方でソフトについては何もありません。しかしソフトである共用空間のあり様は非常に重要です。昔は家の中に居間やリビングがあって人がつながっていましたが、いまやテレビやパソコンにより分断されてつながらなくなってきました。だったら何をやればいいのかと考えますと、これからは共有空間の場とか、つなげる人とかをつくっていくことで、人がつながるのではないかと思います。

高齢者向けシェアハウスを自身で実験する

100年生きられる時代に自分も80代目前となりました。これからは最後のライフステージをどうしていくかということを、自分自身身近な

シェアハウスの玄関

ところで実験していこうと考えています。

具体的には、高齢者向けシェアハウス*での居住に向けた計画を進めています。今まで自由気ままに暮らしていたのですが、自分が高齢となった今、自分の身にも何が起こるかわかりません。もしものことを考えると、シニアの人にはシェアハウスが必要と考えています。ひとりで暮らすシニアの女性は多いのではないでしょうか、そういった方々への、"家族に代わる見守りの関係をつくりたい"と考えています。

最後にはそれをしたいと考えていたところ、戸建住宅を改修して高齢者のシェアハウスにするとの話が友人からあり、私も参加することにしました。新型コロナの影響で中断していますが、暮らせるだけの環境はもう既に整っています。

"本当の最期"の時は施設に入った方がよいのかといった課題もたくさんありますが、どういうルールをつくり、どのように運営したらよいのかなど、自分自身がモデルとなり取り組んでいくつもりでいます。

核家族が基本的な社会の基盤となって久しく、家庭は寄り添いながら生活する最小限単位のカタチでありますが、これが崩壊し、これからの暮らし方が問われています。そのような状況の中で、孤立化した人びとを支えるシステムが急務であり、これからの暮らしにおいては、互助の精神をベースに暮らし合える新しい関係が欠かせないと考えています。

（談）

住宅困窮者への
豊かな住環境の確保を支援する活動
多主体連携による住まいのセーフティネットの取り組み

キーワード　住宅確保要配慮者　居住支援法人　高齢被保護世帯向けサブリース事業

NPO法人南市岡地域活動協議会
松井 信一

設 立 年 月	2013（平成25）年2月
メンバー数	80名　（2021年4月現在）

広くさまざまな団体や行政などと連携を図り、安心安全に暮らせる、人に優しいまちづくりや地域の活性化を推進し、社会的弱者に対する日常生活や社会生活の総合的な支援を目的として活動している。
http://minamiichioka.ec-net.jp

住宅確保要配慮者へのサポート

　私たちの身近でも高齢者だけに限らず、障がい者、生活困窮者、外国人、児童養護施設※退所者、DV被害者やひとり親家庭など、さまざまな理由で民間賃貸住宅への入居が困難な社会的弱者（住宅確保要配慮者※）の救済が課題となっています。こうした方々が安心して自立した日常生活を送れるように、住まいの相談窓口「住みサポ」を設置しました。行政や関係支援機関などとも連携して住宅の紹介やあっせん、入居後の見守りなどの生活支援を行っています。

居住支援法人の指定を受けて

　私の本業は不動産管理業です。普段は直接お

図1　居住支援の活動範囲区

図2　居住支援事業の実施フロー図

客様と接する機会はありませんでしたが、2017（平成29）年に大阪市より住宅セーフティネット法*に基づき民間賃貸住宅への入居支援を行う「居住支援法人*」のお話をいただき、お困りの方がおられるならとの想いで登録申請を行いました。そして、2018（平成30）年1月に大阪府より居住支援法人の指定を受け現在に至ります。

　当協議会は大阪市港区長が唯一認定する団体で、港区役所、社会福祉協議会*、地域包括支援センター*等とも良好な関係にあり、新たな居住支援事業「住みサポ」の活動はスムーズに運ぶことができました。この事業が始まって間もなく、高齢・障害・求職者雇用支援機構が港区内に所有する集合住宅を民間企業に売却するにあたり、機構から入居者移転先のあっせん依頼を受けました。高齢者、障がい者、自閉症の方もおられるなか、約2年にわたる対応で無事紹介することができました。

　また、筋ジストロフィー症の方のご家族より、施設廃止に伴う住宅あっせんの相談を受け大変苦労した経験から、障がい者向けグループホーム*「グリーンハート南市岡」を2019（令和元）年3月に開設する運びとなりました。障がい者に対する家主や宅建業者の無理解を痛感した結果です。

豊かな住環境の確保を目的とした支援活動

　いま社会的弱者と呼ばれている方は多くなる一方です。私たちは、住まいの確保が自力ではできにくい方々に対し、豊かな住環境の確保を目的に次のような支援活動を行っています。

(1)「住みサポ」を通した居住支援活動

　社会的弱者など住宅確保要配慮者への民間賃貸住宅の円滑な入居と、入居後も安心して定住できる環境整備を図るため、南市岡会館などに貸主と要配慮者をつなぐ相談窓口「住みサポ」を常設運営しています。相談者は、双極性障がい（躁うつ病）のシングルマザー、療育手帳B1（知的障がい中程度）の保有者、盲ろう者で知的障がいのある方、難聴者、自閉症の方などさまざまです。

　相談者の方々は、今までお部屋探しで大変苦労されており、玄関払いに近い対応や物件資料さえもらえない経験から不安な表情でしたが、私たちは最初に「絶対お部屋は探します」と言います。その代わり尋ねることについて正直に話していただきたいとお願いします。それは、緊急連絡先を把握し、連帯保証人を引き受ける場合もあるからです。

　約3年半が経過しましたが、相談件数は80件を超え、あっせん件数は30件になります。これらの実績が評価され、港区役所支援課をはじめ、民間の居宅介護支援事業所や介護支援センターからの紹介も増えています。先日は大阪地方検察庁再犯防止対策室からの紹介もありました。

(2) あっせん入居後の見守り生活支援活動

　相談者の部屋が決まり契約する際の安堵の表情と「本当に良かった」との感謝の言葉が活動の糧となっています。ご縁は、入居後の定期訪問や定期連絡などの生活支援に続いていきます。最近では「住みサポ」相談者や地域の高齢者支援として、コロナワクチン集団接種のネット予約代行と、地域ボランティアの協力を得て接種会場への送迎を行いました。予約代行52名、送迎は最高齢102歳から68歳までの72名です。

(3) 住宅確保を図るサブリース事業

　高齢者などの社会的弱者には、さまざなな理由で自力では契約行為ができない方が少なくあ

地域見守り活動：ふれあい広場朝市

地域見守り活動：子育てサロン

希望賃貸物件へ相談者を案内

りません。電気やガスの安全な取り扱いができない、認知症で徘徊の恐れがある、亡くなった場合の残置物処理の問題などの理由で賃貸契約で求められる家賃保証会社の審査に通り難い現実があり、こうした理由で貸主から入居を断られるケースが多いのです。貸主や管理会社が不安を感じる高齢者の住宅あっせんには、借り上げた住宅を転貸するサブリース＊でないと対処できないのが現状です。また相談で多いのが、独居高齢者の古いアパートが台風災害などで壊れ、それを機会に家主から退去を求めてくるケースでした。こうした不利益な境遇にある人たちの声が、公に届かない実情があります。

　私たちは、大阪市港区長に住宅確保が困難な高齢被保護世帯を対象としたサブリース事業の認可について直接理解を求め、2019（令和元）年、同区と公民連携＊に関する協定を結びました。港区の認定により、住宅困窮者の家賃納付等を当協議会が代行することで、貧困層を標的にさまざまな手口で金を稼ぐ貧困ビジネス＊の参入を防ぐ役割を果たしています。住みサポに来られる相談者の大半は、保証人がおられません。これからもサブリースでの弱者救済を図る必要があります。

（4）児童養護施設退所者への居住支援・就業支援

　児童養護施設では18歳で施設からの退所が義務付けられ、退所後は自活しなければならない厳しい現実が待っています。住まいの安定は、生きる力を育みます。まずは安心安全に暮らせる住環境の確保を図り、親権者のいない退所者への身元保証など、将来のある子どもたちが当惑せず自立できるよう支援することにしました。

　また、高校卒業後に就職した4人にひとりは

離職すると聞き、施設在籍中の就業体験で自身に合った仕事や技術を自覚する機会を考えました。幸いに私が、公益社団法人大阪市工業会理事、一般社団法人港産業会会長、港区産業推進協議会会長を歴任しており、この立場を通じて各企業に子どもたちの受け入れのお願いをしています。

多様な主体が連携しやすい環境づくり

　成果としては、高齢者や障がい者を地域で支えることにより、社会的弱者への理解が広がり、地域力がより厚くなりました。その結果、住宅確保要配慮者への入居後の見守りネットワークを地域団体と連携して行い、さまざな行事やサービスに参加できるモデルづくりが可能となりつつあります。

　一方課題では、相談者の大半は保証人がなく緊急連絡先も確保できない状態で、入居あっせん時の大きな障壁となっています。当協議会では保証人引き受けはしますが、第三者保証の場合、親族の緊急連絡先を求めており、賃貸保証会社の対応が課題です。その点で行政の力を借りる必要性を強く感じています。

　最近では、車椅子利用者の相談が増えており、車椅子対応のマンションの物件が足りません。マンション玄関の段差、オートロック解除位置の高さ、玄関での車椅子収容スペースの確保などが課題となっています。室内ではトイレの狭さも問題です。

　社会的弱者への豊かな住環境の確保を図るためには、住宅の質が今後大きな課題となります。私は、目標を共有して、多様な主体が連携をしやすい環境づくりを行うことが必須と考えます。

自治会・町内会の延長としての
コミュニティに基づいた居住支援

大月　敏雄

　いま全国で「居住支援」を合言葉として、福祉業界のプレイヤーと建築・不動産業界のプレイヤーが連携しながら、多様な属性を持つ多様な人びとの住まいを適切に確保するための活動を全国で展開しつつある。

　福祉業界の中には、事情を持つひとりひとりの人間に寄り添いながら、一緒に課題解決の道筋を模索し、相談に乗り、行政窓口に付いて行ったり、手続きを手伝ってあげたり、必要なケアを提供したりすることは日常茶飯事であり、その日常茶飯事の中の一場面に過ぎない「次の住まいの確保」だけをとり上げて議論するのはいかがなものか、という意見をお持ちの方もいらっしゃる。

　また逆に、建築・不動産業界の中には、住まいを必要とする方に必要な住まいがいつでも提供できるように、日頃から賃貸住宅オーナーに挨拶し、地域のニーズを把握しながら適切に対応することがいかにタイミングを要し、ハードルの高い仕事であり、需要と供給のバランスの中で事業継続するのが精一杯であり、入居予定の方のお金や体や心の事情までは手を出せないことを感じておられる方も多い。

　ところが、今求められている居住支援では、一定の地域空間の中で、福祉と不動産という、これまでほぼ接点のなかった領域の重なりが求められている。

　実は、このNPO南市岡地域活動協議会は、この重なり合わせが地域的文脈の中でごく自然に達成されているところがポイントである。そもそも大阪市のコミュニティ政策に基づいて、地域活動協議会というかたちで既存の町内会自治会の活動が再編されているのだが、ここをベースにするからこそ、福祉のプロパーや、建築・不動産のプロパーという形での登場ではなく、「隣人」という形で、居住支援の場面に登場してくるというのが、次世代の居住支援のモデルのひとつとなる点である。

　ここで居住支援の先頭を走っている松井さんご自身は、かつては地元で不動産業に携われていた蓄積があり、リタイヤ後は地域活動協議会の延長として、とうとうご自身が経営なさるアパートで、障がい者向けグループホーム「グリーンハート南市岡」を立ち上げられた。こうしたロールモデルを、全国展開できるかどうかが、居住支援の課題だろう。

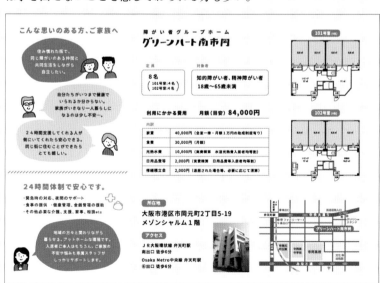

図3　グリーンハート南市岡の概要

地域見守り活動：コロナワクチン集団接種会場へ高齢者を送迎

連携機関情報共有会の会議風景

住居を失いホームレス状態となった
生活困窮者への居住支援
住まいの確保と生活再建に向けたセーフティネット活動

キーワード　住宅セーフティネット※　シェルター（一時的な住まい）　ソーシャルアクション（社会への働きかけ）

NPO法人ほっとプラス
平田 真基

設 立 年 月　2011（平成23）年5月
メンバー数　157名　（2021年4月現在）

福祉による地域の貧困問題の解消と、市民が住みよいまちづくりをめざして、ホームレスや生活困窮状態にある人に対して、一時的な住まいの提供や日常生活に関する支援事業を行っている。
https://www.facebook.com/hotplus2011/

ホームレスや路上生活者への居住支援活動

　私たち「NPO法人ほっとプラス」は、ホームレス状態にある方、住まいを失ってしまった方、そして今後住まいを失う恐れのある方への居住支援活動を行っています。電話やメール、路上巡回を通じて住まいや生活に関する相談を受け、希望に応じて法人で借り上げているシェルター（一時的な住まい）の提供をしています。その後の生活再建に向け、行政機関や不動産屋、医療機関等と連携して生活保護制度等の各種福祉制度の案内、体調管理や金銭管理等の生活支援、継続して住めるアパート探しを一緒に行っています。

継続した支援をめざして

　団体創設者の藤田孝典は、道端で50代の「おっちゃん」と知り合いました。その方は銀行の支店長をしていたものの、うつ病によって路上で生活せざるを得なくなっていました。おっちゃんと話すうちに「何故このような境遇だった人が路上に寝ているのだろう？」とホームレス問題に興味・関心を持ち始めました。この「おっちゃん」のような人を助けられる仕事がしたいと、本腰を入れてホームレス支援の活動を始めるために、団体を立ち上げました。

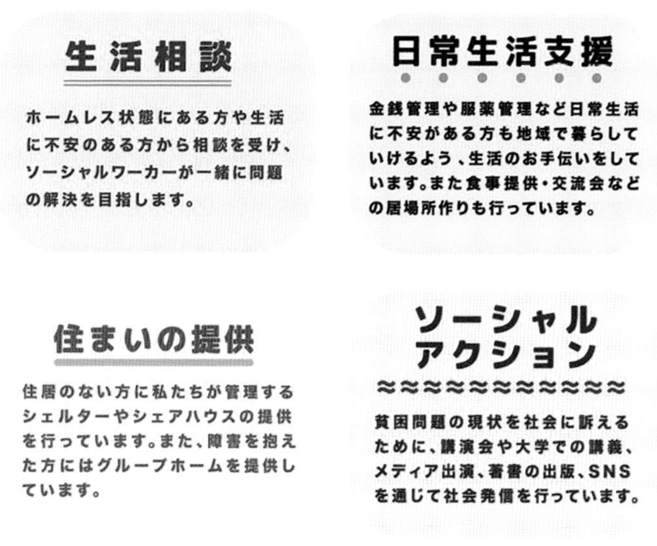

　活動を続けるなかで、福祉制度（生活保護制度等）につながったり、アパートに住めるようになっても、必要な支援を受けられず、再び路上に戻ってきてしまう人と多く遭遇しました。「長く関わる形態での支援」や「住居を確保した後も寄り添う支援」の必要性を痛感して、シェルター運営を基盤とし、その後も継続して支援ができるような活動を始めました。

個々の状況に応じた居住支援

(1) 路上での相談支援活動（夜回り活動）

　さいたま市内および川口市での夜回り活動を実施しています。体調面のケア（体温や血圧の測定、市販薬の提供等）、活用できる福祉制度の案内（生活保護制度等）、食糧やテレホンカード等の配布を行い、路上でホームレス生活を余儀なくされている人たちの所を訪問し、相談を受けています。

　この活動にはわれわれほっとプラスのスタッフの他、貧困問題に理解のある弁護士や司法書士等の法律家、看護師、学生ボランティア、地域住民等も参加しており、多様な視点での声掛けやその後のサポートを行っています。この夜回り活動は「アウトリーチ*」といい、相談員が相談者（ホームレス状態の人たち）のいるところへ直接出向いて、支援活動を行っていること

がポイントです。ホームレス状態の人の中には情報弱者が多く、相談先を知らなかったり、連絡や移動手段がなく相談に出向けないこともあるため、われわれとしては路上に出向いて相談を受ける支援活動を特に大事にして活動を継続しています。

(2) 住まいの確保と生活の安定

　さまざまな相談を受けるなかで、住まいの支援を希望される人に関しては、当法人が所有しているシェルター（一時的な住まい）を見てもらい、入居を希望された場合は入居の手続きを進めていきます。敷金や礼金、保証人等は不要としており、家賃に関しては自治体が定める生活保護における住宅扶助費*の基準額をいただいて入居してもらいます。ホームレス状態の人に関しては、所持金がわずかという状況で、収入の目途がすぐに立たないことが多いので、各種

生活相談

ホームレス状態にある方や生活に不安のある方から相談を受け、ソーシャルワーカーが一緒に問題の解決を目指します。

日常生活支援

金銭管理や服薬管理など日常生活に不安がある方も地域で暮らしていけるよう、生活のお手伝いをしています。また食事提供・交流会などの居場所作りも行っています。

住まいの提供

住居のない方に私たちが管理するシェルターやシェアハウスの提供を行っています。また、障害を抱えた方にはグループホームを提供しています。

ソーシャルアクション

貧困問題の現状を社会に訴えるために、講演会や大学での講義、メディア出演、著書の出版、SNSを通じて社会発信を行っています。

図1　活動概要図

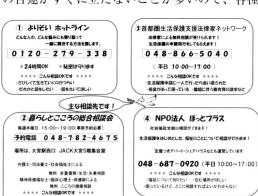

図2　相談先チラシ

相談を受けている様子　　　　　夜回りの様子　　　　　　　　　夜回りの様子

福祉制度（生活保護制度等）の説明を行った上で、制度の利用をサポートしています。われわれとしては、まずは安心して暮らせる住まいを提供することを第一に考え、住まいの支援を土台として体調面や生活面の安定をはかるサポートを行い、そこからひとりひとりに合わせた生活再建を行っていけるような支援体制を取っています。「支援」といっても行うサポートは人それぞれで、体調面のケアが必要な方に関しては病院への受診をサポート、体調面は特に問題なく就労が可能な方についてはハローワーク等と連携した仕事探しをサポート、障がいが疑われる方に関しては障がい福祉サービスの利用を検討するサポート等、その人の状況や希望に合わせた支援を行っています。

(3) 一般のアパートへの転居サポート

　当法人のシェルターはあくまでも「一時的な住まい」として提供しているため、生活状況が整い転居ができる体制が整ったら、一般のアパートへ移る準備を進めていきます。住まい探しにあたっては、物件の確保、連帯保証人または緊急連絡先、入居費用の準備などの多くのハードルがありますが、不動産屋や行政機関と連携しながら、長く安心して住める住居を一緒に探していくようにしています。緊急連絡先に関しては極力親族や知人になってもらうようにお願いをしていますが、どうしてもなり手がない場合は、当法人で受けるようなサポートも行っています。転居後に関しては、今までと同じ頻度での訪問やサポートはできなくなりますが、その後も孤立しないように定期的に当法人が主催するイベントや食事会への参加を案内したり、電話や家庭訪問を通じて関係性を継続す

るようにしています。

活動資金の確保と社会的要因の把握

　団体設立後、年間約300〜500件の生活相談、うち年間約50人程度の住まいの支援を行い生活再建のサポートを行ってきましたが、コロナ禍の影響もあり相談に来られる方の人数は増加しています。寮付きの仕事に就いていたが、仕事がなくなり住まいも同時に失った方、福祉制度の申請方法がわからず困っている方、孤立が深まり不安が募った方からの相談が絶えません。活動資金においても大きな課題があり、相談件数は増えるものの、相談者からは費用をいただくことが難しいため、運営を継続していくためには寄付や助成金に頼らざるを得ない状況が続いています。そのためクラウドファンディング*の実施や、団体紹介出版物等を通じて、より多くの方に活動への理解と協力を訴えていくことも大事にしていきたいと考えています。

　「ホームレス」という言葉を聞いて、良いイメージを持つ人はいないと思います。私自身この仕事に携わる前までは自然と避けて通っており、無意識のうちに偏見の目で見ていました。しかし、支援活動に携わるようになって、本人には解決することが困難な社会的な要因や背景があることを知り、ちょっとした配慮やサポートがあることでその人らしい生活を取り戻すことができるケースを多く見てきました。地域のさまざまな専門機関と連携して、ホームレス状態に陥らないような取り組み、今現在ホームレス状態の方がひとりでも安定した居住環境を取り戻せるようなサポートを行っていけたらと思っています。

究極の住宅セーフティネット

板垣 勝彦

H&C財団の主な活動は、その名のとおり、住まいとコミュニティ（まちづくり）の環境向上に対する支援にあります。その視点でみると、ホームレスの人たちへの支援という「ほっとプラス」の活動は、極限的な内容といえるでしょう。

「住まい」がなければ実際上定職に就くことは難しく、生活保護や年金受給のためにも安定した居所が必要です。そうした人びとを再び「住まい」と「コミュニティ」の世界へと戻ってもらうために、宿所（シェルター）の提供や就労・住まい探しなどの日常生活支援を行うのが、ほっとプラスの主な活動になります。

さいたま市見沼区にある活動拠点のアパートへと伺ったのは、2019年10月のことでした。このアパートは地元の不動産会社の協力を得て、1棟20万円／月で借り上げたもので、2階の3部屋をシェルターとして提供しているとのことでした。

案内してくださったのは30代のスタッフ2名と、60代のスタッフ1名でした。60代のスタッフの方は、もともと百貨店に勤務されていたのが、さまざまな理由で路上生活者となり、ほっとプラスの相談支援活動（アウトリーチ）に救われたという経験をお持ちということで、ホームレス状態に陥る可能性は誰にでもあり、ほっとプラスへの恩返しも兼ねて、「支援される側」から「支援する側」へと回る決心をされたという話が非常に印象的でした。2階の部屋は質素でしたが、入居者の方は路上生活とは比べようもないと感謝を口にされていました。

住まいとコミュニティに関する活動を維持・向上させていくためには、素人と専門家の間を「取り持ち」「つなぐ」モデレーター*の役割が重要です。ほっとプラスは、ホームレスの方々と福祉、医療、法律などの専門家ないし不動産業者との間をまさに「取り持ち」「つなぐ」モデレーターの役割を果たしています。

シェルター内部の様子

しかし、生活保護費の相当部分を徴収する悪質な「貧困ビジネス*」とは異なるため、事業の採算性は課題です。活動の原資は寄付や助成金（行政・民間）、そしてグループホーム*の運営などで賄っているそうですが、活動を継続していく一定の資金源を確保することが引き続き課題となるでしょう。

ほっとプラスのスタッフ

夜回り活動の集合写真

活動助成一覧

「住まいとコミュニティづくり活動助成」は、H&C財団の自主事業として、1993（平成5）年から開始した助成プログラムで、市民の自発的な住まいづくりやコミュニティの創出、そして地域づくり活動を一貫して支援してきました。助成対象団体は、選考基準を公開して毎年全国から公募し、選考委員会で決定しています。30年間（29回）にわたる助成件数は、延べ440件にのぼります。

14件

1件

3件 8件

7件

8件

28件 4件

7件 5件 5件 3件

2件 11件 12件

5件 5件 82件

2件 21件 3件 21件 12件

3件 14件 5件 21件 12件

3件 5件 11件 4件

2件 24件 7件

9件 1件 8件

3件 7件 3件

5件

10件

5件

3件

9件

「住まいとコミュニティづくり活動助成」への都道府県別支援実績
1993（平成5）年度～2021（令和3）年度

※上記記載のほか活動対象が全国に及んでいる助成件数が2件あります。
※徳島県と佐賀県については、助成実績がないため地図上の件数が空欄になっています。

■活動助成一覧の見方

　活動助成一覧は、年度ごとの助成対象団体を都道府県番号順に記載しており、記載内容は以下の通りです。

- ・ 助成年度
- ・ QRコード：財団のホームページ上の年度ごとの助成報告書（住まいとコミュニティづくり活動助成）の掲載頁にリンクしています。2006（平成18）～2010（平成22）年度に実施した特別助成は、2年継続のプログラムのため、ホームページ上の掲載頁は2年目になります。
- ・ 助成時の団体名
　団体名の後ろの＊は、2回目以降の助成回数を示します。
- ・［活動対象地域］
- ・ 助成時の活動テーマ
- ・ 活動のキーワード（下記 ③ 参照）

　また、各頁上部には当該年度の主な助成対象団体の活動写真を、下部には当該年の社会的な出来事を掲載しています。

■アンケート

　一覧を作成するにあたり、助成対象団体を対象としてアンケートを実施しました。

【アンケート概要】
- ・ 対象：1993（平成5）年度から2021（令和3）年度の助成対象団体
- ・ 実施期間：2021年10月26日～11月12日
- ・ 依頼の方法：郵送で依頼しWeb回答
- ・ 発送数：345件（うち80件宛名不明で返送）　回収数：125件
- ・ 質問項目
　①団体情報
　　団体名、代表者名、団体住所、メールアドレス、URL、SNS、回答者氏名と連絡先
　②現在の活動状況について
　　活動継続／活動休止・解散／他の活動に発展的解消／その他
　③現在の活動を表すキーワードについて（当てはまるものを最大3つまで選択）

歴史的建造物	空き家・空き室・空き店舗	コーポラティブ住宅
コミュニティビジネス・ソーシャルビジネス	災害復興	多文化共生
地域固有の資源（町家・古民家等）	リフォーム・リノベーション	移住・定住
福祉のまちづくり	まち歩きなどイベント	公民連携
町並み・景観	マンション管理	過疎集落
居住支援・住まいのセーフティネット	マップづくりなど情報発信	自然・環境
まちづくりルール	団地再生	密集市街地
安心安全・防犯	観光まちづくり	商店街
居場所・拠点	シェアハウス	その他
防災	多世代交流	

　④現在の活動経費の調達手段について
　　会費／寄付／事業収入／助成金・補助金／クラウドファンディング／その他
　⑤他団体との交流について
　　地域内外活動団体／自治会・町内会／商工会議所・青年会議所等／専門家グループ／行政／大学等研究機関／小中高等の教育機関／企業／特になし
　⑥今後展開を予定している（したい）活動を表すキーワードについて
　　（当てはまるものを最大3つまで選択　選択肢は③と同じ項目）

1回
1993（平成5）年度
M（もやい）ポート

2回
1994年（平成6）年度
建築協定をきっかけとする
街並づくり支援ハウス

 1993（平成5）年度

「花と緑のまちづくりを女性庭師の手で」委員会 [茨城県つくば市]
「花と緑のまちづくりを女性庭師の手で」地域の女性たちが、女性庭師チームをつくり、地域の公共の緑を育て、守っていく試み
#町並み・景観 #花と緑のまちづくり

谷中学校 [東京都台東区]
谷中の育て方―住民と専門家が共同で谷中の住まいや町並み等の住環境・生活文化の良いところを発見し、これからの谷中のまちや住まいづくり、暮らしに活かしていく方法を開発、実践する
#地域固有の資源 #マップづくりなど情報発信 #コミュニティの継承

玉川まちづくりハウス [東京都世田谷区]
アーバンハズバンダリーのまちづくりを目指して―耕すようにまちを育てよう―
#まちづくりルール #福祉のまちづくり #安心安全・防犯

建築協定をきっかけとする街並づくり支援ハウス [東京都世田谷区]
住民自身の手による住環境創造の指標づくり（建築協定地域をベースにして）
#まちづくりルール #福祉のまちづくり #安心安全・防犯

玉川学園地域を考える住民懇談会 [東京都町田市]
新しいセクターである「住民懇談会」を中心とした持続的まちづくり
#町並み・景観 #地域固有の資源（坂道等）

まちの歴史―おじいちゃんおばあちゃんの育てたまちーをまとめる会 [愛知県名古屋市]
緑豊かな環境を自覚し、保護し、住みやすいまちづくりに貢献する
#まちづくりルール #自然・環境

聚邑都文化研究会 [兵庫県神戸市]
環境にやさしい住まいの研究―茅葺屋根の再評価と環境デザイン
#地域固有の資源 #都市と農村の連携 #まち歩きなどイベント

大和における木の生活文化再生システム研究会 [奈良県大和郡山市]
大和における木の生活文化再生システム構築の研究―伝統的町家、民家の保全・修復―
#地域固有の資源 #リニューアル事例調査 #町並み・景観

M（もやい）ポート [熊本県熊本市]
心を合わせて生活の夢を分かち合う「もやい方式」による住まい・コミュニティづくりの提案と実践
#居場所・拠点 #コーポラティブ住宅 #自然・環境

 1994（平成6）年度

函館からトラスト事務局 [北海道函館市]
函館西部地区における「まちづくり公益信託」の展開
#基金運営 #町並み・景観 #情報発信

つくばエコ・ビレッジ研究会 [茨城県つくば市]
環境共生型居住形態の実現を目指した研究・実践活動
#まち歩きなどイベント #自然・環境 #エコビレッジ

「花と緑のまちづくりを女性庭師の手で」委員会** [茨城県つくば市]
「花と緑のまちづくりを女性庭師の手で」―花と緑のまちづくりセンター設立の試み―
#町並み・景観 #花と緑のまちづくり

高麗の郷エコミュージアム研究会 [埼玉県日高市・飯能市]
こまミュージアム創りによる遊び環境と生活文化の創造
#まち歩きなどイベント #独楽による地域づくり

青山を研究する会 [東京都港区]
暮らしと自然がある〈ヒューマン・スケール〉のまちづくり
#町並み・景観 #情報発信

建築協定をきっかけとする街並づくり支援ハウス** [東京都世田谷区]
住環境指標を活かした新たな住民合意形成の展開と実践
#町並み・景観 #まちづくりルール #空き家・空き店舗

福祉マンション研究会 [神奈川県横浜市]
高齢化社会における新しい形のコミュニティの創設
#マンション管理 #居住支援・セーフティネット

逗子ハイランド一歩の会 [神奈川県逗子市]
放置山林を高齢者の生き甲斐づくりに生かす活動
#自然・環境 #安心安全・防犯

萩ノ島わらじ会 [新潟県柏崎市]
萩ノ島かやぶき家環状集落の紹介、保全および活用
#地域固有の資源 #まち歩きなどイベント #町並み・景観

ライフケア研究会 [兵庫県神戸市]
ボランティアの活動拠点を持つ生涯住宅の建設活動
#サービス付き住宅

 1995（平成7）年度

函館からトラスト事務局** [北海道函館市]
「函館型まちづくり公益信託」の確立をめざして
#基金運営 #町並み・景観 #情報発信

萩ノ島わらじ会** [新潟県柏崎市]
萩ノ島茅葺環状集落の紹介・保全、茅葺ネットづくり
#地域固有の資源 #まち歩きなどイベント #町並み・景観

つくば方式による家づくりの会 [茨城県つくば市]
利用権型コーポラティブハウジングの実践
#コーポラティブ住宅 #スケルトン定借住宅

つくばエコ・ビレッジ研究会** [茨城県つくば市]
環境共生型居住形態の実現をめざした研究・実践活動
#まち歩きなどイベント #自然・環境 #エコビレッジ

ふるさとの会 [東京都荒川区・台東区]
路上生活者（ホームレス）に対する生活相談・支援と居住保証
#福祉のまちづくり #居住支援・セーフティネット

集合住宅デザインハウス [東京都区部]
若手プランナー助手による集合住宅更新の実践活動
#団地再生 #情報発信

知恵袋Doppoの会 [東京都武蔵野市]
居住者と専門家のチエでつくるマンション長生きプラン
#マンション管理 #まち歩きなどイベント #住まいのカルテづくり

1993 環境基本法、行政手続法公布
皇太子さま（徳仁親王）と小和田雅子さまご成婚
1994 関西国際空港が開港

1995 高齢社会対策基本法公布
建築物の耐震改修の促進に関する法律公布
阪神・淡路大震災発生、大勢のボランティアが復興
にかけつける
地下鉄サリン事件が発生

3回
1995年（平成7）年度
博多部共同研究会

4回
1996（平成8）年度
津屋崎町街並み保存協議会

福祉マンション研究会** ［神奈川県横浜市］
高齢化社会における新しい形のコミュニティの創設
#マンション管理 #居住支援・セーフティネット

蛇沼八の会 ［長野県飯田市］
「農」をベースとした"まち"と"むら"の交流
#都市と農村の連携 #過疎集落 #空き家・空き店舗

住環境フォーラム京都 ［京都府京都市］
町内型共同住宅の設計、建設—高齢者から若年世帯までが共生
できる、地域に根づいたコミュニティづくり—
#多世代交流 #福祉のまちづくり #サービス付き住宅

女性と住宅研究会 ［大阪府吹田市］
女性と高齢者の自立をサポートする住まいづくり
#コーポラティブ住宅

大塚を楽しくする会 ［島根県安来市］
人の集うまちを取戻す
#まち歩きなどイベント #居場所・拠点 #空き家

住民参加の住まいづくり協議会 ［広島県広島市］
住民参加による自然丘陵地を生かした住まいづくり
#コーポラティブ住宅

博多部共同研究会 ［福岡県福岡市］
住民とまちづくり学校による博多まちづくり憲章づくり
#まちづくりルール #多世代交流

バリアフリーデザイン研究会 ［熊本県富合町］
体験宿泊型 ADL 住宅は地域に根ざした「住まいの玉手箱」
#福祉のまちづくり #居住支援・セーフティネット #障がい者等に
やさしい公共交通機関

ALCC ［全国］
ALCC ビジュアル・フォーラムに向けて AV 資料作製
#コレクティブハウス #情報発信

（4回） **1996（平成8）年度**

つくば方式による家づくりの会** ［茨城県つくば市］
利用権型コーポラティブハウジングの実践
#コーポラティブ住宅 #スケルトン定借住宅

谷中学校** ［東京都台東区］
まちづくり冊子「谷中すご六すまい編」「花暦編」作成・活用
#地域固有の資源 #マップづくりなど情報発信 #コミュニティの継承

ふるさとの会** ［東京都台東区、荒川区］
高齢路上生活者自立支援センターの運営と維持
#福祉のまちづくり #居住支援・セーフティネット

愉快な住まいの会 ［東京都世田谷区］
都心居住方策としてのコーポラティブ住宅における意志決定方
策について
#コーポラティブ住宅

新しい都市型集合住宅を作る会 ［東京都世田谷区］
都市・街への作法ある蓄積されていく集合住宅作り
#コーポラティブ住宅

知恵袋Doppoの会** ［東京都武蔵野市］
居住者によるマンション長生きプランと手引き書づくり
#マンション管理 #まち歩きなどイベント #住まいのカルテづくり

蛇沼八の会** ［長野県飯田市］
「農」をベースとした"まち"と"むら"の交流
#都市と農村の連携 #過疎集落 #空き家・空き店舗

京路地再生研究会 ［京都府京都市］
京路地空間の特性を生かす共同住宅づくりの実験
#路地型共同住宅 #町並み・景観

神戸生涯住宅研究会** ［兵庫県神戸市］
ボランティアの活動拠点を持つ生涯住宅の建設活動
#サービス付き住宅

芦屋市民街づくり連絡会 ［兵庫県芦屋市］
民間主導参画型まちづくり活動拠点開設のための活動
#居場所・拠点 #情報発信 #災害復興

津屋崎町街並み保存協議会 ［福岡県津屋崎町］
地域の活性化によるコミュニティと街並みの再生
#歴史的建造物 #地域固有の資源 #自然・環境

島原復興青年会議 ［長崎県島原市］
「島原湧水・水屋敷トラスト」をめざして…復興へ
#地域固有の資源 #情報発信 #自然・環境

熊本「もやい住宅の会」** ［熊本県熊本市］
生活の夢を分かち合う「賃貸もやい住宅」をつくろう！
#居場所・拠点 #コーポラティブ住宅 #自然・環境

バリアフリーデザイン研究会** ［熊本県富合町］
ADL（体験宿泊型）住宅で、「自分の暮らし方発見」
#空き家・空き店舗 #商店街 #観光まちづくり

沖縄県建築士会那覇西支部まちづくり研究会 ［沖縄県那覇市］
那覇「ウキ・ウキ・ウキシマ大作戦」
#福祉のまちづくり #居住支援・セーフティネット #障がい者等に
やさしい公共交通機関

ALCC** ［全国］
ビジュアルフォーラム開催とセミナー、活動記録書作成
#コレクティブハウス #情報発信

（5回） **1997（平成9）年度**

古民家愛好協会 ［岩手県浄法寺町］
Twinかやぶきアートスペース＆かやぶき演芸館
#地域固有の資源 #居場所・拠点 #多世代交流

環境と共生のまち＝早稲田 いのちのまちづくり実行委員会
［東京都新宿区］

環境と共生のまち＝早稲田 いのちのまちづくり
#商店街 #まち歩きなどイベント #多世代交流

文京たてもの応援団 ［東京都文京区］
文京区の歴史的建物を町づくりの核として保存活用する
#歴史的建造物 #情報発信

愉快な住まいの会** ［東京都世田谷区］
都心居住方策としてのコーポラティブ住宅における意志決定方
策について その2
#コーポラティブ住宅

深沢びおとーぷを育む会 ［東京都世田谷区］
公的団地建て替え後のコミュニティと団地環境の育成
#団地再生 #多世代交流 #自然・環境

1996 公営住宅法の一部を改正（借り上げ方式の導入と福祉
行政との連携の強化）

1997 介護保険法公布
消費税率が5％に引き上げ
地球温暖化防止京都会議開催「京都議定書」を採択

5回
1997（平成9）年度
やまさか暮らし研究会

6回
1998（平成10）年度
壷屋の通りを考える会

多摩サロン大学　　　　　　　　　　　　［東京都多摩市］
実験都市「多摩」は住みよい街？バリアフリーの見地から
#福祉のまちづくり #バリアフリーマップづくり

くらしとすまいのネットワーク研究会　　　［首都圏全域］
入居者参加のくらしとすまいの支援ネットワーク
#住まいづくりの支援

大渕・アデックとその仲間達の手仕事　　　［関東地方］
消えゆく街並み、解体する建物のイラストによる記録
#町並み・景観

並木第1住宅管理組合修繕委員会　　　［神奈川県横浜市］
高齢化社会に向かう集合住宅の未来像を探る
#団地再生 #長期修繕計画等のアンケート調査

相国寺コーポ建設組合　　　　　　　　　［京都府京都市］
京都・まちなかの借地型コーポラティブハウスづくり
#居場所・拠点 #マンション管理 #コーポラティブ住宅

緋扇の会　　　　　　　　　　　　　　　［京都府京都市］
住まい手の生活を生かした京町家の再生
#地域固有の資源 #まち歩きなどイベント

SHIMANTO PROJECT　　　　　　　　［大阪府大阪市］
シマントプロジェクト—賃貸コレクティブハウジング構想
#コレクティブハウス #まち歩きなどイベント

芦屋市民街づくり連絡会 **　　　　　　　［兵庫県芦屋市］
民間主導参画型まちづくり活動拠点の運営
#居場所・拠点 #情報発信 #災害復興

津山・城西まるごと博物館研究会　　　　［岡山県津山市］
都市型エコミュージアムの実現をめざした研究・実践活動
#町並み・景観 #まち歩きなどイベント

やまさか暮らし研究会　　　　　　　　［福岡県北九州市］
「やまさかコミュニティ」の高齢者居住支援活動
#多世代交流 #地域固有の資源 #まち歩きなどイベント

津屋崎町町並み保存協議会 **　　　　　［福岡県津屋崎町］
町内回遊路を活用しまちの活性化とコミュニティの再生
#歴史的建造物 #地域固有の資源 #自然・環境

島原復興青年会議 **　　　　　　　　　［長崎県島原市］
「島原湧水・水屋敷トラスト」をめざして…復興へ
#地域固有の資源 #情報発信 #自然・環境

⑥回　　1998（平成10）年度

あいの里コーポラティブ住宅建設組合　　［北海道札幌市］
戸建コープ住宅の共用空間の人間—環境系デザイン
#コーポラティブ住宅

桐生からくり人形研究会　　　　　　　　［群馬県桐生市］
街全体博物館収蔵品としての「からくり人形芝居」復元
#からくり人形 #まち歩きなどイベント

浦安「まちづくりブック」をつくる会　　　［千葉県浦安市］
浦安「まちづくりブック」の制作活動
#まちづくりブック #教育機関でのブック試用

芝浦・協働会館を活かす会　　　　　　　［東京都港区］
芝浦・協働会館をとりまく歴史を活かしたまちづくり
#歴史的建造物 #まち歩きなどイベント #情報発信

まち居住研究会　　　　　　　　　　　　［東京都新宿区］
国際化に向けた共住のためのルール・システムづくり
#多文化共生 #外国人居住

多摩市福祉マップを作る会　　　　　　　［東京都多摩市］
思いやりの心が通う街をめざした福祉マップづくり
#福祉のまちづくり #バリアフリーマップづくり

保土ヶ谷宿400倶楽部　　　　　　　　［神奈川県横浜市］
昭和初期の横浜の文化住宅の調査とミニ博物館づくり
#町並み・景観 #地域固有の資源

「身近な環境と子どもたち」を考える会　　［石川県金沢市］
親子でバリアフリーのまちづくりを考える〜富樫地区デイサー
ビスセンターとの連携〜
#まちづくりルール #まち歩きなどイベント #まちづくり教育

一粒の会　　　　　　　　　　　　　　［滋賀県近江八幡市］
ヴォーリズ建築旧八幡郵便局舎保存再生運動
#歴史的建造物 #まち歩きなどイベント

相国寺コーポ建設組合 **　　　　　　　［京都府京都市］
京都・まちなかの借地型コーポラティブハウスづくり(2)
#居場所・拠点 #マンション管理 #コーポラティブ住宅

SHIMANTO PROJECT **　　　　　　［大阪府大阪市］
シマントプロジェクト—賃貸コレクティブハウジング構想
#コレクティブハウス #まち歩きなどイベント

西成まちづくり大学　　　　　　　　　　［大阪府大阪市］
下町コミュニティを生かした「生活混在」型の街づくり
#住環境改善 #路地空間の利用調査 #防災

美しいむらづくりの会　　　　　　　　　［兵庫県柏原町］
丹波の我が村を都市と農村のふれあえる美しい地域に
#自然・環境 #治山事業

津山・城西まるごと博物館研究会 **　　　［岡山県津山市］
都市型エコミュージアムの実現をめざした研究・実践活動
#町並み・景観 #まち歩きなどイベント

ふくおかenネット21　　　　　　　　　［福岡県福岡市］
1人1人が自由な発想で参画できる創造的住まいづくり
#コーポラティブ住宅

壷屋の通りを考える会　　　　　　　　　［沖縄県那覇市］
壷屋やちむん通り街並みづくりの実験パート2
#町並み・景観 #ファサードの修景

アカンサス　　　　　　　　　　　　　　［青森県弘前市］
「弘前市茂森町」の参加型まちづくり
#町並み・景観 #中間支援組織

⑦回　　1999（平成11）年度

高齢者の庭づくり研究会　　　　　　　　［北海道旭川市］
Accessibleガーデンによる共生の街づくり
#自然・環境 #居場所・拠点 #町並み・景観

八木山松並木を語る会　　　　　　　　　［宮城県仙台市］
仙台市八木山松並木の保全・整備
#町並み・景観 #まち歩きなどイベント #自然・環境

同潤会鶯谷アパート借家人組合　　　　　［東京都荒川区］
居住者による同潤会鶯谷アパートの記録保存の活動
#建替え・保存活動の記録づくり #地域固有の資源

1998 特定非営利活動促進法公布（NPO法人制度）
　　　 建築基準法の改正（確認申請・検査の民営化、構造強
　　　 度・防火に関する構造や材料などの性能規定化等）
　　　 長野オリンピック開催

1999 男女共同参画社会基本法公布
　　　 住宅の品質確保の促進等に関する法律公布

活動助成一覧

7回
1999（平成11）年度
野川ほたる村

8回
2000（平成12）年度
路上生活者と共に活動する
「山谷」ふるさとまちづくり
の会

高齢路上生活者自立支援施設検討会***
[東京都荒川区・台東区]
高齢路上生活者自立支援施設の提案と山谷のまちづくり
#福祉のまちづくり #居住支援・セーフティネット

千住・町・元気・探検隊
[東京都足立区]
千住の隠れた資産　路地裏の蔵を生かした町・環境づくり
#地域固有の資源 #まち歩きなどイベント

まち居住研究会**
[東京都新宿区]
国際化に向けた共住のためのルール・システムづくり(2)
#多文化共生 #外国人居住

住まい方研究会
[東京都世田谷区]
世田谷発：地域で創る共生社会＝憩いの場作りから住まい作りへ
#居場所・拠点 #高齢者・障がい者向けデイサービス

世田谷にコレクティブハウスを実現する会
[東京都世田谷区]
世田谷に住民参加型コレクティブハウスを実現させる
#コレクティブハウス

野川ほたる村
[東京都小金井市]
野川のオアシス作りプロジェクト
#まち歩きなどイベント #自然・環境

エコロジカル・コミュニティ・ネットワーク
[東京都・埼玉県]
エコロジカルな住環境を創り育む住まい手ネットワーク
#コーポラティブ住宅 #自然・環境

葉山ウォッチングの会
[神奈川県葉山町]
葉山に残る別荘の保存と活用への実践活動
#歴史的建造物 #まち歩きなどイベント

CBN（コミュニティ・ビジネス・ネットワーク）設立準備会
[首都圏全域]
コミュニティ・ビジネスの支援ネットワークの確立
#コミュニティビジネス #地域通貨

鬼淵鉄橋を残す会
[長野県上松町]
保存された鉄橋を中心とするコミュニティ作りの研究
#歴史的建造物 #観光まちづくり #文化財の認定

小諸・町並み研究会
[長野県小諸市]
小諸宿の町並み・建物・物語を活かした商都再生の試み
#歴史的建造物 #町並み・景観 #まち歩きなどイベント

美山茅葺き研究会
[京都府美山町]
茅葺き屋根を継承するための異文化間技術交流計画
#地域固有の資源 #町並み・景観 #技術の継承

野田北部まちづくり協議会
[兵庫県神戸市]
放送活動によるコミュニティづくり
#災害復興 #コミュニティFM

黒江ワイワイ連絡協議会
[和歌山県海南市]
つながりあおう！ノコギリ歯形の町並みと町家の再生をめざして
#町並み・景観 #町並みウォッチング #地域固有の資源

LB研究会
[山口県下関市]
定期借地権を活用したシニア向けコ・ハウジングづくり
#コレクティブハウス

川尻六工匠
[熊本県熊本市]
町並み保存活動を古木屋バンクシステムで活性化
#地域固有の資源 #町並み・景観 #移住・定住

加世田石蔵活用委員会
[鹿児島県加世田市]
眠れる石蔵をコミュニティの拠点として再生する
#地域固有の資源 #所有者へのヒアリング

8回　2000（平成12）年度

NPO法人くらしの安心ネット
[群馬県前橋市]
既存建築資産のグループホーム化と運用の調査研究
#高齢者向け共同住宅

まちづくり才団・川の手倶楽部
[東京都墨田区]
向島博覧会の開催と向島型ふれあい住宅づくりの実践
#空き家・空き店舗 #まち歩きなどイベント #高齢者向け共同住宅

路上生活者と共に活動する「山谷」ふるさとまちづくりの会****
[東京都台東区、荒川区]
山谷/地域再生＋路上生活者支援の情報ネットワーク
#福祉のまちづくり #居住支援・セーフティネット

昭和のくらし博物館
[東京都大田区]
初期公庫住宅小泉家住宅の保存と活用
#歴史的建造物 #地域固有の資源 #情報発信

NPO法人練馬まちづくりの会
[東京都練馬区]
石神井南ロウォーカブルタウン実現にむけたCATの試作
#まち歩きなどイベント #電動アシスト車（CAT）

グリーンネックレス構想検討準備事務局
[東京都三鷹市他]
JR中央線の高架化に伴う沿線地域の景観・環境整備
#町並み・景観 #情報発信 #自然・環境

下平間団地建替推進委員会
[神奈川県川崎市]
パートナーシップ型建替（下平間団地）記念誌の発行
#団地再生 #福祉のまちづくり #居住支援・セーフティネット

横浜市民運営施設ネットワーク
[神奈川県横浜市]
市民運営型コミュニティ施設のネットワークづくり
#公民連携 #市民運営型コミュニティ施設

NPO法人下宿屋バンク
[神奈川県川崎市]
小学校区ニューコミュニティのモデルづくり
#高齢者向け共同住宅

小諸・町並み研究会**
[長野県小諸市]
小諸宿の町並み・建物・物語を活かした商都再生の試み
#歴史的建造物 #町並み・景観 #まち歩きなどイベント

出雲崎妻入りの街並景観推進協議会＋長岡造形大学
[新潟県出雲崎町]
街並景観の修復、町家住宅の復権の試みと町の活性化
#町並み・景観 #過疎集落 #町家の実測調査

NPO法人市民フォーラム21・NPOセンター
[愛知県知多市]
街並み保全地区内の木造日本家屋を活用したNPO支援
#歴史的建造物 #居場所・拠点 #NPO支援組織

千本ふるさと共生自治運営委員会
[京都府京都市]
公営住宅における住民組織の確立
#居場所・拠点 #団地再生 #多文化共生

神戸復興塾
[兵庫県神戸市]
住宅地・商店街をつなぐコミュニティリンクとウォークイベント
#まちづくりルール #居住支援・住まいのセーフティネット #災害復興

加齢クラブ
[京都府、大阪府、兵庫県]
自助努力で暮らす住職接近型のライフスタイルの実現
#シェアハウス #集住協働住宅

黒江ワイワイ連絡協議会**
[和歌山県海南市]
つながりあおう！ノコギリ歯形の町並みと町家の再生をめざして
#地域固有の資源 #町並み・景観 #町並みウォッチング

2000　地方分権一括法が施行され分権時代を迎える
まちづくり三法（都市計画法の改正、中心市街地活性
化法、大規模小売店舗立地法）が施行（1998～2000
年）
循環型社会形成推進基本法公布

介護保険制度がスタート
マンション管理適正化法公布

9回
2001（平成13）年度
建築と子供たちネットワーク仙台

10回
2002（平成14）年度
コレクティブハウジング社

原良第二マンション建替え建設委員会 [鹿児島県鹿児島市]
マンション建て替えに四十世帯の多面的な調和を求めて
#マンション管理

プランナーズ・ネットワーク・神戸 [兵庫県神戸市]
屋台でつなぐ　地域の人・モノ・活動　ネットワーク
#災害復興 #多世代交流 #屋台

建築と子供たちネットワーク仙台 [宮城県仙台市]
建築と子供たちワークショップ2001
#地域固有の資源 #居場所・拠点 #まち歩きなどイベント

まち学習サーカス団 [千葉県浦安市]
蘇れ！新浦安駅前「公共広場」大作戦
#まち歩きなどイベント #公共広場 #まちづくりルール

本郷館プロジェクト [東京都文京区]
本郷の下宿屋、下宿屋街を下宿人自身が調査記録する活動
#歴史的建造物 #情報発信

NPO法人コレクティブハウジング社 [東京都荒川区]
東日暮里での多世代・賃貸型コレクティブハウスの実現
#居住支援・セーフティネット #多世代交流 #コレクティブハウジング普及

NPO法人玉川まちづくりハウス＊＊ [東京都世田谷区]
玉川まちづくりハウスが目指す地域マネジメントの試み
#まちづくりルール #福祉のまちづくり #安心安全・防犯

グリーンネックレス・デザインフォーラム＊＊ [東京都三鷹市他]
グリーンネックレス―鉄道高架に伴う景観・環境整備―
#町並み・景観 #情報発信 #自然・環境

路上生活者と共に活動する「山谷」ふるさとまちづくりの会＊＊＊＊
[東京都台東区、荒川区]
路上生活者の自立支援と山谷地域の再生への提案
#福祉のまちづくり #居住支援・セーフティネット

クリエイティブ・アート実行委員会 [東京都港区]
港区コミュニティのためのアート・プロジェクト
#まち歩きなどイベント #コミュニティアート

NPO法人小諸・町並み研究会＊＊＊ [長野県小諸市]
小諸宿の町並み・建物・物語りを活かした商都再生の試み
#歴史的建造物 #町並み・景観 #まち歩きなどイベント

メイクアップ鳥居松2001 [愛知県春日井市]
賑わいのある歩いて楽しい鳥居松の創造
#商店街 #情報発信

姉小路界隈を考える会 [京都府京都市]
「現代版姉小路界隈町式目」から「姉菊屋町式目」への展開
#町並み・景観 #まちづくりルール

試住空間「エコハウス町家」 [京都府京都市]
町家暮らしを体験できる「試住空間」としての場の提供
#地域固有の資源 #空き家・空き店舗

住空間アートスペース駒井邸 [京都府京都市]
ヴォーリズ設計の歴史的住居と環境の保全と積極的活用
#歴史的建造物 #町並み・景観 #芸術文化交流

釜ヶ崎居住COM [大阪府大阪市]
野宿生活者の社会復帰に向けたモデル地区の整備
#福祉のまちづくり #居住支援・セーフティネット

阪神淡路大震災まち支援グループ　まち・コミュニケーション
[兵庫県神戸市]
まちの将来ビジョンを考慮した住宅再建支援
#居場所・拠点 #空き家・空き店舗 #災害復興

当別町農村都市交流研究会 [北海道当別町]
当別田園型コーポラティブ住宅づくりの展開をめざして
#コーポラティブ住宅 #移住・定住 #自然・環境

建築と子供たちネットワーク仙台＊＊ [宮城県仙台市]
地域体験学習センター「堤町まちかど博物館」
#地域固有の資源 #居場所・拠点 #まち歩きなどイベント

NPO法人自立支援センターふるさとの会＊＊＊＊＊＊
[東京都台東区、荒川区、墨田区]
グループホーム設立のための路上生活者実態調査活動
#福祉のまちづくり #居住支援・セーフティネット

松陰コモンズ [東京都世田谷区]
「共生の暮らし」を目指すNPO相互の連携の場づくり
#コーポラティブ住宅 #居場所・拠点

NPO法人コレクティブハウジング社＊＊ [東京都荒川区]
東日暮里での多世代・賃貸型コレクティブハウスの実現
#居住支援・セーフティネット #多世代交流 #コレクティブハウジング普及

佐渡住環境研究会 [新潟県佐渡市]
佐渡島における空き民家の維持・活用に関する調査
#空き家・空き店舗 #移住・定住

チーム黒塀プロジェクト [新潟県村上市]
市民の手作りによる町家小路600mの黒塀建設と灯の祭
#町並み・景観 #地域固有の資源 #まち歩きなどイベント

やつお街並み研究会 [富山県八尾町]
街並み、コミュニティを壊さない駐車スペースづくり
#町並み・景観 #町家の実測調査

富士エコハウスプロジェクト [神奈川県藤沢市]
エコハウス建設を通した新世紀の住まいと環境の提案
#薬の家 #多世代交流 #自然・環境

とよさとまちづくり委員会 [滋賀県豊郷町]
OLD&NEW　辻長蔵と憩いの場の整備と活用
#地域固有の資源 #居場所・拠点 #まち歩きなどイベント

「紫香楽・野焼きでいえをつくろう」の会 [滋賀県信楽町]
紫香楽・野焼きでいえをつくろう
#野焼きの家づくり #地域固有の資源

NPO法人ヴォーリズ建築保存再生運動一粒の会＊＊
[滋賀県近江八幡市]
「ヴォーリズ建築を活かしたコミュニティづくり」情報発信事業
#歴史的建造物 #空き家・空き店舗 #まちのプラットフォーム

釜ヶ崎居住COM＊＊ [大阪府大阪市]
野宿経験のある生活保護受給者のコミュニティの育成
#福祉のまちづくり #居住支援・セーフティネット

NPO法人アルファグリーンネット [兵庫県北淡町]
淡路から全国へ向けてオープンガーデンネットワーク
#町並み・景観 #まち歩きなどイベント #自然・環境

2001 認定特定非営利活動法人制度の創設（税制改正）
高齢者の居住の安定確保に関する法律が成立
アメリカで同時多発テロが発生

2002 マンション建て替え等の円滑化に関する法律公布
都市再生特別措置法公布

11回
2003（平成15）年度
粋なまちづくり倶楽部

11回
2003（平成15）年度
長崎にコーポラティブ住宅
をつくる会

阪神淡路大震災まち支援グループ まち・コミュニケーション＊＊ 　　［兵庫県神戸市］
復興まちづくりから生まれるコミュニティスペースの創造
#居場所・拠点#空き家・空き店舗#災害復興

長崎にコーポラティブ住宅をつくる会 　　［長崎県長崎市］
長崎にコーポラティブ住宅をつくる
#コーポラティブ住宅#情報発信

鞆学校 　　［広島県福山市］
みんなで作ろう！空き家で情報交差"店"
#町並み・景観#伝建地区#居場所・拠点#空き家・空き店舗

長崎にコーポラティブ住宅をつくる会＊＊ 　　［長崎県長崎市］
長崎にコーポラティブ住宅をつくる
#コーポラティブ住宅#情報発信

11回　　2003（平成15）年度

NPO法人街・建築・文化再生集団 　　［群馬県高崎市］
歴史的町並み保存・活用不動産情報システムの確立
#町並み・景観#空き家・空き店舗

NPO法人千葉まちづくりサポートセンター 　　［千葉県千葉市］
松波発、花と緑のまちづくりと地域通貨の可能性を探る
#商店街#地域通貨

旧同潤会大塚女子アパートメントを生かす会 　　［東京都文京区］
旧同潤会大塚女子アパートメントの居住形態追跡調査および価値の広報活動
#歴史的建造物#まち歩きなどイベント#元居住者へのヒアリング

粋なまちづくり倶楽部 　　［東京都新宿区］
神楽坂界隈の歴史的路地を保全活用したまちづくり
#町並み・景観#密集市街地#観光まちづくり

路上生活者と共に活動する「山谷」ふるさとまちづくりの会＊＊＊＊＊＊＊＊
　　［東京都台東区、荒川区］
路上生活者の自立をめざす寄せ場型地域居住支援の方法
#福祉のまちづくり#居住支援・セーフティネット

NPO法人コーポラティブハウス全国推進協議会
　　［神奈川県川崎市］
高齢者世帯の団地内住み替えシステムの構築と実地検証
#団地再生

汐見台自治会連合会 まちづくり研究特別委員会
　　［神奈川県横浜市］
住宅団地環境の保全、向上のためのルール確立に向けて
#まちづくりルール#団地再生

星空ファクトリー 　　［新潟県栃尾市］
廃校舎を利用した自然科学　体験型施設の構築
#廃校#自然・環境

佐渡住環境研究会＊＊ 　　［新潟県佐渡市］
佐渡の空き家利用による「トキの空の家」プロジェクト
#空き家・空き店舗#移住・定住

姉小路界隈を考える会＊＊ 　　［京都府京都市］
歴史的都心街区でのまち運営システムの研究
#町並み・景観#まちづくりルール

釜ヶ崎のまち再生フォーラム＊＊＊ 　　［大阪府大阪市］
野宿経験のある生活保護受給者の地域社会への定着支援
#福祉のまちづくり#居住支援・セーフティネット

阪神淡路大震災まち支援グループ まち・コミュニケーション＊＊＊ 　　［兵庫県神戸市］
憩える場所づくりを通じた地域エンパワーメント事業
#居場所・拠点#空き家・空き店舗#災害復興

12回　　2004（平成16）年度

緑ヶ丘地区市民委員会 　　［北海道旭川市］
旭川緑が丘香りロード造成およびハーブ愛好会の結成
#町並み・景観#自然・環境

NPO法人萌友 　　［宮城県仙台市］
不安定居住者に対する一時宿所提供事業
#福祉のまちづくり#居住支援・セーフティネット

下市タウンモビリティの会 　　［茨城県水戸市］
まちの絆─ハンギングを用いたタウンモビリティ
#居場所・拠点#商店街#タウンモビリティ

多摩ニュータウン・まちづくり専門家会議
　　［東京都多摩・八王子・稲城・町田市］
多摩ニュータウンの住まいの循環に必要な住宅づくり
#コーポラティブ住宅#情報発信

プロジェクト・フローレンス 　　［東京都品川区］
革新的医療託児施設設立～仕事と育児の両立支援地域へ
#福祉のまちづくり#病児保育

NPO法人粋なまちづくり倶楽部＊＊ 　　［東京都新宿区］
神楽坂界隈の歴史的路地を保全活用したまちづくり
#町並み・景観#密集市街地#観光まちづくり

美しい東京をつくる都民の会 　　［東京都全域］
「美しい東京」─風景づくりの都民参画確立へ向けて
#町並み・景観#情報発信

Tokyo Share Style研究会 　　［東京都港区］
外国人コミュニティの研究調査とゲストハウス企画
#ゲストハウス#多文化共生

若葉台住宅管理組合協議会 長命化・再生専門委員会
　　［神奈川県横浜市］
マンションの修繕履歴情報の整備と周知活動
#マンション管理#修繕履歴データベース

むらかみ町屋再生プロジェクト 　　［新潟県村上市］
市民基金設立による町屋の外観再生プロジェクト
#町並み・景観#外観整備

佐渡文化財研究所 　　［新潟県佐渡市］
新潟県佐渡島における野外能舞台の保存と活用に向けた活動
#歴史的建造物#リフォーム#まち歩きなどイベント

森のライフスタイル研究所 　　［長野県］
上伊那型スローライフを普及させるための住空間の提案
#自然・環境#ペレット

揚輝荘の会 　　［愛知県名古屋市］
揚輝荘を異文化交流広場として構築する調査研究・PR
#歴史的建造物#リフォーム#まち歩きなどイベント

上京にまちの縁側「とねりこの家」をつくる会 　　［京都府京都市］
まちの縁側「とねりこの家」の運営活動
#居場所・拠点#多世代交流

2003 住民基本台帳ネットワーク本格稼働

2004 景観法公布
　　　新潟中越地震

12回
2004（平成16）年度
むらかみ町屋再生プロジェクト

13回
2005（平成17）年度
多摩ニュータウン・まちづくり専門家会議

からほり倶楽部/長屋ストックバンクネットワークプロジェクトチーム　[大阪府大阪市]
大阪・空堀地域における長屋ストックバンクネット
#町並み・景観 #空き家・空き店舗 #リフォーム

町家衆　[大阪府大阪市]
ディスカバリー天満―くらしと歴史再発見
#住宅・歴史系博物館の運営

奈良町の安全・安心・快適な住まい&まちづくり研究会　[奈良県奈良市]
奈良町の安全・安心・快適な住まい&まちづくり提案
#歴史的建造物 #防災 #木造密集地域

えみきの会　[広島県三次市]
えみき爺さんをつれていこう―えのき移植プロジェクト
#地域固有の資源 #移住・定住 #過疎集落

長崎にコーポラティブ住宅をつくる会***　[長崎県長崎市]
長崎にコーポラティブ住宅をつくる
#コーポラティブ住宅 #情報発信

大城花咲爺会　[沖縄県北中城村]
世界文化遺産の緩衝地帯にふさわしい地域づくり
#町並み・景観 #まち歩きなどイベント #観光まちづくり

揚輝荘の会**　[愛知県名古屋市]
異文化交流広場・揚輝荘の再構築と活用促進
#歴史的建造物 #リフォーム #まち歩きなどイベント

浜島町まちづくりグループ　WITH AIBE　[三重県志摩市]
もっとスローに！歩く速さで夢が語れる「夢海道」づくり
#まち歩きなどイベント #観光まちづくり

NPO法人フォーラムひこばえ　[京都府京都市]
みんなのひろば フォーラムひこばえ
#居場所・拠点 #福祉のまちづくり #多世代交流

NPO法人古材バンクの会　[京都府京都市]
伝統建築保存・活用マネージャー養成講座の講義録作成
#古材・木造建築

風待ち海道倶楽部　[島根県隠岐の島町]
島まるごとテーマパーク～島ならではの体験ゾーン～
#観光まちづくり #エコツーリズム

宮島町並みを考える会　[広島県宮島町]
宮島町並みを考える
#町並み・景観 #まち歩きなどイベント #情報発信

島スタイルワーカーズ・コレクティブ　[山口県周防大島町]
島スタイルcafé～未来の島づくり作戦会議室～
#移住・定住 #情報発信 #島おこし

 13回 2005（平成17）年度

ぱん・ぱん・ぱんぷきん　[北海道士幌町]
遊～遊～村 甦れ「ふるさと子育て伝承館」事業
#居場所・拠点

手這坂活用研究会　[秋田県峰浜村]
白神山地の無人かやぶき集落の再生による「桃源郷」の復活
#町並み・景観 #過疎集落 #地域固有の資源

NPO法人箕輪城元気隊　[群馬県箕郷町]
戦国箕輪城下町の蘇生―町並み・工房・案内所・高札風案内板の整備―
#まち歩きなどイベント #観光まちづくり #地域固有の資源

NPO法人緑のごみ銀行　[東京都文京区]
屋上にエコ・ガーデンを、みんなでつくって交流！
#町並み・景観 #自然・環境

多摩ニュータウン・まちづくり専門家会議**　[東京都多摩・八王子・稲城・町田市]
多摩ニュータウンの住まいの循環に必要な住宅づくり
#コーポラティブ住宅 #情報発信

東京コミュニティパワーバンク 東京CPB　[東京都全域]
地域の共生とコミュニティ金融を探る連続講演会の開催
#コミュニティビジネス #コミュニティファンド

和田町コミュニティビジネス活動オフィス運営グループ　[神奈川県横浜市]
コミュニティオフィスの運営・開設支援
#商店街 #空き家・空き店舗 #コミュニティオフィス

NPO法人ホームレス支援ネットにいがた　[新潟県新潟市]
元ホームレス同士・元ホームレス入居住宅と地元の交流
#居場所・拠点 #シェアハウス #居住支援・セーフティネット

NPO法人まちの縁側育くみ隊　[愛知県名古屋市]
まちの縁側の認定およびデータベースの作成・交流活動
#居場所・拠点 #福祉のまちづくり

 14回 2006（平成18）年度

●一般助成

だがしや楽校 だがしや倶楽部　[山形県鶴岡市、山形市、遊佐町]
子どもたちの交流拠点としてのだがしや楽校の設置事業
#居場所・拠点 #まち歩きなどイベント #多世代交流

冒険遊び場と子育て支援研究会（KOPA）　[東京都世田谷区]
乳幼児の活き活き公園利活用プロジェクト
#居場所・拠点 #遊び場（公園）

NPO法人玉川まちづくりハウス***　[東京都世田谷区]
賃貸住宅情報をテコにコミュニティをマネジメントする
#まちづくりルール #福祉のまちづくり #安心安全・防犯

赤い三角屋根の会　[東京都国立市]
合意形成を目指す模型づくり
#歴史的建造物 #地域固有の資源 #町並み・景観

NPO法人ユニバーサルデザインながの　[長野県長野市]
高齢者・障がい者のための賃貸住宅活用事業
#居住支援・セーフティネット

NPO法人ほのぼのステーション　[大阪府堺市]
家族と一生住み続けることができるケア付き住宅の創設
#地域固有の資源 #居場所・拠点 #福祉のまちづくり

住みコミュニケーションプロジェクト　[兵庫県神戸市]
住みコミュニケーションプロジェクトの実施・運営
#空き家・空き店舗 #まち歩きなどイベント #多世代交流

まちなか・子ども基地運営委員会　[岡山県津山市]
まちなか・子ども基地「自然の循環体験ひろば」づくり
#居場所・拠点 #空き家・空き店舗 #自然・環境

熊本まちなみトラスト　[熊本県熊本市]
ベロ（自転車）タクシーによる歴史的まちなみ探訪
#歴史的建造物 #町並み・景観 #まちづくりルール

活動助成一覧

14回
2006（平成18）年度
熊本まちなみトラスト

15回
2007（平成19）年度
きんしゃいきゃんばす

NPO法人まちづくりサポート隊　　　　　[大分県大分市]
住民と共に進める密集市街地の住まい・暮らしづくり
#密集市街地 #建替え支援

●特別助成

つくば田園文化　　　　　[茨城県つくば市]
旧穀物倉庫（通称「石組み倉庫」）の再生活用を通じた文化観光の創出
#地域固有の資源 #自然・環境 #居場所・拠点

NPO法人ちば地域再生リサーチ　　　　　[千葉県千葉市]
団地レディース隊による団地居住トータルサポート
#リフォーム #団地再生 #福祉のまちづくり

コミュニティー・ミュージアム・オーナー・プロジェクト
　　　　　[新潟県新潟市十日町市、津南町]
コミュニティ・オーナー・プロジェクト
#過疎集落 #空き家の売買 #まち歩きなどイベント

15回 **2007（平成19）年度**

●一般助成

NPO法人さっぽろ住まいのプラットフォーム　　[北海道札幌市]
高齢世帯の居住継続及び住替え支援に関するモデル事業
#居住支援・セーフティネット

紫波中央駅前コミュニティー・プラザの会　　　[岩手県紫波町]
「なんでもや」を拠点にしたご近所づきあいの復活
#居場所・拠点 #買い物難民

酒蔵の町天領大山のまちなみに学ぶ会　　　　[山形県鶴岡市]
酒蔵の町天領大山まちなみデータマップの作成
#町並み・景観 #マップづくりなど情報発信

NPO法人三波川ふるさと児童館「あそびの学校」[群馬県藤岡市]
3世代交流の居場所「ALWAYSあそびの学校」
#居場所・拠点 #多世代交流

NPO法人映画保存協会　　　　[東京都文京区・台東区他]
「蔵」再生：地域映像アーカイヴの創設
#居場所・拠点 #地域固有の資源 #まち歩きなどイベント

中越震災復興プランニングエイド　　　　　[新潟県長岡市]
被災・過疎・豪雪集落における高齢者の共同居住実験
#過疎集落 #福祉のまちづくり #災害復興

でか小屋再生おせっ会　　　　　[石川県七尾市]
明治期の芝居小屋「でか小屋」の再生に向けた調査研究
#歴史的建造物 #まち歩きなどイベント

まちづかい塾　　　　　[岡山県岡山市]
みんなで創って使う地域のカフェハウス設置事業
#居場所・拠点 #多世代交流 #公民連携

NPO法人ART NPO TACO　　　　　[高知県高知市]
川辺の藁倉庫を再生する—文化と環境の拠点づくり
#地域固有の資源 #情報発信 #居場所・拠点

きんしゃいきゃんばす　　　　　[福岡県福岡市]
商店街空き店舗を活用した日常的な子どもの遊び場づくり
#居場所・拠点 #商店街 #多世代交流

●特別助成

NPO法人まちのエキスパネット　　　　　[愛知県春日井市]
「地域力」アップまちづくり拠点事業
#居場所・拠点 #福祉のまちづくり #まち歩きなどイベント

NPO法人まちづくりサポート隊**　　　　　[大分県大分市]
密集市街地再生のための無接道解消と建替え等サポート
#密集市街地 #建替え支援

16回 **2008（平成20）年度**

●一般助成

北海道農村地域環境研究会　　　　　[北海道滝川市]
江部乙屯田兵村地区における田園環境再生計画
#自然・環境 #人材育成

NPO法人芸術家と子どもたち　　　　　[東京都豊島区]
廃校における畑づくりから広がる地域交流
#廃校の畑 #居場所・拠点 #芸術文化振興

湘南邸園文化祭連絡協議会　　　　　[神奈川県]
「湘南邸園文化祭2008」の開催
#歴史的建造物 #地域固有の資源 #まち歩きなどイベント

NPO法人金澤町家研究会　　　　　[石川県金沢市]
町家の住まい手と修復職人を繋ぐ見学会と技術交流会
#歴史的建造物 #まち歩きなどイベント #技術の継承

NPO法人彦根景観フォーラム　　　　　[滋賀県彦根市]
辻番所を持つ古民家を活用した「足軽コモンズ」構想の具体化活動
#町並み・景観 #歴史的建造物

関西木造住文化研究会　　　　　[京都府京都市]
京都の住文化と歴史的街並みを地震や火災から守り抜く
#町並み・景観 #伝統木造住宅の耐震研究

NPO法人こえとことばとこころの部屋　　　[大阪府大阪市]
釜ヶ崎のこどもたちと高齢者の表現とまち再発見
#居場所・拠点 #福祉のまちづくり #多世代交流

尾道空き家再生プロジェクト　　　　　[広島県尾道市]
子育てママのいきいきサロンづくり
#歴史的建造物 #リフォーム #まち歩きなどイベント

NPO法人アジア・フィルム・ネットワーク　　[愛媛県松山市]
道後ネオン坂歓楽街のにぎわい創出実験
#まち歩きなどイベント #多世代交流

白保村ゆらてぃく憲章推進委員会　　　　　[沖縄県石垣市]
"ゆいまーる"による伝統的な街並み景観の修復事業
#地域固有の資源 #町並み・景観 #まち歩きなどイベント

●特別助成

船橋美し学園街づくり館運営協議会　　　　[千葉県船橋市]
街づくり館活用新旧コミュニティ融合地産地消推進事業
#居場所・拠点 #多世代交流

アートNPOヒミング　　　　　[富山県氷見市]
氷見市の魅力を創造するアートセンター形成事業
#地域固有の資源 #居場所・拠点 #まち歩きなどイベント

NPO法人輪島土蔵文化研究会　　　　　[石川県輪島市]
被災土蔵を「左官技術研修蔵」として修復活用する事業
#地域固有の資源 #居場所・拠点 #技術の継承

2007 サブプライム・ローン問題深刻化、世界金融危機
　　　住宅確保要配慮者に対する賃貸住宅の供給の促進に
　　　関する法律公布（住宅セーフティネット法）
　　　能登半島地震・新潟県中越沖地震
　　　団塊の世代が60歳になり始める

2008 「地域における歴史的風致の維持及び向上に関するた
　　　めの法律」（歴史まちづくり法）が成立
　　　高齢者の医療の確保に関する法律の改正（後期高齢者
　　　医療制度）
　　　地方税法の改正（ふるさと納税）
　　　リーマンショック
　　　わが国の人口が減少に転じる（人口減少社会の到来）

 16回
2008（平成20）年度
白保村ゆらてぃく憲章推進
委員会

 18回
2010（平成22）年度
宇陀松山華小路実行委員会

17 **2009（平成21）年度**

●一般助成

北海道農村地域環境研究会＊＊　　　　［北海道岩見沢市、三笠市］
空知地域における農村担い手育成を柱とする田園環境作り
#自然・環境 #人材育成

NPO法人アートチャレンジ滝川　　　　［北海道滝川市］
太郎吉蔵「短編映画会＋オープンカフェ」
#地域固有の資源 #居場所・拠点 #まち歩きなどイベント

NPO法人関善賑わい屋敷　　　　［秋田県鹿角市］
明治の町家がつなぐ「花輪朝市・賑わい計画」
#地域固有の資源 #まち歩きなどイベント #情報発信

鳥越・「おかず横町」繁盛計画実行委員会　　　［東京都台東区］
鳥越・「おかず横町」繁盛計画
#空き家・空き店舗 #商店街 #まち歩きなどイベント

街なか映画館再生委員会　　　　［新潟県上越市］
刻み続けた時は百年、街に映画館を再び…
#歴史的な建造物 #町並み・景観 #コミュニティビジネス

NPO法人文化資源活用協会　　　　［山梨県北杜市］
「RE」温故知新の暮らしとコミュニティデザイン～デザイナー
木村二郎から学ぶ～
#地域固有の資源 #情報発信

小布施・地域瓦を復活させる会　　　　［長野県小布施町］
達磨窯の建設と古瓦生産技術の習得
#地域固有の資源 #町並み・景観

NPO法人グローバルヒューマン　　　　［滋賀県高島市］
農山漁村活性化のコミュニティハウス創設と居住支援
#居場所・拠点 #コミュニティビジネス #福祉のまちづくり

NPO法人尾道空き家再生プロジェクト＊＊　　　［広島県尾道市］
"石鍋荘"からの尾道駅裏活性化プロジェクト
#歴史的な建造物 #リフォーム #まち歩きなどイベント

白保村ゆらてぃく憲章推進委員会＊＊　　　［沖縄県石垣市］
"ゆいまーる"による伝統的な街並み景観の修復事業その2
#地域固有の資源 #町並み・景観 #まち歩きなどイベント

●特別助成

おたすけキッチン準備会　　　　［岩手県花巻市］
食でつながる土沢コミュニティプロジェクト
#商店街 #地域の台所

NPO法人映画保存協会＊＊　　　［東京都文京区・台東区他］
蔵再生：谷根千アーカイヴの創設
#居場所・拠点 #地域固有の資源 #まち歩きなどイベント

18 **2010（平成22）年度**

●一般助成

えき・まちネットこまつ　　　　［山形県川西町］
町民駅を中心にしたまちづくりひとづくり
#町並み・景観 #空き家・空き店舗 #多世代交流

NPO法人森の学校　　［(1)栃木県(2)東京都(1)那珂川町(2)中央区］
月島・健武　もんじゃでどんなもんじゃ
#廃校 #自然・環境 #子ども交流キャンプ

池尻ロマンス座　　　　［東京都世田谷区］
映画のような「まち」づくり～映画で地域の活性化を
#廃校 #まち歩きなどイベント #多世代交流

いのちとくらしのフリースペース ねまりや 建ち上げの会
　　　　　　　　　　　　　　　　　　　　　［新潟県佐渡市］
子どもと共に手仕事から暮らしのいのちを発掘する
#居場所・拠点 #リフォーム #多世代交流

NPO法人循環の島研究室　　　　［新潟県佐渡市］
「生きものとの協働」拠点整備による限界集落再生
#居場所・拠点 #過疎集落

八尾スローアートショー実行委員会　　　［富山県富山市］
地域とアートと学校と～拠点化と継続化を目指す
#木造校舎 #まち歩きなどイベント

NPO法人こえとことばとこころの部屋＊＊　　　［大阪府大阪市］
生活保護受給者の地域貢献活動参加および生きがいづくりプロ
グラム
#居場所・拠点 #多世代交流 #芸術

宇陀松山華小路実行委員会　　　　［奈良県宇陀市］
まちへの気づきと参加のシステムづくり
#歴史的な建造物 #まち歩きなどイベント #町並み・景観

NPO法人まちづかい塾＊＊　　　　［岡山県瀬戸内市］
「汐まち・人まち・牛まろび」でよっこら処！
#居場所・拠点 #多世代交流 #公民連携

おいもを愛する会　　　　［広島県呉市］
おいもラブ・ステーションプロジェクト
#居場所・拠点 #多世代交流 #自然・環境

●特別助成

NPO法人街なか映画館再生委員会＊＊　　　［新潟県上越市］
【感動の宅配便】世界館キネマデリバリーサービス構築
#歴史的な建造物 #町並み・景観 #コミュニティビジネス

NPO法人グローバルヒューマン＊＊　　　［滋賀県高島町］
農山漁村のまちづくりと地方に根付く収益モデル事業構築
#居場所・拠点 #コミュニティビジネス #福祉のまちづくり

白保村ゆらてぃく憲章推進委員会＊＊＊　　　［沖縄県石垣市］
ゆいまーるの心で、ゆらてぃく村づくり事業
#地域固有の資源 #町並み・景観 #まち歩きなどイベント

19 **2011（平成23）年度**

●一般助成

ゼロダテ／大館展　実行委員会　　　　［秋田県大館市］
秋田県大館市民による地域資源の映像化と街中映像祭
#地域資源の映像化 #まち歩きなどイベント

朝日座を楽しむ会　　　　［福島県南相馬市］
昭和の香り漂う「朝日座」の再生～まちなかに楽しむ場を！朝
日座とともに～
#地域固有の資源 #居場所・拠点 #災害復興

金沢クリエイティブツーリズム実行委員会　　　［石川県金沢市］
遊休町家活用型共同工房創出によるコミュニティ活性化
#地域固有の資源 #町並み・景観 #まち歩きなどイベント

旧御師丸岡宗大夫邸保存再生会議　　　　［三重県伊勢市］
神領伊勢の記憶「旧御師・丸岡宗大夫邸」保存活用事業
#歴史的な建造物 #町並み・景観 #観光まちづくり

2009 衆院選で民主党圧勝、政権交代で鳩山内閣が発足する
2010 所沢市で全国初の空き家対策条例が制定され、以後
　　　全国に普及

2011 東日本大震災・福島第一原発で事故が発生
　　　特定非営利活動促進法の改正（認定要件の大幅緩和と
　　　事務の自治体への移管）
　　　「サービス付き高齢者住宅」登録制度の創設
　　　障害者虐待の防止、障害者の養護者に対する支援等
　　　に関する法律公布

活動助成一覧

19回
2011（平成23）年度
新田むらづくり運営委員会

20回
2012（平成24）年度
柳井縞NOREN プロジェク
ト実行委員会

西淀川から住まいと暮らしを考える環境住宅研究会
　　　　　　　　　　　　　　　　　　　　　　[大阪府大阪市]
住工共存のまちで住民参加型環境住宅づくり
#空き家・空き店舗 #まち歩きなどイベント #住まいの相談

NPO法人新田むらづくり運営委員会　　　[鳥取県智頭町]
新たな"結い"による茅葺民家保全と地域活性化の試み
#地域固有の資源 #過疎集落 #まち歩きなどイベント

おいもを愛する会**　　　　　　　　　　　[広島県呉市]
おいもラブステーション・パワーアップ絆プロジェクト
#居場所・拠点 #多世代交流 #自然・環境

NPO法人蛸蔵**　　　　　　　　　　　　[高知県高知市]
美術・演劇・映画・音楽。土佐一番の文化の蔵うまれる
#地域固有の資源 #居場所・拠点 #リフォーム

NPO法人手仕事舎そうあい　　　　　　　[宮崎県都城市]
古民家「持永邸」を活かした地域づくり
#歴史的建造物 #居場所・拠点 #リフォーム

NPO法人島の風　　　　　　　　　　　　[沖縄県伊是名村]
沖縄古民家再生職人養成カレッジ
#地域固有の資源 #リフォーム #コミュニティビジネス

20回 **2012（平成24）年度**

●一般助成

NPO法人トチギ環境未来基地　　　　　　[栃木県宇都宮市]
宇都宮市平石地区の魅力と地域の絆を結ぶ、10,000歩散策コースづくり
#地域固有の資源 #多世代交流 #自然・環境

ララララMaMa　　　　　　　　　　　　　[東京都練馬区]
農園からつながる"わ"
#居場所・拠点 #多世代交流

NPO法人こもろの杜　　　　　　　　　　[長野県小諸市]
公園内空き施設の再利用で「まちの楽しさ」の拠点づくり
#歴史的建造物 #観光まちづくり

まちづくりネットワーク フジスタイル　　[静岡県富士市]
地域で作る！コミュニティの拠点・みんなの笑顔
#居場所・拠点 #空き家・空き店舗 #多世代交流

NPO法人環人ネット　　　　　　　　　　[滋賀県彦根市]
古民家再生×学生シェアハウス＝集落ステイ
#空き家・空き店舗 #リフォーム #まち歩きなどイベント

NPO法人アートクルー堀川　　　　　　　[兵庫県高砂町]
高砂町の町並み保存、空き家活用プロジェクト
#空き家・空き店舗 #商店街 #まち歩きなどイベント

みつぎさいこう実行委員会　　　　　　　[広島県尾道市]
古い医院を活用した新しい交流と創造の場づくり
#歴史的建造物 #空き家・空き店舗 #移住・定住

NPO法人ほしはら山のがっこう　　　　　[広島県三次市]
十郎ゲストハウスづくりを通した田舎シェア文化創造
#地域固有の資源 #居場所・拠点 #自然・環境

柳井縞NOREN プロジェクト実行委員会　[山口県柳井市]
柳井縞の暖簾を織って白壁の町並みに掛け、みんなでつながろう
#町並み・景観 #まち歩きなどイベント #伝統織物「柳井縞」の伝承

西土佐連合青年団　　[(1)高知県(2)宮城県(1)四万十市(2)名取市]
プロジェクト ship for ship
#災害復興 #漁具倉庫

●復興関連助成

ぱん ぱん ぱんぷきん**　　　　　　　[岩手県沿岸部市町村]
つなげよう！ひろげよう！こども達の笑顔のリレー
#居場所・拠点 #災害復興

まち遺産ネット仙台　　　　　　　　　　[宮城県仙台市]
仙台住宅遺産ものがたり―震災をのりこえた住宅遺産の調査と発信
#歴史的建造物 #「住宅遺産」ヒアリング調査

山形県新規就農者ネットワーク　　　　　[宮城県東松島市]
被災者参加によるグリーン・コミュニティ創出事業
#災害復興 #仮設住宅の緑化

21回 **2013（平成25）年度**

元気！岩手つちざわチーム　　　　　　　[岩手県花巻市]
子どもたちが誇れる未来の土沢商店街プロジェクト
#商店街と農家 #まち歩きなどイベント

飛島ロマン　　　　　　　　　　　　　　[山形県酒田市]
飛島拠点プロジェクト02～飛島に文化の拠点をつくる～
#移住・定住 #観光まちづくり #自然・環境

NPO法人醸造の町摂田屋町おこしの会　　[新潟県長岡市]
豪商の館「機那サフラン酒本舗」の保全の為の地域活性化活動
#歴史的建造物 #地域固有の資源 #公民連携

萩ノ島地域協議会　　　　　　　　　　　[新潟県柏崎市]
学生と地域の協働による茅葺きの空き家の再生・再活用
#地域固有の資源 #リフォーム

高田瞽女の文化を保存・発信する会　　　[新潟県上越市]
日本一の雁木のまちで、高田瞽女の生き方に学ぶ
#歴史的建造物 #地域固有の資源 #観光まちづくり

NPO法人WACおばま　　　　　　　　　[福井県小浜市]
伝統地場産業「アブラギリ」の復活を通した地域コミュニティの場づくり
#地域固有の資源 #過疎集落 #自然・環境

NPO法人せき・まちづくりNPOぶうめらん　[岐阜県関市]
「多世代憩いの広場てらっこ」茶店の本格開店
#居場所・拠点 #多世代交流 #地域固有の資源

NPO法人ななしんぼ　　　　　　　　　　[岐阜県郡上市]
未来の森をつくる　木の家づくりプロジェクト
#過疎集落 #自然・環境 #まち歩きなどイベント

NPO法人龍野町家再生活用プロジェクト　　[兵庫県たつの市]
地元高校生による醤油蔵の再生活用「展示ギャラリー化」
#歴史的建造物 #地域固有の資源 #町並み・景観

チームPRE ドクターズ　　　　　　　　[奈良県橿原市]
地域復興救急科～医大生がつくる地域コミュニティ拠点～
#地域固有の資源 #居場所・拠点 #リフォーム

22回 **2014（平成26）年度**

21回
2013（平成25）年度
高田瞽女の文化を保存・発信する会

23回
2015（平成27）年度
西岬海辺の里づくり協議会

きよさと移住者ネット　　　　　　　　　[北海道清里町]
創ろう‼移住後の田舎暮らしを支えるネットワーク
#移住・定住 #多世代交流

NPO法人えき・まちネットこまつ**　　　[山形県川西町]
イザベラとひさしの町がよみがえるタイムトラベル
#町並み・景観 #空き家・空き店舗 #多世代交流

NPO法人FLAG　　　　　　　　　　　　[東京都福生市]
福生、米軍ハウスから発信する地域活性プロジェクト
#地域固有の資源 #まち歩きなどイベント

NPO法人醸造の町摂田屋町おこしの会**　[新潟県長岡市]
豪商の館「機那サフラン酒本舗」の保全のための地域活性化活動
#歴史的建造物 #地域固有の資源 #公民連携

NPO法人WACおばま**　　　　　　　　[福井県小浜市]
伝統地場産業「アブラギリ」を核とした里山再生プロジェクト
#地域固有の資源 #過疎集落 #自然・環境

加子母むらづくり協議会　　　　　　　　[岐阜県中津川市]
加子母木匠塾と地域との協働による明治座改修
#まちづくりルール #過疎集落

NPO法人旧御師丸岡宗大夫邸保存再生会議**　[三重県伊勢市]
町の記憶の宝庫・旧御師邸を核としたコミュニティづくり
#歴史的建造物 #町並み・景観 #観光まちづくり

かやの木会　　　　　　　　　　　　　　[三重県熊野市]
古民家を拠点とした過疎山村地域と大学の交流による地域創造
#過疎集落 #まち歩きなどイベント #村と学生の連携

ダッズ村プロジェクト　　　　　　　　　[京都府城陽市]
ダッズ村 父子が創る父子のための地域子育て支援拠点
#居場所・拠点 #リフォーム #多世代交流

ぐるぐる海友舎プロジェクト実行委員会　[広島県江田島市]
築百年の洋館"海友舎"の再生からはじまる記憶の継承
#歴史的建造物 #居場所・拠点 #多文化共生

23回 　2015（平成27）年度

●一般助成

西岬海辺の里づくり協議会　　　　　　　[千葉県館山市]
茅葺き屋根のある暮らしのサイクルを再生する取組
#居場所・拠点 #災害復興 #情報発信

NPO法人醸造の町摂田屋町おこしの会***　[新潟県長岡市]
豪商の館「機那サフラン酒本舗」の保全と地域活性化活動
#歴史的建造物 #地域固有の資源 #公民連携

岩首談義所　　　　　　　　　　　　　　[新潟県佐渡市]
ようこそ棚田へ！就農シェアハウスを集落に
#まちづくりルール #居場所・拠点 #過疎集落

NPO法人伊勢崎まちづくり衆　　　　　　[三重県伊勢市]
伊勢河崎商人館のイノベーションを核とした地域活性化
#歴史的建造物 #町並み・景観

ダッズ村プロジェクト**　　　　　　　　[京都府城陽市]
ダッズ村 父子が創る父子のための地域子育て支援拠点
#居場所・拠点 #リフォーム #多世代交流

NPO法人尾道空き家再生プロジェクト***　[広島県尾道市]
尾道別荘建築「みはらし亭」再生による茶園文化の発信
#歴史的建造物 #リフォーム #まち歩きなどイベント

NPO法人どんぐり1000年の森をつくる会　[宮崎県都城市]
井戸を掘り、どんぐり村での活動を拡大しよう
#居場所・拠点 #自然・環境 #井戸掘り

●テーマ助成

市川マップの会　　　　　　　　　　　　[山梨県市川三郷町]
江戸時代の酒蔵を拠点に地域の歴史文化の情報発信
#地域固有の資源 #まち歩きなどイベント #情報発信

絵金のまち・赤岡町家再生活用プロジェクト　[高知県香南市]
"あかおかびと"による赤れんが商家の再生活用
#歴史的建造物 #地域固有の資源 #町並み・景観

24回 　2016（平成28）年度

●一般助成

江差いにしえ資源研究会　　　　　　　　[北海道江差町]
職人のまち再生～職人交流によるゲストハウス改修
#歴史的建造物 #居場所・拠点 #観光まちづくり

認定NPO法人茨城NPOセンター・コモンズ　[茨城県常総市]
空き家を福祉長屋に変え、被災したまちを復興させる
#シェアハウス #災害復興 #多文化共生

西岬海辺の里づくり協議会**　　　　　　[千葉県館山市]
茅葺き屋根のある暮らしのサイクルを再生する取組
#居場所・拠点 #災害復興 #情報発信

荻窪家族プロジェクト　　　　　　　　　[東京都杉並区]
地域開放型共同住宅を拠点に住民にも地域にも百人力を
#居場所・拠点 #福祉のまちづくり #多世代交流

森のようちえん まめでっぽう　　　　　[富山県富山市]
棚田百選の三乗地区に活動拠点コミュニティハウスを！
#居場所・拠点 #まち歩きなどイベント #多世代交流

袋板屋☆若者が暮らしたい街をめざす会　[石川県金沢市]
袋の町に眠る家・畑・山を多世代みんなで呼び起こす
#居場所・拠点 #まち歩きなどイベント #多世代交流

箱の浦自治会まちづくり協議会　　　　　[大阪府阪南市]
箱の浦のことは箱の浦で解決を、住んでよかった箱の浦に
#居場所・拠点 #福祉のまちづくり #高齢者対応

地域資源を活かしまちを創造する職能集団の会　[広島県庄原市]
文化財建物を拠点として地域コミュニティの再生
#歴史的建造物 #リフォーム #まち歩きなどイベント

絵金のまち・赤岡町家再生活用プロジェクト**　[高知県香南市]
「赤れんが商家」がつなぐ交流・文化発信拠点
#歴史的建造物 #地域固有の資源 #町並み・景観

産の森学舎　　　　　　　　　　　　　　[福岡県糸島市]
「さんのもり文庫」本を真ん中にした集いの場づくり
#居場所・拠点 #リフォーム #多世代交流

●テーマ助成

竹所夢プラン　　　　　　　　　　　　　[新潟県十日町市]
竹所の景観統一の一環として外部に開かれた牛小屋再生
#町並み・景観 #シェアハウス #移住・定住

NPO法人八女空き家再生スイッチ　　　　[福岡県八女市]
まちと人、人と人がつながる旧八女郡役所2018計画
#地域固有の資源 #町並み・景観 #空き家・空き店舗

2014 空家等対策特別措置法公布
　　　都市再生特別措置法が改正（立地適正化計画が制度
　　　化、コンパクトシティ＋ネットワークに転換）
　　　消費税が5％から8％に

2015 マイナンバー制度の施行
　　　北陸新幹線の長野・金沢駅間が開業
　　　訪日客の増加で「爆買い」が流行語となる

24回
2016（平成28）年度
絵金のまち・赤岡町家再生
活用プロジェクト

25回
2017（平成29）年度
ライフサポートセンター
HAPPY

25回　2017（平成29）年度

●地域・コミュニティ活動助成

希望と笑顔のこすもす公園　［岩手県釜石市］
子どもたちに希望と笑顔を贈る公園整備活動
#居場所・拠点 #災害復興 #多世代交流

やまがたこどもアトリエ　［山形県鶴岡市］
童話と暮らす、里山遊びコミュニティ拠点の創出
#居場所・拠点 #福祉のまちづくり #自然・環境

NPO法人土気NGO　［千葉県千葉市］
空き古民家再生による地域コミュニティケアの拠点づくり
#地域固有の資源 #居場所・拠点 #自然・環境

かみいけ木賃文化ネットワーク　［東京都豊島区］
上池袋の木造密集地域における現代版「木賃文化」を耕すプロジェクト
#居場所・拠点 #空き家・空き店舗 #まち歩きなどイベント

NPO法人くにたち農園の会　［東京都国立市］
田畑とつながる子育て古民家を拠点とした地域コミュニティの形成
#地域固有の資源 #居場所・拠点 #自然・環境

NPO法人リブ＆リブ　［首都圏全域］
高齢社会における「世代間・連帯」の住まい方―世代間ホームシェアの普及活動
#居住支援・セーフティネット #安心安全・防犯 #多世代交流

古町花街の会　［新潟県新潟市］
伝統的な料亭型花街での景観まちづくりに向けた活動
#歴史的な建造物 #町並み・景観 #防災

中万町自治会　［三重県松阪市］
豪商のふるさと中万のまちなみメンテナンス
#町並み・景観

認定NPO法人さぬきっずコムシアター　［香川県丸亀市］
古民家納屋を再活用した三世代を繋ぐ地域の拠点づくり
#居場所・拠点 #福祉のまちづくり #子育て支援・学習支援

NPO法人ライフサポートセンターHAPPY　［宮崎県都城市］
廃墟対策と相続登記の推進による都城活性化プロジェクト
#居場所・拠点 #移住・定住 #福祉のまちづくり

●住まい活動助成

NPO法人グリーンオフィスさやま　［埼玉県狭山市］
空き部屋バンクと空き部屋モデルルームによる団地の魅力アッププロジェクト
#空き家・空き店舗 #団地再生

集合住宅環境配慮型リノベーション検討協議会
　［東京都多摩市を含む4市］
分譲マンションのブランディングのためのエコ×リノベからの提案活動
#マンション管理 #団地再生 #安心安全・防犯

二宮町・一色小学校区地域再生協議会　［神奈川県二宮町］
古民家再生活用により郊外団地を里山クラフトパークに
#居場所・拠点 #まち歩きなどイベント

認定NPO法人四つ葉のクローバー　［滋賀県守山市］
社会ニーズに応えるための地域交流型シェアハウスの内装改修
#居場所・拠点 #シェアハウス #居住支援・セーフティネット

北芝まちづくり協議会　［大阪府箕面市］
公営住宅の共用施設を核とした「食と安心」のみんなの寄りあいどころ
#団地再生 #福祉のまちづくり #防災

26回　2018（平成30）年度

●地域・コミュニティ活動助成

NPO法人西会津国際芸術村　［福島県西会津町］
旧旅館の改修とバス停リノベーションでまちなか交流拠点の創出
#空き家・空き店舗 #リノベーション #居場所・拠点

NPO法人ケアラーネットみちくさ　［千葉県柏市］
空き家利用のケアラーズ（介護者）カフェを活用した近隣住民にとっての居場所づくり
#空き家・空き店舗 #居場所・拠点 #福祉のまちづくり

NPO法人 旧鈴木家跡地活用保存会　［静岡県浜松市］
庄屋屋敷の再生による多様な人の交流拠点化
#地域固有の資源 #居場所・拠点 #多世代交流

つげの森市民ネットワーク・黒谷プロジェクト　［愛知県新城市］
伝統建築の修復を通した学生への技術継承と里山体験空間の創出
#歴史的建造物 #リフォーム #技術の継承

NPO法人しんしろドリーム荘　［愛知県新城市］
地域での安住を支えるショーファー（お抱え運転）システムの社会実験
#コミュニティビジネス #過疎集落 #福祉のまちづくり

福知山ワンダーマーケット実行委員会　［京都府福知山市］
空き店舗のリノベーションとレトロ商店街の活性化
#空き家・空き店舗 #商店街 #多文化共生

桃谷ロイター実行委員会　［大阪府大阪市］
多様化した地域コミュニティの相互理解と交流の深化
#情報発信 #多世代交流 #地域資源の発掘

認定NPO法人東灘地域助け合いネットワーク　［兵庫県神戸市］
小学生のための寺子屋の場づくり
#居場所・拠点 #福祉のまちづくり #居住支援・セーフティネット

ふるさとかかし親の会　［兵庫県姫路市］
奥播磨かかしの里　展示施設の整備による過疎集落の活性化
#移住・定住 #過疎集落 #自然・環境

鞆・暮らしと町並み研究会　［広島県福山市］
鞆の町並みを後世に伝えるための人材育成
#町並み・景観 #まち歩きなどイベント #技術の継承

八代宮地紙漉きの里を次世代につなぐ研究会　［熊本県八代市］
400年の伝統を有する宮地和紙の保存・継承
#紙漉きと水路 #町並み・景観 #まち歩きなどイベント

●住まい活動助成

NPO法人都市住宅とまちづくり研究会　［東京都千代田区ほか］
高齢単身マンション所有者の資産管理を支援するシステムの提案
#マンション管理 #ヒアリング

かみいけ木賃文化ネットワーク＊＊　［東京都豊島区、北区］
現代版の木賃文化：木賃アパートの活用
#居場所・拠点 #空き家・空き店舗 #まち歩きなどイベント

2016 特定非営利活動促進法の改正（NPO法人設立及び運営に必要な手続きの改正）
熊本地震
日本銀行マイナス金利政策の導入を決定
北海道新幹線が新青森・函館北斗駅間で開業

2017 住宅宿泊事業法公布
「働き方改革」が重要キーワードになる

26回
2018（平成30）年度
くらしまち継承機構

27回
2019（令和元）年度
ふるさと豊間復興協議会

NPO法人くらしまち継承機構　　　　　[静岡県静岡市]
歴史的な資源として空き家を活用する仕組みの構築
#地域固有の資源 #空き家・空き店舗

日吉台学区空き家対策検討委員会　　　　[滋賀県大津市]
空き家を資産として活用する団塊世代によるまちづくり活動
#空き家・空き店舗 #情報発信 #住まいの相談窓口

NPO法人SEIN　　　　　　　　　　　[大阪府堺市]
住民ニーズ＋団地の空室活用＋地域にお金が回る仕組みを構築
#居場所・拠点 #団地再生 #コミュニティビジネス

鶴甲サポートセンター　　　　　　　　　[兵庫県神戸市]
エレベーターの無い5階建て分譲マンション団地における高齢者のゴミ出し問題に取り組む活動
#居場所・拠点 #福祉のまちづくり #情報発信

国栖の里観光協会 くにすにくらす・プロジェクトチーム
　　　　　　　　　　　　　　　　　　　[奈良県吉野町]
地場産や地域の職人を活かし「アート×空き家×地域再生」を目指すまちづくり活動
#観光まちづくり

門司路地組合　　　　　　　　　　　[福岡県北九州市]
路地裏空間・空き家活用による交流人口増加、地域の賑わい創出
#居場所・拠点 #空き家・空き店舗 #まち歩きなどイベント

NPO法人ライフサポートセンター HAPPY**　[宮崎県都城市]
エンディングノートを活かして"円滑な相続登記"と"地縁力による空き家の発生防止"をめざした活動
#居場所・拠点 #移住・定住 #福祉のまちづくり

27回　2019（令和元）年度

●地域・コミュニティ活動助成

ふるさと豊間復興協議会　　　　　　[福島県いわき市]
地域と子育て親子で築く"めんこいまちづくり"事業
#居場所・拠点 # 移住・定住 #多世代交流

NPO法人龍ヶ崎の価値ある建造物を保存する市民の会
　　　　　　　　　　　　　　　　　　[茨城県龍ヶ崎市]
地域の宝、歴史的建造物である「竹内農場西洋館」の保存に向けた手づくり冊子の作成活動
#歴史的建造物 #冊子作成 #公民連携

おむすび倶楽部友の会　　　　　　　　[東京都三鷹市]
みんなが楽しめるプログラムで地域サロンをつくろう
#居場所・拠点 #空き家・空き店舗

ECO village SHELTER project　　　[新潟県新発田市]
森の循環物語—バイオマストイレの設置と一体になった里山の森林整備活動
#自然・環境 #バイオトイレ小屋

子どもの元気は地域の元気プロジェクト　　[新潟県佐渡市]
過疎地集落の空き家を交流型シェアオフィスに改修し、隣接の古民家再生宿と連携した持続可能な地域づくり活動
#移住・定住 #多世代交流 #離島留学の促進・コーディネート

一般社団法人 ヤマノカゼ舎　　　　　　[岐阜県揖斐町]
山の保存食カフェを拠点にした里山資源の活用と持続可能な集落づくりの活動
#居場所・拠点 #空き家・空き店舗 #コミュニティビジネス

つげ野の森市民ネットワーク・黒谷プロジェクト**[愛媛県新城市]
伝統建築再生に伴う学生への技術継承と里山体験空間の創出
#歴史的建造物 #リフォーム #技術の継承

重利の山を守る会　　　　　　　　　[京都府亀岡市]
住宅地に隣接した手入れの行き届かない里山を安全な里山へと守り育てる地元住民によるモデル活動
#防災 #多世代交流 #自然・環境

桃谷ロイター実行委員会**　　　　　[大阪府大阪市]
多様化したコミュニティの相互理解と交流の深化を図る活動
#情報発信 #多世代交流 #地域資源の発掘

はならぁと宇陀松山実行委員会**　　　[奈良県宇陀市]
甦れ文化の中心—伝建地区内に残る芝居小屋「喜楽座」の保存と継承に向けた地域活動
#歴史的建造物 #まち歩きなどイベント #町並み・景観

NPO法人熊本まちなみトラスト**　　[熊本県熊本市]
熊本地震で被災した地域文化財を中心とした新町古町地区の復興まちづくり活動
#歴史的建造物 #町並み・景観 #まちづくりルール

●住まい活動助成

気仙沼家守舎　　　　　　　　　　　[宮城県気仙沼市]
銭湯上階をシェアハウスに改修し、初期移住と地域交流をサポートする活動
#リノベーション #シェアハウス #移住・定住

NPO法人ほっとプラス　　　　　　　[埼玉県さいたま市]
ホームレスや路上生活者等の住まい確保に向けたセーフティネット活動
#空き家・空き店舗 #福祉のまちづくり #居住支援・セーフティネット

芝園かけはしプロジェクト　　　　　　[埼玉県川口市]
外国人居住者が過半を占めるUR賃貸住宅における問題緩和と交流促進を進める学生主体の地域活動
#情報発信 #多世代交流 #多文化共生

認定NPO法人ユーアイネット柏原　　　[埼玉県狭山市]
郊外大規模戸建住宅地（狭山ニュータウン）におけるNPOによる住まいと暮らしのマネジメント事業
#居場所・拠点 #コミュニティビジネス #福祉のまちづくり

玉川学園地区まちづくりの会　　　　　[東京都町田市]
空き家予備軍やコモンズ可能空間等の資源マップの作成を介した住み継がれる住宅地への取り組み
#町並み・景観 #まちづくりルール #居場所・拠点

美しが丘アセス委員会遊歩道ワーキングループ
　　　　　　　　　　　　　　　　　　[神奈川県横浜市]
良質な郊外戸建住宅地における遊歩道管理を手がかりにした多世代市民等による「まち育て」
#町並み・景観 #情報発信

NPO法人小杉駅周辺エリアマネジメント　[神奈川県川崎市]
高層分譲マンションに居住する高齢者の孤立化防止サポート事業の仕組みづくりと運営活動
#マンション管理 #コミュニティビジネス #安心安全・防犯

NPO法人結の樹よってけし　　　　　[神奈川県清川村]
中山間地域の集落にある空き民家を活用した地域が繋がる場づくり活動
#空き家・空き店舗 #リノベーション #居場所・拠点

2018 働き方改革を推進するための関係法律の整備に関する法律公布
　　　　北海道胆振東部地震・大阪北部地震・西日本豪雨

2019 明仁天皇退位、平成から令和へ
　　　　所有者不明土地法全面施行
　　　　消費税が8％から10％（軽減税率対象物は8％）に

27回
2019（令和元）年度
ユーアイネット柏原

28回
2020（令和2）年度
湘南まぜこぜ計画

NPO法人チュラキューブ　　　　　　　［大阪府大阪市］
公社空き住戸を拠点にした障がい者による「みんなの食堂」で
高齢者の孤食防止と地域交流を図る活動
#居場所・拠点 #団地再生 #福祉のまちづくり

鶴甲サポートセンター＊＊　　　　　　　［兵庫県神戸市］
エレベーターの無い5階建分譲マンションに住む高齢者等への
多様な暮らしサポート活動
#居場所・拠点 #福祉のまちづくり #情報発信

28回　2020（令和2）年度

●地域・コミュニティ活動助成

金ケ崎芸術大学校　　　　　　　［岩手県金ケ崎町］
重伝建地区の武家屋敷をアートを活かした活動交流拠点として
地域に拓いていく活動
#歴史的建造物 #居場所・拠点 #まち歩きなどイベント

NPO法人"矢中の杜"の守り人　　　　　　　［茨城県つくば市］
国登録有形文化財「矢中の杜」の「通り庭」を参加型で整備する
楽しい道づくり
#歴史的建造物 #地域固有の資源 #まち歩きなどイベント

NPO法人玉川まちづくりハウス＊＊＊＊　　　　　　　［東京都世田谷区］
地域の中で死んでいくための男性高齢者の地域活動支援プロ
ジェクト
#まちづくりルール #福祉のまちづくり #安心安全・防犯

NPO法人湘南まぜこぜ計画　　　　　　　［神奈川県藤沢市］
「空き家活用×コミュニティ再生」による持続可能な町内会と
NPOの新しい関係性の構築
#居場所・拠点 #空き家・空き店舗 #多世代交流

UBUBU　　　　　　　［静岡県浜松市］
「農業×文化×親子をつなぐ創造の工房づくり」による子育てマ
マたちの地域おこし活動
#居場所・拠点 #多世代交流 #自然・環境

一般社団法人がもう夢工房　　　　　　　［滋賀県東近江市］
近江商人屋敷を拠点にガリ版文化を活かした地域づくり
#地域固有の資源 #コミュニティビジネス #観光まちづくり

NPO法人京おとくに・街おこしネットワーク　　　　　　　［京都府長岡京市］
京都西山古道における住民主体の散策路整備と植樹活動の取り
組み
#町並み・景観 #観光まちづくり #自然・環境

NPO法人チュラキューブ＊＊　　　　　　　［大阪府大阪市］
大規模マンションの1階空き店舗を障がい者が働く「みんな食
堂」で高齢者の孤食防止と地域交流を図る活動
#居場所・拠点 #団地再生 #福祉のまちづくり

「重伝建地区所子」で花とコミュニティのもてなしを考える会
　　　　　　　［鳥取県大山町］
町並み保存地区における「空き地の花植え活動」と「カフェの開
設運営」による多様な交流促進
#町並み・景観 #居場所・拠点 #空き家・空き店舗

未来あらしま　　　　　　　［島根県安来市］
無人駅となったJR荒島駅を活用した地域の拠点づくりとコ
ミュニティを育む活動
#居場所・拠点 #福祉のまちづくり #防災

伊計島共同売店プロジェクト　　　　　　　［沖縄県うるま市］
沖縄固有の相互扶助機能をもつ共同売店の継続に向けた地域コ
ミュニティの活性化活動
#居場所・拠点 #コミュニティビジネス

●住まい活動助成

当別町農村都市交流研究会＊＊　　　　　　　［北海道当別町］
里山田園住宅と蹄耕法による里山環境づくりの活動
#自然・環境

一般社団法人Omusubi　　　　　　　［宮城県気仙沼市］
空き家を活用した「子育てママたちのセルフリノベーションに
よる子育て環境づくり」の活動
#空き家・空き店舗 #多世代交流 #子育てシェア

柏ビレジ自治会　　　　　　　［千葉県柏市］
熟成期を迎えた郊外住宅地の「住み継がれる住宅地へのまちづ
くりルール」の見直し活動
#リフォーム #福祉のまちづくり #公民連携

東村山富士見町住宅管理組合　　　　　　　［東京都東村山市］
郊外分譲マンションの「再生」を次世代とともに取り組む管理
組合活動
#団地再生

NPO法人一期一会　　　　　　　［神奈川県伊勢原市・厚木市］
郊外戸建住宅地のロータリーエリア（中心部）活性化と空き庭の
菜園利用による住宅まちづくり
#福祉のまちづくり

菅島の未来を考える会　　　　　　　［三重県鳥羽市］
空き家のモデルハウス化による移住定住の促進と離島留学の支
援活動
#空き家・空き店舗 #移住・定住 #リフォーム

NPO法人南市岡地域活動協議会　　　　　　　［大阪府大阪市］
社会的弱者等への住宅確保を図るためのサブリース事業と住ま
い相談事業を通した居住支援活動
#コミュニティビジネス #福祉のまちづくり #居住支援・セーフティネット

吉野家守倶楽部　　　　　　　［奈良県吉野町］
歴史的町屋の活用を通した地域住民や関係人口がわくわくほっ
こり交流できる場所づくり
#観光まちづくり

赤泊の未来を考える会　　　　　　　［高知県大月町］
限界集落における葉たばこ乾燥小屋の再生を通した集落共同体
の構築と関係人口の獲得
#地域固有の資源 #リフォーム #過疎集落

29回　2021（令和3）年度

●地域・コミュニティ活動助成

NPO法人えき・まちネットこまつ＊＊＊　　　　　　　［山形県川西町］
食文化の継承と環境保全によるSDGs活動で築くコロナ後のま
ちづくり人づくり
#町並み・景観 #空き家・空き店舗 #多世代交流

一般社団法人ちころ　　　　　　　［福島県二本松市］
東日本大震災の高齢避難者と地域の繋がりをつくる「食を通し
たコミュニティづくり」
#福祉のまちづくり #災害復興 #多世代交流

2020 特定非営利活動促進法の改正（設立迅速化・個人情報
　　　保護強化・事務負担軽減）
　　　民法改正が施行（配偶者居住権制度など）
　　　土地基本法改正（人口減少社会の土地政策の再構築）
　　　マンション管理適正化法改正（マンション管理計画認定
　　　制度）

新型コロナの国内感染の確認と拡大により緊急事態
宣言が発令され、訪日客も大幅に減少

28回
2020（令和2）年度
菅島の未来を考える会

29回
2021（令和3）年度
健軍リバイタライズ
プロジェクト

一般社団法人えんがお [栃木県大田原市]
多くの人を巻き込み、世代、立場、障害の有無を超えた「全世代参加型のごちゃまぜのまちづくり」
#空き家・空き店舗 #コミュニティビジネス #福祉のまちづくり

北四国町会 芝のはらっぱ実行委員会 [東京都港区]
地域住民が行う緑と花を通じた野外交流拠点「芝のはらっぱ」づくりとその運営活動
#居場所・拠点 #多世代交流 #自然・環境

「街のはなし」実行委員会 [神奈川県横浜市]
温故知新一地域の未来を担う次世代に街の来歴を伝える活動
#まち歩きなどイベント #多世代交流 #街の歴史を語り継ぐ

NPO法人かがやけ安八 [岐阜県安八町]
地域の空き家「みのむしハウス」を活用して、子どもたちの健全な育成と交流を図る活動
#地域固有の資源 #居場所・拠点 #多世代交流

西陣地域住民福祉協議会 学校跡地活用委員会 [京都府京都市]
地元主導による「元西陣小学校跡地の利活用方針・事業計画」の提案活動
#居場所・拠点 #公民連携 #子ども環境

認定NPO法人コミュニティ・サポートセンター神戸 [兵庫県神戸市]
「地域共生拠点・あすパーク」による多様な非営利事業の立ち上げ＆連携支援の取り組み
#居場所・拠点 #コミュニティビジネス

Team MAK-e Spot [和歌山県和歌山市]
まちなかの古民家を活用した、子ども、学生、商店主等の多世代交流の拠点づくり
#居場所・拠点 #空き家・空き店舗 #多世代交流

一般社団法人もも [香川県高松市]
住民参加によるこども・若者の居場所(茶室)づくりプロジェクト
#居場所・拠点 #空き家・空き店舗 #コミュニティビジネス

奥四万十山の暮らし調査団 [高知県四万十町ほか]
高知県内の屋号や集落の民衆知の記録(地域資源)の可視化活動
#情報発信 #地名と民俗の記録

健軍リバイタライズプロジェクト [熊本県熊本市]
日替わりシェアキッチンを拠点にして商店街に賑わいを取り戻す活動
#居場所・拠点 #商店街 #多世代交流

NPO法人環境圏研究所（DaDa） [熊本県人吉市]
水害常襲地域における「水を捌き易い家づくりの技術」の学習活動
#自然・環境 #水害に強い家づくり

都城三股農福連携協議会 [宮崎県都城市、三股町]
農家の古民家を福祉転用した軽度の農作業による認知症ケア・プログラムの構築と実践
#地域固有の資源 #福祉のまちづくり #農福連携

●**住まい活動助成**

小野崎団地 ローズマリーの会 [茨城県つくば市]
住民ボランティア組織が行う県営住宅団地の環境美化活動
#歴史的建造物 #居場所・拠点 #環境美化

東村山富士見町住宅管理組合＊＊ [東京都東村山市]
郊外分譲マンションの再生を複数案で行う基本計画づくりへの合意形成活動
#団地再生

真田ゆめぐるproject. [長野県上田市]
空き家を活かした「みんなの居場所づくり」と繋がりめぐる地域のヨコの関係づくり
#空き家・空き店舗 #リフォーム #多文化共生

NPO法人南市岡地域活動協議会＊＊ [大阪府大阪市]
社会的弱者等が、安定した豊かな住環境を確保できる多様なサポート活動の実施
#コミュニティビジネス #福祉のまちづくり #居住支援・セーフティネット

茶山台団地DIYサポーターズ [大阪府堺市]
公社賃貸住宅の空き室を活用した住まいのDIYサポート活動による団地コミュニティづくり
#リフォーム #団地再生 #多世代交流

谷瀬地域受入協議会 [奈良県十津川村]
中山間集落における空き家のDIY整備を通した集落住民と来訪者及び集落内の新旧住民の交流の場づくり
#空き家・空き店舗 #移住・定住 #過疎集落

かごだんSTEP展開プロジェクト [鹿児島県鹿児島市]
地方都市郊外の住宅地を持続可能なまちにするための地域住民と大学等の連携活動
#まち歩きなどイベント #多世代交流 #公民連携

2021 東京オリンピック・パラリンピック開催　　**2022** ロシア、ウクライナに侵攻

●このページの見方
第1部・第2部の各論稿、各寄稿・インタビュー、各活動例の各用語初出ページを示しています。
　【第1部】執筆者名（ページ）　【第2部】団体名略称（ページ）　【寄稿・インタビュー】執筆者名（ページ）
●本文での見方
第1部・第2部の各論稿、各寄稿・インタビュー、各活動例において、本文中の各用語初出箇所に＊印を付けています。
●第2部の団体名略称
活動1　機那サフラン酒本舗保存を願う市民の会 → 摂田屋
活動2　NPO法人金澤町家研究会 → 金澤町家
活動3　NPO法人旧鈴木家跡地活用保存会 → 旧鈴木家
活動4　美しが丘アセス委員会遊歩道ワーキンググループ
　　　　→ 美しが丘
活動5　NPO法人玉川学園地区まちづくりの会 → 玉川学園
活動6　NPO法人鶴甲サポートセンター → 鶴甲
活動7　東村山富士見町住宅管理組合 → 東村山
活動8　大阪府住宅供給公社 → 大阪府公社
活動9　NPO法人グリーンオフィスさやま → さやま
活動10　一般社団法人Omusubi（現 Ripple） → Omusubi
活動11　NPO法人都市住宅とまちづくり研究会 → 都市まち研
活動12　NPO法人チュラキューブ → チュラキューブ
活動13　芝園かけはしプロジェクト → 芝園
活動14　NPO法人南市岡地域活動協議会 → 南市岡
活動15　NPO法人ほっとプラス → ほっとプラス

A - Z

CPTED
（セプテッド）
Crime Prevention Through Environment Designの略
で防犯環境設計ともいう。1970年代初頭に建築学者のオス
カー・ニューマンが提唱したモデルをもとにつくられた、縄張
り意識の強い領域づくりによって犯罪予防を行う理論のこと。
　→　大月（p.23）

DIY
専門業者でない人が、何かを自分でつくったり修繕したりす
ること。Do It Yourselfの略語。
　→　大月（p.50）、松本（p.68）、大阪府公社（p.230）、さ
　　　やま（p.235）、鎌田（p.229）

DX
デジタルトランスフォーメーションの略で、進化したデジタ
ル技術を浸透させることで人びとの生活をより良いものへと
変革すること。
　→　大月（p.26）

HOPE計画
1983年に建設省（現国土交通省）の補助事業として始まった
各地方公共団体が策定した「地域住宅計画」。地域の特性を
踏まえた質の高い居住空間の整備、地域の発意と創意による
住まいまちづくりの実施、地域住宅文化・地域住宅生産など、
地域固有の環境に根ざした展開を理念としている。今後の住
宅政策の「希望」という意味も込めて名づけられた。HOusing
with Proper Environmentの頭文字からきている。
　→　大月（p.24）

LGBTQ
レズビアン（女性同性愛者）、ゲイ（男性同性愛者）、バイセ
クシュアル（両性愛者）、トランスジェンダー（生まれた時の
性別と自認する性別が一致しない人）、クエスチョニング（自
分自身のセクシュアリティを決められない、わからない、ま
たは決めない人）などの性的マイノリティの人を表す総称。
　→　大月（p.17）

LLP／LLC
有限責任事業組合（Limited Liability Partnership）と有限
責任会社（Limited Liability Company）のこと。どちらも
出資者全員が有限責任である組織で、LLPは「有限責任事業
組合契約に関する法律」（2005年制定）で規定された法人格
を持たない組合で、LLCは「会社法」（2005年制定）に基づ
く合同会社のことで法人格を持つ会社の一種である。
　→　佐藤（p.101）

Park-PFI
2017年の「都市公園法」改正により新たに設けられた「公
募設置管理制度」のこと。公園利用者の利便の向上に資する
飲食店や売店等の公募対象公園施設の設置と、その施設から
生ずる収益を活用してその周辺の園路や広場等の一般の公園
利用者が利用できる特定公園施設の整備・改修等を一体的に
行う者を公募により選定する。
　→　旧鈴木家（p.206）

SDGs
持続可能な開発目標（SDGs：Sustainable Development
Goals）のことで、2015年の国連サミットで採択された国
際目標。17のゴール・169のターゲットから構成され、地
球上の「誰一人取り残さない（leave no one behind）」こと
を誓っている。
　→　はじめに（p.9）、大月（p.12）、松本（p.69）、チュラ
　　　キューブ（p.249）、小澤（p.193）

SNS
ソーシャル・ネットワーキング・サービス（Social
Networking Service）の略で、登録された利用者同士が交
流できるWebサイトの会員制サービスのこと。場所に縛ら
れない情報発信が可能で、地縁型のコミュニティとは別の切
り口でつながりを生むことができる可能性がある。
　→　大月（p.26）、松本（p.65）、さやま（p.236）、
　　　Omusubi（p.240）、芝園（p.253）、髙見澤（p.59）

あ行

アウトリーチ
手を差しのべること。支援が必要であるにもかかわらず届い
ていない人に対して、援助側から働きかけ援助するプロセス。
訪問診療やホームレス状態の人への声かけなど、何らかの理
由で自ら支援を求めるのが難しい人に対して積極的に支援を
届ける活動をアウトリーチ活動という。
　→　大月（p.46）、ほっとプラス（p.263）

空家特措法

「空家等対策の推進に関する特別措置法」(2014年制定) が正式名称で、空き家の実態調査、空家等対策計画の策定、管理不全の空き家を「特定空家」に指定して助言・指導・勧告・命令ができること、行政代執行による除却等を規定している。

→ **大月**(p.37)、**板垣**(p.110)

空き家バンク

空き家を売りたい人や貸したい人が登録し、行政のホームページや掲示板に情報を掲載するプラットフォームのこと。「〇〇町空き家バンク」のように、通常各自治体が主体となって運営している。

→ **大月**(p.26)、**松本**(p.97)、**板垣**(p.117)、**渡邉**(p.166)

一団地認定制度

「建築基準法」(1950年制定) 第86条で定められている「一団地の総合的設計制度」のことで、本来はひとつの敷地にひとつの建物を建てなければならないところを、複数の敷地をひとつの敷地とみなして複数の建物を建てることができる制度。

→ **東村山**(p.226)

一般財団法人

一定の財産に対して法人格が与えられる非営利法人のひとつ。「一般社団法人及び一般財団法人に関する法律」(2006年制定) によって規定される。最低300万円以上の財産の拠出と、財産の活用について定めた定款、評議員・理事・監事合わせて7名以上の人が設立時に必要となる。一般社団法人と同様に、税制上「非営利型」と「普通型」に区分される。

→ **松本**(p.60)、**高見澤**(p.59)

一般社団法人

2名以上の人の集まりによって設立できる非営利法人のひとつ。「一般社団法人及び一般財団法人に関する法律」(2006年制定) によって規定される。基本的にどのような事業でも自由に行うことができるが、非営利法人であるため、法人の構成員である社員へ余剰利益を分配してはいけない。

→ **松本**(p.60)、**鎌田**(p.228)

インスペクション

調査・検査・査察などの意味を持つ言葉で、住宅の現状を、建築士の資格を持つ専門の検査員が、第三者的な立場で、目視、動作確認、聞き取りなどにより行うこと。

→ **大月**(p.21)

インターミディアリー／中間支援組織

NPOセンターやボランティアセンターなどとも呼ばれることがある。行政・NPO・市民・企業・民間財団などと多様な関係性を持ち、間を取り持つことで、主にNPOに対して、資金や人材、情報面のサポートを行う組織。

→ **はじめに**(p.7)、**松本**(p.67)、**西村**(p.123)

インハウス・スーパーバイザー

地方自治体内(インハウス)に専門家を監修者(スーパーバイザー)として迎え、縦割りを超えて総合的かつ戦略的に施策を推進する取り組み。この体制を普及するために設立したイ

ンハウス・スーパーバイザー協会が名づけた。

→ **金澤町家**(p.201)

インフルエンサー

SNSのフォロワー数が数十万単位など、世間に与える影響が大きい行動を行う人のこと。

→ **玉川学園**(p.218)

駅勢圏人口

駅周辺の居住者人口と地域の道路事情、路線バスなど二次交通の結節、他駅との兼ね合いを考慮して測り出した駅の勢力範囲内の居住人口。計算基準は分析により異なる。

→ **高見澤**(p.58)

エッセンシャルワーカー

人びとが生活していく上で必要不可欠な仕事をする人。2020年からのコロナ禍では、医療従事者や生活インフラ関連、スーパー店員など、リモートワークが行えず感染リスクを避けられない仕事をする人などを指す。

→ **大月**(p.51)

エリアリノベーション

2016年、馬場正尊(東京R不動産／ Open A) により提唱された概念で、あるエリアで同時多発的にリノベーションが起こることで「アクティブな点が相互に共鳴し、ネットワークし、面展開を始める」エリア形成の手法。

→ **大月**(p.20)

エリアマネジメント

特定のエリアを単位に、民間が主体となって、まちづくりや地域経営(マネジメント)を積極的に行う取り組み。行政主導の「つくる」まちづくりに対して、住民や事業者らが主体となって地域の環境や価値を持続・向上させるまちづくりという位置づけである。

→ **大月**(p.45)、**椎原**(p.159)、**玉川学園**(p.218)

か行

介護保険制度

1997年公布、2000年に施行された「介護保険法」に基づく制度。介護保険制度は、国民の共同連帯の理念に基づき、加齢や疾病等により介護を要する状態になった高齢介護者に対し、高齢介護者の能力に応じた自立を支援するため、必要な保健医療サービスおよび福祉サービスの給付を行う社会保険制度のひとつで3年ごとに見直すこととされている。また、介護保険制度は40歳以上のすべての国民が加入し、健康保険料に上乗せする形で介護保険料を負担する仕組みになっている。

→ **大月**(p.36)

開発許可制度

「都市計画法」(1968年制定) に基づき一定規模以上の開発行為(土地の区画形質の変更を伴う宅地造成や建築行為等)を行う場合には、都道府県知事等の許可を得ることを義務づけて良質なまちづくりを進める制度。

→ **大月**(p.23)

環境共生住宅

地球環境および周辺環境に配慮して快適な住環境を実現させた住宅および住環境のこと。建設省（現国土交通省）が1992年より環境共生住宅の推進として、自治体による計画策定の補助、モデル市街地の整備、住宅金融公庫融資の優遇措置を行っている。
→ 大月 (p.29)

管理組合

いわゆる「区分所有法」（1962年制定）に基づき、分譲マンションなど区分所有建物の建物（共用部分）と敷地を共同で管理するための組織。管理組合の実態の有無にかかわらず、2以上の区分所有者が発生したときに自動的に組成されるもので、区分所有者全員が組合員となり、理事会の開催や修繕等に関する合意形成を行う。
→ 大月 (p.45)、松本 (p.64)、鶴甲 (p.222)、東村山 (p.225)、さやま (p.235)、都市まち研 (p.244)

休眠預金等活用法

正式名称は「民間公益活動を促進するための休眠預金等に係る資金の活用に関する法律」（2016年制定）。10年以上取引がない「眠っている預金」である休眠預金について、行政対応が困難な社会的課題の解決に活用されるようになった。
→ 松本 (p.88)

居住支援法人

「住宅セーフティネット法」（2017年10月改正）に基づき都道府県が指定した法人で、住宅確保要配慮者の民間賃貸住宅への円滑な入居の促進を図るため、住宅確保要配慮者に対し家賃債務保証の提供、賃貸住宅への入居に係る住宅情報の提供・相談、見守りなどの生活支援等を実施する。
→ 大月 (p.27)、南市岡 (p.259)

居住支援協議会

「住宅セーフティネット法」（2017年10月改正）に基づき設立された、特定の地域内で住宅確保要配慮者の民間賃貸住宅への円滑な入居の促進等を図るために、地方公共団体、不動産関係団体、居住支援団体等が連携する協議会。
→ 大月 (p.27)

区分所有法

正式名称は「建物の区分所有等に関する法律」（1962年制定）で、分譲マンションなどの独立した各部分から構成されている建物の専有部分、共用部分、敷地に関する権利関係を明確化している。また、区分所有者が管理組合を構成し、共用部分の管理や修繕などについて集会を開いて規約を定めることなどを規定している。
→ 大月 (p.56)、松本 (p.72)、東村山 (p.226)、都市まち研 (p.247)

クラウドファンディング

crowd（群衆）とfunding（資金調達）を組み合わせた造語であり、多数の人による少額の資金が他の人びとや組織に財源の提供や協力などを行うことを意味する。金銭的リターンのない「寄付型」、金銭リターンが伴う「投資型」、プロジェクトが提供する何らかの権利や物品を購入することで支援を行う「購入型」などに分類される。
→ 松本 (p.84)、渡邉 (p.173)、旧鈴木家 (p.209)、大阪府公社 (p.231)、ほっとプラス (p.264)、西村 (p.123)

グループホーム

知的障がい者や精神障がい者、認知症高齢者などが専門スタッフの支援のもと集団で暮らす家。法律的な位置づけは、認知症高齢者グループホームと障がい者グループホームの2種類があり、前者は、「老人福祉法」（1963年制定）および「介護保険法」（1997年制定）の規定に基づいて「認知症対応型老人共同生活援助事業」が行われる共同生活を営むべき住居として設けられた建築物のことをいい、後者は、「障害者総合支援法」（2005年制定）に規定された障がい福祉サービスのひとつとして、身体・知的・精神障がい者および難病患者等が世話人等の支援を受けながら、地域のアパート・マンション・戸建住宅等で共同生活を送る場をいう。
→ 南市岡 (p.259)、ほっとプラス (p.265)

クルドサック

主に戸建住宅地設計の際に設けられる袋小路状の道路。道路の末端がサークル状になっており、通行するのはほぼ周辺の区画に住む居住者のみであるため、車の通行量を抑えることができる。
→ 美しが丘 (p.212)

ケアラー／ヤングケアラー

明確な定義はないが、一般に、高齢、身体または精神上の障がいまたは疾病等により援助を必要とする親族、友人その他の身近な人に対して、無償で介護、看護、日常生活上の世話その他の援助を提供する者を指す。そのうち18歳未満の者をヤングケアラーという。
→ 萩原 (p.243)

景観法

2004年公布、2005年全面施行された良好な景観まちづくりを進めるための総合的な法律。「景観法」では、景観行政団体（都道府県、指定都市、都道府県の同意を得た市町村）が景観計画を策定し、景観計画区域内の建築物等について、届出義務を課し、あるいは、建築物等の形態、意匠、色彩等の基準を定めることができる。
→ 大月 (p.23)

建築協定

「建築基準法（1950年制定）に基づく制度で、良好な住環境の確保等を図るため、土地所有者等の合意と特定行政庁の認可によって、特定の区域内の建築行為に対して「最低敷地面積」「道路からのセットバック」「建物の用途」などルールを定めること。
→ 大月 (p.22)、松本 (p.64)、板垣 (p.110)、椎原 (p.160)、美しが丘 (p.212)

公営住宅／公営住宅法

「公営住宅法」（1951年制定）によって定められた、地方公共団体が、建設・買い取り・借り上げを行い、低額所得者に賃貸・転貸するための住宅およびその付帯施設のことである。

→ 大月 (p.17)、板垣 (p.117)、大阪府公社 (p.233)、チュラキューブ (p.251)

公民連携（PPP）

Public Private Partnershipの略で、公民が連携して公共サービスの提供を行う事業の仕組みの総称。多様な事業方式があり、指定管理者制度や公共空間の占有許可などの活用がある。
→ 板垣 (p.118)、南市岡 (p.260)

高齢者住まい法

正式名称は「高齢者の居住の安定確保に関する法律」で2001年に制定された。都道府県が、国が定めた基本方針に基づき、住宅部局と福祉部局が共同で、高齢者に対する賃貸住宅および老人ホームの供給の目標などを定める「高齢者居住安定確保計画」などについて規定している。
→ 大月 (p.37)

コーポラティブ住宅 / コーポラティブハウス

集合住宅建設形態のひとつで、入居希望者等が建設組合を設立して出資を行い集合住宅を新築したもの。入居希望者が自分たちで住みたい集合住宅を計画する。建設組合は、コーポラティブ住宅が完成後、財産を配分して解散する。
→ 東村山 (p.226)、都市まち研 (p.247)

コミュニティビジネス

地域課題の解決を地域の資源を活かしながら「ビジネス」の手法で取り組むもの。主に地域における人材、ノウハウ、施設、資金等を活用することで、対象となるコミュニティを活性化し、雇用を創出したり人の生き甲斐（居場所）などをつくり出すことが主な目的や役割となる場合が多い。さらに、コミュニティビジネスの活動によって、行政コストが削減されることも期待されている。
→ 大月 (p.48)、松本 (p.67)、西村 (p.123)

コモン空間 / コモンスペース

マンションや計画的に整備された住宅地の中で、居住者が使用する私的な共有空間のこと。これに対して居住者以外も利用できる空間はパブリック空間と呼ばれる。
→ 美しが丘 (p.214)、玉川学園 (p.218)、高見澤 (p.58)

さ行

サービス付き高齢者向け住宅

60歳以上の高齢者または要介護認定を受けた60歳未満の人が入居できる、生活サポートが付随する賃貸住宅。「高齢者住まい法」の2011年改正により創設された制度によって登録基準が設けられている。
→ 大月 (p.26)

財産管理委任契約

身体の不調等により外出が困難になったときに、一定の財産管理に関わる法律行為を受任者に委任する契約のこと。契約内容は自由に定めることができる。任意後見制度では、認知症等が認められない限り管理を委任できないが、財産管理委任契約では好きなタイミングで管理を委任できる。

→ 都市まち研 (p.247)

サウンディング調査

公有財産の活用等における公募要項策定前の段階から民間事業者と意見交換を行う公募条件設定手法。市場性の検討や事業者の参加意向の把握によって、事業者が参加しやすい公募条件を設定することを目的としている。
→ 旧鈴木家 (p.209)

サブリース

建物オーナーから一括で借り上げた不動産を第三者に転貸すること。会社や団体等が、建物オーナーから不動産を一括して借り上げる契約をマスターリース（特定賃貸借）契約と呼び、借り上げた不動産を入居者やテナント等に転貸する契約をサブリース（転貸借）契約という。
→ 椎原 (p.140)、渡邉 (p.171)、南市岡 (p.260)

シェアハウス

一般にひとつの住居に親族以外の複数人が共同で暮らす賃貸住宅のこと。空間様式はさまざまで、2段ベッドの1段のみが専有のものもあれば、風呂・トイレ・キッチンが専有個室に含まれるものもある。
→ 大月 (p.46)、板垣 (p.114)、椎原 (p.148)、さやま (p.237)、Omusubi (p.238)、澤登 (p.257)

ジェンダー

生物学的な性別（sex）に対して、社会的・文化的につくられる性別のこと。
→ 大月 (p.40)、萩原 (p.242)

死後事務委任契約

役所への死亡届の提出や葬儀に関する事務、各種契約の解約・精算手続など、死後に行う必要があるさまざまな事務に関して、生前に信頼できる受任者と締結する契約。任意後見契約では、当事者の死亡により契約が終了しフォローできなかった部分を補うことができる。
→ 都市まち研 (p.246)

児童養護施設

「児童福祉法」（1947年制定）で規定された、保護者のない児童、虐待されている児童、その他環境上養護を要する児童を入所させて、これを養護し、併せて退所した者に対する相談その他の自立のための援助を行うことを目的とする施設。
→ 大月 (p.46)、南市岡 (p.258)

社会福祉協議会

「社会福祉法」（1951年制定）に基づき、全国・各都道府県・各市区町村に設置された、地域住民や地域の社会福祉関係者・機関と協力し、各種の福祉サービスや相談活動、ボランティアや市民活動の支援、共同募金運動への協力などの福祉活動を行う組織。
→ 玉川学園 (p.216)、南市岡 (p.259)、高見澤 (p.59)

用語解説一覧

住生活基本計画

「住生活基本法」(2006年制定)によって義務づけられた、国・都道府県が5年ごとに策定する住生活の安定の確保および向上の促進に関する基本的な計画。

→ はじめに(p.9)、大月(p.12)

住生活基本法

2006年に制定された、住生活の安定の確保と向上の促進に関する施策の理念、国・地方公共団体・関連事業者の責務の明確化と、住生活基本計画の策定などについて定めた法律。

→ 大月(p.37)

住宅確保要配慮者

「住宅セーフティネット法」(2017年10月改正)で定められた住宅の確保に配慮が必要な者のことをいい、低額所得者、被災者、高齢者、障がい者、子育て世帯、その他住宅の確保に特に配慮を要する者を指す。

→ 大月(p.37)、南市岡(p.258)

住宅供給公社

国および地方公共団体の住宅政策の一翼を担う公的住宅供給主体として「地方住宅供給公社法」(1965年制定)に基づき設立された法人。分譲住宅および宅地の譲渡、賃貸住宅の建設・管理などを行う。2021年4月時点で都道府県に29公社、政令指定都市8公社が存在している。

→ 松本(p.68)、板垣(p.116)、鶴甲(p.220)、東村山(p.224)、大阪府公社(p.230)、チュラキューブ(p.248)

住宅セーフティネット法

「住宅確保要配慮者に対する賃貸住宅の供給の促進に関する法律」(2007年制定)が正式名称で、2017年に改正され、住宅確保要配慮者の入居を拒まない賃貸住宅の登録制度、登録住宅の改修や入居者への経済的な支援、住宅確保要配慮者に対する居住支援の3本柱で制度を展開している。

→ 大月(p.37)、チュラキューブ(p.251)、南市岡(p.259)、ほっとプラス(p.262)

住宅品確法

正式名称は「住宅の品質確保の促進等に関する法律」で1999年に制定された。新築住宅の基本構造部分の瑕疵担保責任期間を「10年間義務化」すること、さまざまな住宅の性能をわかりやすく表示する「住宅性能表示制度」を制定すること、トラブルを迅速に解決するための「指定住宅紛争処理機関」を整備することを定めている。

→ 大月(p.37)

住宅扶助費

生活保護制度で扶助できる費用のひとつで、生活保護受給者が家賃、部屋代、地代、住宅維持費(修繕費)、更新料、引っ越し費用などを居住地や世帯人数に応じてもらえる制度。

→ 大月(p.27)、ほっとプラス(p.263)

障害者雇用納付金

「障害者雇用促進法」(1960年制定)の1976年改正時から規定されている、企業における障がい者雇用人数が一定数に満たない場合に、企業が国に納付しなければならない負担金。

→ チュラキューブ(p.249)

生活困窮者自立支援法

2013年制定。生活保護に至っていない生活困窮者に対する「第2のセーフティネット」を全国的に拡充し、包括的な支援体系を創設する生活困窮者自立支援制度について定めている法律。

→ 大月(p.37)

成年後見制度

(法定後見制度、任意後見制度)

認知症、知的障がい、精神障がいなどの理由で判断能力の不十分な人が不利益な契約をしないように保護と支援を目的とする制度で、「法定後見制度」と「任意後見制度」がある。「法定後見制度」は、本人の判断能力が不十分になった後に、家庭裁判所によって選任された成年後見人等が本人を法律的に支援する制度。「任意後見制度」は、本人が十分な判断能力を有するときに、あらかじめ任意後見人や委任する事務を定めておき、後に任意後見人が本人に代わって事務を行える制度。

→ 都市まち研(p.246)

相続財産管理人

遺産を管理して遺産を清算する職務を行う人のこと。包括受遺者(遺言によって包括的に財産を受け取った人)がいない場合や相続人全員が相続放棄した場合に、家庭裁判所が利害関係者や検察官の申し立てにより相続財産管理人を選定する。

→ 都市まち研(p.246)

ソーシャルビジネス

バングラデシュの経済学者でありグラミン銀行創設者、ムハマド・ユヌス博士が著書『貧困のない世界を創る―ソーシャル・ビジネスと新しい資本主義―』で定義した言葉で、人種差別、貧困、食糧不足、環境破壊といった社会問題の解決を行うビジネスのこと。経済産業省では、「社会性」「事業性」「革新性」の3つの要素を満たす事業をソーシャルビジネスとして定義している。

→ 大月(p.27)、松本(p.69)、チュラキューブ(p.249)

た行

耐震改修促進法

正式名称は「建築物の耐震改修の促進に関する法律」で1995年に制定された。多くの人が集まる学校、事務所、病院、百貨店など、一定の建築物のうち、現行の耐震規定に適合しないものの所有者は、耐震診断を行い、必要に応じて耐震改修を行うよう努めることを義務づけている。

→ 大月(p.23)

託児所

明確な定義はないが、幼稚園や保育園、認定こども園のような児童福祉法に基づく認可を受けていない保育施設の総称を指すことが多い。ベビーホテル、事業所内保育施設、居宅訪

問型保育事業などの種類がある。
→ **大月**（p.49）、**Omusubi**（p.238）

地域食堂

地域内に住む人が、無料あるいは格安で食事ができる居場所を開放している食堂あるいは定期的な飲食提供の場。「こども食堂」という言葉と同じ意味合いで使われることが多い。明確な定義はなく、運営形態もさまざまではあるが、全国および各地で地域食堂・こども食堂同士が連携するネットワークが形成されている。
→ **松本**（p.67）、**チュラキューブ**（p.249）

地域通貨

特定の地域やコミュニティの中だけで流通・利用できる通貨のこと。自治体やNPO、商店街などが独自に発行するもので、法定通貨ではない。
→ **大月**（p.50）、**松本**（p.73）、**鶴甲**（p.221）

地域包括支援センター

「介護保険法」（2006年改正）で規定された、地域住民の心身の健康の保持および生活の安定のために必要な援助を行うことにより、その保健医療の向上および福祉の増進を包括的に支援することを目的とする施設。主に65歳以上の高齢者を対象にした介護予防や相談支援を行う。
→ **玉川学園**（p.217）、**南市岡**（p.259）

地区計画

「都市計画法」（1980年改正）に基づき、住民参加のもと、地区レベルのまちづくりを総合的かつ詳細に定めることができる都市計画のひとつ。「地区計画の目標」「区域の整備・開発及び保全に関する方針」、そして道路・広場などの公共的施設（地区施設）、建築物等の用途・規模・形態等の制限をきめ細かく定める「地区整備計画」等から構成される。
→ **大月**（p.22）、**松本**（p.72）、**椎原**（p.160）、**美しが丘**（p.212）

中心市街地の活性化に関する法律

1998年に制定された「中心市街地における市街地の整備改善及び商業等の活性化の一体的推進に関する法律」の2006年改正において、法令名が現在の「中心市街地の活性化に関する法律（通称：中心市街地活性化法）」に改められた。市町村が作成し、国が認定した中心市街地活性化基本計画に基づき、重点的な支援や補助事業等を活用できる仕組みになっている。「都市計画法」「大規模小売店舗立地法」と併せて、まちづくり三法と呼ばれる。
→ **佐藤**（p.100）

定期借家契約

「借地借家法」（2000年改正）によって定められた契約類型のひとつで、契約で定めた期間の満了により、確実に賃貸借契約が終了する借家契約。普通借家契約では借り主の保護のために、貸し主は正当事由がない限り契約の更新を拒絶できないが、定期借家契約の場合そのような制約がない。
→ **椎原**（p.147）

伝統的建造物群保存地区

「文化財保護法」（1975年改正）の規定に基づき、周囲の環境と一体をなして歴史的風致を形成している伝統的な建造物群で価値の高いものおよび、これと一体をなしてその価値を形成している環境を保存するために、市町村が都市計画または条例で定めた地区をいう。従来、建物単体でしか保存できなかった歴史的建造物を、面的な広がりをもって保存することができる特徴を持つ。国は、市町村の申し出に基づき、伝統的建造物群保存地区の中から、特に価値の高いものを重要伝統的建造物群保存地区（重伝建）として選定できる。
→ **椎原**（p.138）

同潤会

関東大震災の後に国内外の各地から集められた義捐金をもとに1924年に内務省が設立した財団法人。東京と横浜に、仮住宅や木造の戸建分譲住宅、鉄筋コンクリート造の共同住宅などの住宅供給を行った。1941年に発足した住宅営団に業務を移管し解散した。
→ **はじめに**（p.7）、**東村山**（p.227）

登録有形文化財

1996年の「文化財保護法」改正に基づいて、重要文化財以外の有形文化財のうち、保存および活用のための措置が特に必要とされるものとして文部科学大臣によって登録されたもの。重要文化財指定制度よりも幅広く文化的価値のある建造物を継承する目的で制度がつくられた。改正当初は建造物のみが登録の対象だったが、2004年の改正で美術工芸品などの有形文化財も対象になった。
→ **渡邉**（p.166）、**摂田屋**（p.199）

特定空家

「空家特措法」（2014年制定）に基づき、自治体が「そのまま放置すれば倒壊等著しく保安上危険となるおそれのある状態又は著しく衛生上有害となるおそれのある状態、適切な管理が行われていないことにより著しく景観を損なっている状態、その他周辺の生活環境の保全を図るために放置することが不適切である状態にあると認められる空家等」に指定したもの。指定後、自治体から勧告、固定資産税の優遇措置の解除、懲罰的措置、場合によっては解体等が行われる。
→ **大月**（p.20）、**板垣**（p.110）

特定非営利活動促進法（NPO法）

1998年に制定された特定非営利活動法人として認定される規定を定めている法律。特定非営利活動として「保健、医療又は福祉の増進を図る活動」「社会教育の推進を図る活動」「まちづくりの推進を図る活動」など20項目を定め、それらの活動を行うことを目的としている。
→ **松本**（p.60）

都市再生機構（UR）

独立行政法人都市再生機構（通称UR）のことで、「独立行政法人都市再生機構法」（2003年制定）によって定められた住宅供給や市街地整備等を行う第3セクター。日本住宅公団を前身とする都市基盤整備公団と地域振興整備公団の地方都市開発整備部門が合流して設立された。

→ 大月（p.26）、松本（p.94）、大阪府公社（p.233）、チュラキューブ（p.251）、芝園（p.252）

な行

ノーマライゼーション
障がい者も健常者と同様の生活ができるように支援するという考え方。また、障がい者や高齢者といった広く社会的弱者に対して、特別に区別されることなく社会生活を共にすることをめざす考え方でもある。1950年代に北欧諸国で提唱され始めた。
→ 大月（p.36）

は行

パッシブデザイン
自然エネルギーを最大限に利活用し、少ないエネルギーで快適な住環境を実現する住宅の設計手法。夏は太陽熱を遮り風通しを良くし、冬は太陽熱を取り込み熱を逃さないようにするような開口や屋根の形状のデザインなどが例としてある。
→ 大月（p.29）

貧困ビジネス
経済的に困窮した人の弱みに付け込んで利益を上げる事業行為。2008年、「NPO法人自立生活サポートセンター・もやい」の湯浅誠氏により提唱された。湯浅氏は「貧困層をターゲットにしていて、かつ貧困からの脱却に資することなく、貧困を固定化するビジネス」と定義している。
→ 南市岡（p.260）、ほっとプラス（p.265）

福祉作業所
一般企業などに就職が困難な障がい者に提供される援助付きの職場であり、障がい者が集い活動する「通所施設」でもある。「障害者総合支援法」（2013年に障害者自立支援法が改正）によって新たなサービス体系となり、福祉作業所は主に地域活動支援センターや就労移行支援事業所、就労継続支援A（雇用契約）・B（工賃報酬）型事業所への移行が行われている。
→ チュラキューブ（p.249）

不燃化
地域内の建物を燃えにくい構造のものに建替えたり、道路を拡幅することで火災時に燃え広がりにくくすることで、地域の火災被害リスクを低減する取り組み。東京都では2013年から「不燃化特区」を定め、建替助成などを行っている。
→ 椎原（p.138）

ふるさと納税
寄付金額のうち2,000円を超える部分について住民税の概ね2割を上限に所得税と合わせて全額が控除・還付される自治体への寄付制度のこと。2008年より始まった税収の都市一極集中を緩和する目的の施策で、出身地や特定の地方自治体に寄付ができ、特産物の返礼品やプロジェクトへの支援などさまざまな返礼メニューを各自治体が用意している。
→ 松本（p.91）

フレイル
加齢により心身が老い衰えているが、日常生活のサポートは必要な介護状態ではない状態。海外の老年医学の分野で使用されている「Frailty（虚弱、老衰）」が語源で、2014年に日本老年医学会が「フレイル」として提唱した。
→ 松本（p.70）、大阪府公社（p.231）

ヘリテージマネージャー
地域に眠る歴史的文化遺産を発見し、保存し、活用し、まちづくりに活かす能力を持った人材のこと。各都道府県の建築士会が育成活動を行っている。2012年には全国ヘリテージマネージャーネットワーク協議会が設立された。
→ 渡邉（p.187）

ホームレス自立支援法
正式名称は「ホームレスの自立の支援等に関する特別措置法」で2002年に制定された。自立の意思があるホームレスおよびホームレスになる恐れがある人が多く存在する地域に対して、就業・居住・医療・保健の確保と生活相談などに関する施策を含んでいる。
→ 大月（p.36）

ま行

まちづくり会社
一般に、良好な市街地を形成するためのまちづくりの推進を図る事業活動を行うことを目的として設立された会社のことを指すが、明確な定義はない。都道府県や市町村・商工会などから出資を受け、特定の地域に対する公益的な事業やコーディネートを行うものなどがある。
→ 松本（p.69）、板垣（p.118）、椎原（p.157）、摂田屋（p.198）、佐藤（p.100）

マンション管理計画認定制度
「マンション管理適正化法」の2020年改正によって定められた良質なマンション管理が市場で評価されることを目的とした制度。マンション管理組合が、マンション管理適正化推進計画を策定した地方公共団体に管理計画を提出し、一定の基準を満たしている場合に認定を受けることができるというもの。
→ 大月（p.21）

マンション管理適正化法
正式名称は「マンションの管理の適正化の推進に関する法律」で2000年に制定された。マンション管理組合に向けた指針としての「マンション管理適正化指針」の制定や、マンション管理士資格の創設を定めている。2022年に改正法が施行された。
→ 大月（p.21）

民間都市開発推進機構
「民間都市開発の推進に関する特別措置法」（1987年制定）に基づいて設立された法人（現在は一般財団法人）。MINTO機構とも呼ばれており、民間都市開発事業に対し安定的な資

金支援など多様な支援を行うことを目的としている。
→ **椎原**（p.158）

民泊

一般的に、住宅の全部または一部を活用して、旅行者等に宿泊サービスを提供することを指す。住宅形態や運営主体はさまざまで、個人が空き部屋を貸し出すものから企業がアパート1棟丸ごと貸出用に整備するものもある。「住宅宿泊事業法」（2017年制定）における規定では、基準を満たすものであれば許可制ではなく届出制で事業が可能となった。
→ **大月**（p.25）、**板垣**（p.109）

目的外使用許可

「地方自治法」（1947年制定）第238条の4第7項の規定に規定されている行政財産の目的外使用許可のことで、特定の要件を満たす使用方法について公営住宅や公共建築などの行政財産を規定された目的以外で使用することを許可する仕組み。
→ **板垣**（p.116）、**大阪府公社**（p.233）

モデレーター

日本語で言うと「調停者」や「仲介人」のことで、第三者として当事者間に入って議論を進行させる人のこと。座談会や討論会では、司会者や進行役のことを指す。
→ **板垣**（p.102）、**ほっとプラス**（p.265）

や行

用途地域

「都市計画法」（1968年制定）の地域地区のひとつで、住居・商業・工業など市街地の土地利用の大枠を13種類で定めている。それぞれの用途地域に対応する形で、建築基準法による用途や容積の規制が規定されている。
→ **松本**（p.75）、**板垣**（p.103）

ら行

リーシング

賃貸物件の借り手が見つかるように多方面からサポートすること。例えば商業用不動産の場合、賃貸借取引の仲介だけでなく、マーケティングやテナント構成検討、条件の設計・調整などが含まれる。
→ **椎原**（p.145）

リダンダンシー

「冗長性」「余剰」を意味する。必要最低限のものに加えて、余分や重複がある状態やその余剰の多さ。国土計画では交通ネットワークの多重化、エンジニアリングでは予備系の確保などが例として挙げられる。
→ **大月**（p.31）

立地適正化計画

2014年の「都市再生特別措置法」改正によって定められた、市町村が策定する都市機能の立地を誘導するマスタープラン。コンパクトシティをめざすため、都市機能誘導区域、居住誘導区域、誘導施設等を定め、市街化区域内だが居住誘導区域外の区域について開発行為の届け出を義務づけている。
→ **大月**（p.30）

リノベーション

既存建物に大規模な改修を行って、建物の用途や機能を変更向上させ、建物自体の付加価値を高める行為をいう。類義語にリフォームがある。リフォームが、マイナス状態のものをゼロの状態に戻す機能回復という意味合いが強いのに対し、リノベーションは、新たな機能や価値を加えて、より良くつくり替えるとの意味合いを持つ。
→ **大月**（p.20）、**松本**（p.68）、**板垣**（p.114）、**椎原**（p.132）、**渡邉**（p.171）、**東村山**（p.224）、**大阪府公社**（p.231）、**さやま**（p.234）、**Omusubi**（p.239）、**小澤**（p.193）、**鎌田**（p.229）

リバースモーゲージ

自宅を担保に生活資金を借り入れし、自らの持ち家に住み続け、借入人が死亡したときに、担保としていた不動産処分によって借入金を返済する仕組み。
→ **大月**（p.22）

歴史まちづくり法

「地域における歴史的風致の維持及び向上に関する法律」（2008年制定）が正式名称。地域固有の風情、情緒、たたずまいなどから醸し出される歴史的風致を維持・向上させ、後世に継承するため、市町村が作成した「歴史的風致維持向上計画」を国が認定し、これに基づいて歴史を活かしたまちづくりを進めるもの。2022年3月現在、全国の87都市が歴史的風致維持向上計画に認定を受けている。
→ **板垣**（p.106）、**渡邉**（p.183）

わ行

ワークショップ

学びや問題解決のトレーニングの手法。まちづくり分野においては、地域に関わるさまざまな立場の人びとが参加して、地域の課題解決のための改善計画や提案づくりを進めていく共同作業の総称。
→ **松本**（p.73）、**渡邉**（p.171）、**摂田屋**（p.198）、**美しが丘**（p.214）、**玉川学園**（p.217）、**大阪府公社**（p.231）、**さやま**（p.235）、**Omusubi**（p.239）、**芝園**（p.253）、**佐藤**（p.100）

用語解説一覧

発刊によせて

一般財団法人ハウジングアンドコミュニティ財団
理事長　大栗　育夫

　ハウジングアンドコミュニティ財団（以下「H&C財団」）は、豊かな住環境の創造に貢献することを目的に1992（平成4）年に財団法人（出捐は現在の株式会社長谷工コーポレーション、2011（平成23）年に一般財団法人に移行）として設立されました。

　本書は、これまでのH&C財団の活動の節目として出版するものであり、助成を通してかかわった市民活動の実践現場を調査し、活動の実態と先進的な取り組みを現場目線でご紹介しようとするものです。また、第2部の活動紹介では、活動団体の方々に、住まいまちづくり活動に取り組まれている方々の参考となるよう、実践者としての立場から語っていただきました。加えて、これまで財団の活動を支えてこられた関係者の方々に、住まいまちづくり活動の歩みを含め、さまざまな視点から知見をご披露いただきました。

　H&C財団の定款では、その目的を「本財団は、住まいとコミュニティづくりに関する調査研究、情報提供等を行うとともに、住まいとコミュニティづくりを行うものを支援すること等により、世代を超えた良質な住環境の形成及び良好な相隣関係、近隣関係を醸成し得る地域社会の構築に寄与することを目的とする」としています。目的の実現には市民の自発的な地域づくり、住まいづくりが不可欠であるとの考えのもと、1992（平成4）年の翌年には助成活動を始め、また活動事例の紹介のための交流会やセミナー等を開催することで、各地域で活動されている方々に先進的な活動の取り組みの情報交換、また活動される方々に役立つネットワークづくりのお手伝いを継続して行ってきました。

　ここで助成活動の内容を第1回の「住まいとコミュニティづくり活動助成事業」公募要領で振り返りますと、「民間グループによる住まいとコミュニティづくりについての先駆的・創造的な活動への助成を行います。意欲に満ちた方々のご応募をお待ちしております」とあり、その助成対象には「民間の有志グループが行う住まいとコミュニティづくりに関する下記5項目の活動」を挙げています。

①幅広く住環境の魅力や問題点を発見し、その保全や改善について考える事を通じ、住まいとコミュニティづくりの提案の基礎にとなるような活動

②子供の遊び場、高齢者のサロン、その他新しい種類の住宅地施設のあり方について提案し、その実現を目指すような活動

③緑化の促進、建物の保全、屋外工作物の整備、その他協定による環境の維持管理などについて提案し、その実現を目指すような活動

④地形、水系、動植物等を保護し、住環境を生かす方策などについて提案し、その実現を目指すような活動

⑤その他の活動。上記①〜④以外で住環境の具体的な保全、改善、創造に関するあらゆる活動

　第1回ということで、応募者の理解が得られるよう活動内容の記載が具体的なものになっていますが、30年前の当初より「人口減少社会」「少子高齢化社会」、また「地域環境の保全・向上」がこれからの住まいとコミュニティにおける将来課題であろうという視点のもと、市民の自発的な地域づくり、住まいづくり活動を支援するというH&C財団の姿勢は、今もって変わりはありません。

　本書の活動助成一覧で示されるよう、1991（平成3）年のバブルの崩壊による景気後退期に伴う生活変容のさなかに起きた1995（平成7）年の阪神・淡路大震災では、復興に向けたまちづくりにおいて行政だけでなくボランティアの果たす役割が認識されました。この市民活動へのH&C財団の支援の経験は、さらに2011（平成23）年の東日本大震災の復興の市民活動への支援にもつながったと考えます。「安全・安心に暮らせる地域」という新たな課題が現れる一方で、SDGs、外国人居住支援、貧困者問題、情報化の進展、また最近では新型コロナウイルス（COVID-19）やウクライナ情勢に伴う国際情勢の影響が経済環境や社会交流に変化を引き起こしています。市民活動を取り巻く社会環境が30年間で急激に変化し、それに呼応する市民活動の変容をこの活動助成一覧からうかがうことができるでしょう。

　さて、H&C財団は30年という節目を迎えたわけでありますが、30年をワンジェネレーションとすれば、活動の変容のなかで市民活動団体の世代交代が始まっているのではないでしょうか。持続的な活動かつ自立した活動として発展させたいという意識のもと、ソーシャルビジネスを立ち上げようという意欲を持つ20歳代後半から30歳代の方々の活躍を感じています。新たな世代がこれからの市民活動を担うようになっているなか、H&C財団の助成活動がそういった変化に寄り添い、住まいまちづくり活動の支えとなれば、また本書が活動の参考のひとつとなれば幸いです。

　何卒、今後も当H&C財団へのご理解とご支援をお願い申し上げますとともに、本書の発刊のご挨拶とさせていただきます。

執筆者プロフィール

■ **大月敏雄**（おおつき としお）

はじめに、第1部1章、p.227、p.237、p.241、p.251、p.255、p.261

東京大学大学院工学系研究科建築学専攻教授。同高齢社会総合研究機構副機構長。一般財団法人ハウジングアンドコミュニティ財団理事。博士（工学）、一級建築士。古い集合住宅の住みこなしや、アジアのスラムのまちづくり、戸建て住宅地のマネジメント、古今東西の住宅政策、包括的居住支援研究などを中心に、住宅地の生成過程と運営過程について研究する。著書に『消えゆく同潤会アパートメント』（編著、2003年、河出書房新書）、『集合住宅の時間』（単著、2006年、王国社）、『近居』（編著、2014年、学芸出版社）、『住まいと町とコミュニティ』（単著、2017年、王国社）、『町を住みこなす』（単著、2017年、岩波書店）、『住宅地のマネジメント』（編著、2018年、建築資料研究社）などがある。設計作品として「遠野市仮設住宅・希望の郷 絆」（監修 2011年）、「釜石市平田第六応急仮設住宅」（監修、2011年）、「高齢者向けサービス付き住宅・ほっこり家」（設計、2019年）、「大熊町大川原地区災害公営住宅」（監修、2021年）など。日本建築学会賞（論文）（2019年）。

■ **松本 昭**（まつもと あきら）

第1部2章、p.209、p.223

一般財団法人ハウジングアンドコミュニティ財団専務理事（代表理事）。株式会社市民未来まちづくりテラス代表取締役、一般社団法人チームまちづくり専務理事、東京大学・法政大学非常勤講師、博士（工学）、技術士（都市及び地方計画）、一級建築士他、最近10年は、古河市にてまちづくり会社「古河鍛冶町みらい蔵」を市民と立ち上げ、歴史的な建造物である店蔵群を修復再生して飲食店に活用する事業（まちづくり功労者国土交通大臣表彰）を展開、また、気仙沼市では被災商業者とまちづくり会社を設立して「まちなか復興型共同化事業」（都市住宅学会会長賞）を事業化、近年は郊外住宅地において、自治会と協働して高齢者の余生と空き家予防対策を融合させた「私の空き家予防プラン実践事業」を実施中。逗子市、八潮市、大磯町、古河市等でまちづくり審議会会長等を歴任。主な著書に『まちづくり条例に設計思想』（単著、2005年、第一法規）、『人口減少時代の都市計画』（共著、2011年、学芸出版社）など。

■ **板垣勝彦**（いたがき かつひこ）

第1部3章、p.233、p.265

横浜国立大学大学院国際社会科学研究院教授。博士（法学）。専門は行政法、地方自治法、都市・住宅法。東京大学法学部卒業、東京大学法科大学院修了。東京大学大学院法学政治学研究科助教、国土交通省住宅局住宅総合整備課主査などを経て、2022年より現職。日本財政法学会理事。東京大学、慶應義塾大学、政策研究大学院大学、駒澤大学などで非常勤講師を務めるほか、市町村アカデミー、全国建設研修センター、東北自治研修所などで、幅広く自治体政策法務の実践について教授している。主な著書に、『保障行政の法理論』（単著、2013年、弘文堂）、『住宅市場と行政法—耐震偽装、まちづくり、住宅セーフティネットと法—』（単著、2017年、第一法規）（都市住宅学会著作賞を受賞）、『ごみ屋敷条例に学ぶ条例づくり教室』（単著、2017年、ぎょうせい）、『地方自治法の現代的課題』（単著、2019年、第一法規）（自治体学会研究論文賞、都市住宅学会著作賞を受賞）など。

■ **椎原晶子**（しいはら あきこ）

第1部4章、p.215、p.219

特定非営利活動法人たいとう歴史都市研究会理事長、國學院大学観光まちづくり学部教授、株式会社まちあかり舎・あたりアルス株式会社・晶地域文化研究所代表。一般財団法人ハウジングアンドコミュニティ財団理事。地域プランナー、技術士（建設部門・都市及び地方計画）。1989年東京藝術大学大学院環境造形デザイン修士課程修了、株式会社山手総合計画研究所にて横浜の都市デザインに関わる。2000年同大学院博士課程単位取得満期退学、同大学院非常勤講師等を経て現在に至る。在学中より谷中・根津・千駄木のまちづくりに関わり、1989年「谷中学校」設立に参加、「芸工展」などを企画。NPOや会社において、明治大正昭和の建物を再生活用し、まちに開く企画運営に携わる。昭和の三軒家再生「上野桜木あたり」にて2015年グッドデザイン賞。谷中地区まちづくり協議会にも参加。主な著書に『路地からのまちづくり』（共著、2006年、学芸出版社）、『東京文化資源区の歩き方』（共著、2016年、勉誠出版）など。

■ **渡邉義孝**（わたなべ よしたか）

第1部5章、p.205

一級建築士、尾道市立大学非常勤講師。尾道空き家再生プロジェクト理事として空き家バンク、文化財調査を担当。千葉県立船橋高校卒。掘削工、保線工、型枠工などを経て神楽坂の鈴木喜一建築計画工房（アユミギャラリー）にて修業。神楽坂まちづくりの会に参加。2004年に風組・渡邉設計室を設立。業務の傍ら中央アジア、コーカサス、バルカン、台湾などユーラシア各地の民俗建築調査を続ける。著書に『風をたべた日々』（1996年、日経BP）、『台南日式建築紀行〜ゲニウス・ロキとモダニズムの幸福なる同居』（2022年、台湾・鯨嶼文化）、『台湾日式建築紀行』（2018年、台湾・時報出版）、共著に『大日本帝国期の建築物が語る近代史』（2022年、勉誠出版）、『台湾を知るための72章』（2022年、明石書店）、『アゼルバイジャンを知るための67章』（2018年、明石書店）、『深刻化する空き家問題』（2018年、日弁連）等がある。

■ **久田見卓**（くたみ たかし）

p.247

一般財団法人ハウジングアンドコミュニティ財団事務局長

■ **大内朗子**（おおうち あきこ）

p.199

一般財団法人ハウジングアンドコミュニティ財団事務局

一般財団法人ハウジングアンドコミュニティ財団
〒105-0014
東京都港区芝2-31-19 バンザイビル7階
tel: 03-6453-9213　fax: 03-6453-9214
http://www.hc-zaidan.or.jp/

謝　辞

　住まい活動助成事業の現場に伺うための全国行脚と、2020年からのコロナ禍が時期的に重なってしまい、現地調査の調整が大変でしたが、財団専務理事の松本昭さん、財団事務局長の久田見卓さん、財団事務局の大内朗子さんのご尽力で、42頁に掲載した37団体のすべてを制覇することができました。また、大月研究室在籍のサキャ・ラタさん（現立命館大学）、足立壮太さん（現東京理科大学）、小山晴也さんにも、本プロジェクトの支援や現地サポートをしていただきました。

　また、編集に携わっていただいた南風舎の平野さん、南口さん、出版にあたってお世話になった建築資料研究社の種橋さんに、この場を借りてお礼を申し上げます。

編著者代表　大月敏雄

市民がまちを育む
現場に学ぶ「住まいまちづくり」

発行日	2022 年 9 月 30 日
編　著	大月敏雄 © ＋一般財団法人ハウジングアンドコミュニティ財団 ©
著　者	板垣勝彦 ©　椎原晶子 ©　渡邉義孝 ©　松本 昭 ©
発行人	馬場栄一
発行所	株式会社建築資料研究社 〒 171-0014　東京都豊島区池袋 2-38-1-3F tel: 03-3986-3239　fax: 03-3987-3256

編集・制作　南風舎
印刷・製本　シナノ印刷株式会社

ISBN978-4-86358-824-0